2024年版

技術士第一次試験［基礎・適性科目］過去問マスター解説集

飯島　晃良【著】

技術評論社

■注意

・本書は2023年に発行された「らくらく突破 2023年版 技術士第一次試験［基礎科目・適性科目］過去問題集」の改訂版です。重複する内容もございますが、あらかじめご了承ください。

・本書の著者および出版社、関係団体は、本書の使用による技術士第一次試験〔基礎科目・適性科目〕の合格を保証するものではありません。

・本書に関するご質問は、FAXか書面、弊社ホームページからお願いします。電話での直接のお問い合わせにはお答えできませんので、あらかじめご了承ください。

・本書に記述してある内容を超えるご質問、個人指導と思われるご質問、試験問題そのもの意味を問うご質問には、お答えできませんので、あらかじめご了承ください。

・本文中では、Ⓡマークや ™ マークなどは明記していません。

・本書ではSDGsのアイコンを使用しておりますが、出版物の内容について国際連合によって承認されたものではなく、国際連合またはその職員もしくは加盟国の見解を反映するものではありません。

はじめに

技術士第一次試験は、技術士となるのに必要な科学技術全般にわたる基礎的学識と、技術士法第4章の規定の遵守に関する適性並びに技術士補となるのに必要な技術部門についての専門的学識を判定するものであり、その内容は大学のエンジニアリング課程修了程度とされています。

技術士第一次試験は、「①基礎科目」「②適性科目」「③専門科目（20の技術部門から1つ選択）」の3部構成で行われます

本書は、「①基礎科目」「②適性科目」への対策書です。基礎科目は、「科学技術全般にわたる基礎知識を問う」試験で、大きくは次の5分野で構成されます。

1. 設計・計画に関するもの
2. 情報・論理に関するもの
3. 解析に関するもの
4. 材料・化学・バイオに関するもの
5. 環境・エネルギー・技術に関するもの

このように、科学技術全般からの出題であり、出題範囲が極めて広いことが特徴です。しかしながら、正しい対策をすれば決して難しい試験ではありません。基礎科目は、上記の5分野から各6題、合計30問出題されます。受験者は、5分野から各3問ずつの計15問を選んで解答し、50％以上（8問以上）に正解すれば合格ラインを超えます。適性科目は、15問出題され、50％以上（8問以上）に正解すれば合格ラインを超えます。

例年、過去の問題と類似する問題が複数出題されています。つまり、過去問の内容をしっかり理解することが、合格への近道だといえます。

本書は、令和5年度から平成29年度までの7回分の過去問題について、くわしい解説を行いました。また、重要事項の整理ができるように、必須項目をまとめた「重要ポイント総整理」を用意しました。

本書の解説を参考にしながら、過去問を5年分程度以上、しっかり学ぶことを強くお勧めします。そうすれば、自然と合格力がつくと考えます。

本書が、2024年度の技術士第一次試験を受験される方々のお役に立つことを心より願っております。

2024年3月　飯島　晃良

目　次

別冊 解説・解答

本書の使い方

1　本書の構成

技術士第一次試験は、「基礎科目・適性科目・専門科目」で構成されます。基礎科目・適性科目は、すべての部門に共通の問題です。専門科目は、20部門の中から受験者があらかじめ1部門を選択して解答します。

本書は、令和5（2023）年度～平成29（2017）年度までの過去7回分の技術士第一次試験「基礎科目・適性科目」の詳細な解答・解説集です。加えて、平成28年度～平成24年度の解答・解説（令和元年度再試験の解答・解説を含む）はダウンロードで提供していますので、合計で過去13回分の詳しい解答・解説が収録されています。また、頻出・重要項目の整理に役立つ重要事項解説集「重要ポイント総整理」を用意しています。

2　合格のための本書の活用法

技術士第一次試験の出題範囲は科学技術とその社会的関連まで、多岐に渡ります。これらの科目の専門書を開いて一つずつ勉強を進めていくと、膨大な時間と労力がかかってしまいます。そのような勉強方法はあまりお勧めできません。

この後、出題傾向をもとに説明しますが、多くの受験者の方にとって最も効果的な対応方法は次の通りだと考えます。

●技術士第一次試験の勉強法

過去問題の演習を通じて、基礎事項・ポイント・頻出項目をしっかりと理解する

出題範囲が広いからこそ、上記のような勉強方法が有効です。

この後示すように、過去5年程度以上の問題をさかのぼると、技術士第一次試験に出題される問題と同じ問題や類似問題が複数出題されています。極端な事をいえば、それらの問題を確実に理解していれば、それだけでも合格ラインを超えることも可能だと考えられます。そのような問題を確実に正答するには、過去問題の演習が最も重要です。

3　具体的な取り組み方

以下に、著者がおすすめする方法を挙げます。必ずしもこの方法通りに行う必要はありませんが、参考にしてください。

＜勉強への取り組み方＞

令和5年度　技術士第一次試験
〔基礎科目・適性科目〕

① 令和4年度の過去問題を何も見ずに解く（令和5年度の問題はあえて残しておく）

→ 合格のためにはあとどの程度の力が必要かが分かります。

② 令和4年度の解答例を読みながら、内容を理解する。

→ 苦手事項などのキーワードをノートにまとめておくと、自分にとっての重点対策事項が整理できます。その際、本書の「重要ポイント総整理」もご活用ください。

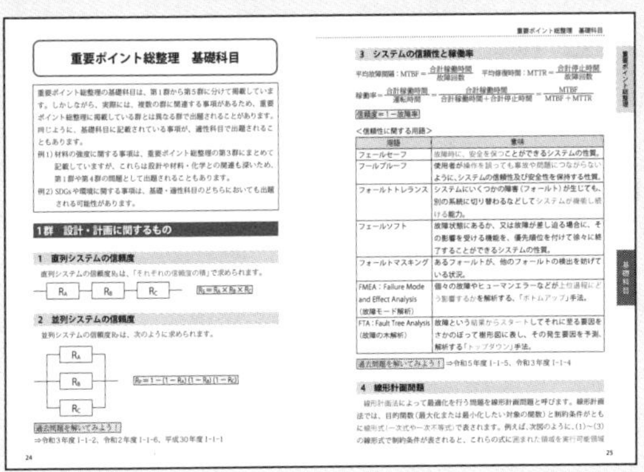

重要ポイント総整理　基礎科目

重要ポイント総整理の基礎科目は、第1群から第5群に分けて掲載しています。しかしながら、実際には、複数の群に関連する事項があるため、重要ポイント総整理に掲載している群とは異なる群で出題されることがあります。同じように、基礎科目に記載されている事項が、適性科目で出題されることもあります。

例1）材料の強度に関する事項は、重要ポイント総整理の第3群にまとめて記載していますが、これらは設計や材料・化学との関連も深いため、第1群や第4群の問題として出題されることもあります。

例2）SDGsや環境に関する事項は、基礎・適性科目のどちらにおいても出題される可能性があります。

1群　設計・計画に関するもの

1　直列システムの信頼度

直列システムの信頼度R_Sは、「それぞれの信頼度の積」で求められます。

$R_S = R_A \times R_B \times R_C$

2　並列システムの信頼度

並列システムの信頼度R_Pは、次のように求められます。

$R_P = 1 - (1 - R_A)(1 - R_B)(1 - R_C)$

過去問題を解いてみよう！

⇒令和3年度Ⅰ-1-2、令和2年度Ⅰ-1-6、平成30年度Ⅰ-1-1

24

重要ポイント総整理　基礎科目

3　システムの信頼性と稼働率

平均故障間隔：$MTBF = \frac{合計稼働時間}{故障回数}$　平均修復時間：$MTTR = \frac{合計停止時間}{故障回数}$

稼働率 $= \frac{合計稼働時間}{運転時間} = \frac{合計稼働時間}{合計稼働時間 + 合計停止時間} = \frac{MTBF}{MTBF + MTTR}$

信頼度＝1－故障率

＜信頼性に関する用語＞

用語	意味
フェールセーフ	故障時に、安全を保つことができるシステムの性質。
フールプルーフ	使用者が操作を誤っても事故や問題につながらないように、システムの信頼性及び安全性を保持する性質。
フォールトトレランス	システムにいくつかの障害（フォールト）が生じても、別の系統に切り替わるなどしてシステムが機能し続ける能力。
フェールソフト	故障状態にあるか、又は故障が差し迫る場合に、その影響を受ける機能を、優先順位を付けて徐々に終了することができるシステムの性質。
フォールトマスキング	あるフォールトが、他のフォールトの検出を妨げている状況。
FMEA：Failure Mode and Effect Analysis（故障モード解析）	個々の故障やヒューマンエラーなどが上位過程にどう影響するかを解析する、「ボトムアップ」手法。
FTA：Fault Tree Analysis（故障の木解析）	故障という結果からスタートしてそれに至る要因をさかのぼって樹形図に表し、その発生要因を予測、解析する「トップダウン」手法。

過去問題を解いてみよう！ ⇒令和5年度Ⅰ-1-5、令和3年度Ⅰ-1-4

4　線形計画問題

線形計画法によって最適化を行う問題を線形計画問題と呼びます。線形計画法では、目的関数（最大化または最小化したい対象の関数）と制約条件がともに線形式（一次式や一次不等式）で表されます。例えば、次図のように、(1)～(3)の線形式で制約条件が表されると、これらの式に囲まれた領域を実行可能領域

25

③ 令和3年度～平成29年度（最低でも5回分）の問題を用いて、上記の①―②の対応を繰り返す。

④ 模擬試験として、令和5年度の問題に取り組む。

→ この段階で、①で令和4年度の問題に取り組んだ時と比べて、得点が伸びていることを確認できるでしょう。この段階で合格ラインを大幅に上回っていれば、順調に仕上がっているといえます。合格ラインに届かなく、未達の場合でも、確実に力がついているはずですので、合格する可能性は十分にあると思われます。

⑤ 上記の結果を元に、自身の状況に応じて最終対策を行う。

→ その際、本書の「重要ポイント総整理」もご活用ください。

試験案内

参考までに、技術士第一次試験の概要を記します。ただし、この情報は過去の実績等に基づくものであり、変更される可能性があります。必ず、「試験実施機関」が発信する最新の情報をホームページなどで確認してください。

●日本技術士会ホームページ
https://www.engineer.or.jp/

(1) 受験資格

年齢、学歴、業務経歴等による制限はありません。

(2) 試験科目

基礎科目	科学技術全般にわたる基礎知識
適性科目	技術士法第4章（技術士等の義務）の規定の遵守に関する適性
専門科目	受験者があらかじめ選択する1技術部門に係る基礎知識および専門知識

(3) 試験の日時、試験地および試験会場（令和6年度）

期日　令和6年11月24日（日）

時間　試験時間は、受験者に別途通知されます。

試験地および試験会場

次の都道府県において行います。試験会場は、10月下旬頃の官報に公告します。

北海道、宮城県、東京都、神奈川県、新潟県、石川県、愛知県、大阪府、広島県、香川県、福岡県および沖縄県。

なお、試験会場については、受験者があらかじめ選択する試験地における会場を本人宛てに別途通知します。

(4) 受験申込書等配布期間

令和6年6月7日（金）から6月26（水）まで。受験申込書類は、公益社団法人日本技術士会宛てに、書留郵便（6月26日（水）までの消印は有効）で提出すること。

(5) 受験申込書類

①技術士第一次試験受験申込書（6か月以内に撮った半身脱帽の縦4.5cm、横

3.5cmの写真1枚貼付）

②技術士法施行規則第6条に該当する者については、免除事由に該当することを証する証明書又は書面を提出すること。

(6) 受験手数料

11,000円

(7) 合格発表

令和7年2月に、試験に合格した者の氏名を技術士第一次試験合格者として官報で公告するとともに、本人宛てに合格証が送付されます。合格発表後、受験者に成績が通知されます。

(8) 正答の公表

試験終了後、速やかに試験問題の正答が公表されます。

(9) 試験の実施に関する事務を行う機関および申込書類提出先

指定試験機関　公益社団法人　日本技術士会

〒105-0011

東京都港区芝公園3丁目5番8号　機械振興会館4階

TEL：03-6432-4585

(10) 専門科目の20部門一覧

技術部門	専門科目	専門科目の範囲
01.機械部門	機械	材料力学／機械力学・制御／熱工学／流体工学
02.船舶・海洋部門	船舶・海洋	材料・構造力学／浮体の力学／計測・制御／機械およびシステム
03.航空・宇宙部門	航空・宇宙	機体システム／航行援助施設／宇宙環境利用
04.電気電子部門	電気電子	発送配変電／電気応用／電子応用／情報通信／電気設備
05.化学部門	化学	セラミックスおよび無機化学製品／有機化学製品／燃料および潤滑油／高分子製品／化学装置および設備
06.繊維部門	繊維	繊維製品の製造および評価
07.金属部門	金属	鉄鋼生産システム／非鉄生産システム／金属材料／表面技術／金属加工

技術部門	専門科目	専門科目の範囲
08.資源工学部門	資源工学	資源の開発および生産／資源循環および環境
09.建設部門	建設	土質および基礎／鋼構造およびコンクリート／都市および地方計画／河川、砂防および海岸・海洋／港湾および空港／電力土木／道路／鉄道／トンネル／施工計画、施工設備および積算／建設環境
10.上下水道部門	上下水道	上水道および工業用水道／下水道／水道環境
11.衛生工学部門	衛生工学	大気管理／水質管理／環境衛生工学（廃棄物管理を含む）／建築衛生工学（空気調和施設および建築環境施設を含む）
12.農業部門	農業	畜産／農芸化学／農業土木／農業および蚕糸／農村地域計画／農村環境／植物保護
13.森林部門	森林	林業／森林土木／林産／森林環境
14.水産部門	水産	漁業および増養殖／水産加工／水産土木／水産水域環境
15.経営工学部門	経営工学	経営管理／数理・情報
16.情報工学部門	情報工学	コンピュータ科学／コンピュータ工学／ソフトウェア工学／情報システム・データ工学／情報ネットワーク
17.応用理学部門	応用理学	物理および化学／地球物理および地球化学／地質
18.生物工学部門	生物工学	細胞遺伝子工学／生物化学工学／生物環境工学
19.環境部門	環境	大気、水、土壌等の環境の保全／地球環境の保全／廃棄物等の物質循環の管理／環境の状況の測定分析および監視／自然生態系および風景の保全／自然環境の再生・修復および自然とのふれあい推進
20.原子力・放射線部門	原子力・放射線	原子力／放射線／エネルギー

試験統計情報

技術士第一次試験の過去10年間の実施結果と令和5年度の部門ごとの実施結果を次の表にそれぞれ示します。

年度によって差異がありますが、平均的な対受験者合格率は40%前後となります。この数字が示す通り、しっかりと準備すれば決して難しい試験ではありません。一方で、合格率が比較的高いからといって安心してはいけません。技術士第一次試験の受験者は、理工系の学生、エンジニアなど、この学問分野に明るい方たちがほとんどです。

つまり、この合格率は、その道の経験者が受けての合格率です。「それなりに骨のある試験ではあるが、しっかりと準備すれば突破できる」と考えて、しっかりと受験対策に取り組みましょう。

▼過去10年間の受験統計

年度	受験申込者数（人）	受験者数（人）	合格者数（人）	対申込者合格率（%）	対受験者合格率（%）
平成26	21,514	16,091	9,851	45.8	61.2
27	21,780	17,170	8,693	39.9	50.6
28	22,371	17,561	8,600	38.4	49.0
29	22,425	17,739	8,658	38.6	48.8
30	21,228	16,676	6,302	29.7	37.8
令和元	22,073	13,266	6,819	30.9	51.4
2	19,008	14,594	6,380	33.6	43.7
3	22,753	16,977	5,313	23.4	31.3
4	23,476	17,225	7,251	30.9	42.1
5	22,717	16,631	6,601	29.1	39.7

▼令和5年度の部門ごとの実施統計

技術部門		受験申込者数（人）	受験者数（人）	合格者数（人）	受験者に対する合格率（%）
1	機械部門	2,395	1,692	603	35.6
2	船舶・海洋部門	34	20	13	65.0
3	航空・宇宙部門	44	29	18	62.1
4	電気電子部門	1,897	1,310	501	38.2
5	化学部門	226	173	112	64.7
6	繊維部門	26	19	11	57.9
7	金属部門	122	89	47	52.8
8	資源工学部門	28	21	7	33.3
9	建設部門	11,891	8,738	3,209	36.7
10	上下水道部門	1,369	1,020	470	46.1
11	衛生工学部門	457	314	149	47.5
12	農業部門	915	736	314	42.7
13	森林部門	386	281	117	41.6
14	水産部門	125	85	34	40.0
15	経営工学部門	272	209	130	62.2
16	情報工学部門	756	591	368	62.3
17	応用理学部門	408	310	101	32.6
18	生物工学部門	167	122	77	63.1
19	環境部門	1,097	804	276	34.3
20	原子力・放射線部門	102	68	44	64.7
計		22,717	16,631	6,601	39.7

技術士第一次試験の内容

技術士第一次試験の内容をまとめると、次の表のとおりです。

▼技術士第一次試験の試験科目と解答方法

試験科目	試験の内容	試験の方法	試験時間	合格ライン
基礎科目	科学技術全般にわたる基礎知識を問う問題 1. 設計・計画に関するもの 2. 情報・論理に関するもの 3. 解析に関するもの 4. 材料・化学・バイオに関するもの 5. 環境・エネルギー・技術に関するもの	5肢択一マークシート式 1～5の分野から各6問（計30問）出題され、各分野から3問ずつ選択し、合計15問に解答する	1時間	50%以上の得点（8問以上正解）
適性科目	技術士法第4章（技術士等の義務）の規定の遵守に関する適性を問う問題	5肢択一マークシート式 合計15問出題され、そのすべてに解答する	1時間	50%以上の得点（8問以上正解）
専門科目	20部門の中から，受験者があらかじめ選択する1技術部門に係る基礎知識および専門知識を問う問題	5肢択一マークシート式 35問出題され、そのうちの25問に解答する	2時間	50%以上の得点（13問以上正解）

出題傾向分析と試験対策法

1　合格ラインのイメージを持ちましょう

前述のように、基礎科目、適性科目とも、50%以上の正答率で合格になります。

基礎科目は、30問中合計15問を選び、その中で50%以上に正解すればよいことになります。つまり、以下に示すように、30問中8問正解すれば合格ラインに到達します。

適性科目も、15問中8問正解すれば、合格ラインに到達します。それらのイメージを図示すると下図のようになります。

決して、広い出題範囲のすべてについて完璧な知識を求めるものではないことがイメージできると思います。

▼基礎科目、適性科目の出題数と合格ライン

基礎科目の出題数と合格ライン

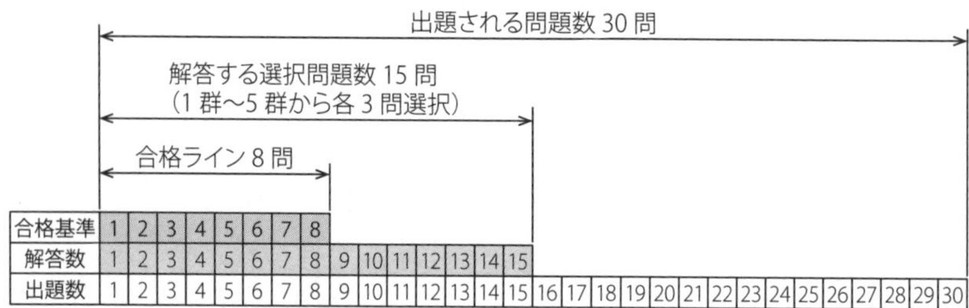

適性科目の出題数と合格ライン

2　基礎科目の出題分野と類似問題

令和5年度の基礎科目の出題分野と、過去に出題された類題の関係をP.16、P.17の表にまとめます。表の中で、“I-○-○”と示されている箇所は、その年度に出題されている、令和5年度の問題の類題（同じ問題もしくは解答の参考になる類題）の番号を示しています。“サービス問題”の欄に“◎”で示された箇所は、問題文に示されている情報をもとに容易に正答を導けるか、高校程度の知識があれば容易に正答が導けると思われる問題です。

表の下部に、過去に出題された類題の数をカウントした結果を示しています〔ただし、（Ⅰ-○-○）のように（　）書きで示された問題は、同様の類題の出題が2回目なので、二重カウントになるのため集計に含めていません〕。令和4年度に2問、令和3年度に0問、令和2年度に3問といった具合に、類題が出題されています。過去問を数年分マスターしたと考えたとき、5年分さかのぼると、令和5年度問題の10題分が過去問で理解している内容になり、これだけでも合格ラインを突破できると思われます（下のグラフを参照）。加えて、上記で示したように容易に解答できると思われる問題も数問（“◎”を付けた問題）あります。

▼令和5年度基礎科目と類似問題の関係

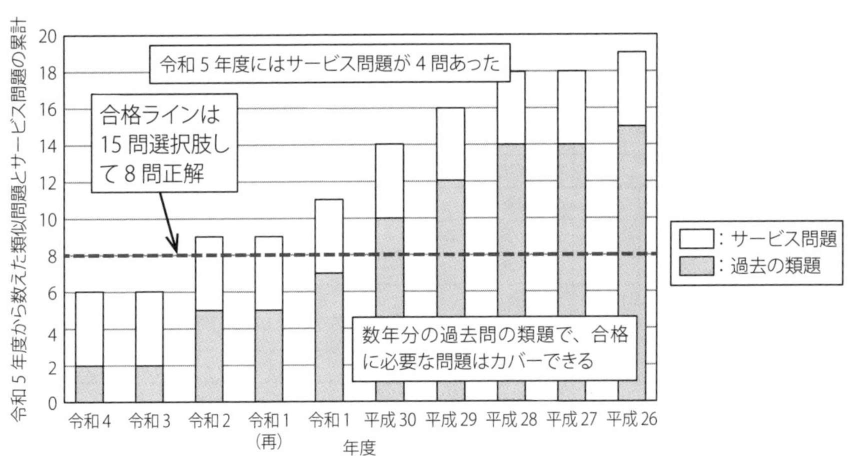

つまり、過去問数年分をしっかりマスターすれば、合格ラインを超えられる可能性が高いといえます。

受験者の皆さんは、基礎科目・適性科目のほかに、専門科目の対策もしなければなりません。そう考えると、出題される可能性があるすべての範囲を、体系的に勉強することは難しい方が多いと思います。

以上の状況を考えると、過去問数年分を解いて、その内容をしっかり理解して試験に臨む方法が最も現実的で有効な方法です。

▼令和5年度の基礎科目出題実績と、過去問題の関係分析

群			内容	問題数	サービス問題	必要回答数
1群	設計・計画に関するもの	I-1-1	材料の強度	1	◎	3問
		I-1-2	材料の強度（座屈現象）	2		
		I-1-3	材料の機械的特性（引張試験）	3		
		I-1-4	システムの信頼度（2/3多数決冗長系）	4		
		I-1-5	信頼性用語	5		
		I-1-6	相関係数	6		
2群	情報・論理に関するもの	I-2-1	情報セキュリティ	7		3問
		I-2-2	アルゴリズム（ユークリッドの互除法）	8	◎	
		I-2-3	国際書籍番号ISBN-13	9	◎	
		I-2-4	情報（データ）の圧縮	10		
		I-2-5	論理演算	11	◎	
		I-2-6	集合	12		
3群	解析に関するもの	I-3-1	逆行列	13		3問
		I-3-2	重積分	14		
		I-3-3	数値解析の精度	15		
		I-3-4	材料力学（棒の伸び）	16		
		I-3-5	剛体の運動方程式	17		
		I-3-6	合成抵抗	18		
4群	材料・化学・バイオに関するもの	I-4-1	原子の基本	19		3問
		I-4-2	コロイドの性質	20		
		I-4-3	鉄の結晶構造	21		
		I-4-4	金属の腐食	22		
		I-4-5	タンパク質	23		
		I-4-6	PCR法	24		
5群	環境・エネルギー・技術に関するもの	I-5-1	生物多様性	25		3問
		I-5-2	大気汚染物質	26		
		I-5-3	国内エネルギー情勢	27		
		I-5-4	液化燃料の体積	28		
		I-5-5	労働安全に関する施策の歴史	29		
		I-5-6	科学技術史	30		

過去に出題された類題の数→ **令和5年度の類似問題出題数**

過去問5年で，令和5年度の10問分の類題が出ていた（合格ラインは8問）→ **類似問題5年積算**

➡ 数年分の過去問をしっかりと理解することが合格への近道 **類似問題9年積算**

過去に出題された類似問題									
1年前	2年前	3年前	4年前		5年前	6年前	7年前	8年前	9年前
令和4	令和3	令和2	令和1（再）	令和1	平成30	平成29	平成28	平成27	平成26
				I-1-4			I-1-3		
						I-1-4			
									I-2-2
		I-2-1							
					I-2-6				
					I-3-3				
		I-3-3							
					I-3-6				
I-3-5									
						I-3-4			
							I-4-2		
				I-4-6					
		I-4-6							
I-5-4							(I-5-4)		
2	0	3	0	2	3	2	2	0	1
10問									
15問									

3　適性科目の出題分野と類似問題

次に、適性科目の出題傾向分析結果を下記の表に示します。下記の表は、各年度の適性科目で出題された問題をテーマ・分野別にまとめたものです。各年度のセルの中に記されたⅡ-○の記号は、問題番号を示しています。また、「3年間の出題数」の欄に示された数字が多いほど、最近（過去3年）の出題数が多いテーマです。

下記の表を全体的に眺めると分かるように、適性科目の出題テーマは、同じテーマが連続で出題されている項目が多いようです。これは、適性科目はその時の社会的背景（環境問題、国際関係、災害、政策など）を反映した出題がなされているためだと考えられます。

よって、対策の優先度は、次のようになります。

優先度1：毎年出題されるテーマ

優先度2：近年（過去3年）の出題数が多いテーマ

優先度3：最近話題になっている社会、環境、倫理的な問題（ニュースや報道）

優先度4：10年間で出題されたことがあるテーマ

▼過去10年間の出題傾向分析（適性科目）

内容	3年間の出題数	2023	2022	2021	2020
		令和5	令和4	令和3	令和2
技術士法第4章	3	II-1	II-1	II-1	II-1
技術者・研究者倫理	3	II-11	II-7	II-2	II-2
製造物責任法	3	II-6	II-11	II-8	II-6
知的財産権	3	II-4	II-9	II-13	II-5
安全保障貿易管理（輸出管理）	3	II-12	II-8	II-4	
リスクマネジメント	3	II-8 II-14		II-15	II-7
情報セキュリティ	2	II-2	II-13		
組織の社会的責任	2		II-3	II-3	II-12
持続可能な開発目標SDGs	2		II-14	II-5	
設計段階でのリスク低減	2		II-6	II-10	
環境・エネルギー問題と環境保全	2	II-15		II-11	II-10

下記の表は、以上の優先度を勘案して優先順位が高いと思われる順に並べています。

表の上にあるものほど優先順位が高いと思われます。表の上から下に向かって該当する過去問を演習しながら理解度を深めていくことで、過去問数年分を活用すれば合格ラインを超える得点力がつくでしょう。

よって、適性科目についても、過去問演習を通じて頻出事項を学んでいくことが重要です。

重要

適性科目は、基礎科目に比べると新問題の割合が多いです。これは、社会情勢が反映された結果だと思います。もし、よく理解してない事項が問われた場合でも、問題文をよく読み、題意を理解した上で「技術者倫理」を意識した上で解答することで、正解にたどり着く可能性が高くなります。

出題年度						優先度
2019	2018	2017	2016	2015	2014	
令和1	平成30	平成29	平成28	平成27	平成26	
Ⅱ-1	Ⅱ-1 他	Ⅱ-1 他	Ⅱ-1	Ⅱ-1 他	Ⅱ-1	★★★★★ ほぼ毎回出題
Ⅱ-7	Ⅱ-4 Ⅱ-5	Ⅱ-3 他	Ⅱ-3 他	Ⅱ-4 他	Ⅱ-3 Ⅱ-6	
Ⅱ-3	Ⅱ-9	Ⅱ-8	Ⅱ-7		Ⅱ-7	
Ⅱ-5	Ⅱ-6	Ⅱ-10	Ⅱ-11			
			Ⅱ-8		Ⅱ-10	
Ⅱ-9		Ⅱ-6	Ⅱ-13			★★★★ 頻出
Ⅱ-14		Ⅱ-11			Ⅱ-12	
Ⅱ-15						
		Ⅱ-12				
	Ⅱ-13		Ⅱ-14			

内容	3年間の出題数				
		2023	2022	2021	2020
		令和5	令和4	令和3	令和2
公益通報・内部告発	1	II-3			II-15
事業継続計画（BCP）	1	II-10			II-9
技術士に求められる資質能力	1	II-5			
インフラ老朽化対策	1	II-13			
事故の事例	1	II-9			
科学者の行動規範	1	II-7			
男女雇用機会均等法・ハラスメント	1		II-5		
継続研鑽（CPD）	1		II-15		
公正な取引（入札，金融取引）	1		II-12		
循環型社会形成推進基本法	1		II-10		
Society5.0	1		II-4		
PDCAサイクル	1		II-2		
職場の労働安全	1			II-12	II-8
営業秘密	1			II-7	II-4
個人情報保護	1			II-14	
AIと社会（AI-Ready社会）	1			II-6	
ダイバーシティ経営	1			II-9	
テレワーク	0				II-13
利益相反	0				II-3
遺伝子組み換え	0				II-14
ユニバーサルデザイン	0				II-11
技術者の情報発信	0				
消費生活用製品安全法（消安法）	0				
ワーク・ライフ・バランス	0				
安全に関する用語	0				
国家公務員倫理	0				
過労死等防止対策推進法	0				
著作権	0				
景品表示法	0				
製品リコール	0				
リスクコミュニケーション	0				
技術者の国際同等性	0				
公衆衛生分野のリスク管理	0				
化学品の分類と表示（GHS）	0				

出題年度						優先度
2019	2018	2017	2016	2015	2014	
令和1	平成30	平成29	平成28	平成27	平成26	
	II-8		II-10	II-9		★★★ 出やすい
II-13						
II-2						
II-8					II-13	
	II-14					
					II-2	
II-12		II-4		II-11	II-5	
			II-2			
				II-10		
II-11	II-11					
	II-7					
II-4					II-4	
						★★ 出題実績あり 要確認
II-10			II-6			
	II-10	II-9				
	II-12			II-15		
II-6						
	II-15					
		II-5				
				II-12	II-14	
			II-15		II-9	
				II-13		
				II-14	II-11	
				II-3		
					II-15	
					II-8	

4　試験勉強スケジュールの例

参考として、4か月の期間で勉強することを想定し、専門科目を含めた対策スケジュール例を示します。

(1) 過去問題6回分の演習

令和4年度から始めて平成29年度までの6回分の過去問題を演習しましょう。

①～⑥　基礎科目・適性科目：令和4年度～平成29年度までの6回分

❶～❻　専門科目　　　　　：令和4年度～平成29年度までの6回分

自力で解いてから解答を見てもよいですし、はじめは解答を見ながら理解しつつ解いてもよいです。年度が進むにつれて、解ける問題が増えてきたら解答を見ないで解く頻度を高めてみましょう。

(2) 令和5年度過去問題を利用した模擬試験（スケジュールの[7]）

実際の試験を意識し、通しで全問を解き、実力を確認しましょう。

(3) 最終対策（スケジュールの[8]、[9]）

これまでの結果をもとに、自分に必要な項目の再確認、総まとめなどに取り組みましょう。

8月			
1週目	①令和4年度基礎・適性	3週目	②令和3年度基礎・適性
2週目	❶令和4年度専門	4週目	❷令和3年度専門
9月			
1週目	③令和2年度基礎・適性	3週目	④令和元年度基礎・適性
2週目	❸令和2年度専門	4週目	❹令和元年度専門
10月			
1週目	⑤平成30年度基礎・適性	3週目	⑥平成29年度基礎・適性
2週目	❺平成30年度専門	4週目	❻平成29年度専門
11月			
1週目	[7] 令和5年度基礎・適性・専門全体の模擬試験	3週目	[9] 総まとめと最終対策
2週目	[8] これまでの対策の結果、てこ入れが必要な科目の学習	4週目	★11/24 試験日

重要ポイント総整理

使い方

1. 学習時間を比較的多くとれる方

重要ポイント総整理を参考にしながら、複数年の過去問題を解いていってください。過去問題の解答例を参考にして、重要ポイント総整理に追加のメモ書きをすることで、自分用のレジュメを完成させましょう。

2. 学習時間がとれない方および試験の直前対策をしたい方

技術士一次試験で合格点を取るためには、5回分以上の過去問題演習にしっかり取り組むことが重要です。しかし、時間が取れずに試験が迫ってきてしまった方もいらっしゃるかもしれません。その場合には、以下の通り直前対策を実施してみてください。

①重要ポイント総整理を読む。

②重要ポイント総整理の各項目に

「過去問題を解いてみよう！ ⇒○○年度 I-1-1」と示されている過去問題を解き、解答例を熟読して理解を深める。

このような直前対策を行うことで、学習時間が思うように取れなかった方も、十分に合格の可能性があると考えられます。あきらめずに取り組んでいただくことをお勧めします。

重要ポイント総整理　基礎科目

重要ポイント総整理の基礎科目は、第1群から第5群に分けて掲載しています。しかしながら、実際には、複数の群に関連する事項があるため、重要ポイント総整理に掲載している群とは異なる群で出題されることがあります。同じように、基礎科目に記載されている事項が、適性科目で出題されることもあります。

例1）材料の強度に関する事項は、重要ポイント総整理の第3群にまとめて記載していますが、これらは設計や材料・化学との関連も深いため、第1群や第4群の問題として出題されることもあります。

例2）SDGsや環境に関する事項は、基礎・適性科目のどちらにおいても出題される可能性があります。

1群　設計・計画に関するもの

1　直列システムの信頼度

直列システムの信頼度R_Sは、「それぞれの信頼度の積」で求められます。

$$R_S = R_A \times R_B \times R_C$$

2　並列システムの信頼度

並列システムの信頼度R_Pは、次のように求められます。

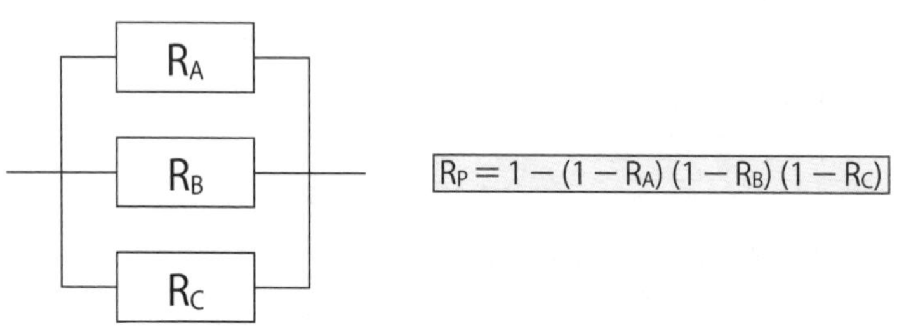

$$R_P = 1 - (1 - R_A)(1 - R_B)(1 - R_C)$$

過去問題を解いてみよう！

⇒令和3年度 I-1-2、令和2年度 I-1-6、平成30年度 I-1-1

3　システムの信頼性と稼働率

$$平均故障間隔：MTBF=\frac{合計稼働時間}{故障回数}\quad 平均修復時間：MTTR=\frac{合計停止時間}{故障回数}$$

$$稼働率=\frac{合計稼働時間}{運転時間}=\frac{合計稼働時間}{合計稼働時間+合計停止時間}=\frac{MTBF}{MTBF+MTTR}$$

信頼度＝1－故障率

<信頼性に関する用語>

用語	意味
フェールセーフ	故障時に、安全を保つことができるシステムの性質。
フールプルーフ	使用者が操作を誤っても事故や問題につながらないように、システムの信頼性及び安全性を保持する性質。
フォールトトレランス	システムにいくつかの障害（フォールト）が生じても、別の系統に切り替わるなどしてシステムが機能し続ける能力。
フェールソフト	故障状態にあるか、又は故障が差し迫る場合に、その影響を受ける機能を、優先順位を付けて徐々に終了することができるシステムの性質。
フォールトマスキング	あるフォールトが、他のフォールトの検出を妨げている状況。
FMEA：Failure Mode and Effect Analysis（故障モード解析）	個々の故障やヒューマンエラーなどが上位過程にどう影響するかを解析する、「ボトムアップ」手法。
FTA：Fault Tree Analysis（故障の木解析）	故障という結果からスタートしてそれに至る要因をさかのぼって樹形図に表し、その発生要因を予測、解析する「トップダウン」手法。

過去問題を解いてみよう！ ⇒令和5年度 I-1-5、令和3年度 I-1-4

4　線形計画問題

線形計画法によって最適化を行う問題を線形計画問題と呼びます。線形計画法では、目的関数（最大化または最小化したい対象の関数）と制約条件がともに線形式（一次式や一次不等式）で表されます。例えば、次図のように、(1)～(3)の線形式で制約条件が表されると、これらの式に囲まれた領域を実行可能領域といいます。これらの式の連立方程式を解くなどして、実行可能領域の中から目的関数（次図の場合には利益）が最大になる条件を求めることができます。

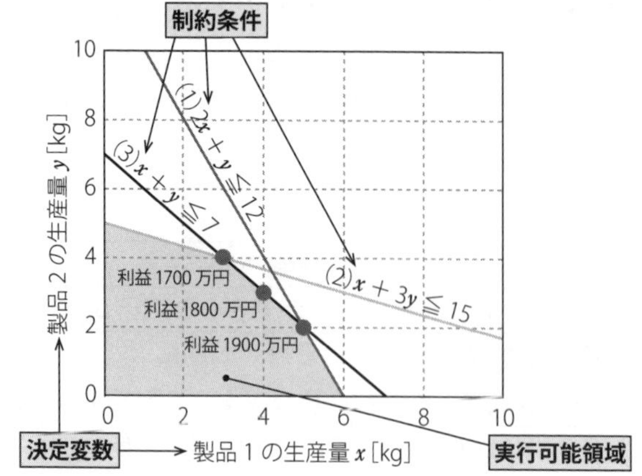

過去問題を解いてみよう！ ⇒令和2年度 I-1-4、平成30年度 I-1-4

5 クリティカルパス

さまざまな作業が行われているプロジェクトにおいて、プロジェクト全体の工期を決めるのは、最も時間がかかる経路です。作業工程で最も時間がかかる経路を「クリティカルパス」と呼びます。クリティカルパスの工期に遅れが生じた場合、全体の工期が遅れます。クリティカルパス以外の工期に遅れが生じた場合、クリティカルパスの工期よりも短い間は全体の工期に遅れが生じない場合もあります。

次のような、アローダイアグラム［プロジェクト中の工程や工期の関係を矢印、数字（工期）などで示した図］を用いた場合、クリティカルパスを示すと破線の矢印のようになります。

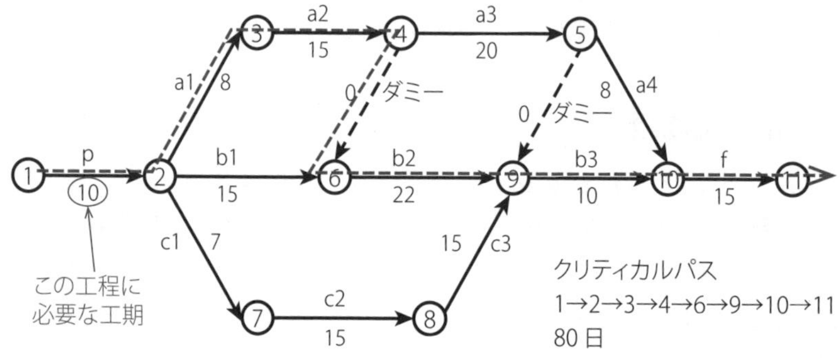

過去問題を解いてみよう！
⇒平成30年度Ⅰ-1-2、平成28年度Ⅰ-1-4（解説はダウンロード提供）

6　ユニバーサルデザイン

1950年代にデンマークのニルス・エリク・バンク-ミケルセンによって、ノーマライゼーションの概念が提唱されました。この概念は、「障害のある人もない人も、互いに支え合い、地域で生き生きと明るく豊かに暮らしていける社会を目指すこと」を意味します。この概念と米国発のバリアフリーの概念を受けて、1980年代にユニバーサルデザインの概念が提唱されました。

ユニバーサルデザインとは、すべての人にとってできるだけ利用しやすいようにしたデザインを指します。この概念は、ロナルド・メイスによって提唱されました。ユニバーサルデザインの7つの原則は次の通りです。

原則1　公平な利用（誰でも公平に利用できる）
原則2　利用における柔軟性（利用する上で柔軟性に富む）
原則3　単純で直感的な利用（簡単で直感的に利用できる）
原則4　認知できる情報（必要な情報が容易に理解できる）
原則5　失敗に対する寛大さ（失敗をしても簡単には危険につながらない）
原則6　少ない身体的な努力（身体的負担が少ない）
原則7　接近や利用のためのサイズや空間

過去問題を解いてみよう！ ⇒令和3年度Ⅰ-1-1、令和2年度Ⅰ-1-1

7　バリアフリーデザイン

ユニバーサルデザインと混同されがちな概念です。バリアフリーデザインは、高齢者、障害者などが日常の生活を送る上で存在するさまざまなバリア（段差などの物理的な障壁だけではなく、精神的な障壁も対象）を取り除こうとする設計概念です。バリアフリーデザインは、特定の方を対象としているのに対し、上記のユニバーサルデザインは、すべての人を対象としています。

過去問題を解いてみよう！ ⇒平成30年度Ⅰ-1-3

8　PDCAサイクル

PDCAサイクルは、生産管理、品質管理における継続的な改善を行う手法の1つとして用いられる概念です。PDCAサイクルとはPlan（計画）－Do（実行）－Check（評価）－Act（改善）の4つのプロセスを繰り返すことを指します。現在では、生産管理だけでなく、さまざまな職種や業種、プロセスにおいて用いられます。PDCAサイクルを繰り返すことで、プロセスの質を上げていくことを、らせん状に向上していくイメージで「スパイラルアップ」と呼びます。

過去問題を解いてみよう！ ⇒令和4年度Ⅱ-2、令和3年度Ⅰ-1-3

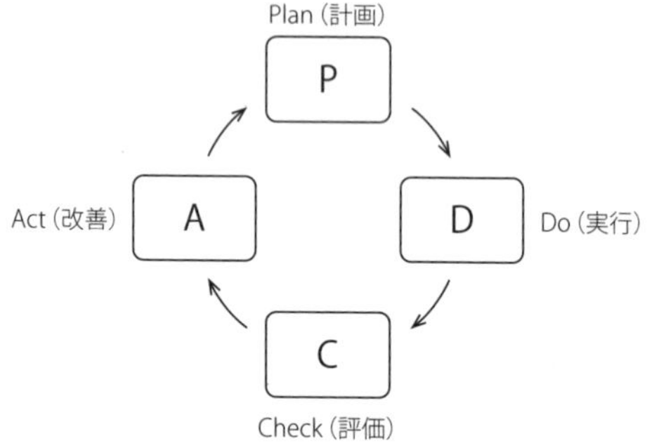

9　抜取検査

抜取検査とは、検査ロットから無作為に一部を抜取って検査を行い、不適合品の数で検査を行う方式です。検査の際、適合品を不合格としてしまう確率が高いと、生産者にとって不利益になるため生産者危険といいます。逆に、不適合品を合格としてしまう確率が高いと、消費者にとって不利益となるため消費者危険といいます。

この2つの確率は、抜取検査手順を固定した場合にはトレードオフ（背反）関係になります。この2つのバランスは、合否判定個数を用いて調整されます。合否判定個数とは、ロットごとの製品を合格と判定するために必要な最大の不適合品数を意味します。例えば、あるロットの中で不適合品の数が「10個までなら合格」、「5個までなら合格」とした場合、後者のほうが厳しい基準といえます。

検査が一連のロットに対して行われる場合には、先行するロットの検査結果に応じて検査の厳しさを変更する、なみ検査ときつい検査の切り替えなどが行われます。

過去問題を解いてみよう！ ⇒平成28年度Ⅰ-1-2（解説はダウンロード提供）

10　設備の保全

保全の方法をまとめると、次のようになります。

<table>
<tr><td rowspan="3">予防保全
（使用中の機器の故障を未然に防ぐために決められた時間や基準に基づいて保全を行う）</td><td rowspan="2">時間計画保全
（定められた時間で保全を行う）</td><td>定期保全
（決められた時間間隔で行う）</td></tr>
<tr><td>経時保全
（決められた累積時間に達したら行う）</td></tr>
<tr><td colspan="2">状態監視保全
（機器の動作状況や劣化状況をモニタリングした結果に基づいて保全を行う）</td></tr>
<tr><td colspan="3">事後保全
（故障が起きた後に保全を行う）</td></tr>
</table>

過去問題を解いてみよう！

⇒令和元年度（再）Ⅰ-1-6（解説はダウンロード提供）

11　QC7つ道具

QCとは、Quality Control（品質管理）の略です。QC7つ道具の特徴は、データを定量的に分析することで、品質の管理・改善を行おうとすることです。

＜QC7つ道具＞

1.　チェックシート	5.　特性要因図
2.　パレート図	6.　散布図
3.　管理図／グラフ	7.　層別
4.　ヒストグラム	

12　新QC7つ道具

新QC7つ道具の特徴は、定量的な数値として表せない事項を分析することです。新QC7つ道具を用いることで、複雑に絡み合った事象や問題を整理することが可能です。

<新QC7つ道具>

1. 親和図法	5. アローダイアグラム
2. 連関図法	6. PDPC (Process Decision Program Chart) 法
3. 系統図法	
4. マトリックス図法	7. マトリックスデータ解析法

13 製図の基礎

(1) 製作図に用いられる投影法

製作図に用いられる正投影法による投影法には、第三角法と第一角法があります。国際規格であるISOの製図規格では第三角法と第一角法の両方が規定されています。JISのZ8316(製図―図形の表し方の原則)においても、ISOに準拠して第三角法と第一角法の両方が規定されています。JIS機械製図(JIS B 0001)では、第三角法を用いると規定されています。

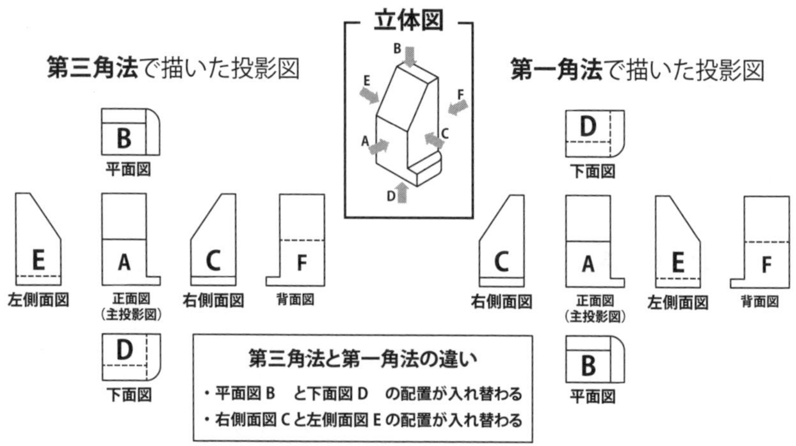

なお、図面が第三角法または第一角法のどちらで描かれているのかを見誤ると異なる形状になってしまうため、その図面がどの投影法で描かれているかを図面中に明示する必要があります。

(2) 寸法記入の注意

寸法を記入するにあたっては、作業現場(加工、検査など)で必要な寸法が計算しなくても分かるように心がけるとよいです。

(3) はめあい

穴と軸がはまり合うような場合、互いの精度が正しく規定されていなければ、

「軸が太すぎてはまらない」「穴が大きすぎてガタが出る」「ガタがあるためにキーが破壊して重大事故を引き起こす」など、製品の品質に大きな問題を引き起こします。このようなことを防ぐために、穴と軸などにサイズ公差（寸法公差）（許される最大値と最小値の範囲）を規定する方法として、「はめあい方式」が用いられています。

(4) 限界ゲージ

製品がサイズ公差（寸法公差）の範囲内に収まっているかを検査する際に用いるゲージ（測定器具）を限界ゲージといいます。

(5) 幾何公差の重要性

サイズ公差（寸法公差）は、単に二点間の長さの寸法精度を示していますが、実際の製品は三次元の形状を持っています。このような、幾何学的な形体に対して公差を規定するものを幾何公差といいます。面がどのくらい平面か（平面度）、円がどのくらい真円に近いか（真円度）、2枚の面がどのくらい平行か（平行度）などのようにさまざまな幾何公差が規定され使用されています。工業製品の高度化、精密化、国際化により、従来のサイズ公差（寸法公差）に加えて形状の幾何学的公差（幾何公差）の重要性が増しています。

過去問題を解いてみよう！ ⇒令和3年度 I-1-6、令和2年度 I-1-5、
令和元年度 I-1-3、平成29年度 I-1-5

2群　情報・論理に関するもの

1　10進数、2進数、16進数の一覧

10進数	2進数	16進数
0	0	0
1	1	1
2	10	2
3	11	3
4	100	4
5	101	5
6	110	6
7	111	7

10進数	2進数	16進数
8	1000	8
9	1001	9
10	1010	A
11	1011	B
12	1100	C
13	1101	D
14	1110	E
15	1111	F

2　10進数を2進数に変換する方法

例えば、10進数の11を2進数に変換します。

10進数の数値を2で割って、その余りを並べます。

```
2) 11      余り
2) 5  ・・↑1
2) 2  ・・ 1
 1  ・・・0
```

得られた余りを上記の矢印の順に並べたものが、2進数への変換結果です。よって、10進数の11を2進数で表すと、1011です。

3　10進数の小数を2進数に変換する方法

小数の10進数を2進数に変換するには、変換したい10進数の小数部を、小数部が0になるまで2倍していきます。ここで求めた整数部を並べたものが、2進数への変換結果になります。

例として、10進数の0.1を2進数に変換すると次の通りです。

①0.1×2＝0＋0.2（繰り上がっていないので0）
②0.2×2＝0＋0.4（繰り上がっていないので0）
③0.4×2＝0＋0.8（繰り上がっていないので0）
④0.8×2＝1＋0.6（1.6なので、1が繰り上がる）
⑤0.6×2＝1＋0.2（1.2なので、1が繰り上がる）
　0.2×2＝0＋0.4　…以後、②～⑤を繰り返しで循環小数になる。

よって、0.1を2進数で表すと、

　①②③④⑤②③④⑤②③④⑤…
0.0001100110011…となります。

4　2進数を10進数に変換する方法

例として、10進数の234を考えた時、一の位には10^0＝1の重み、十の位には10^1＝10の重み、百の位には10^2＝100の重みがあります。

$234 = 2 \times 10^2 + 3 \times 10^1 + 4 \times 10^0 = 200 + 30 + 4$

これと同じように、2進数においても各桁に2^nの重みがあります。これは、小数の場合も同じです。例えば、2進数の1011.011を10進数に変換すると、次のようになります。

重み	2^3	2^2	2^1	2^0		2^{-1}	2^{-2}	2^{-3}
2進数	1	0	1	1	.	0	1	1

よって、$1\times2^3+0\times2^2+1\times2^1+1\times2^0+0\times2^{-1}+1\times2^{-2}+1\times2^{-3}$
$=8+2+1+0.25+0.125=11.375$
になります。

5　2進数を16進数に変換する方法

2進数の1011.1を16進数に変換します。

2進数を16進数に変換するためには、4桁ずつ区切って、p.31の「1　10進数、2進数、16進数の一覧」の表にあるように2進数を16進数に変えれば求まります。1011.1の小数部を4桁で表すと1011.1000という意味なので、$(B.8)_{16}$になります。

過去問題を解いてみよう！

⇒令和元年度 I-2-1、平成27年度 I-2-3（解説はダウンロード提供）

6　数値誤差の種類と特徴

①桁落ち	非常に近い大きさの小数同士で減算を行った時に、有効数字が小さくなる現象
②情報落ち	差が非常に大きい数値同士を加減算した時、小さい方の値が無視され計算結果がほとんど変化しない現象
③オーバーフロー	演算の結果が、その計算機で扱える桁数を超えること
④アンダーフロー	演算の結果が、その計算機で扱える値の最小値を下回り、正しく計算できなくなること
⑤丸め誤差	数値を四捨五入や切り捨てなどを行うことによって、本来の数値に対して誤差が生じること

過去問題を解いてみよう！ ⇒平成27年度 I-2-1（解説はダウンロード提供）

7　1ビットと1バイト

1ビットは、情報量の最小単位で、1ビットでは0か1の2通りの情報になります。2ビットになると、00、01、10、11の4通りの情報が表現できます。nビットある場合、2^n通りの情報を表現できます。

8ビットをまとめて1バイトと呼びます。1バイトは8ビットなので、1バイトで表現できる情報量は$2^8=256$通りです。

なお、2進数で情報を扱うコンピュータにおいては、1kBは$2^{10}=1024$バイト、1MBは1024kB、1GBは1024MBです。よって、「10進数を基礎とした場合の情報量」<「2進数を基礎とした場合の情報量」になります。

過去問題を解いてみよう！ ⇒令和元年度（再）I-2-3、平成27年度 I-2-4

8　実効アクセス時間

実効アクセス時間とは、メインメモリ（主記憶装置）とキャッシュメモリが搭載されているコンピュータにおいて、CPUからメモリへのアクセスにかかる平均時間のことを指します。

キャッシュメモリのアクセス時間をt_c [s]、主記憶装置のアクセス時間をt_s [s]、キャッシュのヒット率をx [-] とした時、実効アクセス時間t [s] は次の式で表されます。

$$t=t_c x+t_s(1-x)$$

過去問題を解いてみよう！ ⇒令和2年度 I-2-6、平成28年度 I-2-4

9　IPアドレス

現在広く普及しているIPv4方式のIPアドレスは32ビットなので、2^{32}個（約43億個）のアドレスを持ちます。世界の人口は約73億人なので、1人1つのIPアドレスを使えない計算になります。

次世代プロトコルであるIPv6のIPアドレスは128ビットなので、2^{128}個のアドレスを持ちます。よって、事実上無制限のIPアドレスが得られます。

IPv4とIPv6のアドレス数の比は次のようになります。

$$\frac{\text{IPv6のアドレス数}}{\text{IPv4のアドレス数}}=\frac{2^{128}}{2^{32}}=2^{128-32}=2^{96}$$

つまり、IPv6はIPv4の2^{96}倍のアドレスを持てます。

過去問題を解いてみよう！ ⇒令和4年度 I-2-6、平成28年度 I-2-6

10 オーダー表記（O記法）

O記法は、計算数がどの程度のオーダーなのかを評価することで、計算量や計算速度の大小を判断する手法です。例えば、$5n^3+1$の計算量はn^3に比例します。つまり、定数倍の"5"や定数を加える"＋1"は、n^3の変化に比べると小さいため、それらは無視してn^3のオーダーであると言えます。オーダー表記における、定数、対数、多項式、指数、階乗の大小関係は以下の図に示す通りで、次のようになります。

$$O(1) < O(\log_2 n) < O(n) < O(n\log_2 n) < O(n^2) < O(2n) < O(n!) < O(n^n)$$

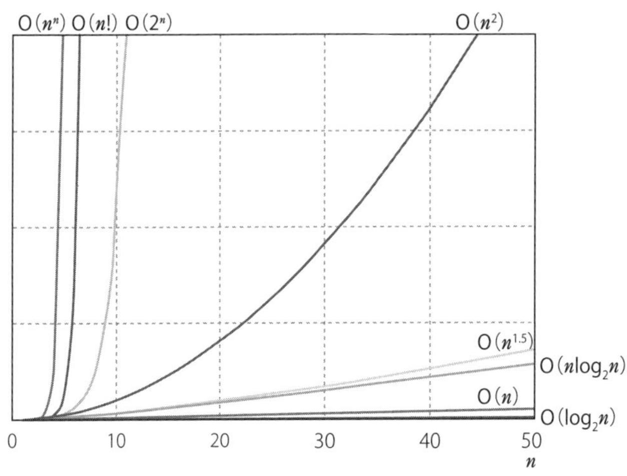

過去問題を解いてみよう！　⇒令和3年度 Ⅰ-2-6

11　論理演算

(1) 論理和（OR）

AとBのいずれかに1が入力された場合、出力が1になります。論理和は、A or B、A＋B、A∪B、A∨Bなどと表します。

論理和（OR）の真理値表

入力A	入力B	出力
0	0	0
0	1	1
1	0	1
1	1	1

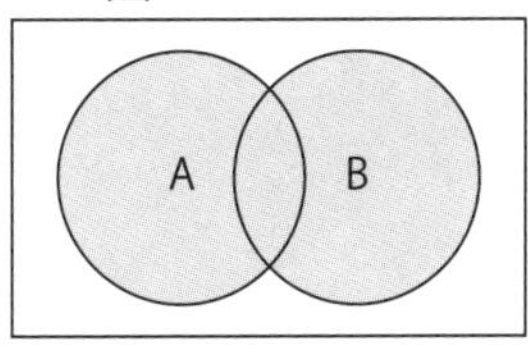

(2) 論理積(AND)

AとBの両方に1が入力された場合、出力が1になります。論理積は、A and B、A・B、A×B、A∩B、A∧Bなどと表します。

論理積(AND)の真理値表

入力A	入力B	出力
0	0	0
0	1	0
1	0	0
1	1	1

ベン図

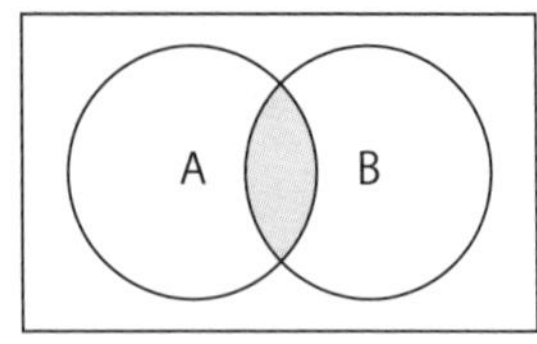

(3) 否定(NOT)

Aを含まない部分を示します。1が入力されたら0、0が入力されたら1が出力されます。否定は、NOT A、$\overline{\mathrm{A}}$、¬Aなどと表します。

否定(NOT)の真理値表

入力A	出力
0	1
1	0

ベン図

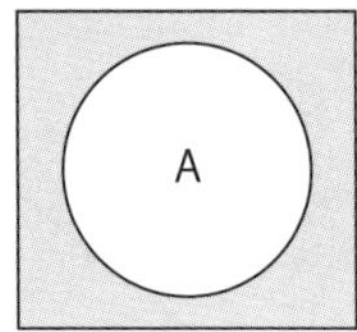

(4) 排他的論理和(XOR)

A、Bのどちらかが1でもう一方が0の時に結果が1となり、両方とも1あるいは両方とも0の時は結果が0となります。

排他的論理和(XOR)の真理値表

入力A	入力B	出力
0	0	0
0	1	1
1	0	1
1	1	0

ベン図

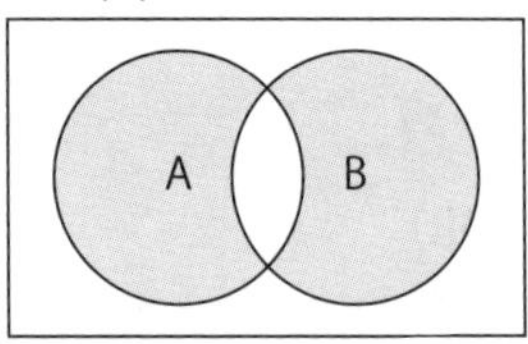

(5) ド・モルガンの法則

$$\overline{\mathrm{A}+\mathrm{B}}=\overline{\mathrm{A}}\cdot\overline{\mathrm{B}}$$

$$\overline{\mathrm{A}\cdot\mathrm{B}}=\overline{\mathrm{A}}+\overline{\mathrm{B}}$$

(6) 交換の法則

$$\mathrm{A}+\mathrm{B}=\mathrm{B}+\mathrm{A}$$

$$\mathrm{A}\cdot\mathrm{B}=\mathrm{B}\cdot\mathrm{A}$$

(7) 結合の法則

$$A + (B + C) = (A + B) + C$$

$$A \cdot (B \cdot C) = (A \cdot B) \cdot C$$

(8) 分配の法則

$$A \cdot (B + C) = A \cdot B + A \cdot C$$

(9) 復元の法則

$$\overline{\overline{A}} = A$$

過去問題を解いてみよう！

⇒令和5年度Ⅰ-2-5、令和3年度Ⅰ-2-2、平成30年度Ⅰ-2-4

12　パリティチェック

データの転送や記録を行う際に、データの誤りを検出する手法です。データを送信する際に、送信側が検査用の1ビットを設けます。これをパリティビットと呼びます。受信側は、パリティビットを照合することで誤りを検出します。パリティビットには、偶数ビット（偶数パリティ）か奇数ビット（奇数パリティ）があります。パリティビットのビット数に制限はありません。受信側は、データから1の個数を調べることで、誤りの有無を検出できます。ただし、偶数か奇数かの判定を行うため、誤りの位置は特定できません。また、1ビット分が反転していれば誤りを特定できますが、2ビット反転した場合には、誤りを検出できません。

過去問題を解いてみよう！⇒平成28年度Ⅰ-2-5（解説はダウンロード提供）

13　公開鍵暗号

送信者は、受信者が公開した公開鍵（暗号鍵）でデータを暗号化して送信します。公開鍵自体には情報の価値がないので、盗聴されても問題はありません。暗号を復号するには、別の鍵が必要です。これが、秘密鍵（復号鍵）です。受信者は、自分しか知らない秘密鍵（復号鍵）を用いて暗号を解読します。この方式では、秘密鍵をネットワーク経由で送信する必要がないので、安全性が高いといえます。

公開鍵は、第三者である認証局によって検証され、保証されます。

暗号鍵と復号鍵が共通の暗号方式を共通鍵暗号と呼びますが、この方式の場合、暗号の漏洩のリスクが高くなります。

過去問題を解いてみよう！⇒令和3年度Ⅰ-2-1、平成27年度Ⅰ-2-5

14　情報セキュリティ

(1) WEP方式

WEP(Wired Equivalent Privacy)方式は、無線通信で用いられる暗号化技術で、無線通信間での通信傍受を防ぐ方法に共通鍵暗号方式を用いています。この方式は、比較的容易に盗聴ができてしまうなどの脆弱性が指摘されています。そのため、WPA (Wi-Fi Protected Access)、WPA2などのより安全な暗号化方式を用いるのがよいとされています。

(2) パスワード更新

パスワードの漏洩により情報が漏れてしまう事案が問題になっています。パスワードの扱いにおいて、一般的に次の事項に注意が必要です。

①複数のサービスにおいて、パスワードを使いまわさない。

②氏名、会社名、誕生日、住所、電話番号、自動車のナンバープレートなど、推測されやすいものは利用しない。

【例】会社名がX-Technologyの社内ネットワークログインパスワードを"X-Technology"にしているなど

③数字だけ、アルファベットだけ、少ない文字数などを避け、アルファベット、数字、記号などを混在させて適切な長さのパスワードにする。

④英単語などをそのまま使わない。

(3) その他

「通信時にはファイアウォール機能を利用する」、「個人情報をやり取りする際、SSL/TLS通信なので暗号化された通信を利用する」、「意図しない公衆無線LANに接続されていないことを確認する」、「添付ファイル付きで届いたメールの差出人が知り合いであったとしても、なりすましなどの可能性もあるので十分注意が必要」など。

過去問題を解いてみよう！ ⇒令和4年度 I-2-1、平成30年度 I-2-1

3群　解析に関するもの

1　応力とひずみ

材料に引張り、圧縮、せん断などの力が加わると、変形します。図のような、断面積A_0 [m^2]、長さL_0 [m]の棒状の材料に力P [N]が加わった結果、$\varDelta L$ [m]

だけ変形したとします。この時、応力σとひずみεは次のように表されます。

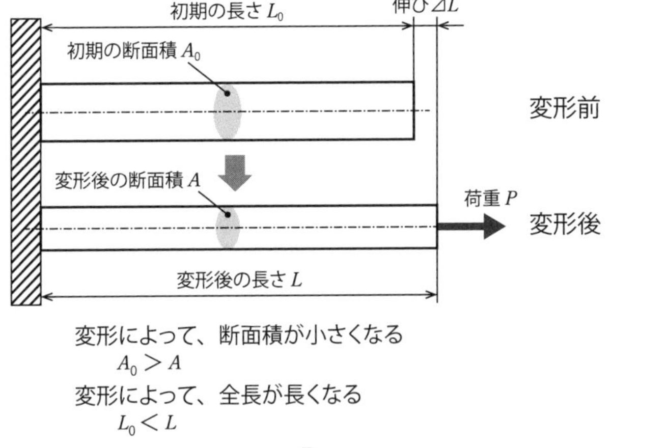

変形によって、断面積が小さくなる
$A_0 > A$
変形によって、全長が長くなる
$L_0 < L$

公称応力　$\sigma_n = \dfrac{P}{A_0}$ [Pa]　　公称ひずみ　$\varepsilon_n = \dfrac{\Delta L}{L_0}$

応力は、圧力と同じく単位面積当たりの力なので、単位は$N/m^2 = Pa$（パスカル）です。

なお、引張を受けた棒は、断面積も長さもわずかに変化します。

そのため、応力とひずみを算出する際の断面積と長さは、「変形前のものを用いるか」「変形後のものを用いるか」の2通りあります。

変形前の断面積A_0と長さL_0を用いて算出した応力とひずみを公称応力σ_n、公称ひずみε_nと呼び、上記の式で示されます。

一方、変形後の断面積Aと長さLを用いて算出した応力とひずみを真応力σ_t、真ひずみε_tと呼び、次式で示されます。

真応力　$\sigma_t = \dfrac{P}{A}$ [Pa]　　真ひずみ　$\varepsilon_t = \dfrac{\Delta L}{L}$

過去問題を解いてみよう！ ⇒令和5年度 I-3-4

2　応力―ひずみ線図

材料を引張試験機にかけて、破断するまで引張荷重を与えた時、応力とひずみの関係を描いた曲線を応力―ひずみ線図と呼びます。軟鋼の応力―ひずみ線図を次ページに模式的に示します。

▼軟鋼の応力−ひずみ線図

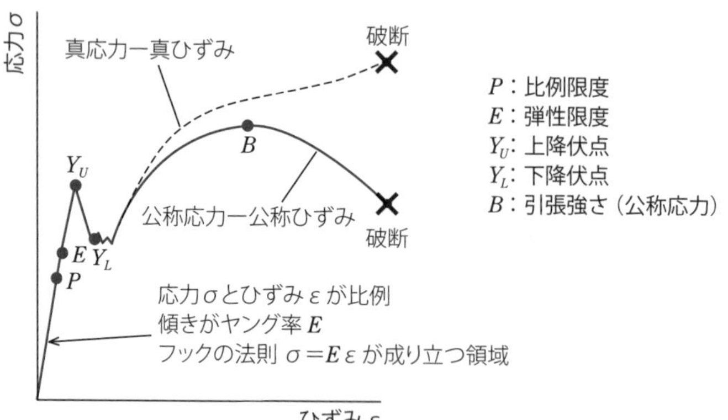

点Pまでの間、応力σとひずみεが比例しています。この間は、比例限度と呼ばれ、次のフックの法則が成立しています。

＜フックの法則＞

$\sigma=E\varepsilon$

つまり、線図の傾きがEになります。このEを、縦弾性係数〔ヤング率（ヤング係数）〕と呼びます。Eが大きい材料ほど、荷重をかけても変形しにくい材料です。点Pの比例限度を超えて点Eまでは、フックの法則は厳密には成り立ちませんが、荷重を取り除くと元の状態に戻るので、弾性限度と呼ばれます。点Eを超えると、荷重を取り除いても元には戻らなくなります。つまり、塑性変形を起こします。点Bで最大応力を迎えるため、この点が引張強さになります。その後、やがて破断します。

Y_L以降は材料が比較的大きく変形して断面積が小さくなるので、真応力と真ひずみで示すと破線のようになります。

過去問題を解いてみよう！

⇒令和5年度Ⅰ-1-3、令和4年度Ⅰ-4-4、平成30年度Ⅰ-3-6

3 許容応力と安全係数

設計基準強度（極限強さ）σ_sの材料に、設計基準強度σ_sと同じ応力が働くと、材料が破壊する恐れがあります。そのため、機械や構造物の強度設計をする際には、安全（マージン）を見越した許容応力σを定めて、それを元に設計します。

つまり、許容応力σを設計基準強度σ_sよりも低く定めて強度設計をします。

この時、設計基準強度σ_sが、許容応力σの何倍あるかを安全率Sといい、この数値が高いほど、余裕を持った安全方向の設計です。

$$安全率S=\frac{設計基準強度\sigma_s}{許容応力\sigma}$$

安全率を高くとりすぎると、大型化、重量化、高コスト化するなどのデメリットがあります。そのため、用途、目的、使用する材料などに応じて、安全率が設定されます。

過去問題を解いてみよう！ ⇒平成27年度 I-1-3（解説はダウンロード提供）

4　ポアソン比

図に示すような材料をy方向（縦方向）に引張ると、y方向には伸びますが、その他の方向〔(x方向（横方向）、z方向（奥行方向)〕には縮みます。この時の両方向のひずみεの比をポアソン比νと呼びます。例えば、xとyの変形を考えると、y方向に引張られた時にx方向に縮むため、x方向のひずみは、y方向ひずみにポアソン比をかけることで求められます。

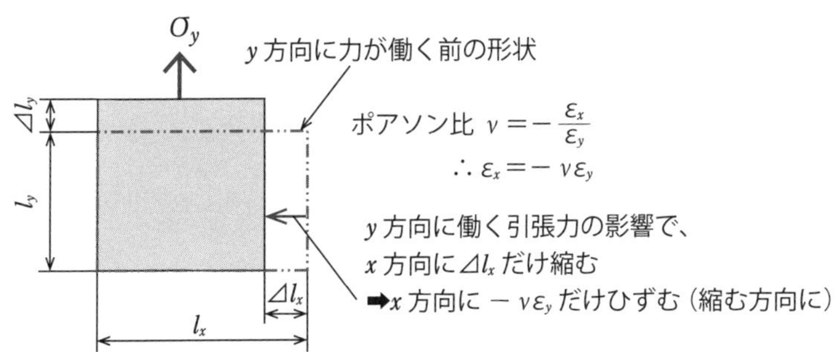

よって、x、y、zの3次元形状で考えた時、材料が等方性材料であれば、x方向のひずみε_xは、x方向の応力σ_xによる伸びから、y、z方向の応力σ_y、σ_zによってもたらされる変形を差し引いて、次のようになります。

x方向：

$$\varepsilon_x=\frac{\sigma_x}{E}-\nu\varepsilon_y-\nu\varepsilon_z=\frac{\sigma_x}{E}-\nu\frac{\sigma_y}{E}-\nu\frac{\sigma_z}{E}=\{\sigma_x-\nu(\sigma_y+\sigma_z)\}\frac{1}{E}$$

同じように、y方向とz方向のひずみも次のように表せます。

y方向：

$$\varepsilon_y=\frac{\sigma_y}{E}-\nu\varepsilon_x-\nu\varepsilon_z=\frac{\sigma_y}{E}-\nu\frac{\sigma_x}{E}-\nu\frac{\sigma_z}{E}=\{\sigma_y-\nu(\sigma_x+\sigma_z)\}\frac{1}{E}$$

z方向：

$$\varepsilon_z = \frac{\sigma_z}{E} - \nu\varepsilon_x - \nu\varepsilon_y = \frac{\sigma_z}{E} - \nu\frac{\sigma_x}{E} - \nu\frac{\sigma_y}{E} = \{\sigma_z - \nu(\sigma_x + \sigma_y)\}\frac{1}{E}$$

過去問題を解いてみよう！ ⇒令和元年度 I-3-4

5 ひずみエネルギー

下図のような棒の引張に対して、弾性変形であれば棒に蓄えられるひずみエネルギーUは次の式で表されます。

P：荷重、l：長さ、A：断面積、E：縦弾性係数（ヤング率）

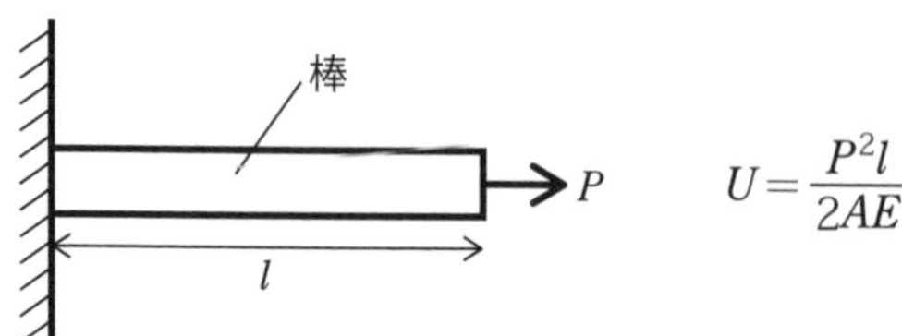

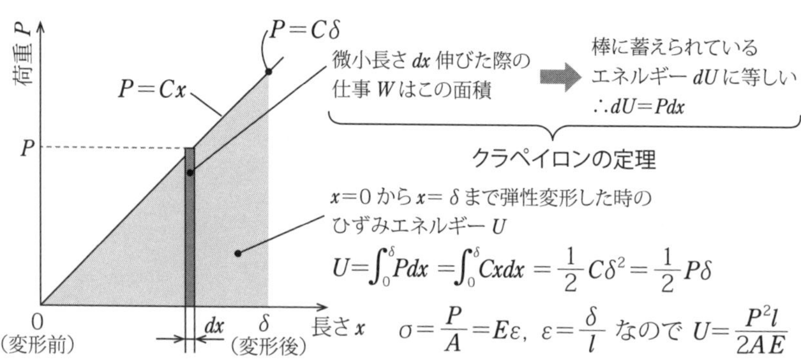

過去問題を解いてみよう！ ⇒令和元年度 I-3-5

6 断面二次モーメントIと断面係数Z

図のような断面の棒を考えた時、同じ断面積にもかかわらず、x軸まわりに曲げた時とy軸まわりで曲げた時では変形のしやすさと強度が大きく異なります。つまり、材料の強さは、材料の種類と断面積だけでなく、断面の形状によって大きく変化します。その度合いを表すのが、断面二次モーメントIと断面係数Zです。

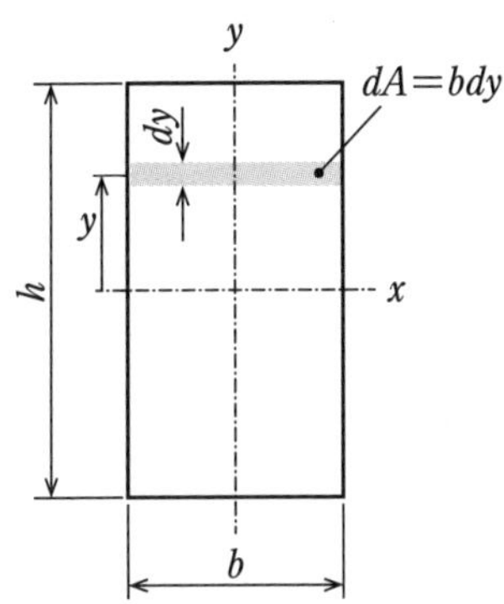

断面二次モーメントは、次のように計算されます。

x軸に関する断面二次モーメント

$$I_x = \int y^2 dA$$

y軸に関する断面二次モーメント

$$I_y = \int x^2 dA$$

具体的に、図に示した角材のx軸まわりの断面二次モーメントは次のようになります。

$$I_x = \int_{-\frac{h}{2}}^{\frac{h}{2}} y^2 dA = \int_{-\frac{h}{2}}^{\frac{h}{2}} y^2\, b\, dy = \left[\frac{by^3}{3}\right]_{-\frac{h}{2}}^{\frac{h}{2}} = \frac{bh^3}{24} - \left(-\frac{bh^3}{24}\right) = \frac{bh^3}{12}$$

はりなどを曲げた際、最大曲げ応力$\sigma_{\max}$、最大曲げモーメント$M_{\max}$と断面係数Zには次の関係があります。

$$\sigma_{\max} = \frac{M_{\max}}{Z}$$

ここで、断面係数Zは断面二次モーメントを中立軸までの距離eで割ったものであり、$Z = I/e$で表されます。図に示す長方形断面と円形断面のIとZは出題される可能性があるので、知っておくと良いでしょう。

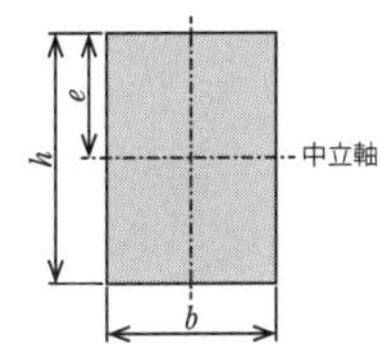

断面二次モーメント　$I = \dfrac{bh^3}{12}$

断面係数　$Z = \dfrac{I}{e} = \dfrac{bh^2}{6}$

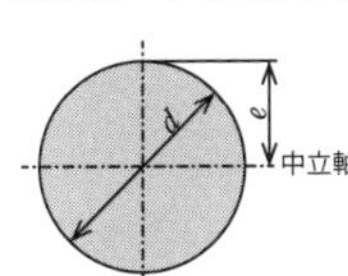

断面二次モーメント　$I = \dfrac{\pi d^4}{64}$

断面係数　$Z = \dfrac{I}{e} = \dfrac{\pi d^3}{32}$

7　はりの変形

単純なはりのたわみを求める問題が出題されることがあります。特に出題頻度が高いのは、集中荷重を受ける片持ちはりのたわみδを求める式です。この式は、はりの微分方程式から得られますが、式の誘導プロセスを理解している必要はありません。以下のたわみの式を覚えておきましょう。

集中荷重を受ける片持ち梁

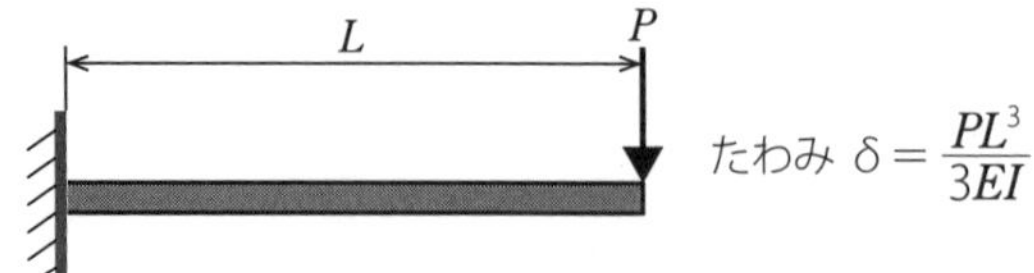

たわみ $\delta=\dfrac{PL^3}{3EI}$

E：縦弾性係数（ヤング率）

I：断面二次モーメント

等分布荷重を受ける片持ち梁

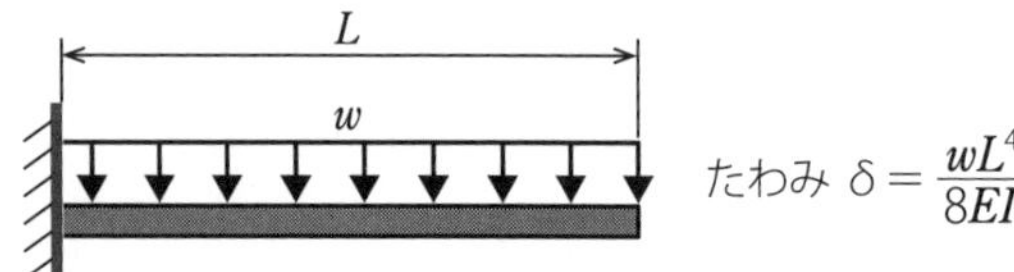

たわみ $\delta=\dfrac{wL^4}{8EI}$

過去問題を解いてみよう！ ⇒令和4年度 I-1-5

8　座屈

細長い棒や板に引張力をかけても容易には変形・破断しませんが、圧縮力をかけていくと、引張力よりも低い力で急に変形を起こします。この現象を座屈といいます。座屈荷重P_cはオイラーの式で求められ、材料のヤング率Eと断面二次モーメントI（断面形状で決まる）に比例し、長さLの二乗に反比例します。

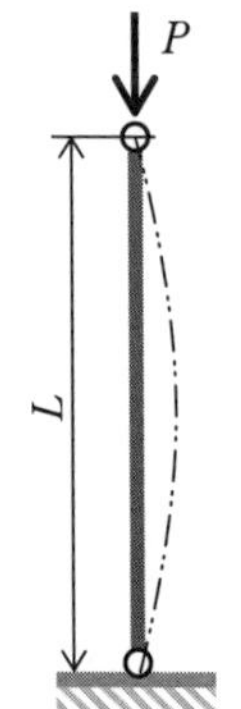

$$P_c=\frac{\pi^2 EI}{L^2}n$$（オイラーの式）

L：棒の長さ
E：ヤング率（縦弾性係数）
I：棒の断面二次モーメント
n：両端の固定方法で決まる定数
- 両端回転自由（両端ヒンジ）　$n=1$
- 一端固定（片方ヒンジ）　$n=1/4$
- 両端固定　$n=4$

過去問題を解いてみよう！

⇒令和5年度Ⅰ-1-2、令和3年度Ⅰ-1-5、令和2年度Ⅰ-1-3

9　微分積分

(1) 基本的な関数の微分公式

$(x^{\alpha})' = \alpha x^{\alpha-1}$（$\alpha$は任意の実数）

$(\sin x)' = \cos x$

$(\cos x)' = -\sin x$

$(\tan x)' = \dfrac{1}{\cos^2 x}$

$(e^x)' = e^x$

$(\log_e x)' = \dfrac{1}{x}$

(2) 積の微分

$(fg)' = fg' + f'g$

(3) 商の微分

$\left(\dfrac{f}{g}\right)' = \dfrac{f'g - fg'}{g^2}$

(4) 基本的な関数の積分公式

$\int x^{\alpha} dx = \dfrac{x^{\alpha+1}}{\alpha+1} + C$（$\alpha \neq -1$）（$C$は積分定数）

$\int \sin x\, dx = -\cos x + C$

$\int \cos x\, dx = \sin x + C$

$\int \dfrac{1}{x} dx = \log_e|x| + C$

$\int e^x dx = e^x + C$

過去問題を解いてみよう！

⇒令和2年度Ⅰ-3-1、令和元年度（再）Ⅰ-3-1、平成30年度Ⅰ-3-2

10　ベクトルの内積と外積

(1) ベクトル$\boldsymbol{a}$と$\boldsymbol{b}$の内積$\boldsymbol{a}\cdot\boldsymbol{b}$

$\boldsymbol{a}\cdot\boldsymbol{b} = a_x b_x + a_y b_y = |\boldsymbol{a}||\boldsymbol{b}|\cos\theta$

内積に関する重要な性質

①ベクトルの直交条件：ベクトル$\boldsymbol{a}$と$\boldsymbol{b}$が直交する条件は、ベクトルのなす角が90°の時であり、cos90°＝0　つまり、内積$|\boldsymbol{a}||\boldsymbol{b}|\cos\theta = 0$の時です。

②$\boldsymbol{a}\cdot\boldsymbol{b} = \boldsymbol{b}\cdot\boldsymbol{a}$（交換法則）

③$\boldsymbol{a}\cdot(\boldsymbol{b}+\boldsymbol{c}) = \boldsymbol{a}\cdot\boldsymbol{b} + \boldsymbol{a}\cdot\boldsymbol{c}$（分配法則）※$\boldsymbol{c}$もベクトル

④$(k\boldsymbol{a})\cdot\boldsymbol{b} = k(\boldsymbol{a}\cdot\boldsymbol{b}) = \boldsymbol{a}\cdot(k\boldsymbol{b})$（スカラー倍）

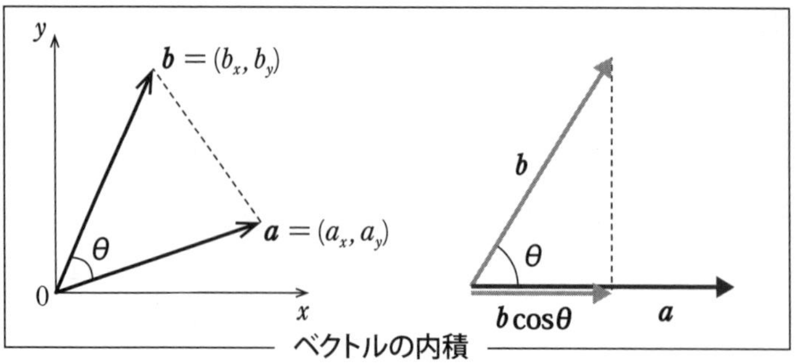

ベクトルの内積

(2) ベクトル$\boldsymbol{a}$と$\boldsymbol{b}$の外積$\boldsymbol{a}\times\boldsymbol{b}$

外積の大きさ $|\boldsymbol{a}\times\boldsymbol{b}|=|\boldsymbol{a}||\boldsymbol{b}|\sin\theta$

外積の大きさは$\boldsymbol{a}$と$\boldsymbol{b}$が作る平行四辺形の面積に等しく、向きは$\boldsymbol{a}$から$\boldsymbol{b}$に向かって右ねじを回した際にねじが進む方向です。

外積に関する重要な性質

②$\boldsymbol{a}\times\boldsymbol{b}=-\boldsymbol{b}\times\boldsymbol{a}$（反交換法則）

（外積$\boldsymbol{a}\times\boldsymbol{b}$と$\boldsymbol{b}\times\boldsymbol{a}$では、大きさは同じで向きが反対になる）

③$\boldsymbol{a}\times(\boldsymbol{b}+\boldsymbol{c})=\boldsymbol{a}\times\boldsymbol{b}+\boldsymbol{a}\times\boldsymbol{c}$（分配法則）

④$(k\boldsymbol{a})\times\boldsymbol{b}=k(\boldsymbol{a}\times\boldsymbol{b})=\boldsymbol{a}\times(k\boldsymbol{b})$（スカラー倍）

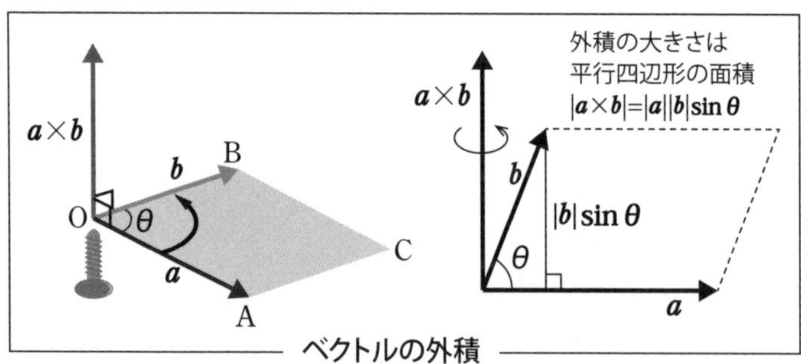

ベクトルの外積

過去問題を解いてみよう！ ⇒令和4年度 I-3-2、平成29年度 I-3-2

11　行列

行列：数字や記号を方形に配置したもの。

(1) 3行3列の行列の例

$$A=\begin{pmatrix} a_{11} & a_{12} & a_{13} \\ a_{21} & a_{22} & a_{23} \\ a_{31} & a_{32} & a_{33} \end{pmatrix}$$

（列：a_{12}, a_{22}, a_{32} の縦の並び　行：a_{21}, a_{22}, a_{23} の横の並び）

特に、行と列の数が等しい行列を正方行列と呼びます。

(2) 行列AとBの和・差の計算法

行列の和や差を求めるには、次のように、各成分の和や差をとります。よって、行列の和や差は、同じ型（m行n列が同じもの）でなければなりません。

$$A=\begin{pmatrix} a_{11} & a_{12} & a_{13} \\ a_{21} & a_{22} & a_{23} \\ a_{31} & a_{32} & a_{33} \end{pmatrix} \qquad B=\begin{pmatrix} b_{11} & b_{12} & b_{13} \\ b_{21} & b_{22} & b_{23} \\ b_{31} & b_{32} & b_{33} \end{pmatrix}$$

$$A\pm B=\begin{pmatrix} a_{11}\pm b_{11} & a_{12}\pm b_{12} & a_{13}\pm b_{13} \\ a_{21}\pm b_{21} & a_{22}\pm b_{22} & a_{23}\pm b_{23} \\ a_{31}\pm b_{31} & a_{32}\pm b_{32} & a_{33}\pm b_{33} \end{pmatrix}$$

(3) 行列の積

(a) 2行2列の行列同士の積AB

$$A=\begin{pmatrix} a_{11} & a_{12} \\ a_{21} & a_{22} \end{pmatrix} \qquad B=\begin{pmatrix} b_{11} & b_{12} \\ b_{21} & b_{22} \end{pmatrix}$$

$$AB=\begin{pmatrix} a_{11}b_{11}+a_{12}b_{21} & a_{11}b_{12}+a_{12}b_{22} \\ a_{21}b_{11}+a_{22}b_{21} & a_{21}b_{12}+a_{22}b_{22} \end{pmatrix}$$

(b) 3行3列の行列同士の積

$$A=\begin{pmatrix} a_{11} & a_{12} & a_{13} \\ a_{21} & a_{22} & a_{23} \\ a_{31} & a_{32} & a_{33} \end{pmatrix},\quad X=\begin{pmatrix} x_1 & x_2 & x_3 \\ y_1 & y_2 & y_3 \\ z_1 & z_2 & z_3 \end{pmatrix}$$

$$AX=\begin{pmatrix} a_{11} & a_{12} & a_{13} \\ a_{21} & a_{22} & a_{23} \\ a_{31} & a_{32} & a_{33} \end{pmatrix}\begin{pmatrix} x_1 & x_2 & x_3 \\ y_1 & y_2 & y_3 \\ z_1 & z_2 & z_3 \end{pmatrix}$$

$$=\begin{pmatrix} a_{11}x_1+a_{12}y_1+a_{13}z_1 & a_{11}x_2+a_{12}y_2+a_{13}z_2 & a_{11}x_3+a_{12}y_3+a_{13}z_3 \\ a_{21}x_1+a_{22}y_1+a_{23}z_1 & a_{21}x_2+a_{22}y_2+a_{23}z_2 & a_{21}x_3+a_{22}y_3+a_{23}z_3 \\ a_{31}x_1+a_{32}y_1+a_{33}z_1 & a_{31}x_2+a_{32}y_2+a_{33}z_2 & a_{31}x_3+a_{32}y_3+a_{33}z_3 \end{pmatrix}$$

(4) 単位行列E

対角要素がすべて1で、そのほかの要素がすべて0である正方行列を単位行列Eといいます。

2行2列の場合　$E=\begin{pmatrix} 1 & 0 \\ 0 & 1 \end{pmatrix}$

3行3列の場合　$E=\begin{pmatrix} 1 & 0 & 0 \\ 0 & 1 & 0 \\ 0 & 0 & 1 \end{pmatrix}$

(5) 行列式の計算法

行列Aの行列式を$|A|$または$\det A$と書きます。

2行2列の場合

$$|A| = \begin{vmatrix} a_{11} & a_{12} \\ a_{21} & a_{22} \end{vmatrix} = a_{11}a_{22} - a_{12}a_{21}$$

3行3列の場合（サラスの公式）

$$|A| = \begin{vmatrix} a_{11} & a_{12} & a_{13} \\ a_{21} & a_{22} & a_{23} \\ a_{31} & a_{32} & a_{33} \end{vmatrix}$$

$$= a_{11}a_{22}a_{33} + a_{12}a_{23}a_{31} + a_{13}a_{21}a_{32} - a_{13}a_{22}a_{31} - a_{11}a_{23}a_{32} - a_{12}a_{21}a_{33}$$

(6) 逆行列A^{-1}

行列Aにある行列をかけると単位行列Eになるような行列を逆行列A^{-1}と呼びます。

$$AA^{-1} = A^{-1}A = E$$

2行2列の場合、次のようになります。

$A=\begin{pmatrix} a_{11} & a_{12} \\ a_{21} & a_{22} \end{pmatrix}$ の逆行列A^{-1}

$$A^{-1} = \frac{1}{|A|}\begin{pmatrix} a_{22} & -a_{12} \\ -a_{21} & a_{11} \end{pmatrix} = \frac{1}{a_{11}a_{22} - a_{12}a_{21}}\begin{pmatrix} a_{22} & -a_{12} \\ -a_{21} & a_{11} \end{pmatrix}$$

過去問題を解いてみよう！

⇒令和5年度 I-3-2、平成25年度 I-3-4（解説はダウンロード提供）

12　ヤコビアン

二次元の領域Dにおける二重積分Iの変数がx, yから領域D'のu, vに変換される時、次のようになります。

$$I = \iint_D f(x, y)\,dx\,dy = \iint_{D'} f(u, v)\,J\,du\,dv$$

ここで，Jをヤコビアン（ヤコビ行列式）といい、次のようになります。

$$\text{ヤコビアン}\ J = \begin{vmatrix} \dfrac{\partial x}{\partial u} & \dfrac{\partial x}{\partial v} \\ \dfrac{\partial y}{\partial u} & \dfrac{\partial y}{\partial v} \end{vmatrix} = \frac{\partial x}{\partial u}\frac{\partial y}{\partial v} - \frac{\partial x}{\partial v}\frac{\partial y}{\partial u}$$

過去問題を解いてみよう！

⇒令和元年度Ⅰ-3-2、平成28年度Ⅰ-3-2（解説はダウンロード提供）

13　慣性モーメント

回転体の回転のしにくさ（トルクが加わった時の角速度の変化のしにくさ）を表すのが慣性モーメントIです。

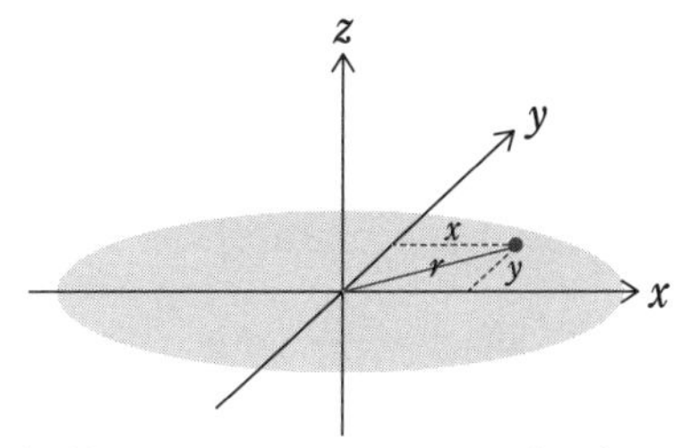

図のような薄い板のx軸、y軸、z軸周りの慣性モーメントは、それぞれ次のように表されます。慣性モーメントが大きいほど、トルクが加わった際に回転しにくいです（角速度が変化しにくい）。

$$I_x = \int y^2 dm$$
$$I_y = \int x^2 dm$$
$$I_z = \int r^2 dm$$

図に示すように、xとyとrはピタゴラスの定理（三平方の定理）で

$$r^2 = x^2 + y^2$$

であることが分かります。よって、次の直交軸の定理が導かれます。

$$I_z = \int r^2 dm = \int (x^2 + y^2) dm = \int x^2 dm + \int y^2 dm = I_y + I_x$$

$$I_z = I_x + I_y$$

次に示す、質量M、長さlの一様な細長い棒の慣性モーメントを知っておくとよいです。

重心回りの慣性モーメント $I=\dfrac{Ml^2}{12}$　　端部回りの慣性モーメント $I=\dfrac{Ml^2}{3}$

$-\dfrac{l}{2}$　$\dfrac{l}{2}$　l　l

過去問題を解いてみよう！ ⇒令和元年度 I-3-6、平成27年度 I-3-4

14　運動方程式

並進運動と回転運動の運動方程式、運動量、運動エネルギーとそれらの対応を以下にまとめます。

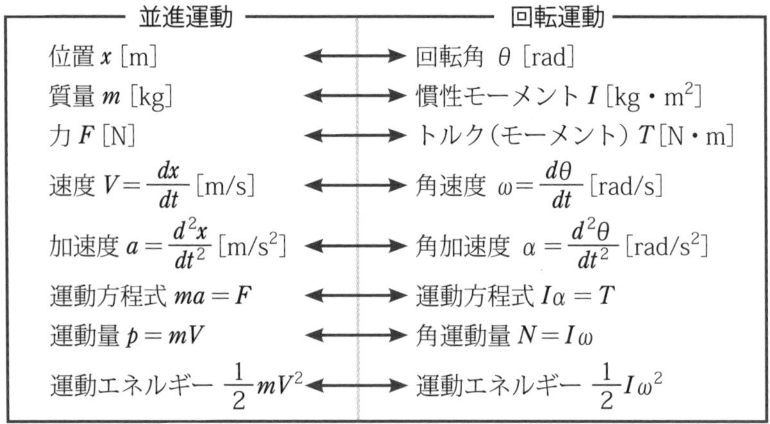

並進運動		回転運動
位置 x [m]	⟷	回転角 θ [rad]
質量 m [kg]	⟷	慣性モーメント I [kg・m^2]
力 F [N]	⟷	トルク（モーメント）T [N・m]
速度 $V=\dfrac{dx}{dt}$ [m/s]	⟷	角速度 $\omega=\dfrac{d\theta}{dt}$ [rad/s]
加速度 $a=\dfrac{d^2x}{dt^2}$ [m/s^2]	⟷	角加速度 $\alpha=\dfrac{d^2\theta}{dt^2}$ [rad/s^2]
運動方程式 $ma=F$	⟷	運動方程式 $I\alpha=T$
運動量 $p=mV$	⟷	角運動量 $N=I\omega$
運動エネルギー $\dfrac{1}{2}mV^2$	⟷	運動エネルギー $\dfrac{1}{2}I\omega^2$

過去問題を解いてみよう！ ⇒令和5年度 I-3-5、令和4年度 I-3-5

15　ばね

(1) フックの法則

ばね定数k[N/m]のばねに力F[N]を作用させたところ、自然長からの変位x[m]だけ弾性変形した時、次のフックの法則が成り立つ。

$$F=kx$$

また、この時ばねに蓄えられる弾性エネルギーEは次のようになる。

$$E=力\times距離=\int_0^x F\,dx=\int_0^x kx\,dx=\frac{1}{2}kx^2$$

(2) ばね定数

＜系a＞並列接続された場合

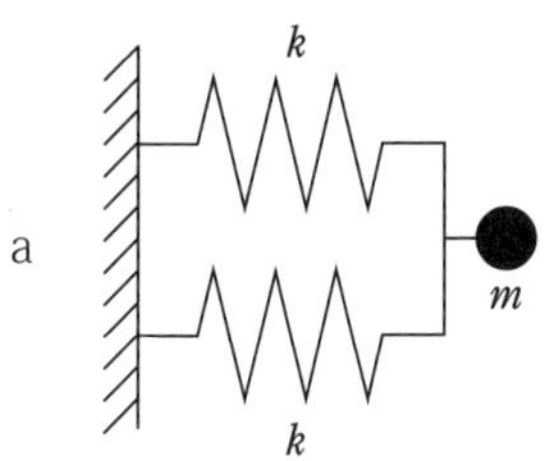

並列に接続されているので、それぞれのばね定数の重ね合わせによって、次のようになります。

$$k_{all}=k+k=2k$$

＜系b＞直列に接続されている場合

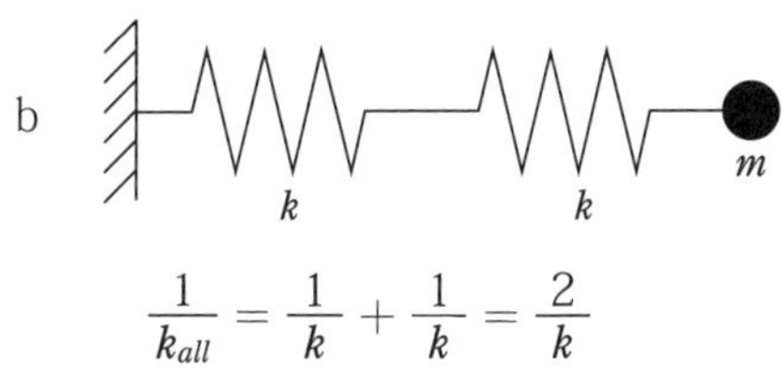

$$\frac{1}{k_{all}}=\frac{1}{k}+\frac{1}{k}=\frac{2}{k}$$

＜系c＞

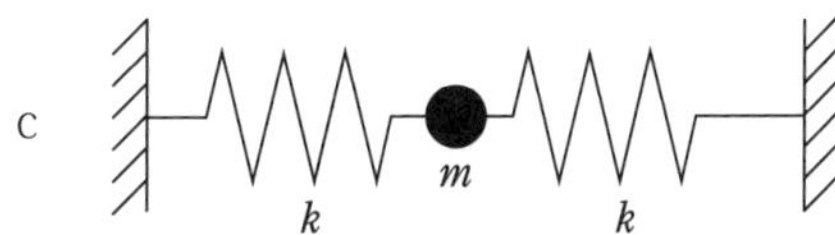

ばねが引っ張りと圧縮の2種類でつながっていますが、質点mにかかる力は並列接続の場合（系a）と同じです。

$$k_{all}=k+k=2k$$

過去問題を解いてみよう！ ⇒平成26年度 I-3-5（解説はダウンロード提供）

16　連続の式とベルヌーイの式

＜連続の式＞

流体の質量流量Q [kg/s] は、流線上のどの断面でも常に一定になります。これを連続の式と呼びます。密度ρ [kg/m^3]、断面積A [m^2]、流速V [m/s] の関係は次の通りです。

$$Q=\rho AV=一定$$

水のように、非圧縮性とみなせる流体の場合はρが一定のため、次のようになります。

$$AV=一定$$

＜ベルヌーイの式＞

非粘性、非圧縮、定常流における流体のエネルギー保存則を表した式をベルヌーイの式と呼びます。圧力によるエネルギー、位置エネルギー、運動エネルギーの総和が一定であることを示し、ベルヌーイの定理とも呼ばれます。

$$p+\rho gz+\frac{\rho V^2}{2}=一定$$

p：圧力、ρ：密度、g：重力加速度、V：速度、A：流路の断面積、z：基準位置からの高さ

例えば、下図のような管内を定常で流れる流体において、点aと点bとでは流量は一定ですが断面積が異なるため、連続の式に従い流速が変化します。その際、ベルヌーイの式は一定になります。

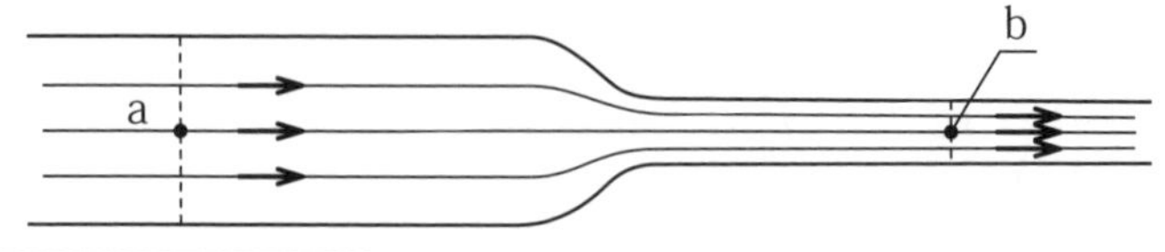

過去問題を解いてみよう！ ⇒令和２年度 I-3-6

17　合成抵抗

(1) 直列接続された抵抗の合成抵抗R_S

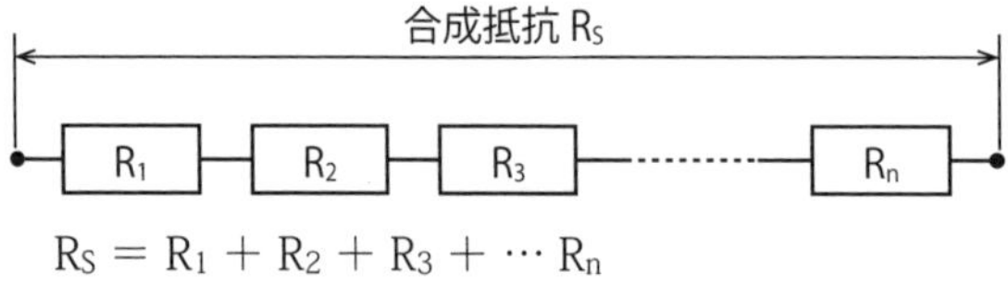

$$R_S=R_1+R_2+R_3+\cdots R_n$$

(2) 並列接続された抵抗の合成抵抗R_P

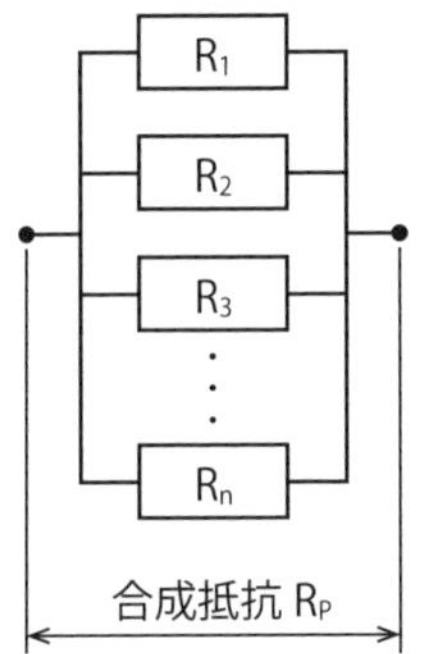

$$\frac{1}{R_P} = \frac{1}{R_1} + \frac{1}{R_2} + \frac{1}{R_3} + \cdots + \frac{1}{R_n}$$

過去問題を解いてみよう！ ⇒令和5年度 I-3-6、平成29年度 I-3-4

4群　材料・化学・バイオに関するもの

1　原子

物質の特性を示す最小の粒子のことを原子といいます。原子の中心には原子核があり、原子核の中にはいくつかの陽子と中性子があります。また、原子核の周りを陽子と同数の電子が回っています。

2　分子

原子が結合し、安定した状態にあるものです。例えば、水素原子H、酸素原子O、窒素原子Nはそれぞれ水素H_2、酸素O_2、窒素N_2、水H_2Oなどの形に結合し、安定な分子として存在しています。

原子と分子

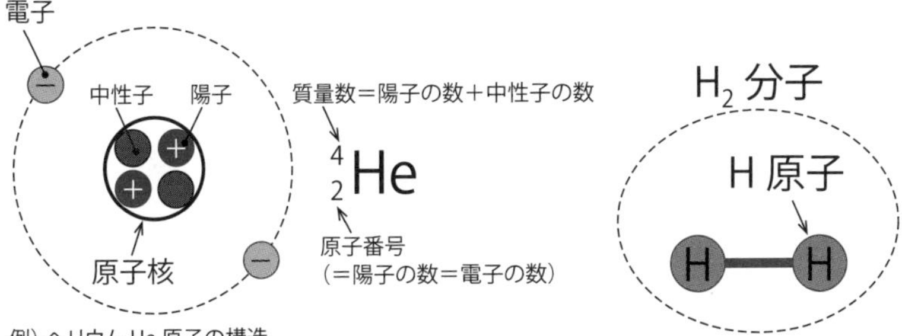

3　同位体

原子番号が同じであるが、質量数が異なる原子（陽子と電子の数は同じだが、中性子の数が違う）。放射性の同位体は、放射線を放出して別の元素に変化するものがあります。それを利用して、考古学資料の年代測定などに用いられます（^{14}Cによる年代測定）。

【例】炭素の同位体 ^{12}C、^{13}C、^{14}C

過去問題を解いてみよう！

⇒令和5年度Ⅰ-4-1、令和3年度Ⅰ-4-1、令和元年度Ⅰ-4-2

4　同素体

同じ元素でできているが、その数、配列などが違うため性質が異なる単体。

【例】酸素O_2とオゾンO_3、黒鉛（グラファイト）とダイヤモンドとカーボンナノチューブとフラーレン（いずれも炭素Cでできている）

5　異性体

分子式が同じ（元素の数、種類が同じ）であるが、その構造が異なる化合物。

【例】エタノールとジメチルエーテルの分子式は共にC_2H_6Oである。

しかし、結合の構造が異なっているため互いに異性体である。

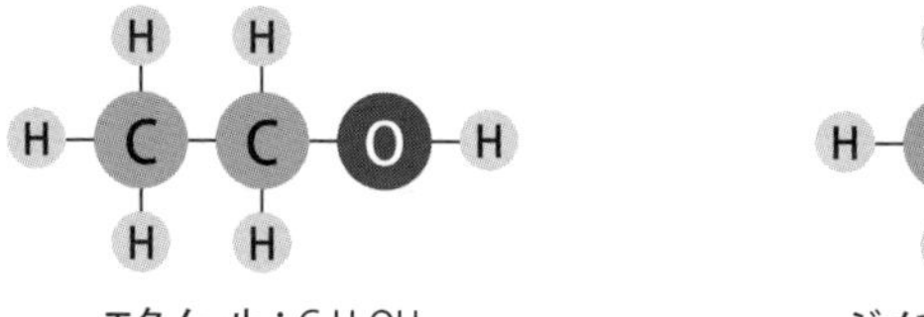

6　原子量

原子1個の質量は非常に軽く、例えば、原子量12の炭素Cの質量は、1mol（6.02×10^{23}個）集まって12グラム（12g/mol）になります。炭素の原子量を12とし、それとの相対値で示した質量を原子量といいます。

原子量は、原子1mol当たりの質量（g）に等しい。

【例】　酸素原子O → 原子量16 → 16g/mol（酸素原子を1mol集めると16g）

過去問題を解いてみよう！　⇒令和元年度Ⅰ-4-3

7　分子量・式量

分子を構成する原子の原子量をすべて足し合わせたものを分子量といいます。分子量も、1mol（＝6.02×10^{23}個）当たりの質量（g）に等しい。例えば、酸素分子O_2の分子量は、原子量16のOが2つなので、16×2＝32です。つまり、酸素分子O_2を1mol集めると32gになり、単位を付けると32g/molと書けます。

【例】　二酸化炭素CO_2 → 炭素の原子量12＋酸素の原子量16×2個＝分子量44 → 44g/mol（1mol集めると44g）

また、塩化ナトリウムNaClなどのイオン性物質のように、分子が存在しないものの場合は分子量とは呼ばずに式量といいます（求め方は分子量と同じ）。

8　アボガドロの法則

「すべての気体は、同じ温度、同じ圧力において、同じ容積中に同数の分子を含む。」

具体例として、0℃、1気圧において、1mol（6.02×10^{23}個、この数をアボガドロ数という）の理想気体は22.4Lの体積を占めます。

実際に理想気体の状態式$pV = nR_0T$を用いて、$n = 1$mol、$p = 1$気圧≒101.3kPa、温度$T = 0$℃≒273K、一般気体定数$R_0 \fallingdotseq 8.314$J/（mol・K）での体積を求めると、

$$V = \frac{nR_0T}{p} = \frac{1 \times 8.314 \times 273}{101.3 \times 10^3} = 0.0224\mathrm{m}^3 = 22.4\mathrm{L}$$ になります。

過去問題を解いてみよう！ ⇒令和5年度 I-5-4、平成30年度 I-4-1

9　化学平衡

物質Aと物質Bが反応して物質Cと物質Dが生成される反応を考えます。

AとBからCとDが生成される反応を正反応といいますが、通常同時にその逆の反応（逆反応）も起きています。　$A + B \leftrightarrow C + D$

正反応と逆反応の反応速度が同じになった時、反応は見かけ上止まったように見えます。この状態を化学平衡といいます。

10　ルシャトリエの法則

化学平衡にある状態において、反応の条件（圧力、濃度、温度）を変化させると、

その変化を打ち消す方向に平衡状態が移動します。これを、ルシャトリエの法則といいます。

＜ルシャトリエの法則の具体例＞

状態変化	平衡状態の移動
圧力増加	圧力増加で分子密度が増加するため、圧力が低下する方向、つまり分子数を減少させる方向に平衡が移動する
濃度増加	濃度が減少する方向に平衡が移動する
温度増加	温度を増加させると、温度を低下させる方向、つまり吸熱反応の方向に平衡が移動する

過去問題を解いてみよう！ ⇒平成28年度 I-4-1（解説はダウンロード提供）

11　熱化学とヘスの法則

反応物（反応前の物質）と生成物（反応後の物質）が同じであれば、その際の反応熱は反応の経路によらずに一定になります。これを、ヘスの法則といいます。この法則を利用し、複雑な段階を経る化学反応でも、シンプルな熱化学方程式の組合せで表すことで、その反応熱を求めることができます。

【例】炭素Cの燃焼反応

（式①）炭素Cと酸素O_2が反応して一酸化炭素COが生成する熱化学反応

$C + 0.5O_2 = CO + 111kJ$ ……………①

（式②）COとO_2が反応して二酸化炭素CO_2が生成する熱化学反応

$CO + 0.5O_2 = CO_2 + 283kJ$…………②

求めたい化学式は次の通りです。

$C + O_2 = CO_2 + x\,[kJ]$ …………………③

ヘスの法則を利用すれば、①式＋②式＝③式になるので、両式を足すと次のようになります。

$$
\begin{array}{lllll}
 & C & +0.5O_2 = CO & +111kJ & \cdots\cdots① \\
+) & CO & +0.5O_2 = CO_2 & +283kJ & \cdots\cdots② \\
\hline
 & C + \cancel{CO} & +O_2 = \cancel{CO} + CO_2 & +394kJ &
\end{array}
$$

イコールの両側にある同じ物質（CO）は互いに消去されるので、

$C + O_2 = CO_2 + 394kJ$ となります。つまり、1molの炭素Cの完全燃焼によって394kJの発熱反応が起こります。

12　クラーク数

地表付近に存在する元素の割合(wt%)を表した数字をクラーク数と呼びます。

<クラーク数>

元素名	元素記号	クラーク数 [%]
酸素	O	49.5
ケイ素	Si	25.8
アルミニウム	Al	7.56
鉄	Fe	4.7
カルシウム	Ca	3.39
ナトリウム	Na	2.63
カリウム	K	2.4
マグネシウム	Mg	1.93

元素名	元素記号	クラーク数 [%]
水素	H	0.83
チタン	Ti	0.46
マンガン	Mn	0.09
クロム	Cr	0.02
ニッケル	Ni	0.01
銅	Cu	0.01
その他	-	0.67

過去問題を解いてみよう！ ⇒令和３年度 Ⅰ-4-4

13　金属の特性

・金属結合によって、自由電子が存在するため、電気と熱をよく伝えます。
・不純物を入れて合金化した金属は、自由電子の働きが阻害されるため熱伝導率が低下します。
・金属独特の光沢(金属光沢)があります。
・延性、展性があります(延ばしたり広げたりが可能)。
・比重が４を超える金属を重金属、比重が４以下の金属を軽金属といいます。
・水より軽いものもあります(ナトリウムNa、カリウムK、リチウムLiなど)。
・ほとんどの金属は、(a)体心立方格子、(b)面心立方格子、(c)六方最密充填のいずれかの結晶構造に分類されます。

<結晶構造と分類>

	結晶構造	1つの結晶中の原子数	配位数(中心の原子に最も隣接する原子の数)	具体例
(a)	体心立方格子	2	8	Li、Na、Fe、W
(b)	面心立方格子	4	12	Al、Cu、Ni
(c)	六方最密充填	2	12	Mg、Ti、Zn

過去問題を解いてみよう！ ⇒令和２年度 Ⅰ-4-4、平成29年度 Ⅰ-4-3

14　鉄、アルミニウム、銅の性質比較

①密度[g/cm^3]：(20℃における数値)

銅(8.96 g/cm^3)＞鉄(7.87 g/cm^3)＞アルミニウム(2.70 g/cm^3)

②融点[℃]：

鉄(1535℃)＞銅(1085℃)＞アルミニウム(660℃)

③電気抵抗率[Ωm]：(20℃における数値。鉄は純鉄の数値)

鉄(9.00×10^{-8}Ωm)＞アルミニウム(2.75×10^{-8}Ωm)＞銅(1.72×10^{-8}Ωm)

④熱伝導率[W/mK]：

銅(403 W/mK)＞アルミニウム(238 W/mK)＞鉄(84 W/mK)

過去問題を解いてみよう！

⇒令和2年度Ⅰ-4-3、平成28年度Ⅰ-4-3(解説はダウンロード提供)

15　金属の腐食と破壊

・金属は、変形によって格子欠陥が増加して加工硬化(ひずみ硬化)を起こします。加工硬化した金属を加熱すると、格子欠陥が除去され、加工前の状態に近づきます。このような処理を焼きなましといいます。

・金属の塑性変形(外力を取り除いても元の形状に戻らない変形)は、結晶内に自由電子が存在して比較的自由に動き回れるため、陽子が移動しても容易には結合が切れないことで起こります。

・結晶粒径が小さいほど、金属の降伏応力が増加し、強度が増加します。金属の結晶内部には、原子の配列が線上に乱れた個所(転位)が存在します。変形に伴い、転位が互いの運動を阻害しあうことで、金属の降伏応力が増加します。この現象を、加工硬化(ひずみ硬化)と呼びます。

・許容応力以下の荷重であったとしても、それが繰り返しかかることでやがて破壊に至ることがあります。これを疲労破壊と呼びます。

・材料に一定荷重(一定応力)を加えて保持した際、時間経過とともに塑性変形が進み、やがて破壊に至る現象をクリープと言います。クリープは、材料の温度が高い方が発生しやすい傾向にあります。

・金属の腐食は、表面などの酸化されやすい部位から局所的にも進行します。

・イオン化傾向が高い金属ほど、腐食しやすい傾向にあります。

・ステンレス、アルミニウム、クロム、チタンなどは、表面に酸化被膜(不動態膜)

が形成されるとそれが腐食の進行を抑える役割を果たすため、さびにくいです。

過去問題を解いてみよう！

⇒令和5年度Ⅰ-4-4、令和4年度Ⅰ-1-1、平成30年度Ⅰ-4-3

16　熱力学の基本式

熱力学第一法則

$dQ = dU + dW = dU + pdV$（閉じた系の式）

$dQ = dH + dWt = dH - Vdp$（開いた系の式）

熱力学第二法則（エントロピーの定義）

$$dS = \frac{dQ}{T}$$

エンタルピー H の定義

$H = U + pV$

ヘルムホルツ自由エネルギー F（等温等容条件で取り出せる最大仕事）

$F = U - TS$

ギブズ自由エネルギー G（等温等圧条件で取り出せる最大仕事）

$G = H - TS$

Q：熱量
p：圧力
V：体積
T：絶対温度
U：内部エネルギー
H：エンタルピー
W：仕事（絶対仕事）
Wt：仕事（工業仕事）
S：エントロピー
F：ヘルムホルツ自由エネルギー
G：ギブズ自由エネルギー

過去問題を解いてみよう！

⇒令和元年度（再）Ⅰ-4-3（解説はダウンロード提供）

17　物質の酸の強さ

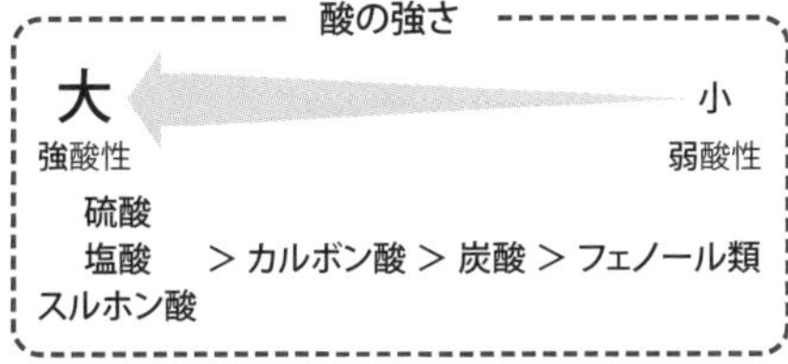

過去問題を解いてみよう！

⇒令和4年度Ⅰ-4-1、令和元年度（再）Ⅰ-4-2（解説はダウンロード提供）

18　ハロゲンの性質

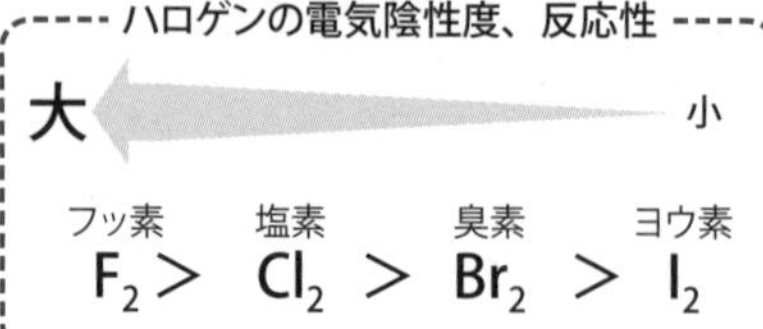

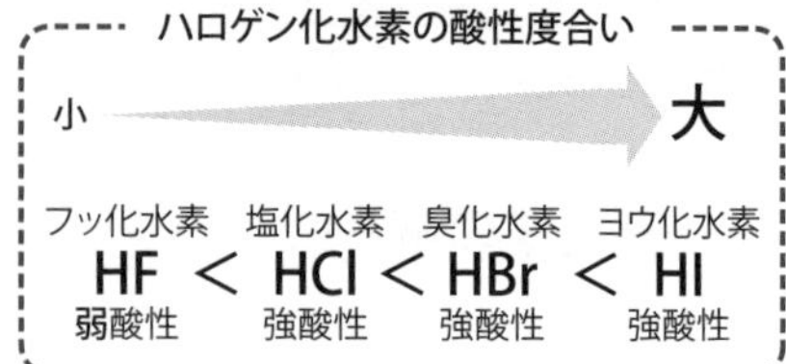

過去問題を解いてみよう！ ⇒令和元年度 I-4-1

19　細胞

細胞の成分：細胞の成分は、水が最も多く、約70%程度を占めています。そのほかに、タンパク質、脂質などからなります。

人の細胞の成分（質量%）：水66%、タンパク質16%、脂質13%、炭水化物0.4%、無機物4.4%、核酸（微量）

20　酸化と還元

酸化と還元は、酸素のやりとり、水素のやり取り、電子（e^-）のやり取りで表のように説明できます。

	結びつく	失う
酸素	酸化	還元
水素	還元	酸化
電子	還元	酸化

電子のやり取りで考えると、電子（e^-）を失うのは酸化、電子（e^-）を得るのは還元です。しかしながら、電子のやり取りの関係が不明確な反応もあります。そのような場合、酸化数の概念を使うことで酸化と還元を判定できます。酸化数は、次のように決めることができます。

(1) 単体の酸化数は0（ゼロ）
(2) 化合物中の酸化数の総和は0（全体として電荷をもっていない）
(3) イオンの場合、酸化数はイオンの価数に等しい
(4) 化合物中の水素Hの酸化数は+ 1、酸素Oの酸化数は-2（例外あり）
(5) 化合物中のアルカリ金属の酸化数は、1族が+1、2族が+2

例えば、銅Cuと酸素O_2が反応して酸化銅CuOができる反応では、各元素の酸化数の変化を示すと下の図のようになります。つまり、Cuは酸化され、O_2は還元されています。このようにして、酸化と還元が同時に起こる反応を酸化還元反応と呼びます。

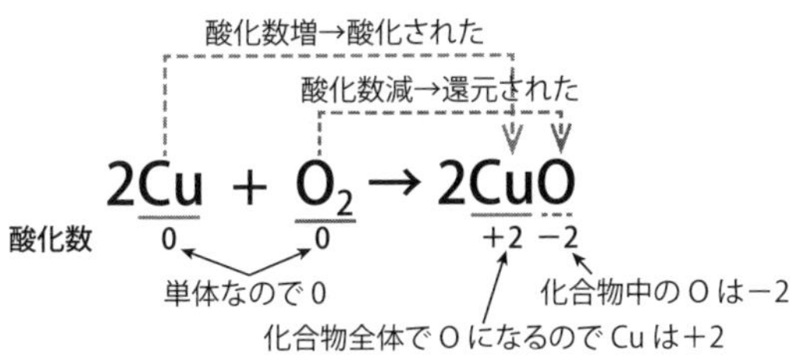

その他、簡単な見分け方として以下があります。

反応式の中に単体があるものは必ず酸化還元反応である。

過去問題を解いてみよう！

⇒令和4年度 I-4-2、平成27年度 I-4-2（解説はダウンロード提供）

21　DNA

- DNAとは、デオキシリボ核酸（Doexyribo Nucleic Acid）の略であり、遺伝子情報を有する物質です。DNAは、2本の鎖がらせん状になって“二重らせん構造”をとっています。2本の鎖は塩基対が水素結合をしています。この鎖は、ヌクレオチドと呼ばれる構成単位の繰り返しになっています。
- ヌクレオチドとは、4種類の塩基〔アデニン（A）、チミン（T）、グアニン（G）、シトシン（C）〕とリン酸Pと五炭糖（デオキシリボース）の3つの成分からなります。
- 2本のらせんは、アデニン（A）とチミン（T）、グアニン（G）とシトシン（C）がそれぞれ向き合って相補的に塩基対を形成します。水素結合が多いグアニンとシトシンの含有量が多いほど熱変性しにくくなります（融解温度が上がる）。
- シャルガフの規則

  「全ての生物において、アデニン（A）とチミン（T）、グアニン（G）とシトシン（C）の数の比は、それぞれ等しい」

  つまり、A:T＝G:C＝1:1である。

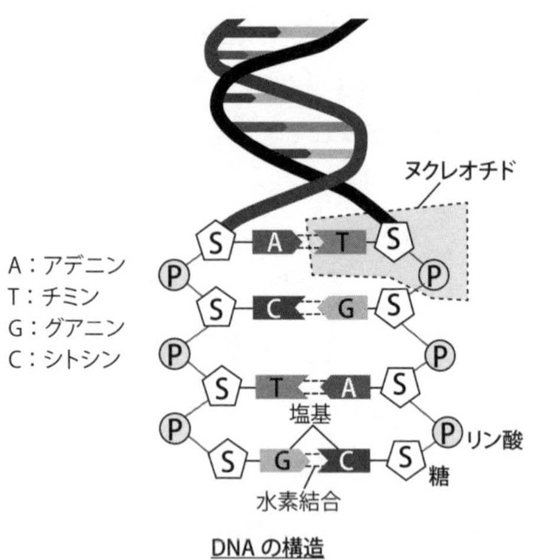

DNA の構造

過去問題を解いてみよう！ ⇒令和4年度 I-4-6、令和元年度 I-4-5

22 アミノ酸

アミノ酸とは、分子内にカルボキシ（ル）基（－COOH）とアミノ基（－NH_2）を有する化合物の総称です。α-アミノ酸同士が脱水結合したものをペプチド結合（-CONH-）という。ペプチド結合が50個以上結合して鎖状になったものがタンパク質である。タンパク質を構成するアミノ酸は、20種類程度です。アミノ酸には、光学異性体としてL体とD体が存在します。生体のタンパク質は、L体のみで構成されます。また、アミノ酸の種類により異なるR基が結合しています。R基に脂肪族炭化水素鎖や芳香族炭化水素鎖を持つイソロイシンやフェニルアラニンは疎水性のアミノ酸です。

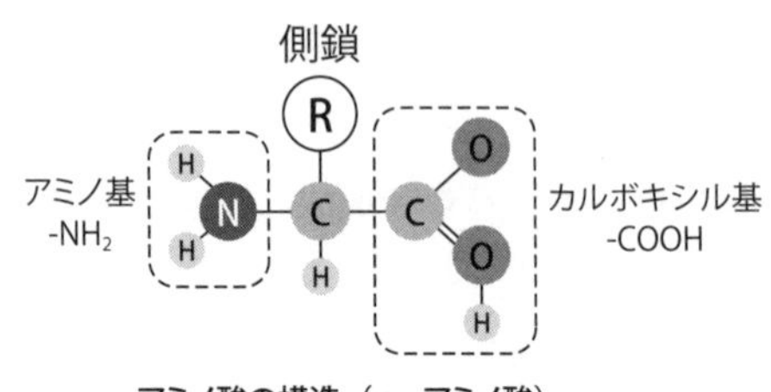

アミノ酸の構造（α-アミノ酸）

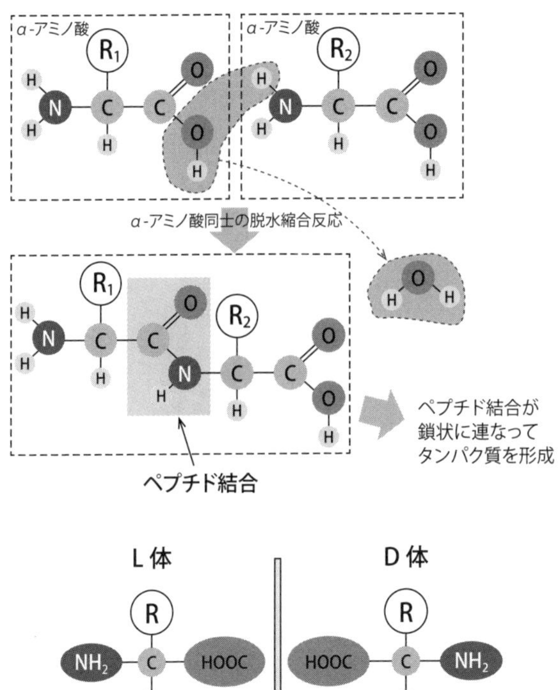

過去問題を解いてみよう！

⇒令和5年度 I-4-5、令和3年度 I-4-5、令和元年度 I-4-6

5群　環境・エネルギー・技術に関するもの

1　エネルギー資源

(1) 主要エネルギー資源の可採年数

> 可採年数＝確認埋蔵量／年間生産量
>
> 天然ガス（49年）＜石油（54年）＜ウラン（115年）＜石炭（139年）

上記の数値は2020年のものです。可採年数は、採掘技術の進歩などによって増加することもあります。

(2) 石油

日本は、石油の中東依存度が80%以上です。石油の輸入量が最も多いのはサウジアラビアです。次いで、UAE（アラブ首長国連邦）、クウェート、カタールなどです。これらの国から原油を輸入する際には、ホルムズ海峡を経由する必要があり、ここで有事が発生した場合、資源確保の不安定、経済への影響などが懸念されます。

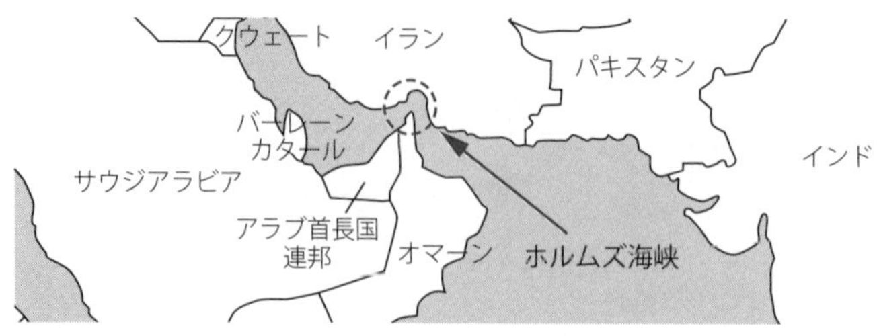

過去問題を解いてみよう！ ⇒令和4年度Ⅰ-5-3、平成30年度Ⅰ-5-3

(3) 主要国の一次エネルギー構成

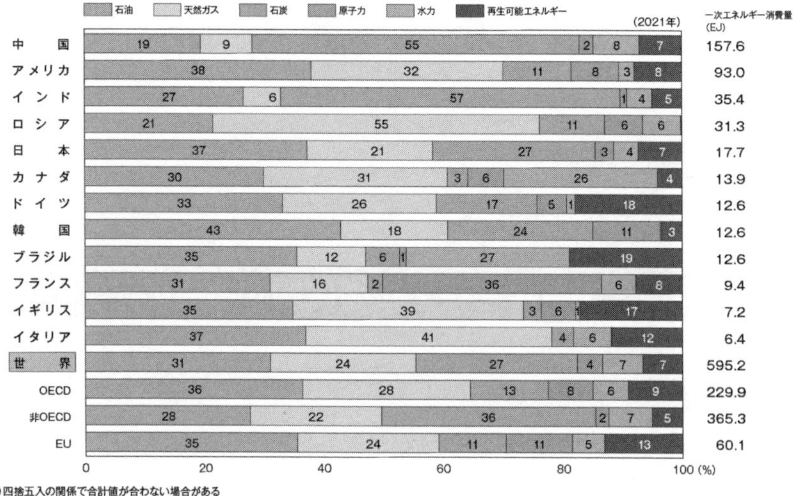

出典：「「原子力・エネルギー」図面集」（一般財団法人日本原子力文化財団）
https://www.ene100.jp/zumensyu_1

(4) 世界の1人当たりの一次エネルギー供給量

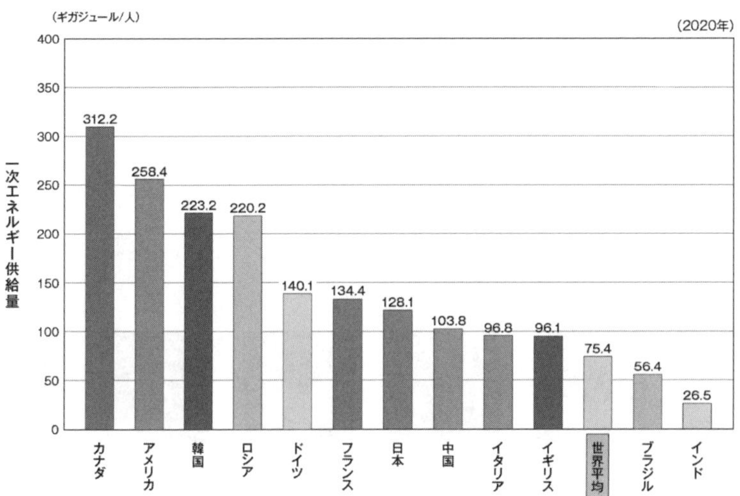

出典：「「原子力・エネルギー」図面集」(一般財団法人日本原子力文化財団)
https://www.ene100.jp/zumensyu_1

(5) 国内の電源別発電電力量の推移

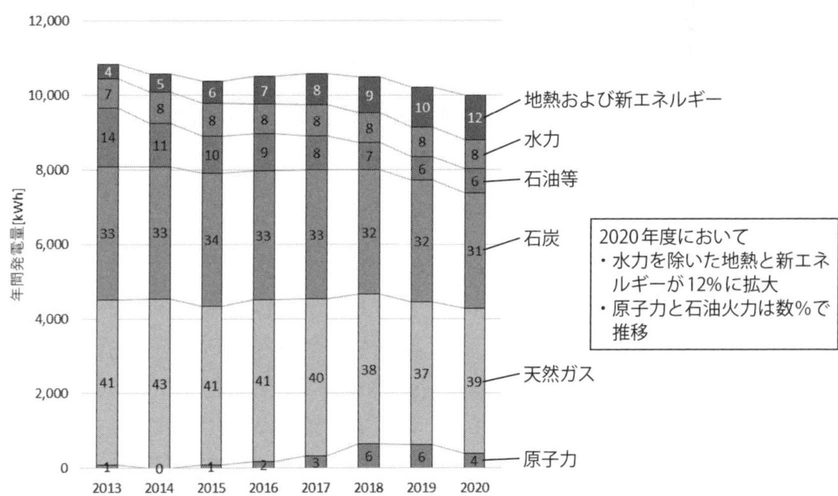

出典：「「原子力・エネルギー」図面集」(一般財団法人日本原子力文化財団)
https://www.ene100.jp/zumensyu_1

過去問題を解いてみよう！ ⇒令和3年度 I-5-4、平成27年度 I-5-4

2　持続可能な開発目標

持続可能な開発目標（SDGs：Sustainable Development Goals：通称「グローバル・ゴールズ」）は、2015年9月の国連サミットにて全会一致で採択されました。貧困に終止符を打ち、地球を保護し、すべての人が平和と豊かさを享受できるようにすることを目指す普遍的な行動を呼びかけています。

SDGsは、「誰一人取り残さない」持続可能で多様性と包摂性のある社会の実現に向けて、2030年を年限として17の国際目標を掲げています。

＜17の目標＞

出典：https://www.un.org/sustainabledevelopment/

目標1：貧困をなくそう
目標2：飢餓をゼロに
目標3：すべての人に保健と福祉を
目標4：質の高い教育をみんなに
目標5：ジェンダー平等を実現しよう
目標6：安全な水とトイレを世界中に
目標7：エネルギーをみんなに、そしてクリーンに
目標8：働きがいも経済成長も
目標9：産業と技術革新の基盤をつくろう
目標10：人や国の不平等をなくそう
目標11：住み続けられるまちづくりを
目標12：つくる責任つかう責任
目標13：気候変動に具体的な対策を
目標14：海の豊かさを守ろう
目標15：陸の豊かさも守ろう
目標16：平和と公正をすべての人に
目標17：パートナーシップで目標を達成しよう

＜SDGsの特徴＞

普遍性：先進国を含めて、すべての国が行動

包摂性：人間の安全保障の理念を反映し、誰一人取り残さない

参画型：すべてのステークホルダーが役割を

統合性：社会・経済・環境に統合的に取り組む

透明性：定期的にフォローアップする

参考　外務省：https://www.mofa.go.jp/mofaj/gaiko/oda/sdgs/about/index.html

これら17の目標は、ミレニアム開発目標（MDGs：Millennium Development Goals）を土台に、気候変動や経済的不平等、イノベーション、持続可能な消費、平和と正義などの新たな分野を優先課題として盛り込んだものです。

過去問題を解いてみよう！ ⇒令和4年度Ⅱ-14、平成30年度Ⅰ-5-1

3　循環型社会形成推進基本法

「循環型社会」とは、［1］廃棄物等の発生抑制、［2］循環資源の循環的な利用および［3］適正な処分　が確保されることによって、天然資源の消費を抑制し、環境への負荷ができる限り低減される社会を指します。

廃棄物等の処理の優先順位が次のように示されています。

＜廃棄物等の処理の優先順位＞

［1］発生抑制、［2］再使用、［3］再生利用、［4］熱回収、［5］適正処分

過去問題を解いてみよう！ ⇒令和4年度Ⅱ-10、令和元年度（再）Ⅰ-5-2

4　グリーン購入

グリーン購入とは、「製品やサービスを購入する際に、環境を考慮して、必要性をよく考え、環境への負荷ができるだけ少ないものを選んで購入すること」です。グリーン購入は、消費生活など購入者自身の活動を環境にやさしいものにするだけでなく、供給側の企業に環境負荷の少ない製品の開発を促すことで、経済活動全体を変えていく可能性を持っています。

参考　環境省：https://www.env.go.jp/policy/hozen/green/

5　環境報告書

環境報告書とは、「事業者（企業、団体、学校等）が、自らの事業活動によって生じる環境負荷や、環境に対する考え方、取り組み等を社会に対して定期的に公表するもの」です。環境報告書の作成・公表を通じて、事業者内部における環境への取り組みの定期的な見直しや、組織内での環境意識を高める効果も得られます。

参考　環境省：http://www.env.go.jp/policy/envreport/about/

6　環境アセスメント

環境アセスメントとは、「開発事業の内容を決めるに当たって、それが環境にどのような影響を及ぼすかについて、あらかじめ事業者自らが調査・予測・評価を行い、その結果を公表して一般の方々、地方公共団体などから意見を聴き、それらを踏まえて環境の保全の観点からよりよい事業計画を作り上げていこうという制度」です。

参考　環境省：http://assess.env.go.jp/1_seido/1-1_guide/1-1.html

7　環境管理（環境マネジメント）と環境監査

組織や事業者が、その運営や経営の中で自主的に環境保全に関する取り組みを進めるにあたり、環境に関する方針や目標を自ら設定し、これらの達成に向けて取り組んでいくことを「環境管理」または「環境マネジメント」といい、このための工場や事業所内の体制・手続き等の仕組みを「環境マネジメントシステム」（EMS：Environmental Management System）といいます。また、このような自主的な環境管理の取組状況について、客観的な立場からチェックを行うことを「環境監査」といいます。

参考　環境省：https://www.env.go.jp/policy/j-hiroba/04-1.html

8　ライフサイクルアセスメント

製品やサービスのライフサイクル全体（資源の採取、原料の生産、製品の生産、流通、消費、廃棄、リサイクルなど）における環境負荷を定量的に評価する手法を指します。

過去問題を解いてみよう！ ⇒平成30年度 I-5-2

9　スマートグリッド（次世代送電網）

電力の流れを供給側、需要側の双方から制御し、最適な利用を図る送電網。

10　スマートコミュニティ

家庭、ビル、交通システム、蓄電池などをITネットワークでつなげ、ICT（情報通信技術）を活用して地域でエネルギーを有効活用するシステム。

11　家やビルの省エネ用語

- スマートホーム（ハウス）、スマートビルディング：IoTやAI技術を活用して家庭やビルの各種機器（照明、空調、音響、換気、他）を最適に制御し、省エネや快適な環境の維持などを行う
- HEMS（Home Energy Management System）、BEMS（Buildinge Energy Management System）:家庭やビル内のエネルギーの見える化をすることで最適な運用による省エネを図るシステム
- ZEH（net Zero Energy House）、ZEB（net Zero Energy Building）：快適な室内環境を実現しながら、建物（家やビル）で消費する年間の一次エネルギーの収支をゼロにすることを目指した建物

12　スマートメーター

電力をデジタル計測し、電気の使用状況などを見える化したり、ネットワーク化して省エネに寄与するなどの機能を持った電力計。

過去問題を解いてみよう！ ⇒平成30年度 I-5-4

13　温室効果ガス

温室効果ガスは、地球からの放射である赤外線を吸収し、地球の冷却を防ぐ効果を持つガスを指す。具体的には、国連気候変動枠組条約において次の7種が定められています。

「二酸化炭素（CO_2）、メタン（CH_4）、一酸化二窒素（N_2O）、ハイドロフルオロカ

ーボン類（HFCs）、パーフルオロカーボン類（PFCs）、六フッ化硫黄（SF_6）、三フッ化窒素（NF_3）」

14　COP21

COP（気候変動枠組条約締約国会議：Conference of Parties）の2015年の会議COP21において、新たな法的枠組みとしてパリ協定が採択されました。主な合意内容は次の通りです。

- 世界共通の長期目標として、産業革命前からの地球平均気温上昇を2℃目標のみならず1.5℃への言及
- 主要排出国を含むすべての国が削減目標を5年ごとに提出・更新すること、共通かつ柔軟な方法でその実施状況を報告し、レビューを受けること
  （日本の削減目標：2030年までに2013年比で26％削減）
- JCM（二国間クレジット制度）を含む市場メカニズムの活用が位置づけられたこと
- 森林等の吸収源の保全・強化の重要性、途上国の森林減少・劣化からの排出を抑制する仕組み
- 適応の長期目標の設定および各国の適応計画プロセスと行動の実施
- 先進国が引き続き資金を提供することと並んで途上国も自主的に資金を提供すること
- イノベーションの重要性が位置づけられたこと
- 5年ごとに世界全体の状況を把握する仕組み
- 協定の発効要件に国数および排出量を用いるとしたこと
- 「仙台防災枠組」への言及（COP決定）

過去問題を解いてみよう！ ⇒平成29年度 I-5-2

15　クリーン開発メカニズム

先進国の政府や企業が、途上国において温室効果ガス削減にかかわるプロジェクトを行い、そこでの削減分をクレジットとして自国に持ち帰る仕組みを指します。途上国での温室効果ガス削減は、先進国が国内で削減に取り組むよりも低コストかつ有効な削減効果が期待できます。この方法は、世界レベルで温暖化防止の取り組みを強化すると同時に、国際協力や持続可能な発展の実現に貢献するとして期待されています。

16　E-Waste

電気電子機器廃棄物のことを指し、PC、携帯電話、冷蔵庫などの電気電子機器や家電製品から発生する廃棄物の総称です。これらは、貴金属やレアメタルを含むと同時に、鉛や水銀などの有害物質も含むため、不適切な処理による環境汚染の原因となることが懸念されています。

17　バーゼル条約（有害廃棄物等の越境移動およびその処分の管理に関するバーゼル条約）

先進国で発生した有害な廃棄物が、国境を越えて開発途上国に投棄されて環境汚染を引き起こすなどの問題を受け、有害廃棄物が国境を越えて移動することへの国際的な枠組みや手続きなどを規定した国際条約です。この条約は、1989年にバーゼルで採択され、1992年に発効しました。また、日本は1993年に加入しました。

18　カルタヘナ議定書（生物多様性の保全）

(1) 目的

この議定書は、特に国境を越える移動に焦点を合わせて、生物の多様性の保全及び持続可能な利用に悪影響を及ぼす可能性のあるLMO（現代のバイオテクノロジーにより改変された生物：Living Modified Organism）の安全な移送、取扱い及び利用の分野において十分な水準の保護を確保することを目的とする【第1条】。

(2) 適用範囲

（ア）この議定書は、生物の多様性の保全及び持続可能な利用に悪影響を及ぼす可能性のあるすべてのLMOの国境を越える移動、通過、取扱い及び利用について適用する【第4条】。

（イ）この議定書は、人のための医薬品であるLMOの国境を越える移動については、適用しない【第5条】。

参考　外務省
https://www.mofa.go.jp/mofaj/gaiko/kankyo/jyoyaku/cartagena.html

過去問題を解いてみよう！　⇒令和2年度 I-5-2、平成28年度 I-5-2

19　科学技術史

科学・技術に関する重大な発明や発見を行った科学者・技術者の名前、功績、年度を問う問題がよく出題されます。主要なものを年代順にまとめると、次のようになります。

年	人物	功績
1609	ガリレオ・ガリレイ	天体望遠鏡の製作と天体観測の実施
1656	クリスティアーン・ホイヘンス	振り子時計の発明
1705	エドモンド・ハレー	ハレー彗星（周期彗星）の発見
1712	トーマス・ニューコメン	大気圧機関の発明
1752	ベンジャミン・フランクリン	雷が電気であることの証明
1769	ジェームズ・ワット	ワット式蒸気機関の発明
	リチャード・アークライト	水力紡績機の発明
1774	アントワーヌ・ラヴォアジエ	質量保存の法則の発見
1796	エドワード・ジェンナー	種痘法（牛痘接種）の開発
1822	チャールズ・バベジ	コンピュータの原型、階差機関・解析機関の試作
1828	フリードリヒ・ヴェーラー	尿素の人工的合成
1856	ヘンリー・ベッセマー	転炉法（製鋼法）の開発
1859	ダーウィン、ウォーレス	進化の自然選択説の提唱
1864	ジェームズ・クラーク・マクスウェル	マクスウェル方程式の導出、電磁波の存在予測
1869	ドミトリ・メンデレーエフ	元素の周期律の作成
1876	アレクサンダー・グラハム・ベル	電話の発明
1880	ジョージ・イーストマン	乾式の写真板（乾板）の発明
1887	ハインリヒ・ヘルツ	電磁波の存在立証
1896	アントワーヌ・アンリ・ベクレル	放射線（アルファ線）の発見
1897	チャールズ・ウィルソン	霧箱の発明
	志賀潔	赤痢菌の発見
1898	マリ・キュリー ピエール・キュリー	ラジウム、ポロニウムの発見

年	人物	功績
1903	ライト兄弟	ガソリンエンジンによる人類初の動力飛行
1907	リー・ド・フォレスト	三極真空管（三極管）の発明
1908	フリッツ・ハーバー	アンモニアの工業的合成法の基礎を確立
1915	アルベルト・アインシュタイン	一般相対性理論の提唱
1918	本多光太郎	KS磁石鋼の開発
1926	エルヴィン・シュレーディンガー	量子力学の基本方程式である「シュレーディンガーの波動方程式」発表
1935	ウォーレス・カロザース	ナイロン（ポリアミド系合成繊維）の発明
	湯川秀樹	中間子理論の提唱
1938	オットー・ハーン	原子核分裂の発見
1942	エンリコ・フェルミ	原子核分裂の連鎖反応の実現と制御
1948	バーディーン、ブラッテン、ショックレー	トランジスタの発明
1952	福井謙一	フロンティア軌道理論（フロンティア電子理論）

過去問題を解いてみよう！

⇒令和4年度 I-5-6、令和3年度 I-5-5、令和2年度 I-5-6

20　科学技術に関係する政策

(1) 第6期科学技術・イノベーション基本計画（2021年3月）

国が目指すべきSociety 5.0の未来社会像を、「持続可能性と強靭性を備え、国民の安全と安心を確保するとともに、一人ひとりが多様な幸せ（well-being）を実現できる社会」の実現に向け、『「総合知による社会変革」と「知・人への投資」の好循環』という科学技術・イノベーション政策の方向性が示されました。また、その達成のため、次の5年間で約30兆円の政府研究開発投資を確保し、これを呼び水として官民合わせて約120兆円の研究開発投資を行っていくと示されています。

参考　内閣府「第6期科学技術・イノベーション基本計画」
https://www8.cao.go.jp/cstp/kihonkeikaku/index6.html

(2) 2050年カーボンニュートラルに伴うグリーン成長戦略（2021年6月）

> グリーン成長戦略では、産業政策・エネルギー政策の両面から、成長が期待される14の重要分野について実行計画を策定し、国として高い目標を掲げ、可能な限り、具体的な見通しを示しております。また、こうした目標の実現を目指す企業の前向きな挑戦を後押しするため、あらゆる政策を総動員しています。

出典：経済産業省「2050年カーボンニュートラルに伴うグリーン成長戦略」より引用
https://www.meti.go.jp/policy/energy_environment/global_warming/ggs/index.html

(3) 第6次エネルギー基本計画（2021年10月）

第6次エネルギー基本計画は、以下の点を重要テーマとして策定。

①「2050年カーボンニュートラル」や新たな温室効果ガス排出削減目標の実現に向けたエネルギー政策の道筋を示す

②気候変動対策を進めながら、日本のエネルギー需給構造が抱える課題の克服に向け、安全性の確保を大前提に安定供給の確保やエネルギーコストの低減に向けた取組を示す

参考　経済産業省「第6次エネルギー基本計画」
https://www.meti.go.jp/press/2021/10/20211022005/20211022005.html

Column　環境・エネルギー関係の白書をチェックしよう

環境、エネルギーについては、社会や経済との繋がりも強いことから、様々な新しい政策や用語が出てきます。それらを整理する上で、白書を通読して概要を掴んでおくのも大変有効です。以下の白書に目を通しておくことをお勧めします。

(1) エネルギー白書

https://www.enecho.meti.go.jp/about/whitepaper/

(2) 環境白書・循環型社会白書・生物多様性白書

https://www.env.go.jp/policy/hakusyo/index.html

Column　基礎科目の問題選択のコツ

基礎科目は、第1群から第5群から6題ずつ出題され、各群ごとに3問を選んで解答します。つまり、各群ごとに半分の問題を選ぶことになります。そのため、「どの問題を解答するか」も、合否にかかわる大切な事項です。できる限り正答の可能性が高い問題を選んで解答する必要があります。

以下に、著者がおすすめする方法を挙げます。必ずしもこの方法通りに行う必要はありませんが、参考にしてください。

<第1段階>

初めに第1群から第6群の問題全体にざっと目を通して、得意な問題（自信がある問題）をチェックし，解答する。

<第2段階>

上記<第1段階>で選んだ段階で、各群3問の問題を選べなかった場合には、問題文に示された内容から正解が導ける問題に取り組む。

一見すると知らない問題に思えても、問題文に記されている事項をきちんと読めば、意外と簡単に正答できる問題があります。冷静に問題文を読んで考えてみましょう。例えば、以下の問題は、設問に示された情報（計算式、計算方法など）から、知識がなくても正解できます。

令和5年度 I-2-2、 I-2-3、 I-2-5など

重要ポイント総整理　適性科目

1　技術士法（第4章 技術士等の義務）

（信用失墜行為の禁止）

第44条　技術士又は技術士補は、技術士若しくは技術士補の信用を傷つけ、又は技術士及び技術士補全体の不名誉となるような行為をしてはならない。

（技術士等の秘密保持義務）

第45条　技術士又は技術士補は、正当の理由がなく、その業務に関して知り得た秘密を漏らし、又は盗用してはならない。技術士又は技術士補でなくなった後においても、同様とする。

Point !

- 「発注者からの情報を基に独自で調査して得られた情報については守秘義務がない」と問われたら誤りである。発注者からの情報がなければ得られなかった情報なので、第45条の秘密保持義務に該当するといえる。
- 当該業務を行っていた組織を退職したり、技術士や技術士補でなくなったりしても、その時に知った情報には守秘義務がある。

（技術士等の公益確保の責務）

第45条の2　技術士又は技術士補は、その業務を行うに当たっては、公共の安全、環境の保全その他の公益を害することのないよう努めなければならない。

Point !

- 公益確保は最優先である。公益確保に反する事項はすべて誤りだと考えればよい。

（技術士の名称表示の場合の義務）

第46条　技術士は、その業務に関して技術士の名称を表示するときは、その登録を受けた技術部門を明示してするものとし、登録を受けていない技術部門を表示してはならない。

（技術士補の業務の制限等）

第47条　技術士補は、第2条第1項に規定する業務について技術士を補助する場合を除くほか、技術士補の名称を表示して当該業務を行つてはならない。

2　前条の規定は、技術士補がその補助する技術士の業務に関してする技術士補の名称の表示について準用する。

Point ！

・技術士補は、技術士に代わるような主体業務はできない。

（技術士の資質向上の責務）

第47条の2　技術士は、常に、その業務に関して有する知識及び技能の水準を向上させ、その他その資質の向上を図るよう努めなければならない。

Point ！

・継続研鑽（CPD）の重要性。

・日常の業務だけではCPDの要件を満足しない。

・「自身の専門分野については十分な知識があるので専門外のCPDを積めばよい」と問われたら誤りである。専門外のCPDを積むことも大切だが、自身の専門分野のCPDに取り組むことも重要である。

過去問題を解いてみよう！ ⇒令和4年度Ⅱ-1 他（類題が頻出）

2 技術士倫理綱領（日本技術士会）

(1) 前文

技術士は、科学技術の利用が社会や環境に重大な影響を与えることを十分に認識し、業務の履行を通して安全で持続可能な社会の実現など、公益の確保に貢献する。

技術士は、広く信頼を得てその使命を全うするため、本倫理綱領を遵守し、品位の向上と技術の研鑽に努め、多角的・国際的な視点に立ちつつ、公正・誠実を旨として自律的に行動する。

(2) 基本綱領

（安全・健康・福利の優先）

1．技術士は、公衆の安全、健康及び福利を最優先する。

（持続可能な社会の実現）

2. 技術士は、地球環境の保全等、将来世代にわたって持続可能な社会の実現に貢献する。

（信用の保持）

3. 技術士は、品位の向上、信用の保持に努め、専門職にふさわしく行動する。

（有能性の重視）

4. 技術士は、自分や協業者の力量が及ぶ範囲で確信の持てる業務に携わる。

（真実性の確保）

5. 技術士は、報告、説明又は発表を、客観的で事実に基づいた情報を用いて行う。

（公正かつ誠実な履行）

6. 技術士は、公正な分析と判断に基づき、託された業務を誠実に履行する。

（秘密情報の保護）

7. 技術士は、業務上知り得た秘密情報を適切に管理し、定められた範囲でのみ使用する。

（法令等の遵守）

8.. 技術士は、業務に関わる国・地域の法令等を遵守し、文化を尊重する。

（相互の尊重）

9. 技術士は、業務上の関係者と相互に信頼し、相手の立場を尊重して協力する。

（継続研鑽と人材育成）

10. 技術士は、専門分野の力量及び技術と社会が接する領域の知識を常に高めるとともに、人材育成に努める。

過去問題を解いてみよう！ ⇒令和５年度Ⅱ-1、令和２年度Ⅱ-2 他

3 技術士に求められる資質能力

技術士であれば最低限備えるべき資質能力として、文部科学省から次に示す8つの項目が示されています。技術士はこれらの資質能力をもとに、業務履行上必要な知見を深め、技術を修得し資質向上を図るように、十分な継続研鑽（CPD）を行うことが求められています。

1.専門的学識
2.問題解決
3.マネジメント
4.評価
5.コミュニケーション
6.リーダーシップ
7.技術者倫理
8.継続研さん

以下のURLに示す「技術士に求められる資質能力」の原文を一読しておくとよいでしょう。

出典：技術士に求められる資質能力（コンピテンシー）」（文部科学省）
https://www.engineer.or.jp/contents/attach/competency.pdf

過去問題を解いてみよう！ ⇒令和5年度Ⅱ-5、令和元年度Ⅱ-2

4　技術士継続研鑽（CPD）

継続研鑽のガイドラインとして、以下のURLに示す「技術士CPDガイドライン等及びQ&A集」の内容を通読しておくとよいでしょう。

参考　公益社団法人日本技術士会「技術士CPDガイドライン等及びQ&A集」

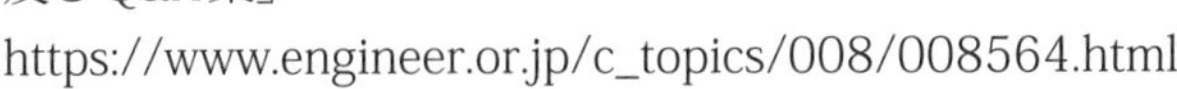

https://www.engineer.or.jp/c_topics/008/008564.html

Point！

- 何が継続研鑽（CPD）となるかは、個人の現在の能力や、置かれている立場によって異なる。
- 日頃従事している業務は、それ自体は継続研鑽とはいえない。

過去問題を解いてみよう！ ⇒令和4年度Ⅱ-15、平成30年度Ⅱ-3

5　ワーク・ライフ・バランス

内閣府が発表した、『ワーク・ライフ・バランスの実現に向けた「3つの心構え」と「10の実践」～仕事を効率化して、めりはりワークを実現しよう～』に、設問にある10の実践項目が記されています。

①会議のムダ取り：会議の目的やゴールを明確にする。参加メンバーや開催時間を見直す。必ず結論を出す。
②社内資料の削減：事前に社内資料の作成基準を明確にして、必要以上の資料の作成を抑制する。
③書類を整理整頓する：キャビネットやデスクの整理整頓を行い、書類を探すための時間を削減する。
④標準化・マニュアル化：「人に仕事がつく」スタイルを改め、業務を可能な限り標準化、マニュアル化する。

⑤**労働時間を適切に管理**：上司は部下の仕事と労働時間を把握し、部下も仕事の進捗報告をしっかり行う。
⑥**業務分担の適正化**：業務の流れを分析した上で、業務分担の適正化を図る。
⑦**担当以外の業務を知る**：周りの人が担当している業務を知り、業務負荷が高い時に助け合える環境をつくる。
⑧**スケジュールの共有化**：時間管理ツールを用いてスケジュールの共有を図り、お互いの業務効率化に協力する。
⑨**「がんばるタイム」の設定**：自分の業務や職場内での議論、コミュニケーションに集中できる時間をつくる。
⑩**仕事の効率化策の共有**：研修などを開催して、効率的な仕事の進め方を共有する。

出典：『ワーク・ライフ・バランスの実現に向けた「3つの心構え」と「10の実践」～仕事を効率化して、めりはりワークを実現しよう～』、内閣府

過去問題を解いてみよう！ ⇒平成30年度Ⅱ-12

6　知的財産権

知的財産権の分類を以下にまとめます。

知的財産権は4項目の産業財産権と、その他の5項目に分けられて合計9項目あります。

知的財産権								
産業財産権								
特許（発明）	実用新案（考案）	意匠（デザイン）	商標（マーク）	著作権	半導体集積回路配置	商号	不正競争の防止	育成者権（植物の新品種）

- 産業財産権は、出願手続きを行って登録されることで権利が得られます。
- 著作権は、創作と同時に権利が付加されます（出願などの手続きは必要ない）。
- 特許法でいう「発明」とは、「自然法則を利用した技術的思想の創作のうち高度のもの」（特許法第2条）と定義されます。ゲームのルールなどの人為的な取決めは対象外。「永久機関の発明」など、自然法則に反しているものも、認められません。
- 実用新案法でいう「考案」とは、「自然法則を利用した技術的思想の創作であって、物品の形状、構造又は組合せに係るもの」（実用新案法第2条）と定義

されます。

・著作物の引用は、著作権法で認められています。例外を除いて、著作権者に許諾をとることなく引用ができます。その場合、報道、批評、研究その他の引用の目的上正当な範囲内で行われなければなりません。引用する際には、引用部分が他とはっきりと区分されていること、主従関係が明確であること、出典が明記されていること、改変されていないことなどが必要です。

・外国語の原文を引用する場合、日本語などに翻訳して引用することも可能です。

過去問題を解いてみよう！ ⇒令和5年度Ⅱ-4、令和4年度Ⅱ-9 他

7　製造物責任（PL）法（抜粋）

（目的）

第一条　この法律は、製造物の欠陥により人の生命、身体又は財産に係る被害が生じた場合における製造業者等の損害賠償の責任について定めることにより、被害者の保護を図り、もって国民生活の安定向上と国民経済の健全な発展に寄与することを目的とする。

第二条　この法律において「製造物」とは、製造又は加工された動産をいう。

2　この法律において「欠陥」とは、当該製造物の特性、その通常予見される使用形態、その製造業者等が当該製造物を引き渡した時期その他の当該製造物に係る事情を考慮して、当該製造物が通常有すべき安全性を欠いていることをいう。

Point ！

・製造物とは、製造又は加工された動産である。よって、不動産は含まない。また、エネルギー、ソフトウェア、修理などのサービスのように、無形のものは含まれない。

・ソフトウェア自体は製造物に含まれないが、ソフトウェアが組み込まれたハードウェアは対象になる。そのためソフトウェアのプログラムの欠陥が原因でハードウェアが欠陥を起こした場合は、製造物責任法の対象となる。

・原子炉等による原子力損害は、PL法の適用外である。
（原子力損害の賠償に関する法律で規定されている。）

3　この法律において「製造業者等」とは、次のいずれかに該当する者をいう。

一　当該製造物を業として製造、加工又は輸入した者（以下単に「製造業者」という。）

二　自ら当該製造物の製造業者として当該製造物にその氏名、商号、商標その他の表示（以下「氏名等の表示」という。）をした者又は当該製造物にその製造業者と誤認させるような氏名等の表示をした者

三　前号に掲げる者のほか、当該製造物の製造、加工、輸入又は販売に係る形態その他の事情からみて、当該製造物にその実質的な製造業者と認めることができる氏名等の表示をした者

Point！

・製造業者には、輸入業者やOEM製品を扱う業者も含まれる。

（免責事由）

第四条　前条の場合において、製造業者等は、次の各号に掲げる事項を証明したときは、同条に規定する賠償の責めに任じない。

一　当該製造物をその製造業者等が引き渡した時における科学又は技術に関する知見によっては、当該製造物にその欠陥があることを認識することができなかったこと。

二　当該製造物が他の製造物の部品又は原材料として使用された場合において、その欠陥が専ら当該他の製造物の製造業者が行った設計に関する指示に従ったことにより生じ、かつ、その欠陥が生じたことにつき過失がないこと。

Point！

・中古品や廃棄物は、製造者が製造物責任の対象になる。ただし、責任の有無は修理などの状況を勘案して判断される。

・再生品（リビルト品）は、再生品を製造または加工した者が製造物責任の対象になる。ただし、再生品の原材料になった製造物自体の欠陥に起因する場合には、原材料の製造者の責任になる。

⇒元の製造者、再生品製造者のどちらに責任があるかは状況により異なる。

（消滅時効）

第五条　第三条に規定する損害賠償の請求権は、次に掲げる場合には、時効によって消滅する。

一　被害者又はその法定代理人が損害及び賠償義務者を知った時から三年間行使しないとき。

二　その製造業者等が当該製造物を引き渡した時から十年を経過したとき。

2　人の生命又は身体を侵害した場合における損害賠償の請求権の消滅時効についての前項第一号の規定の適用については、同号中「三年間」とあるのは、「五年間」とする。

3　第一項第二号の期間は、身体に蓄積した場合に人の健康を害することとなる物質による損害又は一定の潜伏期間が経過した後に症状が現れる損害については、その損害が生じた時から起算する。

Point！　**消滅時効**

①製造物を引き渡した時から10年経過。

②被害者が賠償義務者を知った時から3年間行使しなかった場合。

③ただし、②において、人の生命または身体を侵害した場合は、3年間ではなく5年間となる。

過去問題を解いてみよう！　⇒令和5年度Ⅱ-6、令和4年度Ⅱ-11 他

8　研究不正行為

以下に、文部科学省「研究活動における不正行為への対応等に関するガイドライン（平成26年8月）」の抜粋を示します。

特定不正行為

『ねつ造、改ざん、盗用』の3つ

その他の不正行為

二重投稿、ギフトオーサーシップ

特定不正行為に対する研究者、大学等の研究機関への措置

- 特定不正行為に係る競争的資金等の返還
- 競争的資金等への申請および参加資格の制限

不正行為を抑止する環境整備

・研究倫理教育の実施による研究者倫理の向上
・大学等の研究機関における一定期間の研究データの保存・開示

大学等の研究機関の管理責任

・大学等の研究機関が責任を持って不正行為の防止に関わることにより、不正行為が起こりにくい環境がつくられるよう対応の強化を図る必要がある。特に、組織としての責任体制の確立による管理責任の明確化、不正行為を事前に防止する取組みを推進する。

過去問題を解いてみよう！ ⇒令和元年度（再）Ⅱ-10、平成29年度Ⅱ-14 他

9　科学者の行動規範

日本学術会議によって、すべての学術分野に共通する必要最小限の行動規範として「声明　科学者の行動規範」が発表されています（2013年1月：改訂版）。以下のURLに示す原文を一読しておくとよいでしょう。

参考　日本学術会議「声明　科学者の行動規範－改訂版」
http://www.scj.go.jp/ja/info/kohyo/pdf/kohyo-22-s168-1.pdf

過去問題を解いてみよう！ ⇒令和5年度Ⅱ-7、平成26年度Ⅱ-2

10　公益通報者保護法

公益通報者（内部通報者）を解雇などの不当な扱いから保護する法律です。

(1) 公益通報とは

労働者（公務員を含む。）が、不正の目的でなく、労務提供先等について「通報対象事実」が生じ又は生じようとする旨を、「通報先」に通報すること。

(2) 通報の対象となる事実

①国民の生命、身体、財産その他の利益の保護にかかわる法律として別表に掲げるものに規定する罪の犯罪行為の事実
②別表に掲げる法律の規定に基づく処分に違反することが①の事実となる場合における当該処分の理由とされている事実等

(3) 通報先

①事業者内部（内部通報）：
通報対象事実が生じ、又は生じようとしていると思料する場合

②通報対象事実について処分又は勧告等をする権限を有する行政機関：
　通報対象事実が生じ、又は生じようとしていると信ずるに足りる相当の理由がある場合

③事業者外部：
　内部通報では証拠隠滅のおそれがあること、人の生命・身体への危害が発生する急迫した危険があること等

(4) 公益通報者の保護

①公益通報をしたことを理由とする解雇の無効・その他不利益な取扱いの禁止

②公益通報者が派遣労働者である場合、公益通報をしたことを理由とする労働者派遣契約の解除の無効・その他不利益な取扱いの禁止

(5) 告発先とその順序

告発先は次のようなものがある。

①勤務先（企業内通報）………上司、社内コンプライアンス室など

②監督官庁などの行政機関……厚生労働省、保健所、自治体、警察など

③マスコミ・一般市民…………新聞社、TVなどに情報提供、SNSやインターネットで公開するなど

このような場合、①→②→③の順序で告発を行う

例：①で解決しない→②でも解決しない→③の対応をとる

過去問題を解いてみよう！ ⇒令和5年度Ⅱ-3、平成30年度Ⅱ-8 他

11　個人情報保護法

(1) 個人情報とは

生存する個人に関する情報であって、当該情報に含まれる氏名、生年月日その他の記述等により特定の個人を識別することができるもの（他の情報と容易に照合することができ、それにより特定の個人を識別することができることとなるものを含む。）（個人情報保護法第2条第1項）

(2) 個人情報に該当するもの

①氏名、生年月日、住所、顔写真などにより特定の個人を識別できるもの

②特定の個人の身体の一部の特徴を電子的に利用するために変換した符号

（イ）DNAを構成する塩基の配列

（ロ）顔の骨格及び皮膚の色並びに目、鼻、口その他の顔の部位の位置及び形状によって定まる容貌

（ハ）虹彩の表面の起伏により形成される線状の模様
（ニ）発声の際の声帯の振動、声門の開閉並びに声道の形状及びその変化
（ホ）歩行の際の姿勢及び両腕の動作、歩幅その他の歩行の態様
（ヘ）手のひら又は手の甲若しくは指の皮下の静脈の分岐及び端点によって定まるその静脈の形状
（ト）指紋又は掌紋

③サービス利用や書類において対象者ごとに割り振られる公的な番号（マイナンバー、旅券番号、免許証番号、基礎年金番号、住民票コード、各種保険証の記号番号など）

(3) 個人情報に該当しないもの

①故人の情報
②法人に関する情報

(4) 個人情報取扱事業者：（平成29年5月施行）

これまでは、5001名分以上の個人情報を利用する事業者が対象でしたが、この改正により「個人情報の数にかかわらず」個人情報をデータベース化して事業に利用している事業者すべてが法の適用対象になりました。

過去問題を解いてみよう！ ⇒令和3年度Ⅱ-14、令和元年度Ⅱ-4

12 ハラスメント

相手の意に反する行為で不快な感情を抱かせることをハラスメントといいます。

(1) セクシャルハラスメント

・受け手が不快に感じる性的な言動はセクハラに該当します。
・受け手側の意思表示（不快であることの意思表示など）の有無は関係ありません。
・当然ながら、勤務時間外、職場外でも対象です。
・女性、男性双方が対象であり、どちらも被害者、加害者になる恐れがあります。

(2) パワーハラスメント

・上司から部下への職務上の地位を利用した言動や権限を利用した言動はもちろん、専門知識が豊富であり、経験が長いなど職場において相対的に優位な立場を利用した言動も含まれます。
・受け止め方によっては不満に感じるような注意や指導であっても、それが「適正な範囲」であれば、対象外です。

・当然ですが、正社員だけではなく、契約社員、パートタイム労働者など、契約期間や労働時間にかかわらず対象となります。

過去問題を解いてみよう！ ⇒令和4年度Ⅱ-5、平成29年度Ⅱ-4

13　リスクマネジメント

リスクアセスメントとして

リスク特定⇒リスク分析⇒リスク評価⇒リスク対応

を行い、起こりうるリスクの頻度と、それが起こったことによる被害の度合いなどを勘案して、以下のような対応がなされます。

①リスク回避：リスクの要因を取り除く。

②リスク軽減（低減）：リスクの発生可能性を低くする対策を行う。

③リスク移転：リスクを自組織外に移転する（保険加入、業務のアウトソーシングなど）。

④リスク保有：特に対策を取らずに、その状態を受け入れる。

過去問題を解いてみよう！ ⇒令和5年度Ⅱ-8

14　リスク低減措置の優先順位

(1) 設計や計画の段階における措置

危険な作業の廃止・変更、危険性や有害性の低い材料への代替、より安全な施行方法への変更等

(2) 工学的対策

ガード・インターロック・安全装置・局所排気装置等

(3) 管理的対策

マニュアルの整備、立ち入り禁止措置、ばく露管理、教育訓練等

(4) 個人用保護具の使用

個人用保護具の使用は、上記(1)～(3)の措置を講じた場合においても、除去・低減しきれなかったリスクに対して実施するものに限られます。

出典：「危険性又は有害性等の調査等に関する指針」-「8 リスク低減措置の検討及び実施」、厚生労働省
https://www.mhlw.go.jp/topics/bukyoku/roudou/an-eihou/dl/060421-1f.pdf

過去問題を解いてみよう！ ⇒平成30年度Ⅱ-11

15　機械設計者によるリスク低減の保護方策（ISO12100）

下記の対策の優先順位は、［1］が最も高く、［1］＞［2］＞［3］の順です。

［1］本質的安全設計：設計によって本質的に危険源を除去する又はリスクを低減する。
［2］安全防護：除去/低減できないリスクに対し、ガード又は保護装置等を講じる。
［3］使用上の情報：機械の制限事項等を見直す等、さらなるリスク低減を検討した上で、以上の方策の限界を残留リスクとして使用者に通知し、警告する。

出典：齋藤剛、「機械の安全設計の基本原則－ISO12100のリスク低減プロセス（信頼性基礎講座）」、信頼性（日本信頼性学会）、30巻6号p.546－551（2008）

過去問題を解いてみよう！

⇒令和4年度Ⅱ-6、令和3年度Ⅱ-10、令和元年度（再）Ⅱ-12

16　ISO26000（組織の社会的責任）

この規格は、組織の社会的責任に関するものです。この規格は、企業のみならず、あらゆる種類の組織に適用可能なものです。

<社会的責任の7つの原則>

1. 説明責任
2. 透明性
3. 倫理的な行動
4. ステークホルダー（利害関係者）の利害の尊重
5. 法の支配の尊重
6. 国際行動規範の尊重
7. 人権の尊重

<社会的責任の7つの中核主題>

1. 組織統治
2. 人権
3. 労働慣行
4. 環境
5. 公正な事業慣行
6. 消費者課題
7. コミュニティへの参画

過去問題を解いてみよう！

⇒令和4年度Ⅱ-3、令和2年度Ⅱ-12、令和元年度Ⅱ-14

17　事業継続計画（BCP）

事業継続計画（BCP：Business Continuity Plan）とは、企業が自然災害、テロ、感染症などの緊急事態に遭遇した際に、事業資産への損害を最小限にとどめつつ、中核となる事業の継続や早期復旧を可能にするために、平常時に行うべき活動や緊急時における対応方法を取り決めておく計画を指します。

平常時からBCPを準備しておくことは、緊急時の対応力につながるだけでなく、顧客、市場関係者、株主等からの高い信頼や評価を受けることになり、企業価値の維持向上につながります。BCPへの関心は年々高まっているものの、現状はBCP策定済みの企業は一部（2割弱）です。

過去問題を解いてみよう！ ⇒令和2年度Ⅱ-9、令和元年度Ⅱ-13

18　事業場外勤務（テレワーク）

Point！

テレワークを行う場合においても、労働基準法、最低賃金法、労働安全衛生法、労働者災害補償保険法などの労働基準関係法令が適用される

（1）労働条件の明示

使用者は、労働契約を締結する際、労働者に対し、賃金や労働時間の他に、就業の場所に関する事項等を明示しなければなりません。

（2）労働時間の適正な把握

使用者は、労働時間の適正な管理を行う必要があります。

（3）中抜け時間

使用者が業務の指示をしないこととし、労働者が労働から離れ、自由に利用することが保障されている場合には、その開始と終了の時間を報告させる等により、休憩時間として扱い、労働者のニーズに応じ、始業時刻を繰り上げる、または終業時刻を繰り下げることや、その時間を休憩時間ではなく時間単位の年次有給休暇として取り扱うことが考えられます。

出典：厚生労働省「情報通信技術を利用した事業場外勤務の適切な導入及び実施のためのガイドライン」
https://www.mhlw.go.jp/stf/seisakunitsuite/bunya/koyou_roudou/roudoukijun/shigoto/guideline.html

過去問題を解いてみよう！ ⇒令和2年度Ⅱ-13

19　営業秘密

(1) 営業秘密とは？【不正競争防止法第2条第6項】

『「営業秘密」とは、秘密として管理されている生産方法、販売方法その他事業活動に有用な技術上又は営業上の情報であって、公然と知られていないもの』。

(2) 営業秘密の3要件

①秘密管理性：機密として管理されている情報であること

②有用性：事業者にとって有用な営業または技術上の情報であること

③非公知性：公然に知られていない情報であること

> 営業秘密が漏えいする原因
> ・従業員、退職者、取引先や共同研究している関係企業
> ・外部からのネットワークへの侵入や不正アクセス　など
> →情報漏洩の原因の多くは「人」

過去問題を解いてみよう！

⇒令和3年度Ⅱ-7、令和2年度Ⅱ-4、平成30年度Ⅱ-7

20　安全保障貿易管理

軍事転用可能な技術や製品等が、国際社会の安全を脅かす組織等に渡ることを防ぐため、先進国を中心とした国際的な枠組み（国際輸出管理レジーム）を作り、輸出等の管理を行っています（日本においては、外国為替及び外国貿易法（外為法）に基づき実施）。

輸出管理の対象は、「①貨物の輸出」と「②技術の提供」の2つです。

［①の例］製品、無償サンプルの輸出、海外出張でのハンドキャリーなど。

［②の例］技術情報（図面、データ他）の電子送信、海外での指導や討論など。

国内にいる非居住者に技術情報を提供する場合など、日本国内での提供も対象となりえます。輸出しようとしている貨物や技術が規制に該当する場合、経済産業省に許可申請が必要です。

参考　経済産業省「安全保障貿易の概要」
https://www.meti.go.jp/policy/anpo/gaiyou.html

過去問題を解いてみよう！ ⇒令和5年度Ⅱ-12、令和4年度Ⅱ-8

令和5年度　技術士第一次試験
〔基礎科目・適性科目〕

問題　基礎科目

次の1群～5群の全ての問題群からそれぞれ3問題，計15問題を選び解答せよ。（解答欄に1つだけマークすること。）

問題群	総問題数	選択問題数	ページ
1群　設計・計画に関するもの	6	3	92
2群　情報・論理に関するもの	6	3	96
3群　解析に関するもの	6	3	101
4群　材料・化学・バイオに関するもの	6	3	105
5群　環境・エネルギー・技術に関するもの	6	3	108

1群　設計・計画に関するもの

（全6問題から3問題を選択解答）

I-1-1

✓ ✓ ✓

鉄鋼とCFRP（Carbon Fiber Reinforced Plastics）の材料選定に関する次の記述の，［　　］に入る語句又は数値の組合せとして，最も適切なものはどれか。

一定の強度を保持しつつ軽量化を促進できれば，エネルギー消費あるいは輸送コストが改善される。このパラメータとして，［ア］で割った値で表す比強度がある。鉄鋼とCFRPを比較すると比強度が高いのは［イ］である。また，［イ］の比強度当たりの価格は，もう一方の材料の比強度当たりの価格の約［ウ］倍である。ただし，鉄鋼では，価格は60〔円/kg〕，密度は7,900〔kg/m^3〕，強度は400〔MPa〕であり，CFRPでは，価格は16,000〔円/kg〕，密度は1,600〔kg/m^3〕，強度は2,000〔MPa〕とする。

	ア	イ	ウ
①	強度を密度	CFRP	2
②	密度を強度	CFRP	10
③	密度を強度	鉄鋼	2
④	強度を密度	鉄鋼	2
⑤	強度を密度	CFRP	10

Ⅰ-1-2

次の記述の，［　　］に入る語句の組合せとして，最も適切なものはどれか。

下図に示すように，真直ぐな細い針金を水平面に垂直に固定し，上端に圧縮荷重が加えられた場合を考える。荷重がきわめて［ ア ］ならば針金は真直ぐな形のまま純圧縮を受けるが，荷重がある限界値を［ イ ］と真直ぐな変形様式は不安定となり，［ ウ ］形式の変形を生じ，横にたわみはじめる。このような現象は［ エ ］と呼ばれる。

図　上端に圧縮荷重を加えた場合の水平面に垂直に固定した細い針金

	ア	イ	ウ	エ
①	大	下回る	ねじれ	共振
②	小	越す	ねじれ	座屈
③	大	越す	曲げ	共振
④	小	越す	曲げ	座屈
⑤	小	下回る	曲げ	共振

I-1-3

☑☑☑

材料の機械的特性に関する次の記述の，［　　］に入る語句の組合せとして，最も適切なものはどれか。

材料の機械的特性を調べるために引張試験を行う。特性を荷重と［ア］の線図で示す。材料に加える荷重を増加させると［ア］は一般的に増加する。荷重を取り除いたとき，完全に復元する性質を［イ］といい，き裂を生じたり分離はしないが，復元しない性質を［ウ］という。さらに荷重を増加させると，荷重は最大値をとり，材料はやがて破断する。この荷重の最大値は材料の強さを示す重要な値である。このときの公称応力を［エ］と呼ぶ。

	ア	イ	ウ	エ
①	ひずみ	弾性	延性	疲労限度
②	伸び	塑性	弾性	引張強さ
③	伸び	弾性	塑性	引張強さ
④	伸び	弾性	延性	疲労限度
⑤	ひずみ	延性	塑性	引張強さ

I-1-4

☑☑☑

3個の同じ機能の構成要素中2個以上が正常に動作している場合に，系が正常に動作するように構成されているものを2/3多数決冗長系という。各構成要素の信頼度が0.7である場合に系の信頼度の含まれる範囲として，適切なものはどれか。ただし，各要素の故障は互いに独立とする。

① 0.9以上1.0以下
② 0.85以上0.9未満
③ 0.8以上0.85未満
④ 0.75以上0.8未満
⑤ 0.7以上0.75未満

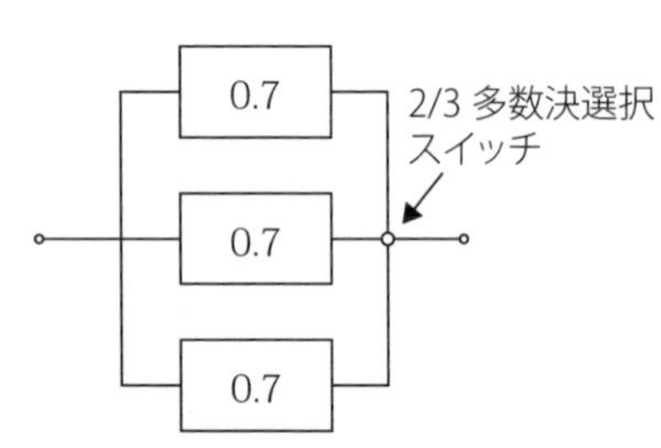

図　システム構成図と各要素の信頼度

I-1-5

☑☑☑

次の（ア）～（エ）の記述と，それが説明する用語の組合せとして，最も適切なものはどれか。

（ア）故障時に，安全を保つことができるシステムの性質

（イ）故障状態にあるか，又は故障が差し迫る場合に，その影響を受ける機能を，優先順位を付けて徐々に終了することができるシステムの性質

（ウ）人為的に不適切な行為，過失などが起こっても，システムの信頼性及び安全性を保持する性質

（エ）幾つかのフォールトが存在しても，機能し続けることができるシステムの能力

	ア	イ	ウ	エ
①	フェールセーフ	フェールソフト	フールプルーフ	フォールトトレランス
②	フェールセーフ	フェールソフト	フールプルーフ	フォールトマスキング
③	フェールソフト	フォールトトレランス	フールプルーフ	フォールトマスキング
④	フールプルーフ	フォールトトレランス	フェールソフト	フォールトマスキング
⑤	フールプルーフ	フェールセーフ	フェールソフト	フォールトトレランス

I-1-6

☑☑☑

2つのデータの関係を調べるとき，相関係数r（ピアソンの積率相関係数）を計算することが多い。次の記述のうち，最も適切なものはどれか。

① 相関係数は，つねに－1＜r＜1の範囲にある。

② 相関係数が0から1に近づくほど，散布図上において2つのデータは直線関係になる。

③ 相関係数が0であれば，2つのデータは互いに独立である。

④ 回帰分析における決定係数は，相関係数の絶対値である。

⑤ 相関係数の絶対値の大きさに応じて，2つのデータの間の因果関係は変わる。

2群　情報・論理に関するもの

（全6問題から3問題を選択解答）

Ⅰ-2-1

次の記述のうち，最も適切なものはどれか。

① 利用サービスによってはパスワードの定期的な変更を求められることがあるが，十分に複雑で使い回しのないパスワードを設定したうえで，パスワードの流出などの明らかに危険な事案がなければ，基本的にパスワードを変更する必要はない。

② PINコードとは4～6桁の数字からなるパスワードの一種であるが，総当たり攻撃で破られやすいので使うべきではない。

③ 指紋，虹彩，静脈などの本人の生体の一部を用いた生体認証は，個人に固有の情報が用いられているので，認証時に本人がいなければ，認証は成功しない。

④ 二段階認証であって一要素認証である場合と，一段階認証で二要素認証である場合，前者の方が後者より安全である。

⑤ 接続する古い無線LANアクセスルータであってもWEPをサポートしているのであれば，買い換えるまではそれを使えば安全である。

I-2-2

自然数A，Bに対して，AをBで割った商をQ，余りをRとすると，AとBの公約数がBとRの公約数でもあり，逆にBとRの公約数はAとBの公約数である。ユークリッドの互除法は，このことを余りが0になるまで繰り返すことによって，AとBの最大公約数を求める手法である。このアルゴリズムを次のような流れ図で表した。流れ図中の，(ア)～(ウ)に入る式又は記号の組合せとして，最も適切なものはどれか。

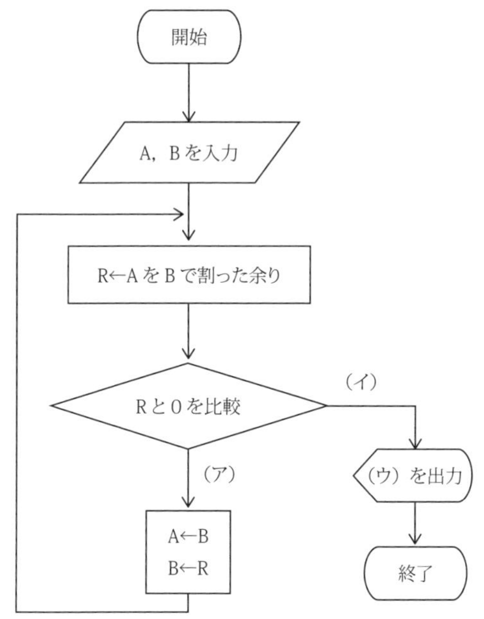

図　ユークリッド互除法の流れ図

	ア	イ	ウ
①	R＝0	R≠0	A
②	R≠0	R＝0	A
③	R＝0	R≠0	B
④	R≠0	R＝0	B
⑤	R≠0	R＝0	R

I-2-3

☑☑☑

国際書籍番号ISBN-13は13個の0から9の数字a_{13}，a_{12}，a_{11}，a_{10}，a_9，a_8，a_7，a_6，a_5，a_4，a_3，a_2，a_1を用いて$a_{13}a_{12}a_{11}-a_{10}-a_9a_8a_7-a_6a_5a_4a_3a_2-a_1$のように表され，次の規則に従っている。

$$a_{13}+3a_{12}+a_{11}+3a_{10}+a_9+3a_8+a_7+3a_6+a_5+3a_4+a_3+3a_2+a_1 \equiv 0 \pmod{10}$$

ここに，ある書籍のISBN－13の番号が「978－4－103－34194－X」となっておりXと記された箇所が読めなくなっている。このXの値として，適切なものはどれか。

① 1　② 3　③ 5　④ 7　⑤ 9

I-2-4

☑☑☑

情報圧縮（データ圧縮）に関する次の記述のうち，最も不適切なものはどれか。

① データ圧縮では，情報源に関する知識（記号の生起確率など）が必要であり，情報源の知識がない場合はデータ圧縮することはできない。

② 可逆圧縮には限界があり，どのような方式であっても，その限界を超えて圧縮することはできない。

③ 復号化によって元の情報に完全には戻らず，情報の欠落を伴う圧縮は非可逆圧縮と呼ばれ，音声や映像等の圧縮に使われることが多い。

④ 復号化によって元の情報を完全に復号でき，情報の欠落がない圧縮は可逆圧縮と呼ばれテキストデータ等の圧縮に使われることが多い。

⑤ 静止画に対する代表的な圧縮方式としてJPEGがあり，動画に対する代表的な圧縮方式としてMPEGがある。

I-2-5

2つの単一ビットa，bに対する排他的論理和演算$a \oplus b$及び論理積演算$a \cdot b$に対して，2つのnビット列$A=a_1a_2\cdots a_n$，$B=b_1b_2\cdots b_n$の排他的論理和演算$A \oplus B$及び論理積演算$A \cdot B$は下記で定義される。

$A \oplus B = (a_1 \oplus b_1)(a_2 \oplus b_2)\cdots(a_n \oplus b_n)$

$A \cdot B = (a_1 \cdot b_1)(a_2 \cdot b_2)\cdots(a_n \cdot b_n)$

例えば

$1010 \oplus 0110 = 1100$

$1010 \cdot 0110 = 0010$

である。ここで2つの8ビット列

$A = 01011101$

$B = 10101101$

に対して，下記演算によって得られるビット列Cとして，適切なものはどれか。

$C = (((A \oplus B) \oplus B) \oplus A) \cdot A$

① 00000000
② 11111111
③ 10101101
④ 01011101
⑤ 11110000

I-2-6

☑☑☑

全体集合Vと，その部分集合A，B，Cがある。部分集合A，B，C及びその積集合の元の個数は以下のとおりである。

Aの元：300個

Bの元：180個

Cの元：120個

$A \cap B$の元：60個

$A \cap C$の元：40個

$B \cap C$の元：20個

$A \cap B \cap C$の元：10個

$\overline{A \cup B \cup C}$の元の個数が400のとき，全体集合$V$の元の個数として，適切なものはどれか。ただし，$X \cap Y$は$X$と$Y$の積集合，$X \cup Y$は$X$と$Y$の和集合，$\overline{X}$は$X$の補集合とする。

① 600　② 720　③ 730　④ 890　⑤ 1000

3群　解析に関するもの

（全6問題から3問題を選択解答）

Ⅰ-3-1

行列$A=\begin{pmatrix}1 & 0 & 0\\ a & 1 & 0\\ b & c & 1\end{pmatrix}$の逆行列として，最も適切なものはどれか。

① $\begin{pmatrix}1 & 0 & 0\\ -a & 1 & 0\\ ac+b & -c & 1\end{pmatrix}$

② $\begin{pmatrix}1 & 0 & 0\\ a & 1 & 0\\ ac-b & c & 1\end{pmatrix}$

③ $\begin{pmatrix}1 & c & b\\ 0 & 1 & a\\ 0 & 0 & 1\end{pmatrix}$

④ $\begin{pmatrix}1 & 0 & 0\\ -a & 1 & 0\\ ac-b & -c & 1\end{pmatrix}$

⑤ $\begin{pmatrix}1 & 0 & 0\\ a & 1 & 0\\ ac+b & c & 1\end{pmatrix}$

Ⅰ-3-2

$$\iint_R x\,dxdy$$

の値は，次のどれか。ただし，領域Rを$0\leq x\leq 1$，$0\leq y\leq\sqrt{1-x^2}$とする。

① $\frac{\pi}{3}$　② $\frac{1}{3}$　③ $\frac{\pi}{2}$　④ $\frac{\pi}{4}$　⑤ $\frac{1}{4}$

Ⅰ-3-3

数値解析に関する次の記述のうち，最も不適切なものはどれか。

① 複数の式が数学的に等価である場合は，どの式を用いて計算しても結果は等しくなる。

② 絶対値が近い2数の加減算では有効桁数が失われる桁落ち誤差を生じることがある。

③ 絶対値の極端に離れる2数の加減算では情報が失われる情報落ちが生じることがある。

④ 連立方程式の解は，係数行列の逆行列を必ずしも計算しなくても求めることができる。

⑤ 有限要素法において要素分割を細かくすると一般的に近似誤差は小さくなる。

Ⅰ-3-4

長さ2.4[m]，断面積1.2×10^2[mm^2]の線形弾性体からなる棒の上端を固定し，下端を2.0[kN]の力で軸方向下向きに引っ張ったとき，この棒に生じる伸びの値はどれか。ただし，この線形弾性体のヤング率は2.0×10^2[GPa]とする。なお，自重による影響は考慮しないものとする。

① 0.010[mm]

② 0.020[mm]

③ 0.050[mm]

④ 0.10[mm]

⑤ 0.20[mm]

Ⅰ-3-5

モータと動力伝達効率が1の（トルク損失のない）変速機から構成される理想的な回転軸系を考える。変速機の出力軸に慣性モーメントI[kg・m^2]の円盤が取り付けられている。この円盤を時間T[s]の間に角速度ω_1[rad/s]からω_2[rad/s]（$\omega_2 > \omega_1$）に一定の角加速度$(\omega_2 - \omega_1)/T$で増速するために必要なモータ出力軸のトルクτ [Nm]として，適切なものはどれか。ただし，モータ出力軸と変速機の慣性モーメントは無視できるものとし，変速機の入力軸の回転速度と出力軸の回転速度の比を$1:1/n$（$n > 1$）とする。

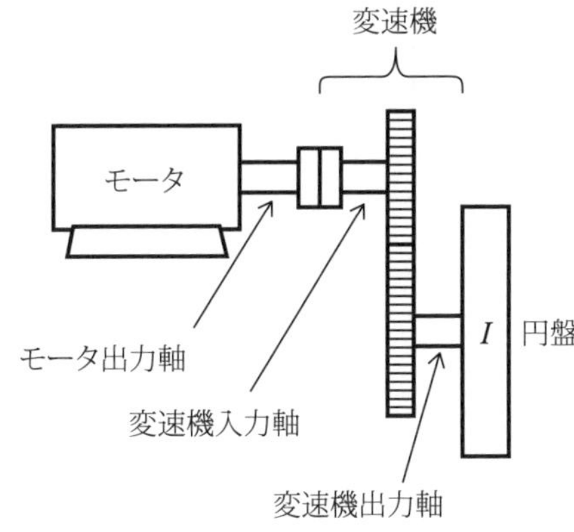

図　モータ，変速機，円盤から構成される回転軸系

① $\tau = (1/n^2) \times I \times (\omega_2 - \omega_1)/T$

② $\tau = (1/n) \times I \times (\omega_2 - \omega_1)/T$

③ $\tau = I \times (\omega_2 - \omega_1)/T$

④ $\tau = n \times I \times (\omega_2 - \omega_1)/T$

⑤ $\tau = n^2 \times I \times (\omega_2 - \omega_1)/T$

I-3-6

長さがL，抵抗がrの導線を複数本接続して，下図に示すような3種類の回路(a)，(b)，(c)を作製した。(a)，(b)，(c)の各回路におけるAB間の合成抵抗の大きさをそれぞれR_a，R_b，R_cとするとき，R_a，R_b，R_cの大小関係として，適切なものはどれか。ただし，導線の接続部分で付加的な抵抗は存在しないものとする。

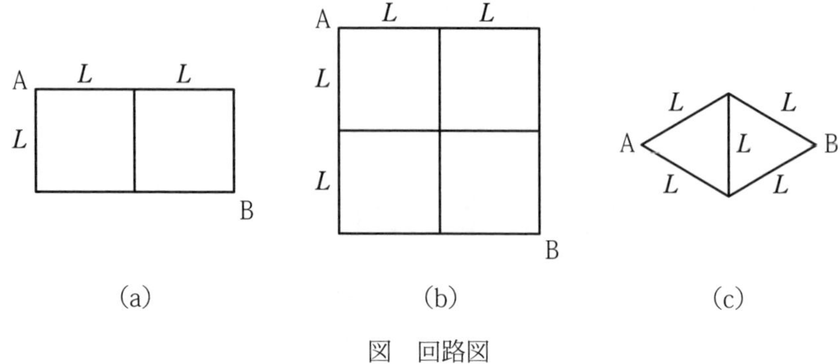

図　回路図

① $R_a < R_b < R_c$
② $R_a < R_c < R_b$
③ $R_c < R_a < R_b$
④ $R_c < R_b < R_a$
⑤ $R_b < R_a < R_c$

4群　材料・化学・バイオに関するもの

（全6問題から3問題を選択解答）

Ⅰ-4-1

原子に関する次の記述のうち，適切なものはどれか。ただし，いずれの元素も電荷がない状態とする。

① $^{40}_{20}\mathrm{Ca}$ と $^{40}_{18}\mathrm{Ar}$ の中性子の数は等しい。
② $^{35}_{17}\mathrm{Cl}$ と $^{37}_{17}\mathrm{Cl}$ の中性子の数は等しい。
③ $^{35}_{17}\mathrm{Cl}$ と $^{37}_{17}\mathrm{Cl}$ の電子の数は等しい。
④ $^{40}_{20}\mathrm{Ca}$ と $^{40}_{18}\mathrm{Ar}$ は互いに同位体である。
⑤ $^{35}_{17}\mathrm{Cl}$ と $^{37}_{17}\mathrm{Cl}$ は互いに同素体である。

Ⅰ-4-2

✓ ✓ ✓

コロイドに関する次の記述のうち，最も不適切なものはどれか。

① コロイド溶液に少量の電解質を加えると，疎水コロイドの粒子が集合して沈殿する現象を凝析という。
② 半透膜を用いてコロイド粒子と小さい分子を分離する操作を透析という。
③ コロイド溶液に強い光線をあてたとき，光の通路が明るく見える現象をチンダル現象という。
④ コロイド溶液に直流電圧をかけたとき，電荷をもったコロイド粒子が移動する現象を電気泳動という。
⑤ 流動性のない固体状態のコロイドをゾルという。

Ⅰ-4-3

☑☑☑

金属材料に関する次の記述の，[　　] に入る語句の組合せとして，最も適切なものはどれか。

常温での固体の純鉄（Fe）の結晶構造は [ア] 構造であり，α-Feと呼ばれ，磁性は [イ] を示す。その他，常温で [イ] を示す金属として [ウ] がある。
純鉄をある温度まで加熱すると，γ-Feへ相変態し，それに伴い [エ] する。

	ア	イ	ウ	エ
①	体心立方	強磁性	コバルト	膨張
②	面心立方	強磁性	クロム	膨張
③	体心立方	強磁性	コバルト	収縮
④	面心立方	常磁性	クロム	収縮
⑤	体心立方	常磁性	コバルト	膨張

Ⅰ-4-4

☑☑☑

金属材料の腐食に関する次の記述のうち，適切なものはどれか。

① アルミニウムは表面に酸化物皮膜を形成することで不働態化する。
② 耐食性のよいステンレス鋼は，鉄に銅を5%以上含有させた合金鋼と定義される。
③ 腐食の速度は，材料の使用環境温度には依存しない。
④ 腐食は，局所的に生じることはなく，全体で均一に生じる。
⑤ 腐食とは，力学的作用によって表面が逐次減量する現象である。

I-4-5

タンパク質に関する次の記述の，［　　］に入る語句の組合せとして，最も適切なものはどれか。

タンパク質は［ア］が［イ］結合によって連結した高分子化合物であり，生体内で様々な働きをしている。タンパク質を主成分とする［ウ］は，生体内の化学反応を促進させる生体触媒であり，アミラーゼは［エ］を加水分解する。

	ア	イ	ウ	エ
①	グルコース	イオン	酵素	デンプン
②	グルコース	ペプチド	抗体	セルロース
③	アミノ酸	ペプチド	酵素	デンプン
④	アミノ酸	ペプチド	抗体	セルロース
⑤	アミノ酸	イオン	酵素	デンプン

I-4-6

PCR（ポリメラーゼ連鎖反応）法は，細胞や血液サンプルからDNAを高感度で増幅することができるため，遺伝子診断や微生物検査，動物や植物の系統調査等に用いられている。PCR法は通常，(1) DNAの熱変性，(2) プライマーのアニーリング，(3) 伸長反応の3段階からなっている。PCR法に関する記述のうち，最も適切なものはどれか。

① アニーリング温度を上げすぎると，1本鎖DNAに対するプライマーの非特異的なアニーリングが起こりやすくなる。
② 伸長反応の時間は増幅したい配列の長さによって変える必要があり，増幅したい配列が長くなるにつれて伸長反応時間は短くする。
③ PCR法により増幅したDNAには，プライマーの塩基配列は含まれない。
④ 耐熱性の低いDNAポリメラーゼが，PCR法に適している。
⑤ DNAの熱変性では，2本鎖DNAの水素結合を切断して1本鎖DNAに解離させるために加熱を行う。

5群　環境・エネルギー・技術に関するもの

（全6問題から3問題を選択解答）

Ⅰ-5-1

☑☑☑

生物多様性国家戦略2023-2030に記載された，日本における生物多様性に関する次の記述のうち，最も不適切なものはどれか。

① 我が国に生息・生育する生物種は固有種の比率が高いことが特徴で，爬虫類の約6割，両生類の約8割が固有種となっている。

② 高度経済成長期以降，急速で規模の大きな開発・改変によって，自然性の高い森林，草原，農地，湿原，干潟等の規模や質が著しく縮小したが，近年では大規模な開発・改変による生物多様性への圧力は低下している。

③ 里地里山は，奥山自然地域と都市地域との中間に位置し，生物多様性保全上重要な地域であるが，農地，水路・ため池，農用林などの利用拡大等により，里地里山を構成する野生生物の生息・生育地が減少した。

④ 国外や国内の他の地域から導入された生物が，地域固有の生物相や生態系を改変し，在来種に大きな影響を与えている。

⑤ 温暖な気候に生育するタケ類の分布の北上や，南方系チョウ類の個体数増加及び分布域の北上が確認されている。

Ⅰ-5-2

☑☑☑

大気汚染物質に関する次の記述のうち，最も不適切なものはどれか。

① 二酸化硫黄は，硫黄分を含む石炭や石油などの燃焼によって生じ，呼吸器疾患や酸性雨の原因となる。

② 二酸化窒素は，物質の燃焼時に発生する一酸化窒素が，大気中で酸化されて生成される物質で，呼吸器疾患の原因となる。

③ 一酸化炭素は，有機物の不完全燃焼によって発生し，血液中のヘモグロビンと結合することで酸素運搬機能を阻害する。

④ 光化学オキシダントは，工場や自動車から排出される窒素酸化物や揮発性有機化合物などが，太陽光により光化学反応を起こして生成される酸化性物質の総称である。

⑤ PM2.5は，粒径10 μ m以下の浮遊粒子状物質のうち，肺胞に最も付着し

やすい粒径2.5μm付近の大きさを有するものである。

Ⅰ-5-3

日本のエネルギーに関する次の記述のうち，最も不適切なものはどれか。

① 日本の太陽光発電導入量，太陽電池の国内出荷量に占める国内生産品の割合は，いずれも2009年度以降2020年度まで毎年拡大している。

② 2020年度の日本の原油輸入の中東依存度は90%を上回り，諸外国と比べて高い水準にあり，特に輸入量が多い上位2か国はサウジアラビアとアラブ首長国連邦である。

③ 2020年度の日本に対するLNGの輸入供給源は，中東以外の地域が80%以上を占めており，特に2012年度から豪州が最大のLNG輸入先となっている。

④ 2020年末時点での日本の風力発電の導入量は4百万kWを上回り，再エネの中でも相対的にコストの低い風力発電の導入を推進するため，電力会社の系統受入容量の拡大などの対策が行われている。

⑤ 環境適合性に優れ，安定的な発電が可能なベースロード電源である地熱発電は，日本が世界第3位の資源量を有する電源として注目を集めている。

Ⅰ-5-4

天然ガスは，日本まで輸送する際に容積を小さくするため，液化天然ガス(LNG，Liquefied Natural Gas)の形で運ばれている。0[℃]，1気圧の天然ガスを液化すると体積は何分の1になるか，次のうち最も近い値はどれか。

なお，天然ガスは全てメタン(CH_4)で構成される理想気体とし，LNGの密度は温度によらず425[kg/m^3]で一定とする。

① 1/400　② 1/600　③ 1/800　④ 1/1000　⑤ 1/1200

I-5-5

☑☑☑

労働者や消費者の安全に関連する次の（ア）～（オ）の日本の出来事を年代の古い順から並べたものとして，適切なものはどれか。

（ア）職場における労働者の安全と健康の確保などを図るために，労働安全衛生法が制定された。

（イ）製造物の欠陥による被害者の保護を図るために，製造物責任法が制定された。

（ウ）年少者や女子の労働時間制限などを図るために，工場法が制定された。

（エ）健全なる産業の振興と労働者の幸福増進などを図るために，第１回の全国安全週間が実施された。

（オ）工業標準化法（現在の産業標準化法）が制定され，日本工業規格（JIS，現在の日本産業規格）が定められることになった。

① ウ－エ－オ－ア－イ
② ウ－オ－エ－ア－イ
③ エ－ウ－オ－イ－ア
④ エ－オ－ウ－イ－ア
⑤ オ－ウ－ア－エ－イ

I-5-6

☑☑☑

科学と技術の関わりは多様であり，科学的な発見の刺激により技術的な応用がもたらされることもあれば，革新的な技術が科学的な発見を可能にすることもある。こうした関係についての次の記述のうち，不適切なものはどれか。

① 望遠鏡が発明されたのちに土星の環が確認された。
② 量子力学が誕生したのちにトランジスターが発明された。
③ 電磁波の存在が確認されたのちにレーダーが開発された。
④ 原子核分裂が発見されたのちに原子力発電の利用が始まった。
⑤ ウイルスが発見されたのちにワクチン接種が始まった。

問題　適性科目

II　次の15問題を解答せよ。（解答欄に1つだけマークすること。）

II-1

技術士法第4章（技術士等の義務）の規定において技術士等に求められている義務・責務に関わる（ア）～（エ）の説明について，正しいものは○，誤っているものは×として，適切な組合せはどれか。

（ア）業務遂行の過程で与えられる情報や知見は，発注者や雇用主の財産であり，技術士等は守秘の義務を負っているが，依頼者からの情報を基に独自で調査して得られた情報はその限りではない。

（イ）情報の意図的隠蔽は社会との良好な関係を損なうことを認識し，たとえその情報が自分自身や所属する組織に不利であっても公開に努める必要がある。

（ウ）公衆の安全を確保するうえで必要不可欠と判断した情報については，所属する組織にその情報を速やかに公開するように働きかける。それでも事態が改善されない場合においては守秘義務を優先する。

（エ）技術士等の判断が依頼者に覆された場合，依頼者の主張が安全性に対し懸念を生じる可能性があるときでも，予想される可能性について発言する必要はない。

	ア	イ	ウ	エ
①	○	×	○	×
②	○	○	×	×
③	×	○	×	×
④	×	×	○	○
⑤	×	×	○	×

II-2

☑☑☑

企業や組織は，保有する営業情報や技術情報を用いて他社との差別化を図り，競争力を向上させている。これらの情報の中には，秘密とすることでその価値を発揮するものも存在し，企業活動が複雑化する中，秘密情報の漏洩経路も多様化しており，情報漏洩を未然に防ぐための対策が企業に求められている。

情報漏洩対策に関する次の記述のうち，不適切なものはどれか。

① 社内規定等において，秘密情報の分類ごとに，アクセス権の設定に関するルールを明確にしたうえで，当該ルールに基づき，適切にアクセス権の範囲を設定する。

② 社内の規定に基づいて，秘密情報が記録された媒体等（書類，書類を綴じたファイル，USBメモリ，電子メール等）に，自社の秘密情報であることが分かるように表示する。

③ 秘密情報を取り扱う作業については，複数人での作業を避け，可能な限り単独作業で実施する。

④ 電子化された秘密情報について，印刷，コピー＆ペースト，ドラッグ＆ドロップ，USBメモリへの書込みができない設定としたり，コピーガード付きのUSBメモリやCD-R等に保存する。

⑤ 従業員同士で互いの業務態度が目に入ったり，背後から上司等の目につきやすくするような座席配置としたり，秘密情報が記録された資料が保管された書棚等が従業員等からの死角とならないようにレイアウトを工夫する。

II-3

国民生活の安全・安心を損なう不祥事は，事業者内部からの通報をきっかけに明らかになることも少なくない。こうした不祥事による国民への被害拡大を防止するために通報する行為は，正当な行為として事業者による解雇等の不利益な取扱いから保護されるべきものである。公益通報者保護法は，このような観点から，通報者がどこへどのような内容の通報を行えば保護されるのかという制度的なルールを明確にしたものである。2022年に改正された公益通報者保護法では，事業者に対し通報の受付や調査などを担当する従業員を指定する義務，事業者内部の公益通報に適切に対応する体制を整備する義務等が新たに規定されている。

公益通報者保護法に関する次の記述のうち，不適切なものはどれか。

① 通報の対象となる法律は，すべての法律が対象ではなく，「国民の生命，身体，財産その他の利益の保護に関わる法律」として公益通報者保護法や政令で定められている。

② 公務員は，国家公務員法，地方公務員法が適用されるため，通報の主体の適用範囲からは除外されている。

③ 公益通報者が労働者の場合，公益通報をしたことを理由として事業者が公益通報者に対して行った解雇は無効となり，不利益な取り扱いをすることも禁止されている。

④ 不利益な取扱いとは，降格，減給，自宅待機命令，給与上の差別，退職の強要，専ら雑務に従事させること，退職金の減額・没収等が該当する。

⑤ 事業者は，公益通報によって損害を受けたことを理由として，公益通報者に対して賠償を請求することはできない。

II-4

☑☑☑

ものづくりに携わる技術者にとって，知的財産を理解することは非常に大事なことである。知的財産の特徴の1つとして，「もの」とは異なり「財産的価値を有する情報」であることが挙げられる。これらの情報は，容易に模倣されるという特質を持っており，しかも利用されることにより消費されるということがないため，多くの者が同時に利用することができる。こうしたことから知的財産権制度は，創作者の権利を保護するため，元来自由利用できる情報を，社会が必要とする限度で自由を制限する制度ということができる。

次の(ア)～(オ)のうち，知的財産権における産業財産権に含まれるものを○，含まれないものを×として，適切な組合せはどれか。

(ア) 特許権(発明の保護)
(イ) 実用新案権(物品の形状等の考案の保護)
(ウ) 意匠権(物品のデザインの保護)
(エ) 商標権(商品・サービスに使用するマークの保護)
(オ) 著作権(文芸，学術，美術，音楽，プログラム等の精神的作品の保護)

	ア	イ	ウ	エ	オ
①	○	○	○	○	○
②	○	○	○	○	×
③	○	○	○	×	○
④	○	○	×	○	○
⑤	○	×	○	○	○

II-5

技術の高度化，統合化や経済社会のグローバル化等に伴い，技術者に求められる資質能力はますます高度化，多様化し，国際的な同等性を備えることも重要になっている。技術者が業務を履行するために，技術ごとの専門的な業務の性格・内容，業務上の立場は様々であるものの，（遅くとも）35歳程度の技術者が，技術士資格の取得を通じて，実務経験に基づく専門的学識及び高等の専門的応用能力を有し，かつ，豊かな創造性を持って複合的な問題を明確にして解決できる技術者（技術士）として活躍することが期待される。2021年6月にIEA（International Engineering Alliance；国際エンジニアリング連合）により「GA&PCの改訂（第4版）」が行われ，国際連合による持続可能な開発目標（SDGs）や多様性，包摂性等，より複雑性を増す世界の動向への対応や，データ・情報技術，新興技術の活用やイノベーションへの対応等が新たに盛り込まれた。

「GA&PCの改訂（第4版）」を踏まえ，「技術士に求められる資質能力（コンピテンシー）」（令和5年1月 文部科学省科学技術・学術審議会 技術士分科会）に挙げられているキーワードのうち誤ったものの数はどれか。

※GA&PC；「修了生としての知識・能力と専門職としてのコンピテンシー」

※GA；Graduate Attributes，PC；Professional Competencies

（ア）専門的学識
（イ）問題解決
（ウ）マネジメント
（エ）評価
（オ）コミュニケーション
（カ）リーダーシップ
（キ）技術者倫理
（ク）継続研さん

①　0　　②　1　　③　2　　④　3　　⑤　4

II-6

製造物責任法（PL法）は，製造物の欠陥により人の生命，身体又は財産に係る被害が生じた場合における製造業者等の損害賠償の責任について定めることにより，被害者の保護を図り，もって国民生活の安定向上と国民経済の健全な発展に寄与することを目的とする。

次の（ア）～（オ）のPL法に関する記述について，正しいものは○，誤っているものは×として，適切な組合せはどれか。

（ア）PL法における「製造物」の要件では，不動産は対象ではない。従って，エスカレータは，不動産に付合して独立した動産でなくなることから，設置された不動産の一部として，いかなる場合も適用されない。

（イ）ソフトウエア自体は無体物であり，PL法の「製造物」には当たらない。ただし，ソフトウエアを組み込んだ製造物が事故を起こした場合，そのソフトウエアの不具合が当該製造物の欠陥と解されることがあり，損害との因果関係があれば適用される。

（ウ）原子炉の運転等により生じた原子力損害については「原子力損害の賠償に関する法律」が適用され，PL法の規定は適用されない。

（エ）「修理」，「修繕」，「整備」は，基本的にある動産に本来存在する性質の回復や維持を行うことと考えられ，PL法で規定される責任の対象にならない。

（オ）PL法は，国際的に統一された共通の規定内容であるので，海外への製品輸出や，現地生産の場合は，我が国のPL法に基づけばよい。

	ア	イ	ウ	エ	オ
①	○	×	○	○	×
②	○	○	×	×	○
③	×	○	○	○	×
④	×	×	○	○	×
⑤	×	×	×	×	○

Ⅱ-7

日本学術会議は，科学者が，社会の信頼と負託を得て，主体的かつ自律的に科学研究を進め，科学の健全な発達を促すため，平成18年10月に，すべての学術分野に共通する基本的な規範である声明「科学者の行動規範について」を決定，公表した。その後，データのねつ造や論文盗用といった研究活動における不正行為の事案が発生したことや，東日本大震災を契機として科学者の責任の問題がクローズアップされたこと，デュアルユース問題について議論が行われたことから，平成25年1月，同声明の改訂が行われた。

次の「科学者の行動規範」に関する（ア）～（エ）の記述について，正しいものは○，誤っているものは×として適切な組合せはどれか。

（ア）科学者は，研究成果を論文などで公表することで，各自が果たした役割に応じて功績の認知を得るとともに責任を負わなければならない。研究・調査データの記録保存や厳正な取扱いを徹底し，ねつ造，改ざん，盗用などの不正行為を為さず，また加担しない。

（イ）科学者は，社会と科学者コミュニティとのより良い相互理解のために，市民との対話と交流に積極的に参加する。また，社会の様々な課題の解決と福祉の実現を図るために，政策立案・決定者に対して政策形成に有効な科学的助言の提供に努める。その際，科学者の合意に基づく助言を目指し，意見の相違が存在するときは科学者コミュニティ内での多数決により統一見解を決めてから助言を行う。

（ウ）科学者は，公共の福祉に資することを目的として研究活動を行い，客観的で科学的な根拠に基づく公正な助言を行う。その際，科学者の発言が世論及び政策形成に対して与える影響の重大さと責任を自覚し，権威を濫用しない。また，科学的助言の質の確保に最大限努め，同時に科学的知見に係る不確実性及び見解の多様性について明確に説明する。

（エ）科学者は，政策立案・決定者に対して科学的助言を行う際には，科学的知見が政策形成の過程において十分に尊重されるべきものであるが，政策決定の唯一の判断根拠ではないことを認識する。科学者コミュニティの助言とは異なる政策決定が為された場合，必要に応じて政策立案・決定者に社会への説明を要請する。

	ア	イ	ウ	エ
①	×	○	○	○
②	○	×	○	○
③	○	○	×	○
④	○	○	○	×
⑤	○	○	○	○

Ⅱ-8

JIS Q 31000:2019「リスクマネジメント-指針」は，ISO 31000:2018を基に作成された規格である。この規格は，リスクのマネジメントを行い，意思を決定し，目的の設定及び達成を行い，並びにパフォーマンスの改善のために，組織における価値を創造し，保護する人々が使用するためのものである。リスクマネジメントは，規格に記載された原則，枠組み及びプロセスに基づいて行われる。図1は，リスクマネジメントプロセスを表したものであり，リスクアセスメントを中心とした活動の体系が示されている。

図1の［　　］に入る語句の組合せとして，適切なものはどれか。

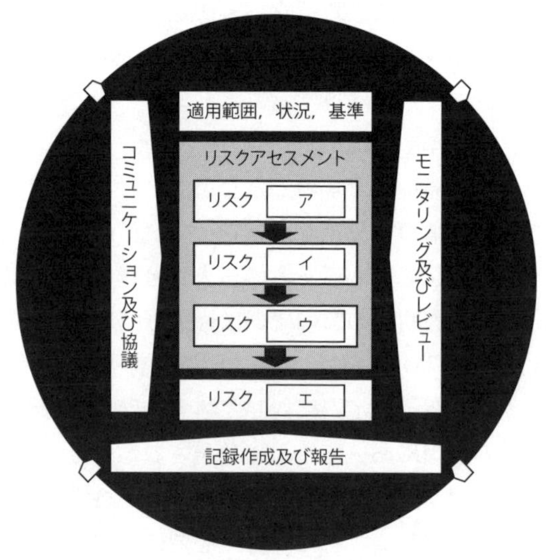

図1　リスクマネジメントプロセス

	ア	イ	ウ	エ
①	分析	評価	対応	管理
②	特定	分析	評価	対応
③	特定	評価	対応	管理
④	分析	特定	評価	対応
⑤	分析	評価	特定	管理

II-9

技術者にとって，過去の「失敗事例」は貴重な情報であり，対岸の火事とせず，他山の石として，自らの業務に活かすことは重要である。

次の事故・事件に関する記述のうち，事実と異なっているものはどれか。

① 2000年，大手乳業企業の低脂肪乳による集団食中毒事件；
原因は，脱脂粉乳工場での停電復旧後の不適切な処置であった。初期の一部消費者からの苦情に対し，全消費者への速やかな情報開示がされず，結果として製品回収が遅れ被害が拡大した。組織として経営トップの危機管理の甘さがあり，経営トップの責任体制，リーダーシップの欠如などが指摘された。

② 2004年，六本木高層商業ビルでの回転ドアの事故；
原因は，人（事故は幼児）の挟まれに対する安全制御装置（検知と非常停止）の不適切な設計とその運用管理の不備であった。設計段階において，高層ビルに適した機能追加やデザイン性を優先し，海外オリジナルの軽量設計を軽視して制御安全に頼る設計としていたことなどが指摘された。

③ 2005年，JR西日本福知山線の列車の脱線転覆事故；
原因は，自動列車停止装置（ATS）が未設置の急カーブ侵入部において，制限速度を大きく超え，ブレーキが遅れたことであった。組織全体で安全を確保する仕組みが構築できていなかった背景として，会社全体で安全最優先の風土が構築できておらず，特に経営層において安全最優先の認識と行動が不十分であったことが指摘された。

④ 2006年，東京都の都営アパートにおける海外メーカ社製のエレベータ事故；
原因は，保守点検整備を実施した会社が原設計や保守ノウハウを十分に理解していなかったことであった。その結果ゴンドラのケーブルが破断し落下したものである。

⑤ 2012年，中央自動車道笹子トンネルの天井崩落事故；

原因は，トンネル給排気ダクト用天井のアンカーボルト部の劣化脱落である。建設当時の設計，施工に関する技術不足があり，またその後の保守点検（維持管理）も不十分であった。この事故は，日本国内全体の社会インフラの老朽化と適切な維持管理に対する本格的な取組の契機となった。

II-10

平成23年3月に発生した東日本大震災によって，我が国の企業・組織は，巨大な津波や強い地震動による深刻な被害を受け，電力，燃料等の不足に直面した。また，経済活動への影響は，サプライチェーンを介して，国内のみならず，海外の企業にまで及んだ。我々は，この甚大な災害の教訓も踏まえ，今後発生が懸念されている大災害に立ち向かわなければならない。我が国の企業・組織は，国内外における大災害のあらゆる可能性を直視し，より厳しい事態を想定すべきであり，それらを踏まえ，不断の努力により，甚大な災害による被害にも有効な事業計画（BCP; Business Continuity Plan）や事業継続マネジメント（BCM; Business Continuity Management）に関する戦略を見いだし，対策を実施し，取組の改善を続けていくべきである。

「事業継続ガイドライン-あらゆる危機的事象を乗り越えるための戦略と対応-（令和3年4月）内閣府」に記載されているBCP，BCMに関する次の（ア）～（エ）の記述について，正しいものを○，誤ったものを×として，適切な組合せはどれか。

（ア）BCPが有効に機能するためには，経営者の適切なリーダーシップが求められる。

（イ）想定する発生事象（インシデント）により企業・組織が被害を受けた場合は，平常時とは異なる状況なので，法令や条例による規制その他の規定は遵守する必要はない。

（ウ）企業・組織の事業内容や業務体制，内外の環境は常に変化しているので，経営者が率先して，BCMの定期的及び必要な時期での見直しと，継続的な改善を実施することが必要である。

（エ）事業継続には，地域の復旧が前提になる場合も多いことも考慮し，地域の救援・復旧にできる限り積極的に取り組む経営判断が望まれる。

	ア	イ	ウ	エ
①	○	○	○	○
②	×	○	○	○
③	○	×	○	○
④	○	○	×	○
⑤	○	○	○	×

Ⅱ-11

技術者の行動が倫理的かどうかを吟味するためのツールとして様々なエシックス・テストがある。

代表的なエシックス・テストに関する次の記述の，［　　］に入る語句の組合せとして，適切なものはどれか。

［ア］テスト：自分が今行おうとしている行為を，もしみんながやったらどうなるかを考えてみる。その場合に，明らかに社会が成り立たないと考えられ，矛盾が起こると予想されるならば，それは倫理的に不適切な行為であると考えられる。

［イ］テスト：もし自分が今行おうとしている行為によって直接影響を受ける立場であっても，同じ意思決定をするかどうかを考えてみる。「自分の嫌だということは人にもするな」という黄金律に基づくため，「黄金律テスト」とも呼ばれる。

［ウ］テスト：自分がしばしばこの選択肢を選んだら，どう見られるだろうかを考えてみる。

［エ］テスト：その行動をとったことが新聞などで報道されたらどうなるか考えてみる。

［専門家］テスト：その行動をとることは専門家からどのように評価されるか，倫理綱領などを参考に考えてみる。

	ア	イ	ウ	エ
①	普遍化可能性	危害	世評	美徳
②	普遍化可能性	可逆性	美徳	世評
③	普遍化可能性	可逆性	世評	常識
④	常識	普遍化可能性	美徳	世評
⑤	常識	危害	世評	普遍化可能性

II-12

✓ ✓ ✓

我が国をはじめとする主要国では，武器や軍事転用可能な貨物・技術が，我が国及び国際社会の安全性を脅かす国家やテロリスト等，懸念活動を行うおそれのある者に渡ることを防ぐため，先進国を中心とした国際的な枠組み（国際輸出管理レジーム）を作り，国際社会と協調して輸出等の管理を行っている。我が国においては，この安全保障の観点に立った貿易管理の取組を，外国為替及び外国貿易法（外為法）に基づき実施している。

安全保障貿易に関する次の記述のうち，不適切なものはどれか。

① リスト規制とは，武器並びに大量破壊兵器及び通常兵器の開発等に用いられるおそれの高いものを法令等でリスト化して，そのリストに該当する貨物や技術を輸出や提供する場合には，経済産業大臣の許可が必要となる制度である。

② キャッチオール規制とは，リスト規制に該当しない貨物や技術であっても，大量破壊兵器等や通常兵器の開発等に用いられるおそれのある場合には，経済産業大臣の許可が必要となる制度である。

③ 外為法における「技術」とは，貨物の設計，製造又は使用に必要な特定の情報をいい，この情報は，技術データ又は技術支援の形態で提供され，許可が必要な取引の対象となる技術は，外国為替令別表にて定められている。

④ 技術提供の場が日本国内であれば，国内非居住者に技術提供する場合でも，提供する技術が外国為替令別表で規定されているかを確認する必要はない。

⑤ 国際特許の出願をするために外国の特許事務所に出願内容の技術情報を提供する場合，出願をするための必要最小限の技術提供であれば，許可申請は不要である。

II-13

「国民の安全・安心の確保」「持続可能な地域社会の形成」「経済成長の実現」の役割を担うインフラの機能を，将来にわたって適切に発揮させる必要があり，メンテナンスサイクルの核となる個別施設計画の充実化やメンテナンス体制の確保など，インフラメンテナンスの取組を着実に推進するために，平成26年に「国土交通省インフラ長寿命化計画（行動計画）」が策定された。令和３年６月に今後の取組の方向性を示す第二期の行動計画が策定されており，この中で「個別施設計画の策定・充実」「点検・診断/修繕・更新等」「基準類等の充実」といった具体的な７つの取組が示されている。

この７つの取組のうち，残り４つに含まれないものはどれか。

① 予算管理
② 体制の構築
③ 新技術の開発・導入
④ 情報基盤の整備と活用
⑤ 技術継承の取組

II-14

技術者にとって製品の安全確保は重要な使命の１つであり，この安全確保に関しては国際安全規格ガイド【ISO/IEC Guide51-2014（JIS Z 8051-2015）】がある。この「安全」とは，絶対安全を意味するものではなく，「リスク」（危害の発生確率及びその危害の度合いの組合せ）という数量概念を用いて，許容不可能な「リスク」がないことをもって，「安全」と規定している。

次の記述のうち，不適切なものはどれか。

① 「安全」を達成するためには，リスクアセスメント及びリスク低減の反復プロセスが必須である。許容可能と評価された最終的な「残留リスク」については，その妥当性を確認し，その内容については文書化する必要がある。
② リスク低減とリスク評価の考え方として，「ALARP」の原理がある。この原理では，あらゆるリスクは合理的に実行可能な限り軽減するか，又は合理的に実行可能な最低の水準まで軽減することが要求される。
③ 「ALARP」の適用に当たっては，当該リスクについてリスク軽減を更に行うことが実際的に不可能な場合，又はリスク軽減費用が製品原価として当初

計画した事業予算に収まらない場合にだけ，そのリスクは許容可能である。

④　設計段階のリスク低減方策はスリーステップメソッドと呼ばれる。そのうちのステップ1は「本質的安全設計」であり，リスク低減のプロセスにおける，最初で，かつ最も重要なプロセスである。

⑤　警告は，製品そのもの及び/又はそのこん包に表示し，明白で，読みやすく，容易に消えなく，かつ理解しやすいもので，簡潔で明確に分かりやすい文章とすることが望ましい。

II-15

環境基本法は，環境の保全について，基本理念を定め，並びに国，地方公共団体，事業者及び国民の責務を明らかにするとともに，環境の保全に関する施策の基本となる事項を定めることにより，環境の保全に関する施策を総合的かつ計画的に推進し，もって現在及び将来の国民の健康で文化的な生活の確保に寄与するとともに人類の福祉に貢献することを目的としている。

環境基本法第二条において「公害とは，環境の保全上の支障のうち，事業活動その他の人の活動に伴って生ずる相当範囲にわたる7つの項目（典型7公害）によって，人の健康又は生活環境に係る被害が生ずることをいう」と定義されている。

上記の典型7公害として「大気の汚染」，「水質の汚濁」，「土壌の汚染」などが記載されているが，次のうち，残りの典型7公害として規定されていないものはどれか。

①　騒音

②　地盤の沈下

③　廃棄物投棄

④　悪臭

⑤　振動

令和4年度　技術士第一次試験
〔基礎科目・適性科目〕

問題　基礎科目

次の1群～5群の全ての問題群からそれぞれ3問題，計15問題を選び解答せよ。（解答欄に1つだけマークすること。）

問題群	総問題数	選択問題数	ページ
1群　設計・計画に関するもの	6	3	126
2群　情報・論理に関するもの	6	3	130
3群　解析に関するもの	6	3	135
4群　材料・化学・バイオに関するもの	6	3	139
5群　環境・エネルギー・技術に関するもの	6	3	142

1群　設計・計画に関するもの

（全6問題から3問題を選択解答）

I-1-1

✓ ✓ ✓

金属材料の一般的性質に関する次の（A）～（D）の記述の，［　］に入る語句の組合せとして，適切なものはどれか。

（A）疲労限度線図では，規則的な繰り返し応力における平均応力を［ア］方向に変更すれば，少ない繰り返し回数で疲労破壊する傾向が示されている。

（B）材料に長時間一定荷重を加えるとひずみが時間とともに増加する。これをクリープという。［イ］ではこのクリープが顕著になる傾向がある。

（C）弾性変形下では，縦弾性係数の値が［ウ］と少しの荷重でも変形しやすい。

（D）部材の形状が急に変化する部分では，局所的にvon Mises相当応力（相当応力）が［エ］なる。

	ア	イ	ウ	エ
①	引張	材料の温度が高い状態	小さい	大きく
②	引張	材料の温度が高い状態	大きい	小さく
③	圧縮	材料の温度が高い状態	小さい	小さく
④	圧縮	引張強さが大きい材料	小さい	大きく
⑤	引張	引張強さが大きい材料	大きい	大きく

Ⅰ-1-2

確率分布に関する次の記述のうち，不適切なものはどれか。

① 1個のサイコロを振ったときに，1から6までのそれぞれの目が出る確率は，一様分布に従う。
② 大量生産される工業製品のなかで，不良品が発生する個数は，ポアソン分布に従うと近似できる。
③ 災害が起こってから次に起こるまでの期間は，指数分布に従うと近似できる。
④ ある交差点における5年間の交通事故発生回数は，正規分布に従うと近似できる。
⑤ 1枚のコインを5回投げたときに，表が出る回数は，二項分布に従う。

Ⅰ-1-3

次の記述の，[　　]に入る語句として，適切なものはどれか。

ある棒部材に，互いに独立な引張力F_aと圧縮力F_bが同時に作用する。引張力F_aは平均300N，標準偏差30N の正規分布に従い，圧縮力は平均200N，標準偏差40Nの正規分布に従う。棒部材の合力が200N以上の引張力となる確率は[　　]となる。ただし，平均0，標準偏差1の正規分布で値がz以上となる確率は以下の表により表される。

表　標準正規分布に従う確率変数zと上側確率

z	1.0	1.5	2.0	2.5	3.0
確率［%］	15.9	6.68	2.28	0.62	0.13

① 0.2%未満
② 0.2%以上1%未満
③ 1%以上5%未満
④ 5%以上10%未満
⑤ 10%以上

Ⅰ-1-4

☑☑☑

ある工業製品の安全率をxとする(x>1)。この製品の期待損失額は，製品に損傷が生じる確率とその際の経済的な損失額の積として求められ，損傷が生じる確率は1/(1+x)，経済的な損失額は9億円である。一方，この製品を造るための材料費やその調達を含む製造コストがx億円であるとした場合に，製造にかかる総コスト(期待損失額と製造コストの合計)を最小にする安全率xの値はどれか。

① 2.0　② 2.5　③ 3.0　④ 3.5　⑤ 4.0

Ⅰ-1-5

☑☑☑

次の記述の，[　　]に入る語句の組合せとして，適切なものはどれか。

断面が円形の等分布荷重を受ける片持ばりにおいて，最大曲げ応力は断面の円の直径の[ア]に[イ]し，最大たわみは断面の円の直径の[ウ]に[イ]する。また，この断面を円から長方形に変更すると，最大曲げ応力は断面の長方形の高さの[エ]に[イ]する。ただし，断面形状ははりの長さ方向に対して一様である。また，はりの長方形断面の高さ方向は荷重方向に一致する。

	ア	イ	ウ	エ
①	3乗	比例	4乗	3乗
②	4乗	比例	3乗	2乗
③	3乗	反比例	4乗	2乗
④	4乗	反比例	3乗	3乗
⑤	3乗	反比例	4乗	3乗

I-1-6

　ある施設の計画案（ア）～（オ）がある。これらの計画案による施設の建設によって得られる便益が，将来の社会条件a，b，cにより表1のように変化するものとする。また，それぞれの計画案に要する建設費用が表2に示されるとおりとする。将来の社会条件の発生確率が，それぞれa=70%，b=20%，c=10%と予測される場合，期待される価値(=便益－費用)が最も大きくなる計画案はどれか。

表1 社会条件によって変化する便益 (単位：億円)

計画案／社会条件	ア	イ	ウ	エ	オ
a	5	5	3	6	7
b	4	4	6	5	4
c	4	7	7	3	5

表2 計画案に要する建設費用 (単位:億円)

計画案	ア	イ	ウ	エ	オ
建設費用	3	3	3	4	6

①　ア　　②　イ　　③　ウ　　④　エ　　⑤　オ

2群　情報・論理に関するもの

（全6問題から3問題を選択解答）

I-2-1

テレワーク環境における問題に関する次の記述のうち，最も不適切なものはどれか。

① Web会議サービスを利用する場合，意図しない参加者を会議へ参加させないためには，会議参加用のURLを参加者に対し安全な通信路を用いて送付すればよい。
② 各組織のネットワーク管理者は，テレワークで用いるVPN製品等の通信機器の脆弱性について，常に情報を収集することが求められている。
③ テレワーク環境では，オフィス勤務の場合と比較してフィッシング等の被害が発生する危険性が高まっている。
④ ソーシャルハッキングへの対策のため，第三者の出入りが多いカフェやレストラン等でのテレワーク業務は避ける。
⑤ テレワーク業務におけるインシデント発生時において，適切な連絡先が確認できない場合，被害の拡大につながるリスクがある。

I-2-2

4つの集合A，B，C，Dが以下の4つの条件を満たしているとき，集合A，B，C，Dすべての積集合の要素数の値はどれか。

条件1　A，B，C，Dの要素数はそれぞれ11である。
条件2　A，B，C，Dの任意の2つの集合の積集合の要素数はいずれも7である。
条件3　A，B，C，Dの任意の3つの集合の積集合の要素数はいずれも4である。
条件4　A，B，C，Dすべての和集合の要素数は16である。

①　8　　②　4　　③　2　　④　1　　⑤　0

I-2-3

仮想記憶のページ置換手法としてLRU (Least Recently Used) が使われており，主記憶に格納できるページ数が3, ページの主記憶からのアクセス時間がH[秒], 外部記憶からのアクセス時間がM[秒]であるとする(HはMよりはるかに小さいものとする)。ここでLRUとは最も長くアクセスされなかったページを置換対象とする方式である。仮想記憶にページが何も格納されていない状態から開始し，プログラムが次の順番でページ番号を参照する場合の総アクセス時間として，適切なものはどれか。

2⇒1⇒1⇒2⇒3⇒4⇒1⇒3⇒4

なお，主記憶のページ数が1であり，2⇒2⇒1⇒2の順番でページ番号を参照する場合，最初のページ2へのアクセスは外部記憶からのアクセスとなり，同時に主記憶にページ2が格納される。以降のページ2，ページ1，ページ2への参照はそれぞれ主記憶，外部記憶，外部記憶からのアクセスとなるので，総アクセス時間は3M+1H [秒] となる。

① 7M+2H [秒]
② 6M+3H [秒]
③ 5M+4H [秒]
④ 4M+5H [秒]
⑤ 3M+6H [秒]

I-2-4

☑☑☑

次の記述の，[　　] に入る値の組合せとして，適切なものはどれか。

同じ長さの2つのビット列に対して，対応する位置のビットが異なっている箇所の数をそれらのハミング距離と呼ぶ。ビット列「0101011」と「0110000」のハミング距離は，表1のように考えると4であり，ビット列「1110101」と「1001111」のハミング距離は [ア] である。4ビットの情報ビット列「Xl X2 X3 X4」に対して，「X5 X6 X7」をX5＝X2＋X3＋X4 (mod 2)，X6＝Xl＋X3＋X4 (mod 2)，X7＝Xl＋X2＋X4 (mod 2)（mod 2は整数を2で割った余りを表す）とおき，これらを付加したビット列「X1 X2 X3 X4 X5 X6 X7」を考えると，任意の2つのビット列のハミング距離が3以上であることが知られている。このビット列「X1 X2 X3 X4 X5 X6 X7」を送信し通信を行ったときに，通信過程で高々1ビットしか通信の誤りが起こらないという仮定の下で，受信ビット列が「0100110」であったとき，表2のように考えると「1100110」が送信ビット列であることがわかる。同じ仮定の下で，受信ビット列が「1000010」であったとき，送信ビット列は [イ] であることがわかる。

表1　ハミング距離の計算

1つめのビット列	0	1	0	1	0	1	1
2つめのビット列	0	1	1	0	0	0	0
異なるビット位置と個数計算			1	2		3	4

表2　受信ビット列が「0100110」の場合

受信ビットの正誤	送信ビット列								X1,X2,X3,X4に対応する付加ビット列		
	X1	X2	X3	X4	X5	X6	X7	⇒	X2+X3+X4 (mod2)	X1+X3+X4 (mod2)	X1+X2+X4 (mod2)
全て正しい	0	1	0	0	1	1	0		1	0	1
X1のみ誤り	1	1	0	0	同上			一致	1	1	0
X2のみ誤り	0	0	0	0	同上				0	0	0
X3のみ誤り	0	1	1	0	同上				0	1	1
X4のみ誤り	0	1	0	1	同上				0	1	0
X5のみ誤り	0	1	0	0	0	1	0		1	0	1
X6のみ誤り	同上				1	0	0		同上		
X7のみ誤り	同上				1	1	1		同上		

	ア	イ
①	4	「0000010」
②	5	「1100010」
③	4	「1001010」
④	5	「1000110」
⑤	4	「1000011」

I-2-5

次の記述の，[　　] に入る値の組合せとして，適切なものはどれか。

nを０又は正の整数，$a_i \in \{0,1\}(i=0,1,\cdots,n)$ とする。図は２進数 $(a_n a_{n-1} \cdots a_1 a_0)_2$ を10進数sに変換するアルゴリズムの流れ図である。

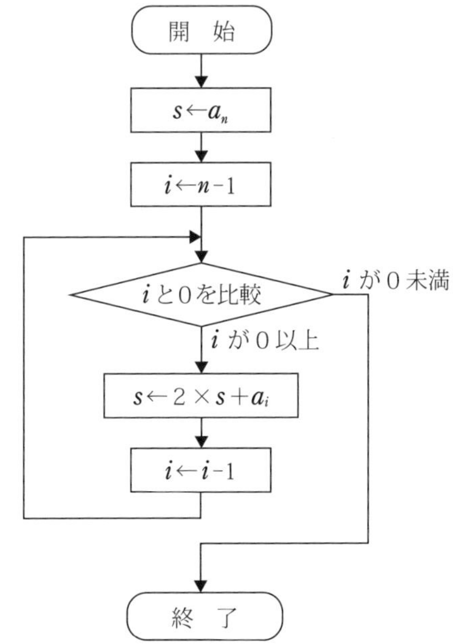

図　10進数sを求めるアルゴリズムの流れ図

このアルゴリズムを用いて２進数 $(1011)_2$を10進数sに変換すると，sには初めに1 が代入され，その後，順に2，5と更新され，最後に11となり終了する。このようにsが更新される過程を

$$1 \to 2 \to 5 \to 11$$

と表す。同様に，2進数$(11001011)_2$を10進数に変換すると，sは次のように更新される。

1 → 3 → 6 → [ア] → [イ] → [ウ] → [エ] → 203

	ア	イ	ウ	エ
①	12	25	51	102
②	13	26	50	102
③	13	26	52	101
④	13	25	50	101
⑤	12	25	50	101

I-2-6

IPv4アドレスは32ビットを8ビットごとにピリオド(.)で区切り4つのフィールドに分けて，各フィールドの8ビットを10進数で表記する。一方IPv6アドレスは128ビットを16ビットごとにコロン(:)で区切り，8つのフィールドに分けて各フィールドの16ビットを16進数で表記する。IPv6アドレスで表現できるアドレス数はIPv4アドレスで表現できるアドレス数の何倍の値となるかを考えた場合，適切なものはどれか。

① 2^4倍　② 2^{16}倍　③ 2^{32}倍　④ 2^{96}倍　⑤ 2^{128}倍

3群　解析に関するもの

（全6問題から3問題を選択解答）

Ⅰ-3-1

$x=x_i$における導関数$\dfrac{df}{dx}$の差分表現として，誤っているものはどれか。ただし，添え字iは格子点を表すインデックス，格子幅をΔとする。

① $\dfrac{f_{i+1}-f_i}{\Delta}$

② $\dfrac{3f_i-4f_{i-1}+f_{i-2}}{2\Delta}$

③ $\dfrac{f_{i+1}-f_{i-1}}{2\Delta}$

④ $\dfrac{f_{i+1}-2f_i+f_{i-1}}{\Delta^2}$

⑤ $\dfrac{f_i-f_{i-1}}{\Delta}$

Ⅰ-3-2

3次元直交座標系における任意のベクトルa=(a_1，a_2，a_3)とb=(b_1，b_2，b_3)に対して必ずしも成立しない式はどれか。ただしa・b及びa×bはそれぞれベクトルaとbの内積及び外積を表す。

① (a×b)・a = 0

② a×b = b×a

③ a・b = b・a

④ b・(a×b) = 0

⑤ a×a = 0

Ⅰ-3-3

数値解析の精度を向上する方法として次のうち，最も不適切なものはどれか。

① 丸め誤差を小さくするために，計算機の浮動小数点演算を単精度から倍精度に変更した。

② 有限要素解析において，高次要素を用いて要素分割を行った。

③ 有限要素解析において，できるだけゆがんだ要素ができないように要素分割を行った。

④ Newton法などの反復計算において，反復回数が多いので収束判定条件を緩和した。

⑤ 有限要素解析において，解の変化が大きい領域の要素分割を細かくした。

Ⅰ-3-4

両端にヒンジを有する2つの棒部材ACとBCがあり，点Cにおいて鉛直下向きの荷重Pを受けている。棒部材ACとBCに生じる軸方向力をそれぞれN_1とN_2とするとき，その比$\frac{N_1}{N_2}$として，適切なものはどれか。なお，棒部材の伸びは微小とみなしてよい。

① $\frac{1}{2}$

② $\frac{1}{\sqrt{3}}$

③ 1

④ $\sqrt{3}$

⑤ 2

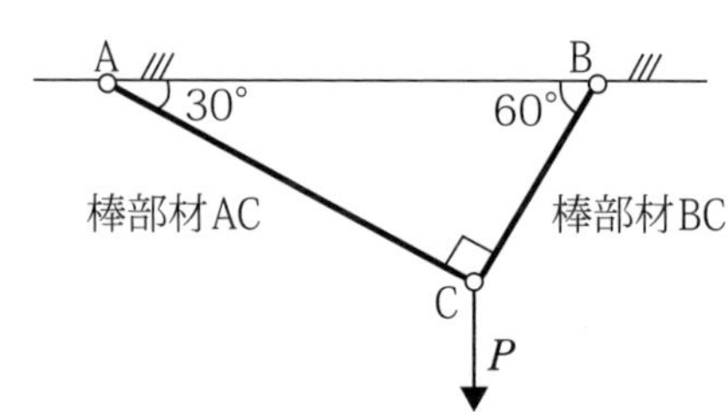

図　両端にヒンジを有する棒部材からなる構造

Ⅰ-3-5

モータの出力軸に慣性モーメントI[kg・m^2]の円盤が取り付けられている。この円盤を時間T[s]の間に角速度ω_1[rad/s]からω_2[rad/s]($\omega_2 > \omega_1$)に一定の角加速度($\omega_2 - \omega_1$)/Tで増速するために必要なモータ出力軸のトルクτ [Nm]として適切なものはどれか。ただし，モータ出力軸の慣性モーメントは無視できるものとする。

① $\tau = I(\omega_2 - \omega_1)$

② $\tau = I(\omega_2 - \omega_1) \cdot T$

③ $\tau = I(\omega_2 - \omega_1)/T$

④ $\tau = I(\omega_2^2 - \omega_1^2)/2$

⑤ $\tau = I(\omega_2^2 - \omega_1^2) \cdot T$

I-3-6

図(a)に示すような上下に張力Tで張られた糸の中央に物体が取り付けられた系の振動を考える。糸の長さは$2L$，物体の質量は$\boldsymbol{m}$である。図(a)の拡大図に示すように，物体の横方向の変位を$\boldsymbol{x}$とし，そのときの糸の傾きをθとすると，復元力は$2T\sin\theta$と表され，運動方程式よりこの系の固有振動数f_aを求めることができる。同様に，図(b)に示すような上下に張力Tで張られた長さ$4L$の糸の中央に質量$2\boldsymbol{m}$の物体が取り付けられた系があり，この系の固有振動数をf_bとする。f_aとf_bの比として適切なものはどれか。ただし，どちらの系でも，糸の質量，及び物体の大きさは無視できるものとする。また，物体の鉛直方向の変位はなく，振動している際の張力変動は無視することができ，変位$\boldsymbol{x}$と傾きθは微小なものとみなしてよい。

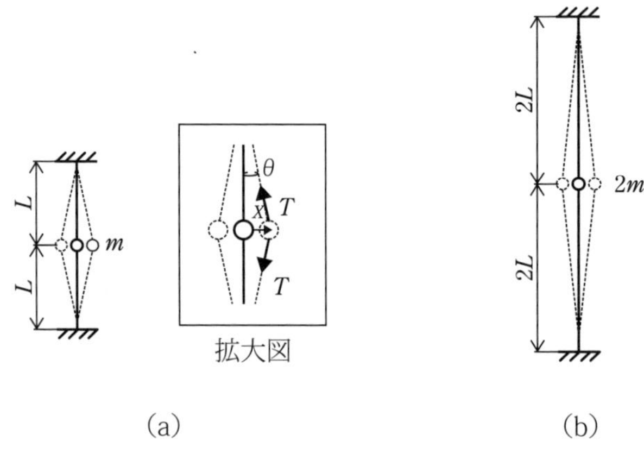

図　張られた糸に物体が取り付けられた2つの系

① $f_a : f_b = 1 : 1$
② $f_a : f_b = 1 : \sqrt{2}$
③ $f_a : f_b = 1 : 2$
④ $f_a : f_b = \sqrt{2} : 1$
⑤ $f_a : f_b = 2 : 1$

4群　材料・化学・バイオに関するもの

（全6問題から3問題を選択解答）

Ⅰ-4-1

次の記述のうち，最も不適切なものはどれか。ただし，いずれも常温・常圧下であるものとする。

① 酢酸は弱酸であり，炭酸の酸性度は酢酸より弱く，フェノールの酸性度は炭酸よりさらに弱い。
② 塩酸及び酢酸の0.1mol/L 水溶液は同一のpHを示す。
③ 水酸化ナトリウム，水酸化カリウム，水酸化カルシウム，水酸化バリウムは水に溶けて強塩基性を示す。
④ 炭酸カルシウムに希塩酸を加えると，二酸化炭素を発生する。
⑤ 塩化アンモニウムと水酸化カルシウムの混合物を加熱すると，アンモニアを発生する。

Ⅰ-4-2

次の物質のうち，下線を付けた原子の酸化数が最小なものはどれか。

① $H_2\underline{S}$　② $\underline{Mn}$　③ $\underline{Mn}O_4^-$　④ $\underline{N}H_3$　⑤ $H\underline{N}O_3$

I-4-3

☑☑☑

金属材料に関する次の記述の，［　　］に入る語句及び数値の組合せとして，適切なものはどれか。

ニッケルは，［ア］に分類される金属であり，ニッケル合金やニッケルめっき鋼板などの製造に使われている。

幅0.50m，長さ1.0m，厚さ0.60mmの鋼板に，ニッケルで厚さ10 μ mの片面めっきを施すには，［イ］kgのニッケルが必要である。このニッケルめっき鋼板におけるニッケルの質量百分率は，［ウ］％である。ただし，鋼板，ニッケルの密度は，それぞれ，7.9×10^3kg/m^3，8.9×10^3kg/m^{3}とする。

	ア	イ	ウ
①	レアメタル	4.5×10^{-2}	1.8
②	ベースメタル	4.5×10^{-2}	0.18
③	レアメタル	4.5×10^{-2}	0.18
④	ベースメタル	8.9×10^{-2}	0.18
⑤	レアメタル	8.9×10^{-2}	1.8

I-4-4

☑☑☑

材料の力学特性試験に関する次の記述の，［　　］に入る語句の組合せとして，適切なものはどれか。

材料の弾塑性挙動を，試験片の両端を均一に引っ張る一軸引張試験機を用いて測定したとき，試験機から一次的に計測できるものは荷重と変位である。荷重を［ア］の試験片の断面積で除すことで［イ］が得られ，変位を［ア］の試験片の長さで除すことで［ウ］が得られる。

［イ］-［ウ］曲線において，試験開始の初期に現れる直線領域を［エ］変形領域と呼ぶ。

	ア	イ	ウ	エ
①	変形前	公称応力	公称ひずみ	弾性
②	変形後	真応力	公称ひずみ	弾性
③	変形前	公称応力	真ひずみ	塑性
④	変形後	真応力	真ひずみ	塑性
⑤	変形前	公称応力	公称ひずみ	塑性

I-4-5

酵素に関する次の記述のうち，最も適切なものはどれか。

① 酵素を構成するフェニルアラニン，ロイシン，バリン，トリプトファンなどの非極性アミノ酸の側鎖は，酵素の外表面に存在する傾向がある。

② 至適温度が20℃以下，あるいは100℃以上の酵素は存在しない。

③ 酵素は，アミノ酸がペプチド結合によって結合したタンパク質を主成分とする無機触媒である。

④ 酵素は，活性化エネルギーを増加させる触媒の働きを持っている。

⑤ リパーゼは，高級脂肪酸トリグリセリドのエステル結合を加水分解する酵素である。

I-4-6

ある二本鎖DNAの一方のポリヌクレオチド鎖の塩基組成を調べたところ，グアニン(G)が25%，アデニン(A)が15%であった。このとき，同じ側の鎖，又は相補鎖に関する次の記述のうち，最も適切なものはどれか。

① 同じ側の鎖では，シトシン(C)とチミン(T)の和が40%である。

② 同じ側の鎖では，グアニン(G)とシトシン(C)の和が90%である。

③ 相補鎖では，チミン(T)が25%である。

④ 相補鎖では，シトシン(C)とチミン(T)の和が50%である。

⑤ 相補鎖では，グアニン(G)とアデニン(A)の和が60%である。

5群　環境・エネルギー・技術に関するもの

（全6問題から3問題を選択解答）

I-5-1

気候変動に関する政府間パネル（IPCC）第6次評価報告書第1～3作業部会報告書政策決定者向け要約の内容に関する次の記述のうち，不適切なものはどれか。

① 人間の影響が大気，海洋及び陸域を温暖化させてきたことには疑う余地がない。

② 2011～2020年における世界平均気温は，工業化以前の状態の近似値とされる1850～1900年の値よりも約3℃高かった。

③ 気候変動による影響として，気象や気候の極端現象の増加，生物多様性の喪失，土地・森林の劣化，海洋の酸性化，海面水位上昇などが挙げられる。

④ 気候変動に対する生態系及び人間の脆弱性は，社会経済的開発の形態などによって，地域間及び地域内で大幅に異なる。

⑤ 世界全体の正味の人為的な温室効果ガス排出量について，2010～2019年の期間の年間平均値は過去のどの10年の値よりも高かった。

I-5-2

廃棄物に関する次の記述のうち，不適切なものはどれか。

① 一般廃棄物と産業廃棄物の近年の総排出量を比較すると，一般廃棄物の方が多くなっている。

② 特別管理産業廃棄物とは，産業廃棄物のうち，爆発性，毒性，感染性その他の人の健康又は生活環境に係る被害を生ずるおそれがあるものである。

③ バイオマスとは，生物由来の有機性資源のうち化石資源を除いたもので，廃棄物系バイオマスには，建設発生木材や食品廃棄物，下水汚泥などが含まれる。

④ RPFとは，廃棄物由来の紙，プラスチックなどを主原料とした固形燃料のことである。

⑤ 2020年東京オリンピック競技大会・東京パラリンピック競技大会のメダルは，使用済小型家電由来の金属を用いて製作された。

Ⅰ-5-3

石油情勢に関する次の記述の，［　　］に入る数値及び語句の組合せとして，適切なものはどれか。

日本で消費されている原油はそのほとんどを輸入に頼っているが，エネルギー白書2021によれば輸入原油の中東地域への依存度（数量ベース）は2019年度で約［ア］％と高く，その大半は同地域における地政学的リスクが大きい［イ］海峡を経由して運ばれている。また，同年における最大の輸入相手国は［ウ］である。石油及び石油製品の輸入金額が，日本の総輸入金額に占める割合は，2019年度には約［エ］である。

	ア	イ	ウ	エ
①	90	ホルムズ	サウジアラビア	10
②	90	マラッカ	クウェート	32
③	90	ホルムズ	クウェート	10
④	67	マラッカ	クウェート	10
⑤	67	ホルムズ	サウジアラビア	32

Ⅰ-5-4

水素に関する次の記述の，［　　］に入る数値及び語句の組合せとして，適切なものはどれか。

水素は燃焼後に水になるため，クリーンな二次エネルギーとして注目されている。水素の性質として，常温では気体であるが，1気圧の下で，［ア］℃まで冷やすと液体になる。液体水素になると，常温の水素ガスに比べてその体積は約［イ］になる。また，水素と酸素が反応すると熱が発生するが，その発熱量は［ウ］当たりの発熱量でみるとガソリンの発熱量よりも大きい。そして，水素を利用することで，鉄鉱石を還元して鉄に変えることもできる。コークスを使って鉄鉱石を還元する場合は二酸化炭素(CO_2)が発生するが，水素を使って鉄鉱石を還元する場合は，コークスを使う場合と比較してCO_2発生量の削減が可能である。なお，水素と鉄鉱石の反応は［エ］反応となる。

	ア	イ	ウ	エ
①	-162	1/600	重量	吸熱
②	-162	1/800	重量	発熱
③	-253	1/600	体積	発熱
④	-253	1/800	体積	発熱
⑤	-253	1/800	重量	吸熱

I-5-5

科学技術とリスクの関わりについての次の記述のうち，不適切なものはどれか。

① リスク評価は，リスクの大きさを科学的に評価する作業であり，その結果とともに技術的可能性や費用対効果などを考慮してリスク管理が行われる。

② レギュラトリーサイエンスは，リスク管理に関わる法や規制の社会的合意の形成を支援することを目的としており，科学技術と社会との調和を実現する上で重要である。

③ リスクコミュニケーションとは，リスクに関する，個人，機関，集団間での情報及び意見の相互交換である。

④ リスクコミュニケーションでは，科学的に評価されたリスクと人が認識するリスクの間に往々にして隔たりがあることを前提としている。

⑤ リスクコミュニケーションに当たっては，リスク情報の受信者を混乱させないために，リスク評価に至った過程の開示を避けることが重要である。

I-5-6

次の（ア）～（オ）の科学史・技術史上の著名な業績を，年代の古い順から並べたものとして，適切なものはどれか。

（ア）ヘンリー・ベッセマーによる転炉法の開発
（イ）本多光太郎による強力磁石鋼KS鋼の開発
（ウ）ウォーレス・カロザースによるナイロンの開発
（エ）フリードリヒ・ヴェーラーによる尿素の人工的合成
（オ）志賀潔による赤痢菌の発見

① ア－エ－イ－オ－ウ
② ア－エ－オ－イ－ウ
③ エ－ア－オ－イ－ウ
④ エ－オ－ア－ウ－イ
⑤ オ－エ－ア－ウ－イ

問題　適性科目

Ⅱ　次の15問題を解答せよ。（解答欄に1つだけマークすること。）

Ⅱ-1

☑☑☑

技術士及び技術士補は，技術士法第4章（技術士等の義務）の規定の遵守を求められている。次に掲げる記述について，第4章の規定に照らして，正しいものは○，誤っているものは×として，適切な組合せはどれか。

（ア）技術士等の秘密保持義務は，所属する組織の業務についてであり，退職後においてまでその制約を受けるものではない。

（イ）技術は日々変化，進歩している。技術士は，名称表示している専門技術業務領域について能力開発することによって，業務領域を拡大することができる。

（ウ）技術士等は，顧客から受けた業務を誠実に実施する義務を負っている。顧客の指示が如何なるものであっても，指示通りに実施しなければならない。

（エ）技術士は，その業務に関して技術士の名称を表示するときは，その登録を受けた技術部門を明示してするものとし，登録を受けていない技術部門を表示してはならない。

（オ）技術士等は，その業務を行うに当たっては，公共の安全，環境の保全その他の公益を害することのないよう努めなければならないが，顧客の利益を害する場合は守秘義務を優先する必要がある。

（カ）企業に所属している技術士補は，顧客がその専門分野の能力を認めた場合は，技術士補の名称を表示して技術士に代わって主体的に業務を行ってよい。

（キ）技術士は，その登録を受けた技術部門に関しては，十分な知識及び技能を有しているので，その登録部門以外に関する知識及び技能の水準を重点的に向上させるよう努めなければならない。

	ア	イ	ウ	エ	オ	カ	キ
①	×	○	×	×	○	×	○
②	×	×	×	○	×	○	×
③	○	×	○	×	○	×	○
④	×	○	×	○	×	×	×
⑤	○	×	×	○	×	○	×

II-2

PDCAサイクルとは，組織における業務や管理活動などを進める際の，基本的な考え方を簡潔に表現したものであり，国内外において広く浸透している。PDCAサイクルは，P，D，C，Aの4つの段階で構成されており，この活動を継続的に実施していくことを，「PDCAサイクルを回す」という。文部科学省(研究及び開発に関する評価指針(最終改定)平成29年4月)では，「PDCAサイクルを回す」という考え方を一般的な日本語にも言い換えているが，次の記述のうち，適切なものはどれか。

① 計画→点検→実施→処置→計画(以降，繰り返す)
② 計画→点検→処置→実施→計画(以降，繰り返す)
③ 計画→実施→処置→点検→計画(以降，繰り返す)
④ 計画→実施→点検→処置→計画(以降，繰り返す)
⑤ 計画→処置→点検→実施→計画(以降，繰り返す)

II-3

近年，世界中で環境破壊，貧困など様々な社会的問題が深刻化している。また，情報ネットワークの発達によって，個々の組織の活動が社会に与える影響はますます大きく，そして広がるようになってきている。このため社会を構成するあらゆる組織に対して，社会的に責任ある行動がより強く求められている。ISO26000には社会的責任の7つの原則として「人権の尊重」，「国際行動規範の尊重」，「倫理的な行動」他4つが記載されている。次のうち，その4つに該当しないものはどれか。

① 透明性
② 法の支配の尊重

③　技術の継承

④　説明責任

⑤　ステークホルダーの利害の尊重

II-4

☑☑☑

我が国では社会課題に対して科学技術・イノベーションの力で立ち向かうために「Society5.0」というコンセプトを打ち出している。「Society5.0」に関する次の記述の，□に入る語句の組合せとして，適切なものはどれか。

Society5.0とは，我が国が目指すべき未来社会として，第5期科学技術基本計画（平成28年1月閣議決定）において，我が国が提唱したコンセプトである。

Society5.0は，［ア］社会（Society1.0），［イ］社会（Society2.0），工業社会（Society3.0），情報社会（Society4.0）に続く社会であり，具体的には，「サイバー空間（仮想空間）とフィジカル空間（現実空間）を高度に融合させたシステムにより，経済発展と［ウ］的課題の解決を両立する［エ］中心の社会」と定義されている。

我が国がSociety5.0として目指す社会は，ICTの浸透によって人々の生活をあらゆる面でより良い方向に変化させるデジタルトランスフォーメーションにより，「直面する脅威や先の見えない不確実な状況に対し，［オ］性・強靭性を備え，国民の安全と安心を確保するとともに，一人ひとりが多様な幸せ（well-being）を実現できる社会」である。

	ア	イ	ウ	エ	オ
①	狩猟	農耕	社会	人間	持続可能
②	農耕	狩猟	社会	人間	持続可能
③	狩猟	農耕	社会	人間	即応
④	農耕	狩猟	技術	自然	即応
⑤	狩猟	農耕	技術	自然	即応

Ⅱ-5

職場のパワーハラスメントやセクシュアルハラスメント等の様々なハラスメントは，働く人が能力を十分に発揮することの妨げになることはもちろん，個人としての尊厳や人格を不当に傷つける等の人権に関わる許されない行為である。また，企業等にとっても，職場秩序の乱れや業務への支障が生じたり，貴重な人材の損失につながり，社会的評価にも悪影響を与えかねない大きな問題である。職場のハラスメントに関する次の記述のうち，適切なものの数はどれか。

(ア) ハラスメントの行為者としては，事業主，上司，同僚，部下に限らず，取引先，顧客，患者及び教育機関における教員・学生等がなり得る。

(イ) ハラスメントであるか否かについては，相手から意思表示があるかないかにより決定される。

(ウ) 職場の同僚の前で，上司が部下の失敗に対し，「ばか」，「のろま」などの言葉を用いて大声で叱責する行為は，本人はもとより職場全体のハラスメントとなり得る。

(エ) 職場で不満を感じたりする指示や注意・指導があったとしても，客観的にみて，これらが業務の適切な範囲で行われている場合には，ハラスメントに当たらない。

(オ) 上司が，長時間労働をしている妊婦に対して，「妊婦には長時間労働は負担が大きいだろうから，業務分担の見直しを行い，あなたの残業量を減らそうと思うがどうか」と配慮する行為はハラスメントに該当する。

(カ) 部下の性的指向(人の恋愛・性愛がいずれの性別を対象にするかをいう)または，性自認(性別に関する自己意識)を話題に挙げて上司が指導する行為は，ハラスメントになり得る。

(キ) 職場のハラスメントにおいて，「優越的な関係」とは職務上の地位などの「人間関係による優位性」を対象とし，「専門知識による優位性」は含まれない。

①　1　　②　2　　③　3　　④　4　　⑤　5

II-6

技術者にとって安全の確保は重要な使命の1つである。この安全とは，絶対安全を意味するものではなく，リスク（危害の発生確率及びその危害の度合いの組合せ）という数量概念を用いて，許容不可能なリスクがないことをもって，安全と規定している。この安全を達成するためには，リスクアセスメント及びリスク低減の反復プロセスが必要である。安全の確保に関する次の記述のうち，不適切なものはどれか。

① リスク低減反復プロセスでは，評価したリスクが許容可能なレベルとなるまで反復し，その許容可能と評価した最終的な「残留リスク」については，妥当性を確認し文書化する。

② リスク低減とリスク評価に関して，「ALARP」の原理がある。「ALARP」とは，「合理的に実行可能な最低の」を意味する。

③ 「ALARP」が適用されるリスク水準領域において，評価するリスクについては，合理的に実行可能な限り低減するか，又は合理的に実行可能な最低の水準まで低減することが要求される。

④ 「ALARP」の適用に当たっては，当該リスクについてリスク低減をさらに行うことが実際的に不可能な場合，又は費用に比べて改善効果が甚だしく不釣合いな場合だけ，そのリスクは許容可能となる。

⑤ リスク低減方策のうち，設計段階においては，本質的安全設計，ガード及び保護装置，最終使用者のための使用上の情報の3方策があるが，これらの方策には優先順位はない。

Ⅱ-7

倫理問題への対処法としての功利主義と個人尊重主義とは，ときに対立することがある。次の記述の，［　　］に入る語句の組合せとして，適切なものはどれか。

倫理問題への対処法としての「功利主義」とは，19世紀のイギリスの哲学者であるベンサムやミルらが主張した倫理学説で，「最大多数の［ア］」を原理とする。倫理問題で選択肢がいくつかあるとき，そのどれが最大多数の［ア］につながるかで優劣を判断する。しかしこの種の功利主義のもとでは，特定個人への不利益が生じたり，［イ］が制限されたりすることがある。一方，「個人尊重主義」の立場からは，［イ］はできる限り尊重すべきである。功利主義においては，特定の個人に犠牲を強いることになった場合には，個人尊重主義と対立することになる。功利主義のもとでの犠牲が個人にとって許容できるものかどうか。その確認の方法として，「黄金律」テストがある。黄金律とは，「［ウ］」あるいは「自分の望まないことを人にするな」という教えである。自分がされた場合には憤慨するようなことを，他人にはしていないかチェックする「黄金律」テストの結果，自分としては損害を許容できないとの結論に達したならば，他の行動を考える倫理的必要性が高いとされる。また，重要なのは，たとえ「黄金律」テストで自分でも許容できる範囲であると判断された場合でも，次のステップとして「相手の価値観においてはどうだろうか」と考えることである。権利にもレベルがあり，生活を維持する権利は生活を改善する権利に優先する。この場合の生活の維持とは，盗まれない権利，だまされない権利などまでを含むものである。また，安全，［エ］に関する権利は最優先されなければならない。

	ア	イ	ウ	エ
①	最大幸福	多数派の権利	自分の望むことを人にせよ	身分
②	最大利潤	個人の権利	人が望むことを自分にせよ	健康
③	最大幸福	個人の権利	自分の望むことを人にせよ	健康
④	最大利潤	多数派の権利	人が望むことを自分にせよ	健康
⑤	最大幸福	個人の権利	人が望むことを自分にせよ	身分

II-8

☑☑☑

安全保障貿易管理とは，我が国を含む国際的な平和及び安全の維持を目的として，武器や軍事転用可能な技術や貨物が，我が国及び国際的な平和と安全を脅かすおそれのある国家やテロリスト等，懸念活動を行うおそれのある者に渡ることを防ぐための技術の提供や貨物の輸出の管理を行うことである。先進国が有する高度な技術や貨物が，大量破壊兵器等（核兵器・化学兵器・生物兵器・ミサイル）を開発等（開発・製造・使用又は貯蔵）している国等に渡ること，また通常兵器が過剰に蓄積されることなどの国際的な脅威を未然に防ぐために，先進国を中心とした枠組みを作って，安全保障貿易管理を推進している。

安全保障貿易管理は，大量破壊兵器等や通常兵器に係る「国際輸出管理レジーム」での合意を受けて，我が国を含む国際社会が一体となって，管理に取り組んでいるものであり，我が国では外国為替及び外国貿易法（外為法）等に基づき規制が行われている。安全保障貿易管理に関する次の記述のうち，適切なものの数はどれか。

（ア）自社の営業担当者は，これまで取引のないA社（海外）から製品の大口の引き合いを受けた。A社からすぐに製品の評価をしたいので，少量のサンプルを納入して欲しいと言われた。当該製品は国内では容易に入手が可能なものであるため，規制はないと判断し，商機を逃すまいと急いでA社に向けて評価用サンプルを輸出した。

（イ）自社は商社として，メーカーの製品を海外へ輸出している。メーカーから該非判定書を入手しているが，メーカーを信用しているため，自社では判定書の内容を確認していない。また，製品に関する法令改正を確認せず，5年前に入手した該非判定書を使い回している。

（ウ）自社は従来，自動車用の部品（非該当）を生産し，海外へも販売を行っていた。あるとき，昔から取引のあるA社から，B社（海外）もその部品の購入意向があることを聞いた。自社では，信頼していたA社からの紹介ということもあり，すぐに取引を開始した。

（エ）自社では，リスト規制品の場合，営業担当者は該非判定の結果及び取引審査の結果を出荷部門へ連絡し，出荷指示をしている。出荷部門では該非判定・取引審査の完了を確認し，さらに，輸出・提供するものと審査したものとの同一性や，輸出許可の取得の有無を確認して出荷を行った。

① 0　② 1　③ 2　④ 3　⑤ 4

II-9

知的財産を理解することは，ものづくりに携わる技術者にとって非常に大事なことである。知的財産の特徴の1つとして「財産的価値を有する情報」であることが挙げられる。情報は，容易に模倣されるという特質を持っており，しかも利用されることにより消費されるということがないため，多くの者が同時に利用することができる。こうしたことから知的財産権制度は，創作者の権利を保護するため，元来自由利用できる情報を，社会が必要とする限度で自由を制限する制度ということができる。

次の（ア）～（オ）のうち，知的財産権のなかの知的創作物についての権利等に含まれるものを○，含まれないものを×として，正しい組合せはどれか。

（ア）特許権（特許法）
（イ）実用新案権（実用新案法）
（ウ）意匠権（意匠法）
（エ）著作権（著作権法）
（オ）営業秘密（不正競争防止法）

	ア	イ	ウ	エ	オ
①	○	×	○	○	○
②	○	○	×	○	○
③	○	○	○	×	○
④	○	○	○	○	×
⑤	○	○	○	○	○

II-10

☑☑☑

循環型社会形成推進基本法は，環境基本法の基本理念にのっとり，循環型社会の形成について基本原則を定めている。この法律は，循環型社会の形成に関する施策を総合的かつ計画的に推進し，現在及び将来の国民の健康で文化的な生活の確保に寄与することを目的としている。次の(ア)～(エ)の記述について，正しいものは○，誤っているものは×として，適切な組合せはどれか。

(ア)「循環型社会」とは，廃棄物等の発生抑制，循環資源の循環的な利用及び適正な処分が確保されることによって，天然資源の消費を抑制し，環境への負荷ができる限り低減される社会をいう。

(イ)「循環的な利用」とは，再使用，再生利用及び熱回収をいう。

(ウ)「再生利用」とは，循環資源を製品としてそのまま使用すること，並びに循環資源の全部又は一部を部品その他製品の一部として使用することをいう。

(エ) 廃棄物等の処理の優先順位は，[1] 発生抑制，[2] 再生利用，[3] 再使用，[4] 熱回収，[5] 適正処分である。

	ア	イ	ウ	エ
①	○	○	○	○
②	×	○	×	○
③	○	×	○	×
④	○	○	×	×
⑤	○	×	○	○

II-11

製造物責任法（PL法）は，製造物の欠陥により人の生命，身体又は財産に係る被害が生じた場合における製造業者等の損害賠償の責任について定めることにより，被害者の保護を図り，もって国民生活の安定向上と国民経済の健全な発展に寄与することを目的とする。次の（ア）～（ク）のうち，「PL法としての損害賠償責任」には該当しないものの数はどれか。なお，いずれの事例も時効期限内とする。

（ア）家電量販店にて購入した冷蔵庫について，製造時に組み込まれた電源装置の欠陥により，発火して住宅に損害が及んだ場合。

（イ）建設会社が造成した土地付き建売住宅地の住宅について，不適切な基礎工事により，地盤が陥没して住居の一部が損壊した場合。

（ウ）雑居ビルに設置されたエスカレータ設備について，工場製造時の欠陥により，入居者が転倒して怪我をした場合。

（エ）電力会社の電力系統について，発生した変動（周波数）により，一部の工場設備が停止して製造中の製品が損傷を受けた場合。

（オ）産業用ロボット製造会社が製作販売した作業ロボットについて，製造時に組み込まれた制御用専用ソフトウエアの欠陥により，アームが暴走して工場作業者が怪我をした場合。

（カ）大学ベンチャー企業が国内のある湾で自然養殖し，一般家庭へ直接出荷販売した活魚について，養殖場のある湾内に発生した菌の汚染により，集団食中毒が発生した場合。

（キ）輸入業者が輸入したイタリア産の生ハムについて，イタリアでの加工処理設備の欠陥により，消費者の健康に害を及ぼした場合。

（ク）マンションの管理組合が保守点検を発注したエレベータについて，その保守専門業者の作業ミスによる不具合により，その作業終了後の住民使用開始時に住民が死亡した場合。

①　1　　②　2　　③　3　　④　4　　⑤　5

II-12

☑☑☑

公正な取引を行うことは，技術者にとって重要な責務である。私的独占の禁止及び公正取引の確保に関する法律（独占禁止法）では，公正かつ自由な競争を促進するため，私的独占，不当な取引制限，不公正な取引方法などを禁止している。また，金融商品取引法では，株や証券などの不公正取引行為を禁止している。公正な取引に関する次の（ア）～（エ）の記述のうち，正しいものは○，誤っているものは×として，適切な組合せはどれか。

（ア）国や地方公共団体などの公共工事や物品の公共調達に関する入札の際，入札に参加する事業者たちが事前に相談して，受注事業者や受注金額などを決めてしまう行為は，インサイダー取引として禁止されている。

（イ）相場を意図的・人為的に変動させ，その相場があたかも自然の需給によって形成されたかのように他人に認識させ，その相場の変動を利用して自己の利益を図ろうとする行為は，相場操縦取引として禁止されている。

（ウ）事業者又は業界団体の構成事業者が相互に連絡を取り合い，本来各事業者が自主的に決めるべき商品の価格や販売・生産数量などを共同で取り決め，競争を制限する行為は，談合として禁止されている。

（エ）上場会社の関係者等がその職務や地位により知り得た，投資者の投資判断に重大な影響を与える未公表の会社情報を利用して自社株等を売買する行為は，カルテルとして禁止されている。

	ア	イ	ウ	エ
①	○	×	○	○
②	○	○	○	×
③	×	○	×	○
④	○	×	×	○
⑤	×	○	×	×

II-13

情報通信技術が発達した社会においては，企業や組織が適切な情報セキュリティ対策をとることは当然の責務である。2020年は新型コロナウイルス感染症に関連した攻撃や，急速に普及したテレワークやオンライン会議環境の脆弱性を突く攻撃が世界的に問題となった。また，2017年に大きな被害をもたらしたランサムウェアが，企業・組織を標的に「恐喝」を行う新たな攻撃となり観測された。情報セキュリティマネジメントとは，組織が情報を適切に管理し，機密を守るための包括的枠組みを示すもので，情報資産を扱う際の基本方針やそれに基づいた具体的な計画などトータルなリスクマネジメント体系を示すものである。情報セキュリティに関する次の（ア）～（オ）の記述について，正しいものは○，誤っているものは×として，適切な組合せはどれか。

（ア）情報セキュリティマネジメントでは，組織が保護すべき情報資産について，情報の機密性，完全性，可用性を維持することが求められている。

（イ）情報の可用性とは，保有する情報が正確であり，情報が破壊，改ざん又は消去されていない情報を確保することである。

（ウ）情報セキュリティポリシーとは，情報管理に関して組織が規定する組織の方針や行動指針をまとめたものであり，PDCAサイクルを止めることなく実施し，ネットワーク等の情報セキュリティ監査や日常のモニタリング等で有効性を確認することが必要である。

（エ）情報セキュリティは人の問題でもあり，組織幹部を含めた全員にセキュリティ教育を実施して遵守を徹底させることが重要であり，浸透具合をチェックすることも必要である。

（オ）情報セキュリティに関わる事故やトラブルが発生した場合には，セキュリティポリシーに記載されている対応方法に則して，適切かつ迅速な初動処理を行い，事故の分析，復旧作業，再発防止策を実施する。必要な項目があれば，セキュリティポリシーの改定や見直しを行う。

	ア	イ	ウ	エ	オ
①	×	○	○	×	○
②	×	×	○	○	○
③	○	×	○	○	○
④	○	○	×	○	×
⑤	○	○	×	○	○

Ⅱ-14

SDGs（Sustainable Development Goals：持続可能な開発目標）とは，持続可能で多様性と包摂性のある社会の実現のため，2015年9月の国連サミットで全会一致で採択された国際目標である。次の（ア）～（キ）の記述のうち，SDGsの説明として正しいものは○，誤っているものは×として，適切な組合せはどれか。

（ア）SDGsは，先進国だけが実行する目標である。
（イ）SDGsは，前身であるミレニアム開発目標（MDGs）を基にして，ミレニアム開発目標が達成できなかったものを全うすることを目指している。
（ウ）SDGsは，経済，社会及び環境の三側面を調和させることを目指している。
（エ）SDGsは，「誰一人取り残さない」ことを目指している。
（オ）SDGsでは，すべての人々の人権を実現し，ジェンダー平等とすべての女性と女児のエンパワーメントを達成することが目指されている。
（カ）SDGsは，すべてのステークホルダーが，協同的なパートナーシップの下で実行する。
（キ）SDGsでは，気候変動対策等，環境問題に特化して取組が行われている。

	ア	イ	ウ	エ	オ	カ	キ
①	×	×	○	○	○	○	○
②	×	○	×	○	×	○	×
③	×	○	○	○	○	○	×
④	○	×	○	×	○	×	○
⑤	×	○	○	○	○	×	×

II-15

CPD (Continuing Professional Development) は，技術者が自らの技術力や研究能力向上のために自分の能力を継続的に磨く活動を指し，継続教育，継続学習，継続研鑽などを意味する。CPDに関する次の（ア）～（エ）の記述について，正しいものは○，誤っているものは×として，適切な組合せはどれか。

（ア）CPDへの適切な取組を促すため，それぞれの学協会は積極的な支援を行うとともに，質や量のチェックシステムを導入して，資格継続に制約を課している場合がある。

（イ）技術士のCPD活動の形態区分には，参加型（講演会，企業内研修，学協会活動），発信型（論文・報告文，講師・技術指導，図書執筆，技術協力），実務型（資格取得，業務成果），自己学習型（多様な自己学習）がある。

（ウ）技術者はCPDへの取組を記録し，その内容について証明可能な状態にしておく必要があるとされているので，記録や内容の証明がないものは実施の事実があったとしてもCPDとして有効と認められない場合がある。

（エ）技術提供サービスを行うコンサルティング企業に勤務し，日常の業務として自身の技術分野に相当する業務を遂行しているのであれば，それ自体がCPDの要件をすべて満足している。

	ア	イ	ウ	エ
①	○	○	○	○
②	×	○	×	○
③	○	×	○	○
④	○	×	○	×
⑤	○	○	○	×

令和3年度　技術士第一次試験
〔基礎科目・適性科目〕

問題　基礎科目

次の1群～5群の全ての問題群からそれぞれ3問題，計15問題を選び解答せよ。（解答欄に1つだけマークすること。）

問題群	総問題数	選択問題数	ページ
1群　設計・計画に関するもの	6	3	162
2群　情報・論理に関するもの	6	3	167
3群　解析に関するもの	6	3	172
4群　材料・化学・バイオに関するもの	6	3	176
5群　環境・エネルギー・技術に関するもの	6	3	180

1群　設計・計画に関するもの

（全6問題から3問題を選択解答）

I-1-1

☑ ☑ ☑

次のうち，ユニバーサルデザインの特性を備えた製品に関する記述として，最も不適切なものはどれか。

① 小売店の入り口のドアを，ショッピングカートやベビーカーを押していて手がふさがっている人でも通りやすいよう，自動ドアにした。

② 録音再生機器（オーディオプレーヤーなど）に，利用者がゆっくり聴きたい場合や速度を速めて聴きたい場合に対応できるよう，再生速度が変えられる機能を付けた。

③ 駅構内の施設を案内する表示に，視覚的な複雑さを軽減し素早く効果的に情報が伝えられるよう，ピクトグラム（図記号）を付けた。

④ 冷蔵庫の扉の取っ手を，子どもがいたずらしないよう，扉の上の方に付けた。

⑤ 電子機器の取扱説明書を，個々の利用者の能力や好みに合うよう，大きな文字で印刷したり，点字や音声・映像で提供したりした。

I-1-2

下図に示した，互いに独立な3個の要素が接続されたシステムA～Eを考える。3個の要素の信頼度はそれぞれ0.9，0.8，0.7である。各システムを信頼度が高い順に並べたものとして，最も適切なものはどれか。

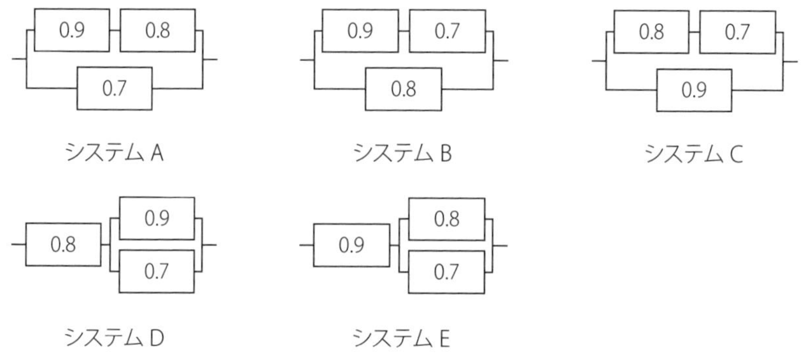

図　システム構成図と各要素の信頼度

① C＞B＞E＞A＞D

② C＞B＞A＞E＞D

③ C＞E＞B＞D＞A

④ E＞D＞A＞B＞C

⑤ E＞D＞C＞B＞A

I-1-3

設計や計画のプロジェクトを管理する方法として知られる，PDCAサイクルに関する次の（ア）～（エ）の記述について，それぞれの正誤の組合せとして，最も適切なものはどれか。

（ア）Pは，Planの頭文字を取ったもので，プロジェクトの目標とそれを達成するためのプロセスを計画することである。
（イ）Dは，Doの頭文字を取ったもので，プロジェクトを実施することである。
（ウ）Cは，Changeの頭文字を取ったもので，プロジェクトで変更される事項を列挙することである。
（エ）Aは，Adjustの頭文字を取ったもので，プロジェクトを調整することである。

	ア	イ	ウ	エ
①	正	誤	正	正
②	正	正	誤	誤
③	正	正	正	誤
④	誤	正	誤	正
⑤	誤	誤	正	正

I-1-4

ある装置において，平均故障間隔（MTBF：Mean Time Between Failures）がA時間，平均修復時間（MTTR：Mean Time To Repair）がB時間のとき，この装置の定常アベイラビリティ（稼働率）の式として，最も適切なものはどれか。

① A／(A－B)
② B／(A－B)
③ A／(A＋B)
④ B／(A＋B)
⑤ A／B

I-1-5

構造設計に関する次の（ア）～（エ）の記述について，それぞれの正誤の組合せとして，最も適切なものはどれか。ただし、応力とは単位面積当たりの力を示す。

（ア）両端がヒンジで圧縮力を受ける細長い棒部材について，オイラー座屈に対する安全性を向上させるためには部材長を長くすることが有効である。

（イ）引張強度の異なる，2つの細長い棒部材を考える。幾何学的形状と縦弾性係数，境界条件が同一とすると，2つの棒部材の，オイラーの座屈荷重は等しい。

（ウ）許容応力とは，応力で表した基準強度に安全率を掛けたものである。

（エ）構造物は，設定された限界状態に対して設計される。考慮すべき限界状態は1つの構造物につき必ず1つである。

	ア	イ	ウ	エ
①	正	誤	正	正
②	正	正	誤	正
③	誤	誤	誤	正
④	誤	正	正	誤
⑤	誤	正	誤	誤

Ⅰ-1-6

☑☑☑

製図法に関する次の（ア）～（オ）の記述について，それぞれの正誤の組合せとして，最も適切なものはどれか。

（ア）対象物の投影法には，第一角法，第二角法，第三角法，第四角法，第五角法がある。

（イ）第三角法の場合は，平面図は正面図の上に，右側面図は正面図の右にというように，見る側と同じ側に描かれる。

（ウ）第一角法の場合は，平面図は正面図の上に，左側面図は正面図の右にというように，見る側とは反対の側に描かれる。

（エ）図面の描き方が，各会社や工場ごとに相違していては，いろいろ混乱が生じるため，日本では製図方式について国家規格を制定し，改訂を加えてきた。

（オ）ISOは，イタリアの規格である。

	ア	イ	ウ	エ	オ
①	誤	正	正	正	誤
②	正	誤	正	誤	正
③	誤	正	誤	正	誤
④	誤	誤	正	誤	正
⑤	正	誤	誤	正	誤

2群　情報・論理に関するもの

（全6問題から3問題を選択解答）

I-2-1

情報セキュリティと暗号技術に関する次の記述のうち，最も適切なものはどれか。

① 公開鍵暗号方式では，暗号化に公開鍵を使用し，復号に秘密鍵を使用する。

② 公開鍵基盤の仕組みでは，ユーザとその秘密鍵の結びつきを証明するため，第三者機関である認証局がそれらデータに対するディジタル署名を発行する。

③ スマートフォンがウイルスに感染したという報告はないため，スマートフォンにおけるウイルス対策は考えなくてもよい。

④ ディジタル署名方式では，ディジタル署名の生成には公開鍵を使用し，その検証には秘密鍵を使用する。

⑤ 現在，無線LANの利用においては，WEP（Wired Equivalent Privacy）方式を利用することが推奨されている。

I-2-2

次の論理式と等価な論理式はどれか。

$$\overline{\overline{A}\cdot\overline{B}+A\cdot B}$$

ただし，論理式中の+は論理和，・は論理積を表し，論理変数Xに対して$\overline{X}$はXの否定を表す。2変数の論理和の否定は各変数の否定の論理積に等しく，2変数の論理積の否定は各変数の否定の論理和に等しい。また，論理変数Xの否定の否定は論理変数Xに等しい。

① $(A+B)\cdot\overline{(A+B)}$

② $(A+B)\cdot(\overline{A}+\overline{B})$

③ $(A\cdot B)\cdot(\overline{A}\cdot\overline{B})$

④ $(A\cdot B)\cdot\overline{(A\cdot B)}$

⑤ $(A+B)+(\overline{A}+\overline{B})$

I-2-3

通信回線を用いてデータを伝送する際に必要となる時間を伝送時間と呼び，伝送時間を求めるには，次の計算式を用いる。

$$伝送時間 = \frac{データ量}{回線速度 \times 回線利用率}$$

ここで，回線速度は通信回線が1秒間に送ることができるデータ量で，回線利用率は回線容量のうちの実際のデータが伝送できる割合を表す。

データ量5Gバイトのデータを2分の1に圧縮し，回線速度が200Mbps，回線利用率が70％である通信回線を用いて伝送する場合の伝送時間に最も近い値はどれか。ただし，1Gバイト$=10^9$バイトとし，bpsは回線速度の単位で，1Mbpsは1秒間に伝送できるデータ量が10^6ビットであることを表す。

① 286秒　② 143秒　③ 100秒　④ 18秒　⑤ 13秒

I-2-4

西暦年号は次の（ア）若しくは（イ）のいずれかの条件を満たすときにうるう年として判定し，いずれにも当てはまらない場合はうるう年でないと判定する。

（ア）西暦年号が4で割り切れるが100で割り切れない。
（イ）西暦年号が400で割り切れる。

うるう年か否かの判定を表現している決定表として，最も適切なものはどれか。

なお，決定表の条件部での“Y”は条件が真，“N”は条件が偽であることを表し，“－”は条件の真偽に関係ない又は論理的に起こりえないことを表す。動作部での“X”は条件が全て満たされたときその行で指定した動作の実行を表し，“－”は動作を実行しないことを表す。

①

条件部	西暦年号が4で割り切れる	N	Y	Y	Y
	西暦年号が100で割り切れる	—	N	Y	Y
	西暦年号が400で割り切れる	—	—	N	Y
動作部	うるう年と判定する	—	X	X	X
	うるう年でないと判定する	X	—	—	—

②

条件部	西暦年号が4で割り切れる	N	Y	Y	Y
	西暦年号が100で割り切れる	—	N	Y	Y
	西暦年号が400で割り切れる	—	—	N	Y
動作部	うるう年と判定する	—	X	—	X
	うるう年でないと判定する	X	—	X	—

③

条件部	西暦年号が4で割り切れる	N	Y	Y	Y
	西暦年号が100で割り切れる	—	N	Y	Y
	西暦年号が400で割り切れる	—	—	N	Y
動作部	うるう年と判定する	—	—	X	X
	うるう年でないと判定する	X	X	—	—

④

条件部	西暦年号が4で割り切れる	N	Y	Y	Y
	西暦年号が100で割り切れる	—	N	Y	Y
	西暦年号が400で割り切れる	—	—	N	Y
動作部	うるう年と判定する	—	X	—	—
	うるう年でないと判定する	X	—	X	X

⑤

条件部	西暦年号が4で割り切れる	N	Y	Y	Y
	西暦年号が100で割り切れる	—	N	Y	Y
	西暦年号が400で割り切れる	—	—	N	Y
動作部	うるう年と判定する	—	—	—	X
	うるう年でないと判定する	X	X	X	—

I-2-5

演算式において，＋，－，×，÷などの演算子を，演算の対象であるAやBなどの演算数の間に書く「A＋B」のような記法を中置記法と呼ぶ。また，「AB＋」のように演算数の後に演算子を書く記法を逆ポーランド表記法と呼ぶ。中置記法で書かれる式「(A＋B)×(C－D)」を下図のような構文木で表し，これを深さ優先順で，「左部分木，右部分木，節」の順に走査すると得られる「AB＋CD－×」は，この式の逆ポーランド表記法となっている。

中置記法で「(A＋B÷C)×(D－F)」と書かれた式を逆ポーランド表記法で表したとき，最も適切なものはどれか。

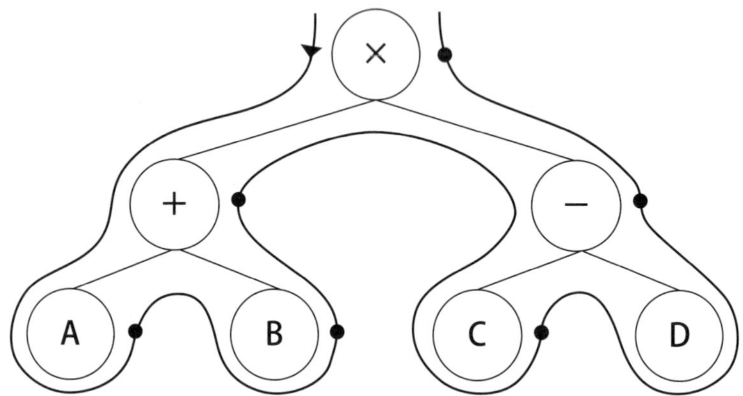

図　(A＋B)×(C－D)を表す構文木。矢印の方向に走査し，ノードを上位に向かって走査するとき(●で示す)に記号を書き出す。

① ABC÷＋DF－×
② AB＋C÷DF－×
③ ABC÷＋D×F－
④ ×＋A÷BC－DF
⑤ AB＋C÷D×F－

I-2-6

アルゴリズムの計算量は漸近的記法（オーダ表記）により表される場合が多い。漸近的記法に関する次の（ア）～（エ）の正誤の組合せとして，最も適切なものはどれか。ただし，正の整数全体からなる集合を定義域とし，非負実数全体からなる集合を値域とする関数 f, g に対して，$f(n)=O(g(n))$ とは，すべての整数 $n \geq n_0$ に対して $f(n) \leq c \cdot g(n)$ であるような正の整数 c と n_0 が存在するときをいう。

（ア）$5n^3+1=O(n^3)$

（イ）$n\log_2 n=O(n^{1.5})$

（ウ）$n^3 3^n=O(4^n)$

（エ）$2^{2^n}=O(10^{n^{100}})$

	ア	イ	ウ	エ
①	正	誤	誤	誤
②	正	正	誤	正
③	正	正	正	誤
④	正	誤	正	誤
⑤	誤	誤	誤	正

3群　解析に関するもの

（全6問題から3問題を選択解答）

I-3-1

3次元直交座標系 (x, y, z) におけるベクトル $V=(V_x, V_y, V_z)=(y+z, x^2+y^2+z^2, z+2y)$ の点(2,3,1)での回転 $\mathrm{rot}V=\left(\frac{\partial V_z}{\partial y}-\frac{\partial V_y}{\partial z}\right)i+\left(\frac{\partial V_x}{\partial z}-\frac{\partial V_z}{\partial x}\right)j+\left(\frac{\partial V_y}{\partial x}-\frac{\partial V_x}{\partial y}\right)k$ として最も適切なものはどれか。ただし，i, j, k はそれぞれ x, y, z 軸方向の単位ベクトルである。

① 7　② (0,6,1)　③ 4　④ (0,1,3)　⑤ (4,14,7)

I-3-2

3次関数 $f(x)=ax^3+bx^2+cx+d$ があり，a, b, c, d は任意の実数とする。

積分 $\int_{-1}^{1} f(x)dx$ として恒等的に正しいものはどれか。

① $2f(0)$

② $f\left(-\sqrt{\frac{1}{3}}\right)+f\left(\sqrt{\frac{1}{3}}\right)$

③ $f(-1)+f(1)$

④ $\frac{f\left(-\sqrt{\frac{3}{5}}\right)}{2}+\frac{8f(0)}{9}+\frac{f\left(\sqrt{\frac{3}{5}}\right)}{2}$

⑤ $\frac{f(-1)}{2}+f(0)+\frac{f(1)}{2}$

I-3-3

線形弾性体の2次元有限要素解析に利用される（ア）～（ウ）の要素のうち，要素内でひずみが一定であるものはどれか。

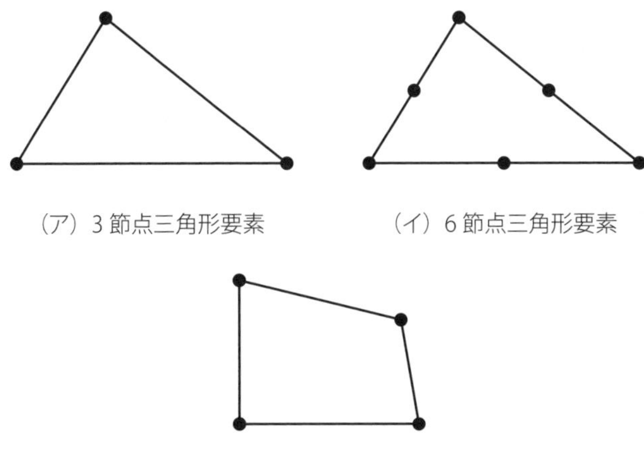
（ア）3節点三角形要素　（イ）6節点三角形要素

（ウ）4節点アイソパラメトリック四辺形要素

図　2次元解析に利用される有限要素

①　（ア）　②　（イ）　③　（ウ）　④　（ア）と（イ）　⑤　（ア）と（ウ）

Ⅰ-3-4

下図に示すように断面積0.1m^2，長さ2.0mの線形弾性体の棒の両端が固定壁に固定されている。この線形弾性体の縦弾性係数を2.0×10^3MPa，線膨張率を1.0×10^{-4}K^{-1}とする。最初に棒の温度は一様に10℃で棒の応力はゼロであった。その後，棒の温度が一様に30℃となったときに棒に生じる応力として，最も適切なものはどれか。

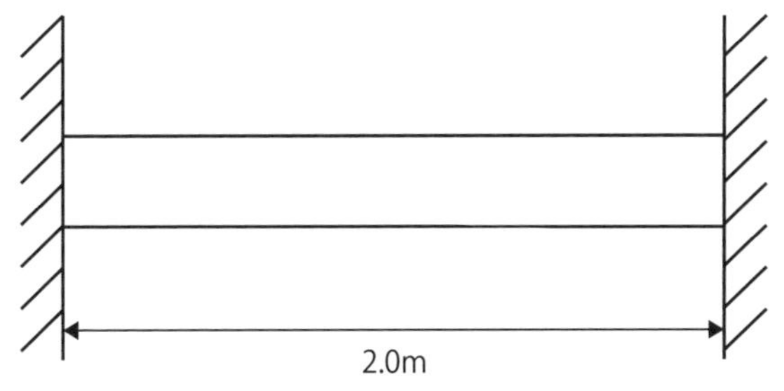

図　両端を固定された線形弾性体の棒

① 2.0MPaの引張応力
② 4.0MPaの引張応力
③ 4.0MPaの圧縮応力
④ 8.0MPaの引張応力
⑤ 8.0MPaの圧縮応力

I-3-5

上端が固定されてつり下げられたばね定数kのばねがある。このばねの下端に質量mの質点がつり下げられ，平衡位置（つり下げられた質点が静止しているときの位置，すなわち，つり合い位置）を中心に振幅αで調和振動（単振動）している。質点が最も下の位置にきたとき，ばねに蓄えられているエネルギーとして，最も適切なものはどれか。ただし，重力加速度をgとする。

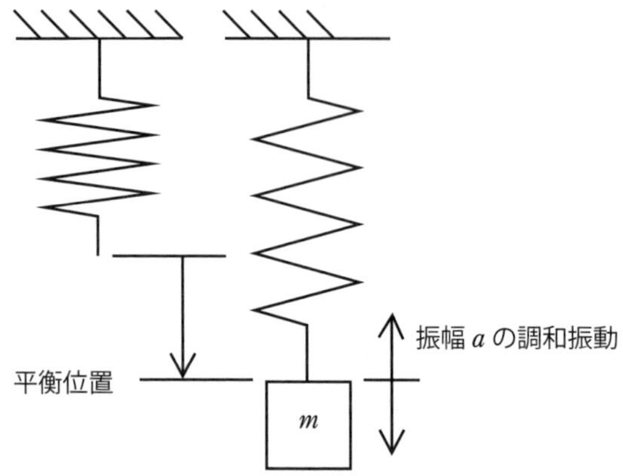

図 上端が固定されたばねがつり下げられている状態とそのばねに質量mの質点がつり下げられた状態

① 0 ② $\frac{1}{2}ka^2$ ③ $\frac{1}{2}ka^2-mga$ ④ $\frac{1}{2}k\left(\frac{mg}{k}+a\right)^2$
⑤ $\frac{1}{2}ka^2+mga$

I-3-6

下図に示すように，厚さが一定で半径a，面密度ρの一様な四分円の板がある。重心の座標として，最も適切なものはどれか。

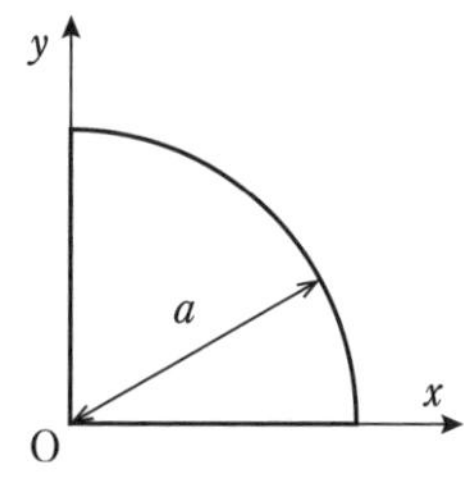

図　四分円の板

① $\left(\dfrac{\sqrt{3}a}{4}, \dfrac{\sqrt{3}a}{4}\right)$　② $\left(\dfrac{a}{2}, \dfrac{a}{2}\right)$　③ $\left(\dfrac{a}{\sqrt{2}}, \dfrac{a}{\sqrt{2}}\right)$　④ $\left(\dfrac{3a}{4\pi}, \dfrac{3a}{4\pi}\right)$

⑤ $\left(\dfrac{4a}{3\pi}, \dfrac{4a}{3\pi}\right)$

4群　材料・化学・バイオに関するもの

（全6問題から3問題を選択解答）

Ⅰ-4-1

同位体に関する次の（ア）～（オ）の記述について，それぞれの正誤の組合せとして，最も適切なものはどれか。

（ア）質量数が異なるので，化学的性質も異なる。
（イ）陽子の数は等しいが，電子の数は異なる。
（ウ）原子核中に含まれる中性子の数が異なる。
（エ）放射線を出す同位体の中には，放射線を出して別の元素に変化するものがある。
（オ）放射線を出す同位体は，年代測定などに利用されている。

	ア	イ	ウ	エ	オ
①	正	正	誤	誤	誤
②	正	正	正	正	誤
③	誤	誤	正	正	正
④	誤	正	誤	正	正
⑤	誤	誤	正	誤	誤

Ⅰ-4-2

次の化学反応のうち，酸化還元反応でないものはどれか。

① $2Na + 2H_2O \rightarrow 2NaOH + H_2$
② $NaClO + 2HCl \rightarrow NaCl + H_2O + Cl_2$
③ $3H_2 + N_2 \rightarrow 2NH_3$
④ $2NaCl + CaCO_3 \rightarrow Na_2CO_3 + CaCl_2$
⑤ $NH_3 + 2O_2 \rightarrow HNO_3 + H_2O$

I-4-3

金属の変形に関する次の記述について，[　　] に入る語句及び数値の組合せとして，最も適切なものはどれか。

金属が比較的小さい引張応力を受ける場合，応力（σ）とひずみ（ε）は次の式で表される比例関係にある。

$\sigma = E\varepsilon$

これは [ア] の法則として知られており，比例定数Eを [イ] という。常温での [イ] は，マグネシウムでは [ウ] GPa，タングステンでは [エ] GPaである。温度が高くなると [イ] は，[オ] なる。

※応力とは単位面積当たりの力を示す。

	ア	イ	ウ	エ	オ
①	フック	ヤング率	45	407	大きく
②	フック	ヤング率	45	407	小さく
③	フック	ポアソン比	407	45	小さく
④	ブラッグ	ポアソン比	407	45	大きく
⑤	ブラッグ	ヤング率	407	45	小さく

I-4-4

鉄の製錬に関する次の記述の，[　　] に入る語句及び数値の組合せとして，最も適切なものはどれか。

地殻中に存在する元素を存在比（wt%）の大きい順に並べると，鉄は，酸素，ケイ素，[ア] についで4番目となる。鉄の製錬は，鉄鉱石（Fe_2O_3），石灰石，コークスを主要な原料として [イ] で行われる。

[イ] において，鉄鉱石をコークスで [ウ] することにより銑鉄（Fe）を得ることができる。この方法で銑鉄を1000kg製造するのに必要な鉄鉱石は，最低 [エ] kgである。ただし，酸素及び鉄の原子量は16及び56とし，鉄鉱石及び銑鉄中に不純物を含まないものとして計算すること。

	ア	イ	ウ	エ
①	アルミニウム	高炉	還元	1429
②	アルミニウム	電炉	還元	2857
③	アルミニウム	高炉	酸化	2857
④	銅	電炉	酸化	2857
⑤	銅	高炉	還元	1429

I-4-5

アミノ酸に関する次の記述の，[　　]に入る語句の組合せとして，最も適切なものはどれか。

一部の特殊なものを除き，天然のタンパク質を加水分解して得られるアミノ酸は20種類である。アミノ酸のα-炭素原子には，アミノ基と[ア]，そしてアミノ酸の種類によって異なる側鎖(R基)が結合している。R基に脂肪族炭化水素鎖や芳香族炭化水素鎖を持つイソロイシンやフェニルアラニンは[イ]性アミノ酸である。システインやメチオニンのR基には[ウ]が含まれており，そのためタンパク質中では2個のシステイン側鎖の間に共有結合ができることがある。

	ア	イ	ウ
①	カルボキシ基	疎水	硫黄(S)
②	ヒドロキシ基	疎水	硫黄(S)
③	カルボキシ基	親水	硫黄(S)
④	カルボキシ基	親水	窒素(N)
⑤	ヒドロキシ基	親水	窒素(N)

I-4-6

DNAの構造的な変化によって生じる突然変異を遺伝子突然変異という。遺伝子突然変異では，1つの塩基の変化でも形質発現に影響を及ぼすことが多く，置換，挿入，欠失などの種類がある。遺伝子突然変異に関する次の記述のうち，最も適切なものはどれか。

① 1塩基の置換により遺伝子の途中のコドンが終止コドンに変わると，タンパク質の合成がそこで終了するため，正常なタンパク質の合成ができなくなる。この遺伝子突然変異を中立突然変異という。

② 遺伝子に1塩基の挿入が起こると，その後のコドンの読み枠がずれるフレームシフトが起こるので，アミノ酸配列が大きく変わる可能性が高い。

③ 鎌状赤血球貧血症は，1塩基の欠失により赤血球中のヘモグロビンの1つのアミノ酸がグルタミン酸からバリンに置換されたために生じた遺伝子突然変異である。

④ 高等動植物において突然変異による形質が潜性（劣性）であった場合，突然変異による形質が発現するためには，2本の相同染色体上の特定遺伝子の片方に変異が起こればよい。

⑤ 遺伝子突然変異はX線や紫外線，あるいは化学物質などの外界からの影響では起こりにくい。

5群　環境・エネルギー・技術に関するもの

（全6問題から3問題を選択解答）

I-5-1

✓ ✓ ✓

気候変動に対する様々な主体における取組に関する次の記述のうち，最も不適切なものはどれか。

① RE100は，企業が自らの事業の使用電力を100％再生可能エネルギーで賄うことを目指す国際的なイニシアティブであり，2020年時点で日本を含めて各国の企業が参加している。

② 温室効果ガスであるフロン類については，オゾン層保護の観点から特定フロンから代替フロンへの転換が進められてきており，地球温暖化対策としても十分な効果を発揮している。

③ 各国の中央銀行総裁及び財務大臣からなる金融安定理事会の作業部会である気候関連財務情報開示タスクフォース（TCFD）は，投資家等に適切な投資判断を促すため気候関連財務情報の開示を企業等へ促すことを目的としており，2020年時点において日本国内でも200以上の機関が賛同を表明している。

④ 2050年までに温室効果ガス又は二酸化炭素の排出最を実質ゼロにすることを目指す旨を表明した地方自治体が増えており，これらの自治体を日本政府は「ゼロカーボンシティ」と位置付けている。

⑤ ZEH（ゼッチ）及びZEH-M（ゼッチ・マンション）とは，建物外皮の断熱性能等を大幅に向上させるとともに，高効率な設備システムの導入により，室内環境の質を維持しつつ大幅な省エネルギーを実現したうえで，再生可能エネルギーを導入することにより，一次エネルギー消費量の収支をゼロとすることを目指した戸建住宅やマンション等の集合住宅のことであり，政府はこれらの新築・改修を支援している。

Ⅰ-5-2

環境保全のための対策技術に関する次の記述のうち，最も不適切なものはどれか。

① ごみ焼却施設におけるダイオキシン類対策においては，炉内の温度管理や滞留時間確保等による完全燃焼，及びダイオキシン類の再合成を防ぐために排ガスを200℃以下に急冷するなどが有効である。
② 屋上緑化や壁面緑化は，建物表面温度の上昇を抑えることで気温上昇を抑制するとともに，居室内への熱の侵入を低減し，空調エネルギー消費を削減することができる。
③ 産業廃棄物の管理型処分場では，環境保全対策として遮水工や浸出水処理設備を設けることなどが義務付けられている。
④ 掘削せずに土壌の汚染物質を除去する「原位置浄化」技術には化学的作用や生物学的作用等を用いた様々な技術があるが，実際に土壌汚染対策法に基づいて実施された対策措置においては掘削除去の実績が多い状況である。
⑤ 下水処理の工程は一次処理から三次処理に分類できるが，活性汚泥法などによる生物処理は一般的に一次処理に分類される。

Ⅰ-5-3

エネルギー情勢に関する次の記述の，［　　］に入る数値の組合せとして，最も適切なものはどれか。

日本の総発電電力量のうち，水力を除く再生可能エネルギーの占める割合は年々増加し，2018年度時点で約［ア］%である。特に，太陽光発電の導入量が近年着実に増加しているが，その理由の1つとして，そのシステム費用の低下が挙げられる。実際，国内に設置された事業用太陽光発電のシステム費用はすべての規模で毎年低下傾向にあり，10kW以上の平均値（単純平均）は，2012年の約42万円/kWから2020年には約［イ］万円/kWまで低下している。一方，太陽光発電や風力発電の出力は，天候等の気象環境に依存する。例えば，風力発電で利用する風のエネルギーは，風速の［ウ］乗に比例する。

	ア	イ	ウ
①	9	25	3
②	14	25	3
③	14	15	3
④	9	25	2
⑤	14	15	2

I-5-4

IEAの資料による2018年の一次エネルギー供給量に関する次の記述の，[　　]に入る国名の組合せとして，最も適切なものはどれか。

各国の1人当たりの一次エネルギー供給量（以下，「1人当たり供給量」と略称）を石油換算トンで表す。1石油換算トンは約42GJ（ギガジュール）に相当する。世界平均の1人当たり供給量は1.9トンである。中国の1人当たり供給量は，世界平均をやや上回り，2.3トンである。[ア]の1人当たり供給量は，6トン以上である。[イ]の1人当たり供給量は，5トンから6トンの間にある。[ウ]の1人当たり供給量は，3トンから4トンの間にある。

	ア	イ	ウ
①	アメリカ及びカナダ	ドイツ及び日本	韓国及びロシア
②	アメリカ及びカナダ	韓国及びロシア	ドイツ及び日本
③	ドイツ及び日本	アメリカ及びカナダ	韓国及びロシア
④	韓国及びロシア	ドイツ及び日本	アメリカ及びカナダ
⑤	韓国及びロシア	アメリカ及びカナダ	ドイツ及び日本

Ⅰ-5-5

次の(ア)～(オ)の，社会に大きな影響を与えた科学技術の成果を，年代の古い順から並べたものとして，最も適切なものはどれか。

(ア) フリッツ・ハーバーによるアンモニアの工業的合成の基礎の確立
(イ) オットー・ハーンによる原子核分裂の発見
(ウ) アレクサンダー・グラハム・ベルによる電話の発明
(エ) ハインリッヒ・ルドルフ・ヘルツによる電磁波の存在の実験的な確認
(オ) ジェームズ・ワットによる蒸気機関の改良

① ア－オ－ウ－エ－イ
② ウ－エ－オ－イ－ア
③ ウ－オ－ア－エ－イ
④ オ－ウ－エ－ア－イ
⑤ オ－エ－ウ－イ－ア

I-5-6

日本の科学技術基本計画は，1995年に制定された科学技術基本法（現，科学技術・イノベーション基本法）に基づいて一定期間ごとに策定され，日本の科学技術政策を方向づけてきた。次の（ア）～（オ）は，科学技術基本計画の第1期から第5期までのそれぞれの期の特徴的な施策を1つずつ選んで順不同で記したものである。これらを第1期から第5期までの年代の古い順から並べたものとして，最も適切なものはどれか。

（ア）ヒトに関するクローン技術や遺伝子組換え食品等を例として，科学技術が及ぼす「倫理的・法的・社会的課題」への責任ある取組の推進が明示された。

（イ）「社会のための，社会の中の科学技術」という観点に立つことの必要性が明示され，科学技術と社会との双方向のコミュニケーションを確立していくための条件整備などが図られた。

（ウ）「ポストドクター等1万人支援計画」が推進された。

（エ）世界に先駆けた「超スマート社会」の実現に向けた取組が「Society 5.0」として推進された。

（オ）目指すべき国の姿として，東日本大震災からの復興と再生が掲げられた。

① イ－ア－ウ－エ－オ
② イ－ウ－ア－オ－エ
③ ウ－ア－イ－エ－オ
④ ウ－イ－ア－オ－エ
⑤ ウ－イ－エ－ア－オ

問題　適性科目

II　次の15問題を解答せよ。（解答欄に1つだけマークすること。）

II-1

技術士法第4章に規定されている，技術士等が求められている義務・責務に関わる次の（ア）～（キ）の記述のうち，あきらかに不適切なものの数を選べ。

なお，技術士等とは，技術士及び技術士補を指す。

（ア）技術士等は，その業務に関して知り得た情報を顧客の許可なく第三者に提供してはならない。

（イ）技術士等の秘密保持義務は，所属する組織の業務についてであり，退職後においてまでその制約を受けるものではない。

（ウ）技術士等は，顧客から受けた業務を誠実に実施する義務を負っている。顧客の指示が如何なるものであっても，指示通り実施しなければならない。

（エ）技術士等は，その業務を行うに当たっては，公共の安全，環境の保全その他の公益を害することのないよう努めなければならないが，顧客の利益を害する場合は守秘義務を優先する必要がある。

（オ）技術士は，その業務に関して技術士の名称を表示するときは，その登録を受けた技術部門を明示するものとし，登録を受けていない技術部門を表示してはならないが，技術士を補助する技術士補の技術部門表示は，その限りではない。

（カ）企業に所属している技術士補は，顧客がその専門分野能力を認めた場合は，技術士補の名称を表示して技術士に代わって主体的に業務を行ってよい。

（キ）技術は日々変化，進歩している。技術士は，常に，その業務に関して有する知識及び技能の水準を向上させ，名称表示している専門技術業務領域の能力開発に努めなければならない。

①　7　　②　6　　③　5　　④　4　　⑤　3

Ⅱ-2

☑ ☑ ☑

「公衆の安全，健康，及び福利を最優先すること」は，技術者倫理で最も大切なことである。ここに示す「公衆」は，技術業の業務によって危険を受けうるが，技術者倫理における1つの考え方として，「公衆」は，「 ア である」というものがある。

次の記述のうち，「 ア 」に入るものとして，最も適切なものはどれか。

① 国家や社会を形成している一般の人々
② 背景などを異にする多数の組織されていない人々
③ 専門職としての技術業についていない人々
④ よく知らされたうえでの同意を与えることができない人々
⑤ 広い地域に散在しながらメディアを通じて世論を形成する人々

Ⅱ-3

☑ ☑ ☑

科学技術に携わる者が自らの職務内容について，そのことを知ろうとする者に対して，わかりやすく説明する責任を説明責任（accountability）と呼ぶ。説明を行う者は，説明を求める相手に対して十分な情報を提供するとともに，説明を受ける者が理解しやすい説明を心がけることが重要である。以下に示す説明責任に関する（ア）～（エ）の記述のうち，正しいものを○，誤ったものを×として，最も適切な組合せはどれか。

（ア）技術者は，説明責任を遂行するに当たり，説明を行う側が努力する一方で，説明を受ける側もそれを受け入れるために相応に努力することが重要である。
（イ）技術者は，自らが関わる業務において，利益相反の可能性がある場合には，説明責任と公正さを重視して，雇用者や依頼者に対し，利益相反に関連する情報を開示する。
（ウ）公正で責任ある研究活動を推進するうえで，どの研究領域であっても共有されるべき「価値」があり，その価値の1つに「研究実施における説明責任」がある。
（エ）技術者は，時として守秘義務と説明責任のはざまにおかれることがあり，守秘義務を果たしつつ説明責任を果たすことが求められる。

	ア	イ	ウ	エ
①	○	○	○	○
②	×	○	○	○
③	○	×	○	○
④	○	○	×	○
⑤	○	○	○	×

II-4

✓ ✓ ✓

安全保障貿易管理（輸出管理），先進国が保有する高度な貨物や技術が，大量破壊兵器等の開発や製造等に関与している懸念国やテロリスト等の懸念組織に渡ることを未然に防ぐため，国際的な枠組みの下，各国が協調して実施している。近年，安全保障環境は一層深刻になるとともに，人的交流の拡大や事業の国際化の進展等により，従来にも増して安全保障貿易管理の重要性が高まっている。大企業や大学，研究機関のみならず，中小企業も例外ではなく，業として輸出等を行う者は，法令を遵守し適切に輸出管理を行わなければならない。輸出管理を適切に実施することにより，法令違反の未然防止はもとより，懸念取引等に巻き込まれるリスクも低減する。

輸出管理に関する次の記述のうち，最も適切なものはどれか。

① α大学の大学院生は，ドローンの輸出に関して学内手続をせずに，発送した。

② α大学の大学院生は，ロボットのデモンストレーションを実施するためにA国β大学に輸出しようとするロボットに，リスト規制に該当する角速度・加速度センサーが内蔵されているため，学内手続の申請を行いセンサーが主要な要素になっていないことを確認した。その結果，規制に該当しないものと判断されたので，輸出を行った。

③ α大学の大学院生は，学会発表及びB国γ研究所と共同研究の可能性を探るための非公開の情報を用いた情報交換を実施することを目的とした外国出張の申請書を作成した。申請書の業務内容欄には「学会発表及び研究概要打合せ」と記載した。研究概要打合せは，輸出管理上の判定欄に「公知」と記載した。

④ α大学の大学院生は，C国において地質調査を実施する計画を立てており，「赤外線カメラ」をハンドキャリーする予定としていた。この大学院生は，過

去に学会発表でC国に渡航した経験があるので，直前に海外渡航申請の提出をした。

⑤　α大学の大学院生は，自作した測定装置は大学の輸出管理の対象にならないと考え，輸出管理手続をせずに海外に持ち出すことにした。

II-5

☑☑☑

SDGs（Sustainable Development Goals：持続可能な開発目標）とは，2030年の世界の姿を表した目標の集まりであり，貧困に終止符を打ち，地球を保護し，すべての人が平和と豊かさを享受できるようにすることを目指す普遍的な行動を呼びかけている。SDGsは2015年に国連本部で開催された「持続可能な開発サミット」で採択された17の目標と169のターゲットから構成され，それらには「経済に関すること」「社会に関すること」「環境に関すること」などが含まれる。また，SDGsは発展途上国のみならず，先進国自身が取り組むユニバーサル（普遍的）なものであり，我が国も積極的に取り組んでいる。国連で定めるSDGsに関する次の（ア）～（エ）の記述のうち，正しいものを○，誤ったものを×として，最も適切な組合せはどれか。

（ア）SDGsは，政府・国連に加えて，企業・自治体・個人など誰もが参加できる枠組みになっており，地球上の「誰一人取り残さない（leave no one behind）」ことを誓っている。

（イ）SDGsには，法的拘束力があり，処罰の対象となることがある。

（ウ）SDGsは，深刻化する気候変動や，貧富の格差の広がり，紛争や難民・避難民の増加など，このままでは美しい地球を子・孫・ひ孫の代につないでいけないという危機感から生まれた。

（エ）SDGsの達成には，目指すべき社会の姿から振り返って現在すべきことを考える「バックキャスト（Backcast）」ではなく，現状をベースとして実現可能性を踏まえた積み上げを行う「フォーキャスト（Forecast）」の考え方が重要とされている。

	ア	イ	ウ	エ
①	○	×	○	○
②	○	○	○	×
③	×	○	×	○
④	○	×	○	×
⑤	×	×	○	○

II-6

AIに関する研究開発や利活用は今後飛躍的に発展することが期待されており，AIに対する信頼を醸成するための議論が国際的に実施されている。我が国では，政府において，「AI-Readyな社会」への変革を推進する観点から，2018年5月より，政府統一のAI社会原則に関する検討を開始し，2019年3月に「人間中心のAI社会原則」が策定・公表された。また，開発者及び事業者において，基本理念及びAI社会原則を踏まえたAI利活用の原則が作成・公表された。

以下に示す（ア）～（コ）の記述のうち，AIの利活用者が留意すべき原則にあきらかに該当しないものの数を選べ。

（ア）適正利用の原則
（イ）適正学習の原則
（ウ）連携の原則
（エ）安全の原則
（オ）セキュリティの原則
（カ）プライバシーの原則
（キ）尊厳・自律の原則
（ク）公平性の原則
（ケ）透明性の原則
（コ）アカウンタビリティの原則

①　0　①　1　③　2　④　3　⑤　4

II-7

近年，企業の情報漏洩が社会問題化している。営業秘密等の漏えいは，企業にとって社会的な信用低下や顧客への損害賠償等，甚大な損失を被るリスクがある。例えば，2012年に提訴された，新日鐵住金において変圧器用の電磁鋼板の製造プロセス及び製造設備の設計図等が外国ライバル企業へ漏えいした事案では，賠償請求・差止め請求がなされたなど，基幹技術など企業情報の漏えい事案が多発している。また，サイバー空間での窃取，拡散など漏えい態様も多様化しており，抑止力向上と処罰範囲の整備が必要となっている。

営業秘密に関する次の（ア）～（エ）の記述のうち，正しいものは○，誤っているものは×として，最も適切な組合せはどれか。

（ア）顧客名簿や新規事業計画書は，企業の研究・開発や営業活動の過程で生み出されたものなので営業秘密である。

（イ）有害物質の垂れ流し，脱税等の反社会的な活動についての情報は，法が保護すべき正当な事業活動ではなく，有用性があるとはいえないため，営業秘密に該当しない。

（ウ）刊行物に記載された情報や特許として公開されたものは，営業秘密に該当しない。

（エ）「営業秘密」として法律により保護を受けるための要件の1つは，秘密として管理されていることである。

	ア	イ	ウ	エ
①	○	○	○	×
②	○	○	×	○
③	○	×	○	○
④	×	○	○	○
⑤	○	○	○	○

II-8

我が国の製造物責任（PL）法には，製造物責任の対象となる「製造物」について定められている。

次の（ア）～（エ）の記述のうち，正しいものは○，誤っているものは×として，最も適切な組合せはどれか。

（ア）土地，建物などの不動産は責任の対象とならない。ただし，エスカレータなどの動産は引き渡された時点で不動産の一部となるが，引き渡された時点で存在した欠陥が原因であった場合は責任の対象となる。

（イ）ソフトウエア自体は無体物であり，責任の対象とならない。ただし，ソフトウエアを組み込んだ製造物による事故が発生した場合，ソフトウエアの不具合と損害との間に因果関係が認められる場合は責任の対象となる。

（ウ）再生品とは，劣化，破損等により修理等では使用困難な状態となった製造物について当該製造物の一部を利用して形成されたものであり責任の対象となる。この場合，最後に再生品を製造又は加工した者が全ての責任を負う。

（エ）「修理」，「修繕」，「整備」は，基本的にある動産に本来存在する性質の回復や維持を行うことと考えられ，責任の対象とならない。

	ア	イ	ウ	エ
①	○	×	○	○
②	×	○	○	×
③	○	○	×	○
④	○	×	○	×
⑤	×	○	×	○

II-9

☑☑☑

ダイバーシティ(Diversity)とは,一般に多様性,あるいは,企業で人種・国籍・性・年齢を問わずに人材を活用することを意味する。また,ダイバーシティ経営とは「多様な人材を活かし,その能力が最大限発揮できる機会を提供することで,イノベーションを生み出し,価値創造につなげている経営」と定義されている。「能力」には,多様な人材それぞれの持つ潜在的な能力や特性なども含んでいる。「イノベーションを生み出し,価値創造につなげている経営」とは,組織内の個々の人材がその特性を活かし,生き生きと働くことのできる環境を整えることによって,自由な発想が生まれ,生産性を向上し,自社の競争力強化につながる,といった一連の流れを生み出しうる経営のことである。

「多様な人材」に関する次の(ア)~(コ)の記述のうち,あきらかに不適切なものの数を選べ。

(ア) 性別
(イ) 年齢
(ウ) 人種
(エ) 国籍
(オ) 障がいの有無
(カ) 性的指向
(キ) 宗教・信条
(ク) 価値観
(ケ) 職歴や経験
(コ) 働き方

① 0　② 1　③ 2　④ 3　⑤ 4

Ⅱ-10

多くの国際安全規格は，ISO ／ IEC Guide51（JIS Z 8051）に示された「規格に安全側面（安全に関する規定）を導入するためのガイドライン」に基づいて作成されている。このGuide51には「設計段階で取られるリスク低減の方策」として以下が提示されている。

・「ステップ1」：本質的安全設計
・「ステップ2」：ガード及び保護装置
・「ステップ3」：使用上の情報（警告，取扱説明書など）

次の（ア）～（カ）の記述のうち，このガイドラインが推奨する行動として，あきらかに誤っているものの数を選べ。

（ア）ある商業ビルのメインエントランスに設置する回転ドアを設計する際に，施工主の要求仕様である「重厚感のある意匠」を優先して，リスク低減に有効な「軽量設計」は採用せずに，インターロックによる制御安全機能，及び警告表示でリスク軽減を達成させた。

（イ）建設作業用重機の本質的安全設計案が，リスクアセスメントの検討結果，リスク低減策として的確と評価された。しかし，僅かに計画予算を超えたことから，ALARPの考え方を導入し，その設計案の一部を採用しないで，代わりに保護装置の追加，及び警告表示と取扱説明書を充実させた。

（ウ）ある海外工場から充電式掃除機を他国へ輸出したが，「警告」の表示は，明白で，読みやすく，容易で消えなく，かつ，理解しやすいものとした。また，その表記は，製造国の公用語だけでなく，輸出であることから国際的にも判るように，英語も併記した。

（エ）介護ロボットを製造販売したが，「警告」には，警告を無視した場合の，製品のハザード，そのハザードによってもたらされる危害，及びその結果について判りやすく記載した。

（オ）ドラム式洗濯乾燥機を製造販売したが，「取扱説明書」には，使用者が適切な意思決定ができるように，必要な情報をわかり易く記載した。また，万一の製品の誤使用を回避する方法も記載した。

（カ）エレベータを製造販売したが「取扱説明書」に推奨されるメンテナンス方法について記載した。ここで，メンテナンスの実施は納入先の顧客（使用者）が主体で行う場合もあるため，その作業者の訓練又は個人用保護具の必要性についても記載した。

① 1　② 2　③ 3　④ 4　⑤ 5

II-11

再生可能エネルギーは，現時点では安定供給面，コスト面で様々な課題があるが，エネルギー安全保障にも寄与できる有望かつ多様で，長期を展望した環境負荷の低減を見据えつつ活用していく重要な低炭素の国産エネルギー源である。また，2016年のパリ協定では，世界の平均気温上昇を産業革命以前に比べて2℃より十分低く保ち，1.5℃に抑える努力をすること，そのためにできるかぎり早く世界の温室効果ガス排出量をピークアウトし，21世紀後半には，温室効果ガス排出量と（森林などによる）吸収量のバランスをとることなどが合意された。再生可能エネルギーは温室効果ガスを排出しないことから，パリ協定の実現に貢献可能である。

再生可能エネルギーに関する次の（ア）～（オ）の記述のうち，正しいものは○，誤っているものは×として，最も適切な組合せはどれか。

（ア）石炭は，古代原生林が主原料であり，燃焼により排出される炭酸ガスは，樹木に吸収され，これらの樹木から再び石炭が作られるので，再生可能エネルギーの1つである。

（イ）空気熱は，ヒートポンプを利用することにより温熱供給や冷熱供給が可能な，再生可能エネルギーの1つである。

（ウ）水素燃料は，クリーンなエネルギーであるが，天然にはほとんど存在していないため，水や化石燃料などの各種原料から製造しなければならず，再生可能エネルギーではない。

（エ）月の引力によって周期的に生じる潮汐の運動エネルギーを取り出して発電する潮汐発電は，再生可能エネルギーの1つである。

（オ）バイオガスは，生ゴミや家畜の糞尿を微生物などにより分解して製造される生物資源の1つであるが，再生可能エネルギーではない。

	ア	イ	ウ	エ	オ
①	○	○	○	○	○
②	○	×	○	×	○
③	×	○	○	○	×
④	×	○	×	○	×
⑤	×	×	×	×	○

II-12

技術者にとって労働者の安全衛生を確保することは重要な使命の1つである。労働安全衛生法は「職場における労働者の安全と健康を確保」するとともに,「快適な職場環境を形成」する目的で制定されたものである。次に示す安全と衛生に関する（ア）～（キ）の記述のうち，適切なものの数を選べ。

（ア）総合的かつ計画的な安全衛生対策を推進するためには，目的達成の手段方法として「労働災害防止のための危害防止基準の確立」「責任体制の明確化」「自主的活動の促進の措置」などがある。

（イ）労働災害の原因は，設備，原材料，環境などの「不安全な状態」と，労働者の「不安全な行動」に分けることができ，災害防止には不安全な状態・不安全な行動を無くす対策を講じることが重要である。

（ウ）ハインリッヒの法則では，「人間が起こした330件の災害のうち，1件の重い災害があったとすると，29回の軽傷，傷害のない事故を300回起こしている」とされる。29の軽傷の要因を無くすことで重い災害を無くすことができる。

（エ）ヒヤリハット活動は，作業中に「ヒヤっとした」「ハッとした」危険有害情報を活用する災害防止活動である。情報は，朝礼などの機会に報告するようにし，「情報提供者を責めない」職場ルールでの実施が基本となる。

（オ）安全の4S活動は，職場の安全と労働者の健康を守り，そして生産性の向上を目指す活動として，整理（Seiri），整頓（Seiton），清掃（Seisou），しつけ（Shituke）がある。

（カ）安全データシート（SDS：Safety Data Sheet）は，化学物質の危険有害性情報を記載した文書のことであり，化学物質及び化学物質を含む製品の使用者は，危険有害性を把握し，リスクアセスメントを実施し，労働者へ周知しなければならない。

（キ） 労働衛生の健康管理とは，労働者の健康状態を把握し管理することで，事業者には健康診断の実施が義務づけられている。一定規模以上の事業者は，健康診断の結果を行政機関へ提出しなければならない。

① 3　② 4　③ 5　④ 6　⑤ 7

II-13

☑☑☑

産業財産権制度は，新しい技術，新しいデザイン，ネーミングなどについて独占権を与え，模倣防止のための保護，研究開発へのインセンティブを付与し，取引上の信用を維持することによって，産業の発展を図ることを目的にしている。これらの権利は，特許庁に出願し，登録することによって，一定期間，独占的に実施（使用）することができる。

従来型の経営資源である人・物・金を活用して利益を確保する手法に加え，産業財産権を最大限に活用して利益を確保する手法について熟知することは，今や経営者及び技術者にとって必須の事項といえる。

産業財産権の取得は，利益を確保するための手段であって目的ではなく，取得後どのように活用して利益を確保するかを，研究開発時や出願時などのあらゆる節目で十分に考えておくことが重要である。

次の知的財産権のうち，「産業財産権」に含まれないものはどれか。

① 特許権
② 実用新案権
③ 回路配置利用権
④ 意匠権
⑤ 商標権

II-14

個人情報の保護に関する法律（以下，個人情報保護法と呼ぶ）は，利用者や消費者が安心できるように，企業や団体に個人情報をきちんと大切に扱ってもらったうえで，有効に活用できるよう共通のルールを定めた法律である。

個人情報保護法に基づき，個人情報の取り扱いに関する次の（ア）～（エ）の記述のうち，正しいものは○，誤っているものは×として，最も適切な組合せはどれか。

（ア）学習塾で，生徒同士のトラブルが発生し，生徒Aが生徒Bにケガをさせてしまった。生徒Aの保護者は生徒Bとその保護者に謝罪するため，生徒Bの連絡先を教えて欲しいと学習塾に尋ねてきた。学習塾では，「謝罪したい」という理由を踏まえ，生徒名簿に記載されている生徒Bとその保護者の氏名，住所，電話番号を伝えた。

（イ）クレジットカード会社に対し，カードホルダーから「請求に誤りがあるようなので確認して欲しい」との照会があり，クレジット会社が調査を行った結果，処理を誤った加盟店があることが判明した。クレジットカード会社は，当該加盟店に対し，直接カードホルダーに請求を誤った経緯等を説明するよう依頼するため，カードホルダーの連絡先を伝えた。

（ウ）小売店を営んでおり，人手不足のためアルバイトを募集していたが，なかなか人が集まらなかった。そのため，店のポイントプログラムに登録している顧客をアルバイトに勧誘しようと思い，事前にその顧客の同意を得ることなく，登録された電話番号に電話をかけた。

（エ）顧客の氏名，連絡先，購入履歴等を顧客リストとして作成し，新商品やセールの案内に活用しているが，複数の顧客にイベントの案内を電子メールで知らせる際にCC（Carbon Copy）に顧客のメールアドレスを入力し，一斉送信した。

	ア	イ	ウ	エ
①	○	×	×	×
②	×	○	×	×
③	×	×	○	×
④	×	×	×	○
⑤	×	×	×	×

Ⅱ-15

リスクアセスメントは，職場の潜在的な危険性又は有害性を見つけ出し，これを除去，低減するための手法である。労働安全衛生マネジメントシステムに関する指針では，「危険性又は有害性等の調査及びその結果に基づき講ずる措置」の実施，いわゆるリスクアセスメント等の実施が明記されているが，2006年4月1日以降，その実施が労働安全衛生法第28条の2により努力義務化された。なお，化学物質については，2016年6月1日にリスクアセスメントの実施が義務化された。

リスクアセスメント導入による効果に関する次の（ア）～（オ）の記述のうち，正しいものは○，間違っているものは×として，最も適切な組合せはどれか。

（ア）職場のリスクが明確になる
（イ）リスクに対する認識を共有できる
（ウ）安全対策の合理的な優先順位が決定できる
（エ）残留リスクに対して「リスクの発生要因」の理由が明確になる
（オ）専門家が分析することにより「危険」に対する度合いが明確になる

	ア	イ	ウ	エ	オ
①	○	○	○	○	○
②	○	○	○	○	×
③	○	○	○	×	×
④	○	○	×	×	×
⑤	×	×	×	×	×

令和2年度　技術士第一次試験
〔基礎科目・適性科目〕

問題　基礎科目

次の1群～5群の全ての問題群からそれぞれ3問題，計15問題を選び解答せよ。（解答欄に1つだけマークすること。）

問題群	総問題数	選択問題数	ページ
1群　設計・計画に関するもの	6	3	200
2群　情報・論理に関するもの	6	3	206
3群　解析に関するもの	6	3	210
4群　材料・化学・バイオに関するもの	6	3	214
5群　環境・エネルギー・技術に関するもの	6	3	218

1群　設計・計画に関するもの

（全6問題から3問題を選択解答）

Ⅰ-1-1

ユニバーサルデザインに関する次の記述について，［　］に入る語句の組合せとして最も適切なものはどれか。

北欧発の考え方である，障害者と健常者が一緒に生活できる社会を目指す［ア］，及び，米国発のバリアフリーという考え方の広がりを受けて，ロナルド・メイス（通称ロン・メイス）により1980年代に提唱された考え方が，ユニバーサルデザインである。ユニバーサルデザインは，特別な設計やデザインの変更を行うことなく，可能な限りすべての人が利用できうるよう製品や［イ］を設計することを意味する。ユニバーサルデザインの7つの原則は，(1)誰でもが公平に利用できる，(2)柔軟性がある，(3)シンプルかつ［ウ］な利用が可能，(4)必要な情報がすぐにわかる，(5)［エ］しても危険が起こらない，(6)小さな力でも利用できる，(7)じゅうぶんな大きさや広さが確保されている，である。

	ア	イ	ウ	エ
①	カスタマイゼーション	環境	直感的	ミス
②	ノーマライゼーション	制度	直感的	長時間利用
③	ノーマライゼーション	環境	直感的	ミス
④	カスタマイゼーション	制度	論理的	長時間利用
⑤	ノーマライゼーション	環境	論理的	長時間利用

Ⅰ-1-2

ある材料に生ずる応力S [MPa] とその材料の強度R [MPa] を確率変数として，$Z=R-S$が0を下回る確率$Pr(Z<0)$が一定値以下となるように設計する。応力Sは平均μ_S，標準偏差σ_Sの正規分布に，強度Rは平均μ_R，標準偏差σ_Rの正規分布に従い，互いに独立な確率変数とみなせるとする。$\mu_S:\sigma_S:\mu_R:\sigma_R$の比として(ア)から(エ)の4ケースを考えるとき，$Pr(Z<0)$を小さい順に並べたものとして最も適切なものはどれか。

	μ_S	:	σ_S	:	μ_R	:	σ_R
(ア)	10	:	$2\sqrt{2}$	:	14	:	1
(イ)	10	:	1	:	13	:	$2\sqrt{2}$
(ウ)	9	:	1	:	12	:	$\sqrt{3}$
(エ)	11	:	1	:	12	:	1

① ウ→イ→エ→ア
② ア→ウ→イ→エ
③ ア→イ→ウ→エ
④ ウ→ア→イ→エ
⑤ ア→ウ→エ→イ

I-1-3

☑☑☑

次の（ア）から（オ）の記述について，それぞれの正誤の組合せとして，最も適切なものはどれか。

（ア）荷重を増大させていくと，建物は多くの部材が降伏し，荷重が上がらなくなり大きく変形します。最後は建物が倒壊してしまいます。このときの荷重が弾性荷重です。

（イ）非常に大きな力で棒を引っ張ると，最後は引きちぎれてしまいます。これを破断と呼んでいます。破断は，引張応力度がその材料固有の固有振動数に達したために生じたものです。

（ウ）細長い棒の両端を押すと，押している途中で，急に力とは直交する方向に変形してしまうことがあります。この現象を座屈と呼んでいます。

（エ）太く短い棒の両端を押すと，破断強度までじわじわ縮んで，最後は圧壊します。

（オ）建物に加わる力を荷重，また荷重を支える要素を部材あるいは構造部材と呼びます。

	ア	イ	ウ	エ	オ
①	正	正	正	誤	誤
②	誤	正	正	正	誤
③	誤	誤	正	正	正
④	正	誤	誤	正	正
⑤	正	正	誤	誤	正

Ⅰ-1-4

ある工場で原料A，Bを用いて，製品1，2を生産し販売している。下表に示すように製品1を1［kg］生産するために原料A，Bはそれぞれ3［kg］,1［kg］必要で，製品2を1［kg］生産するためには原料A，Bをそれぞれ2［kg］，3［kg］必要とする。原料A，Bの使用量については，1日当たりの上限があり，それぞれ24［kg］，15［kg］である。

（1）製品1，2の1［kg］当たりの販売利益が，各々2［百万円／kg］，3［百万円／kg］の時，1日当たりの全体の利益z［百万円］が最大となるように製品1並びに製品2の1日当たりの生産量x_1［kg］,x_2［kg］を決定する。なお，$x_1 \geqq 0$，$x_2 \geqq 0$とする。

表　製品の製造における原料使用量，使用条件，及び販売利益

	製品1	製品2	使用上限
原料A［kg］	3	2	24
原料B［kg］	1	3	15
利益［百万円／kg］	2	3	

（2）次に，製品1の販売利益がΔc［百万円／kg］だけ変化する，すなわち（2＋Δc）［百万円／kg］となる場合を想定し，zを最大にする製品1，2の生産量が，（1）で決定した製品1，2の生産量と同一であるΔc［百万円／kg］の範囲を求める。

1日当たりの生産量x_1［kg］及びx_2［kg］の値と，Δc［百万円／kg］の範囲の組合せとして，最も適切なものはどれか。

① $x_1 = 0$,　$x_2 = 5$,　$-1 \leqq \Delta c \leqq 5/2$

② $x_1 = 6$,　$x_2 = 3$,　$\Delta c \leqq -1$，$5/2 \leqq \Delta c$

③ $x_1 = 6$,　$x_2 = 3$,　$-1 \leqq \Delta c \leqq 1$

④ $x_1 = 0$,　$x_2 = 5$,　$\Delta c \leqq -1$，$5/2 \leqq \Delta c$

⑤ $x_1 = 6$,　$x_2 = 3$,　$-1 \leqq \Delta c \leqq 5/2$

I-1-5

☑☑☑

製図法に関する次の（ア）から（オ）の記述について，それぞれの正誤の組合せとして，最も適切なものはどれか。

（ア）第三角法の場合は，平面図は正面図の上に，右側面図は正面図の右にというように，見る側と同じ側に描かれる。

（イ）第一角法の場合は，平面図は正面図の上に，左側面図は正面図の右にというように，見る側とは反対の側に描かれる。

（ウ）対象物内部の見えない形を図示する場合は，対象物をある箇所で切断したと仮定して，切断面の手前を取り除き，その切り口の形状を，外形線によって図示することとすれば，非常にわかりやすい図となる。このような図が想像図である。

（エ）第三角法と第一角法では，同じ図面でも，違った対象物を表している場合があるが，用いた投影法は明記する必要がない。

（オ）正面図とは，その対象物に対する情報量が最も多い，いわば図面の主体になるものであって，これを主投影図とする。したがって，ごく簡単なものでは，主投影図だけで充分に用が足りる。

	ア	イ	ウ	エ	オ
①	正	正	誤	誤	誤
②	誤	正	正	誤	誤
③	誤	誤	正	正	誤
④	誤	誤	誤	正	正
⑤	正	誤	誤	誤	正

I-1-6

下図に示されるように，信頼度が0.7であるn個の要素が並列に接続され，さらに信頼度0.95の1個の要素が直列に接続されたシステムを考える。それぞれの要素は互いに独立であり，nは2以上の整数とする。システムの信頼度が0.94以上となるために必要なnの最小値について，最も適切なものはどれか。

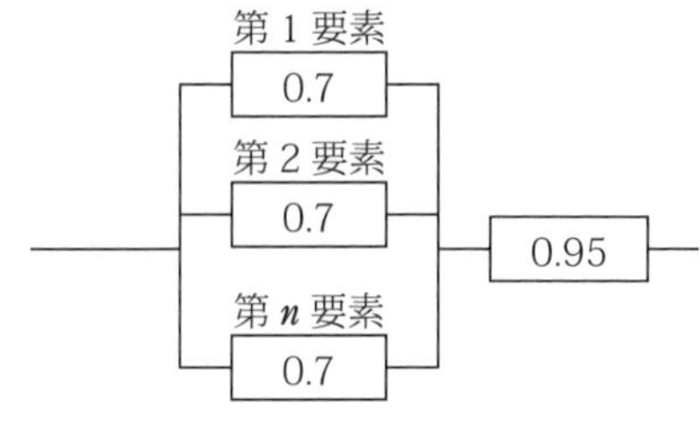

図　システム構成図と各要素の信頼度

① 2
② 3
③ 4
④ 5
⑤ nに依らずシステムの信頼度は0.94未満であり，最小値は存在しない。

2群　情報・論理に関するもの

（全6問題から3問題を選択解答）

Ⅰ-2-1

情報の圧縮に関する次の記述のうち，最も不適切なものはどれか。

① 復号化によって元の情報を完全に復元でき，情報の欠落がない圧縮は可逆圧縮と呼ばれ，テキストデータ等の圧縮に使われることが多い。

② 復号化によって元の情報には完全には戻らず，情報の欠落を伴う圧縮は非可逆圧縮と呼ばれ，音声や映像等の圧縮に使われることが多い。

③ 静止画に対する代表的な圧縮方式としてJPEGがあり，動画に対する代表的な圧縮方式としてMPEGがある。

④ データ圧縮では，情報源に関する知識（記号の生起確率など）が必要であり，情報源の知識が無い場合にはデータ圧縮することはできない。

⑤ 可逆圧縮には限界があり，どのような方式であっても，その限界を超えて圧縮することはできない。

Ⅰ-2-2

下表に示す真理値表の演算結果と一致する，論理式$f(x,y,z)$として正しいものはどれか。ただし，変数X,Yに対して，$X+Y$は論理和，XYは論理積，$\overline{X}$は論理否定を表す。

① $f(x,y,z)=xy+z$

② $f(x,y,z)=\bar{x}y+\overline{yz}$

③ $f(x,y,z)=xy+\bar{y}z$

④ $f(x,y,z)=xy+\overline{xy}$

⑤ $f(x,y,z)=xy+\bar{x}z$

表　$f(x,y,z)$の真理値表

x	y	z	$f(x,y,z)$
0	0	0	0
0	0	1	1
0	1	0	0
0	1	1	0
1	0	0	0
1	0	1	1
1	1	0	1
1	1	1	1

I-2-3

標的型攻撃に対する有効な対策として，最も不適切なものはどれか。

① メール中のオンラインストレージのURLリンクを使用したファイルの受信は，正規のサービスかどうかを確認し，メールゲートウェイで検知する。
② 標的型攻撃への対策は，複数の対策を多層的に組合せて防御する。
③ あらかじめ組織内に連絡すべき窓口を設け，利用者が標的型攻撃メールを受信した際の連絡先として周知させる。
④ あらかじめシステムや実行ポリシーで，利用者の環境で実行可能なファイルを制限しておく。
⑤ 擬似的な標的型攻撃メールを利用者に送信し，その対応を調査する訓練を定期的に実施する。

I-2-4

補数表現に関する次の記述の，［　　］に入る補数の組合せとして，最も適切なものはどれか。

一般に，k桁のn進数Xについて，Xのnの補数はn^k-X，Xのn－1の補数は$(n^k-1)-X$をそれぞれn進数で表現したものとして定義する。よって，3桁の10進数で表現した$(956)_{10}$の（n＝）10の補数は，10^3から$(956)_{10}$を引いた$(44)_{10}$である。さらに$(956)_{10}$の（n－1＝）9の補数は，10^3-1から$(956)_{10}$を引いた$(43)_{10}$である。

同様に，6桁の2進数$(100110)_2$の2の補数は［ア］，1の補数は［イ］である。

	ア	イ
①	$(000110)_2$	$(000101)_2$
②	$(011010)_2$	$(011001)_2$
③	$(000111)_2$	$(000110)_2$
④	$(011001)_2$	$(011010)_2$
⑤	$(011000)_2$	$(011001)_2$

I-2-5

☑☑☑

次の［　　］に入る数値の組合せとして，最も適切なものはどれか。

次の図は2進数$(a_n\ a_{n-1}\ \cdots\ a_2\ a_1\ a_0)_2$を10進数$s$に変換するアルゴリズムの流れ図である。ただし，nは0又は正の整数であり，$a_i \in \{0,1\}\ (i=0,1,\ldots,n)$である。

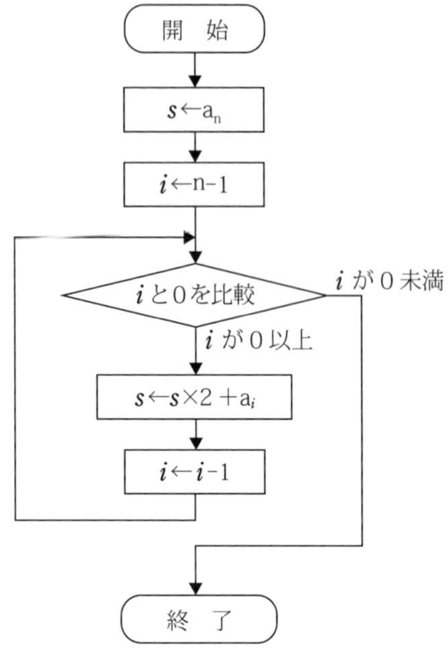

図　sを求めるアルゴリズムの流れ図

このアルゴリズムを用いて2進数$(1101)_2$を10進数に変換すると，sには初め1が代入され，その後順に3，6と更新され，最後にsには13が代入されて終了する。このようにsが更新される過程を，

$$1 \rightarrow 3 \rightarrow 6 \rightarrow 13$$

と表すことにする。同様に，2進数$(11010101)_2$を10進数に変換すると，sは次のように更新される。

1 → 3 → 6 → 13 → ［ア］ → ［イ］ → ［ウ］ → 213

	ア	イ	ウ
①	25	52	105
②	25	52	106
③	26	52	105
④	26	53	105
⑤	26	53	106

I-2-6

次の［　　］に入る数値の組合せとして，最も適切なものはどれか。

アクセス時間が50［ns］のキャッシュメモリとアクセス時間が450［ns］の主記憶からなる計算機システムがある。呼び出されたデータがキャッシュメモリに存在する確率をヒット率という。ヒット率が90%のとき，このシステムの実効アクセス時間として最も近い値は［ア］となり，主記憶だけの場合に比べて平均［イ］倍の速さで呼び出しができる。

	ア	イ
①	45［ns］	2
②	60［ns］	2
③	60［ns］	5
④	90［ns］	2
⑤	90［ns］	5

3群　解析に関するもの

（全6問題から3問題を選択解答）

I-3-1

☑☑☑

3次元直交座標系 (x, y, z) におけるベクトル $V=(V_x, V_y, V_z)=(x, x^2y+yz^2, z^3)$ の点 (1,3,2) での発散 $\mathrm{div}\, V = \dfrac{\partial V_x}{\partial x}+\dfrac{\partial V_y}{\partial y}+\dfrac{\partial V_z}{\partial z}$ として，最も適切なものはどれか。

① (-12,0,6)　② 18　③ 24　④ (1,15,8)　⑤ (1,5,12)

I-3-2

☑☑☑

関数 $f(x, y)=x^2+2xy+3y^2$ の (1,1) における最急勾配の大きさ $\|\mathrm{grad} f\|$ として，最も適切なものはどれか。なお，勾配 $\mathrm{grad} f$ は $\mathrm{grad} f=\left(\dfrac{\partial f}{\partial x}, \dfrac{\partial f}{\partial y}\right)$ である。

① 6　② (4,8)　③ 12　④ $4\sqrt{5}$　⑤ $\sqrt{2}$

I-3-3

☑☑☑

数値解析の誤差に関する次の記述のうち，最も適切なものはどれか。

① 有限要素法において，要素分割を細かくすると，一般に近似誤差は大きくなる。

② 数値計算の誤差は，対象となる物理現象の法則で定まるので，計算アルゴリズムを改良しても誤差は減少しない。

③ 浮動小数点演算において，近接する2数の引き算では，有効桁数が失われる桁落ち誤差を生じることがある。

④ テイラー級数展開に基づき，微分方程式を差分方程式に置き換えるときの近似誤差は，格子幅によらずほぼ一定値となる。

⑤ 非線形現象を線形方程式で近似しても，線形方程式の数値計算法が数学的に厳密であれば，得られる結果には数値誤差はないとみなせる。

Ⅰ-3-4

有限要素法において三角形要素の剛性マトリクスを求める際，面積座標がしばしば用いられる。下図に示す△ABCの内部（辺上も含む）の任意の点Pの面積座標は，

$$\left(\frac{S_A}{S}, \frac{S_B}{S}, \frac{S_C}{S}\right)$$

で表されるものとする。ここで，S，S_A，S_B，S_Cはそれぞれ，△ABC，△PBC，△PCA，△PABの面積である。△ABCの三辺の長さの比が，AB：BC：CA＝3：4：5であるとき，△ABCの内心と外心の面積座標の組合せとして，最も適切なものはどれか。

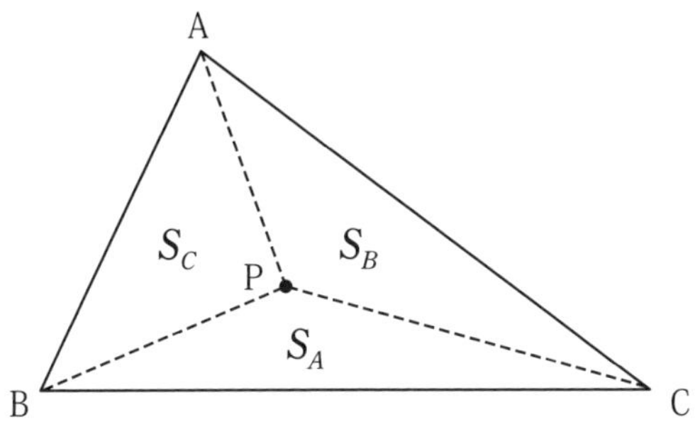

図　△ABCとその内部の点P

	内心の面積座標	外心の面積座標
①	$\left(\frac{1}{4}, \frac{1}{5}, \frac{1}{3}\right)$	$\left(\frac{1}{2}, 0, \frac{1}{2}\right)$
②	$\left(\frac{1}{4}, \frac{1}{5}, \frac{1}{3}\right)$	$\left(\frac{1}{3}, \frac{1}{3}, \frac{1}{3}\right)$
③	$\left(\frac{1}{3}, \frac{1}{3}, \frac{1}{3}\right)$	$\left(\frac{1}{2}, 0, \frac{1}{2}\right)$
④	$\left(\frac{1}{3}, \frac{5}{12}, \frac{1}{4}\right)$	$\left(\frac{1}{2}, 0, \frac{1}{2}\right)$
⑤	$\left(\frac{1}{3}, \frac{5}{12}, \frac{1}{4}\right)$	$\left(\frac{1}{3}, \frac{1}{3}, \frac{1}{3}\right)$

I-3-5

☑☑☑

下図に示すように, 1つの質点がばねで固定端に結合されているばね質点系A, B, Cがある。図中のばねのばね定数kはすべて同じであり, 質点の質量mはすべて同じである。ばね質点系Aは質点が水平に単振動する系, Bは斜め45度に単振動する系, Cは垂直に単振動する系である。ばね質点系A, B, Cの固有振動数をf_A, f_B, f_Cとしたとき, これらの大小関係として, 最も適切なものはどれか。ただし, 質点に摩擦は作用しないものとし, ばねの質量については考慮しないものとする。

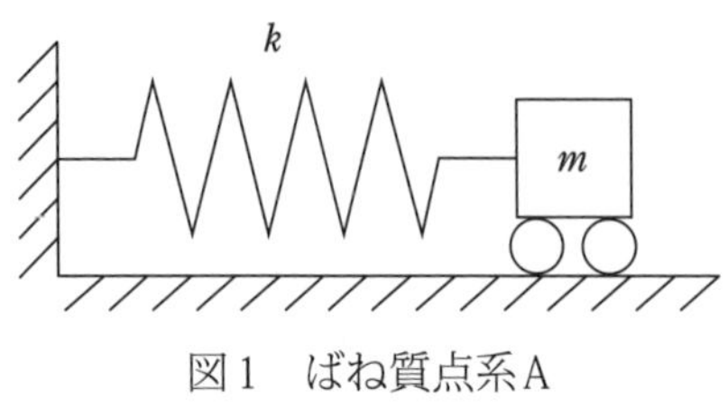

図1　ばね質点系A

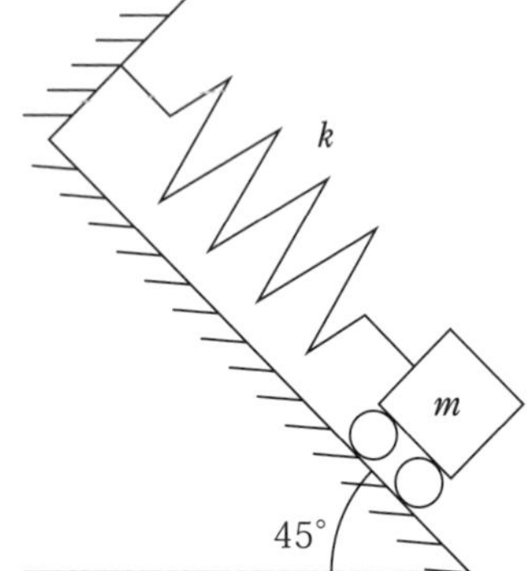

図2　ばね質点系B

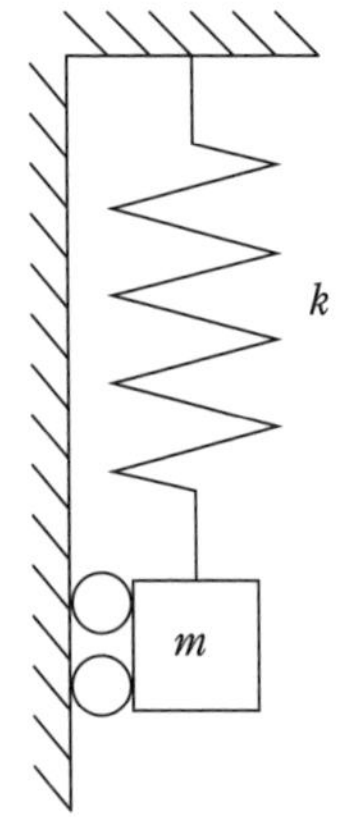

図3　ばね質点系C

① $f_A = f_B = f_C$

② $f_A > f_B > f_C$

③ $f_A < f_B < f_C$

④ $f_A = f_C > f_B$

⑤ $f_A = f_C < f_B$

Ⅰ-3-6

下図に示すように，円管の中を水が左から右へ流れている。点a，点bにおける圧力，流速及び管の断面積をそれぞれp_a，v_a，A_a及びp_b，v_b，A_bとする。流速 v_bを表す式として最も適切なものはどれか。ただしρは水の密度で，水は非圧縮の完全流体とし，粘性によるエネルギー損失はないものとする。

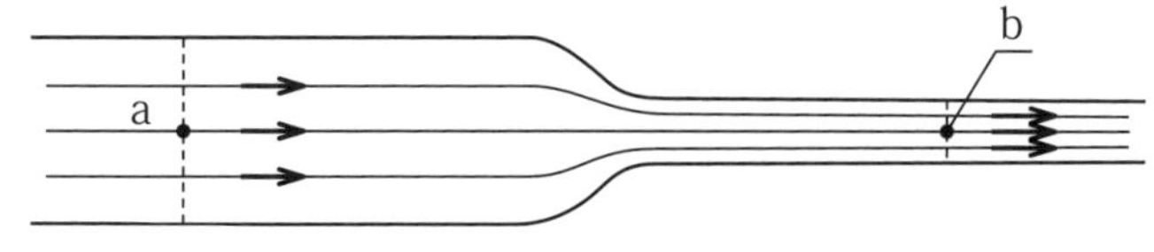

図　円管の中の水の流れ

① $v_b = \dfrac{A_b}{A_a}\sqrt{\dfrac{p_b - p_a}{\rho}}$

② $v_b = \dfrac{A_a}{A_b}\sqrt{\dfrac{p_a - p_b}{\rho}}$

③ $v_b = \dfrac{1}{\sqrt{1 - \dfrac{A_b}{A_a}}}\sqrt{\dfrac{2(p_b - p_a)}{\rho}}$

④ $v_b = \dfrac{1}{\sqrt{1 - \dfrac{A_b}{A_a}}}\sqrt{\dfrac{2(p_a - p_b)}{\rho}}$

⑤ $v_b = \dfrac{1}{\sqrt{1 - \left(\dfrac{A_b}{A_a}\right)^2}}\sqrt{\dfrac{2(p_a - p_b)}{\rho}}$

4群　材料・化学・バイオに関するもの

（全6問題から3問題を選択解答）

I-4-1

次の有機化合物のうち，同じ質量の化合物を完全燃焼させたとき，二酸化炭素の生成量が最大となるものはどれか。ただし，分子式右側の( )内の数値は，その化合物の分子量である。

① メタン CH_4 (16)

② エチレン C_2H_4 (28)

③ エタン C_2H_6 (30)

④ メタノール CH_4O (32)

⑤ エタノール C_2H_6O (46)

I-4-2

下記a～dの反応は，代表的な有機化学反応である付加，脱離，置換，転位の4種類の反応のうちいずれかに分類される。置換反応2つの組合せとして最も適切なものはどれか。

a　$CH_3CH_2CH_2OH + HBr \longrightarrow CH_3CH_2CH_2Br + H_2O$

b　$C_6H_5\text{-}CH(OH)\text{-}CH_3 \xrightarrow{\text{酸触媒}} C_6H_5\text{-}CH\text{=}CH_2 + H_2O$

c　$CH_3CH_2CH\text{=}CH_2 + HBr \longrightarrow CH_3CH_2CHBrCH_3$

d　$C_6H_5\text{-}C(\text{=}O)\text{-}OH + CH_3OH \xrightarrow{\text{酸触媒}} C_6H_5\text{-}C(\text{=}O)\text{-}OCH_3 + H_2O$

① (a,b)　② (a,c)　③ (a,d)　④ (b,c)　⑤ (b,d)

I-4-3

鉄，銅，アルミニウムの密度，電気抵抗率，融点について，次の（ア）～（オ）の大小関係の組合せとして，最も適切なものはどれか。ただし，密度及び電気抵抗率は20［℃］での値，融点は1気圧での値で比較するものとする。

（ア）：鉄　＞　銅　＞　アルミニウム
（イ）：鉄　＞　アルミニウム　＞　銅
（ウ）：銅　＞　鉄　＞　アルミニウム
（エ）：銅　＞　アルミニウム　＞　鉄
（オ）：アルミニウム　＞　鉄　＞　銅

	密度	電気抵抗率	融点
①	（ア）	（ウ）	（オ）
②	（ア）	（エ）	（オ）
③	（イ）	（エ）	（ア）
④	（ウ）	（イ）	（ア）
⑤	（ウ）	（イ）	（オ）

I-4-4

☑☑☑

アルミニウムの結晶構造に関する次の記述の，[　　] に入る数値や数式の組合せとして，最も適切なものはどれか。

アルミニウムの結晶は，室温・大気圧下において面心立方構造を持っている。その一つの単位胞は [ア] 個の原子を含み，配位数が [イ] である。単位胞となる立方体の一辺の長さをα [cm]，アルミニウム原子の半径をR [cm] とすると，[ウ] の関係が成り立つ。

	ア	イ	ウ
①	2	12	$\alpha=\frac{4R}{\sqrt{3}}$
②	2	8	$\alpha=\frac{4R}{\sqrt{3}}$
③	4	12	$\alpha=\frac{4R}{\sqrt{3}}$
④	4	8	$\alpha=2\sqrt{2}R$
⑤	4	12	$\alpha=2\sqrt{2}R$

I-4-5

☑☑☑

アルコール酵母菌のグルコース（$C_6H_{12}O_6$）を基質とした好気呼吸とエタノール発酵は次の化学反応式で表される。

好気呼吸　$C_6H_{12}O_6 + 6O_2 + 6H_2O \rightarrow 6CO_2 + 12H_2O$

エタノール発酵　$C_6H_{12}O_6 \rightarrow 2C_2H_5OH + 2CO_2$

いま，アルコール酵母菌に基質としてグルコースを与えたところ，酸素を2モル吸収した。好気呼吸で消費されたグルコースとエタノール発酵で消費されたグルコースのモル比が1：6であった際の，二酸化炭素発生量として最も適切なものはどれか。

①　3モル　②　4モル　③　6モル　④　8モル　⑤　12モル

Ⅰ-4-6

PCR（ポリメラーゼ連鎖反応）法は，細胞や血液サンプルからDNAを高感度で増幅することができるため，遺伝子診断や微生物検査，動物や植物の系統調査等に用いられている。PCR法は通常，(1) DNAの熱変性，(2) プライマーのアニーリング，(3) 伸長反応の3段階からなっている。PCR法に関する記述のうち，最も適切なものはどれか。

① DNAの熱変性では，2本鎖DNAの共有結合を切断して1本鎖DNAに解離させるために加熱を行う。

② アニーリング温度を上げすぎると，1本鎖DNAに対するプライマーの非特異的なアニーリングが起こりやすくなる。

③ 伸長反応の時間は増幅したい配列の長さによって変える必要があり，増幅したい配列が長くなるにつれて伸長反応時間は短くする。

④ 耐熱性の高いDNAポリメラーゼが，PCR法に適している。

⑤ PCR法により増幅したDNAには，プライマーの塩基配列は含まれない。

5群　環境・エネルギー・技術に関するもの

（全6問題から3問題を選択解答）

I-5-1

プラスチックごみ及びその資源循環に関する（ア）～（オ）の記述について，それぞれの正誤の組合せとして，最も適切なものはどれか。

（ア）近年，マイクロプラスチックによる海洋生態系への影響が懸念されており，世界的な課題となっているが，マイクロプラスチックとは一般に5mm以下の微細なプラスチック類のことを指している。

（イ）海洋プラスチックごみは世界中において発生しているが，特に先進国から発生しているものが多いと言われている。

（ウ）中国が廃プラスチック等の輸入禁止措置を行う直前の2017年において，日本国内で約900万トンの廃プラスチックが排出されそのうち約250万トンがリサイクルされているが，海外に輸出され海外でリサイクルされたものは250万トンの半数以下であった。

（エ）2019年6月に政府により策定された「プラスチック資源循環戦略」においては，基本的な対応の方向性を「3R＋Renewable」として，プラスチック利用の削減，再使用，再生利用の他に，紙やバイオマスプラスチックなどの再生可能資源による代替を，その方向性に含めている。

（オ）陸域で発生したごみが河川等を通じて海域に流出されることから，陸域での不法投棄やポイ捨て撲滅の徹底や清掃活動の推進などもプラスチックごみによる海洋汚染防止において重要な対策となる。

	ア	イ	ウ	エ	オ
①	正	正	誤	正	誤
②	正	誤	誤	正	正
③	正	正	正	誤	誤
④	誤	誤	正	正	正
⑤	誤	正	誤	誤	正

Ⅰ-5-2

生物多様性の保全に関する次の記述のうち，最も不適切なものはどれか。

① 生物多様性の保全及び持続可能な利用に悪影響を及ぼすおそれのある遺伝子組換え生物の移送，取扱い，利用の手続等について，国際的な枠組みに関する議定書が採択されている。

② 移入種（外来種）は在来の生物種や生態系に様々な影響を及ぼし，なかには在来種の駆逐を招くような重大な影響を与えるものもある。

③ 移入種問題は，生物多様性の保全上，最も重要な課題の1つとされているが，我が国では動物愛護の観点から，移入種の駆除の対策は禁止されている。

④ 生物多様性条約は，1992年にリオデジャネイロで開催された国連環境開発会議において署名のため開放され，所定の要件を満たしたことから，翌年，発効した。

⑤ 生物多様性条約の目的は，生物の多様性の保全，その構成要素の持続可能な利用及び遺伝資源の利用から生ずる利益の公正かつ衡平な配分を実現することである。

Ⅰ-5-3

日本のエネルギー消費に関する次の記述のうち，最も不適切なものはどれか。

① 日本全体の最終エネルギー消費は2005年度をピークに減少傾向になり，2011年度からは東日本大震災以降の節電意識の高まりなどによってさらに減少が進んだ。

② 産業部門と業務他部門全体のエネルギー消費は，第一次石油ショック以降，経済成長する中でも製造業を中心に省エネルギー化が進んだことから同程度の水準で推移している。

③ 1単位の国内総生産（GDP）を産出するために必要な一次エネルギー消費量の推移を見ると，日本は世界平均を大きく下回る水準を維持している。

④ 家庭部門のエネルギー消費は，東日本大震災以降も，生活の利便性・快適性を追求する国民のライフスタイルの変化や世帯数の増加等を受け，継続的に増加している。

⑤ 運輸部門（旅客部門）のエネルギー消費は2002年度をピークに減少傾向に転じたが，これは自動車の燃費が改善したことに加え，軽自動車やハイブリ

ッド自動車など低燃費な自動車のシェアが高まったことが大きく影響している。

I-5-4

☑☑☑

エネルギー情勢に関する次の記述の，[　　] に入る数値又は語句の組合せとして，最も適切なものはどれか。

日本の電源別発電電力量（一般電気事業用）のうち，原子力の占める割合は2010年度時点で [ア] %程度であった。しかし，福島第一原子力発電所の事故などの影響で，原子力に代わり天然ガスの利用が増えた。現代の天然ガス火力発電は，ガスタービン技術を取り入れた [イ] サイクルの実用化などにより発電効率が高い。天然ガスは，米国において，非在来型資源のひとつである [ウ] ガスの生産が2005年以降顕著に拡大しており，日本も既に米国から [ウ] ガス由来の液化天然ガス（LNG）の輸入を始めている。

	ア	イ	ウ
①	30	コンバインド	シェール
②	20	コンバインド	シェール
③	20	再熱再生	シェール
④	30	コンバインド	タイトサンド
⑤	30	再熱再生	タイトサンド

I-5-5

日本の工業化は明治維新を経て大きく進展していった。この明治維新から第二次世界大戦に至るまでの日本の産業技術の発展に関する次の記述のうち，最も不適切なものはどれか。

① 江戸時代に成熟していた手工業的な産業が，明治維新によって開かれた新市場において，西洋技術を取り入れながら独自の発展を生み出していった。
② 西洋の先進国で標準化段階に達した技術一式が輸入され，低賃金の労働力によって価格競争力の高い製品が生産された。
③ 日本工学会に代表される技術系学協会は，欧米諸国とは異なり大学などの高学歴出身者たちによって組織された。
④ 工場での労働条件を改善しながら国際競争力を強化するために，テイラーの科学的管理法が注目され，その際に統計的品質管理の方法が導入された。
⑤ 工業化の進展にともない，技術官僚たちは行政における技術者の地位向上運動を展開した。

I-5-6

次の（ア）～（オ）の科学史・技術史上の著名な業績を，古い順から並べたものとして，最も適切なものはどれか。

（ア）マリー及びピエール・キュリーによるラジウム及びポロニウムの発見
（イ）ジェンナーによる種痘法の開発
（ウ）ブラッテン，バーディーン，ショックレーによるトランジスタの発明
（エ）メンデレーエフによる元素の周期律の発表
（オ）ド・フォレストによる三極真空管の発明

① イーエーアーオーウ
② イーエーオーウーア
③ イーオーエーアーウ
④ エーイーオーアーウ
⑤ エーオーイーアーウ

問題　適性科目

II　次の15問題を解答せよ。（解答欄に1つだけマークすること。）

II-1

☑☑☑

次に掲げる技術士法第四章において，［ア］～［キ］に入る語句の組合せとして，最も適切なものはどれか。

《技術士法第四章　技術士等の義務》

（信用失墜行為の禁止）

第44条　技術士又は技術士補は，技術士若しくは技術士補の信用を傷つけ，又は技術士及び技術士補全体の不名誉となるような行為をしてはならない。

（技術士等の秘密保持［ア］）

第45条　技術士又は技術士補は，正当の理由がなく，その業務に関して知り得た秘密を漏らし，又は盗用してはならない。技術士又は技術士補でなくなった後においても，同様とする。

（技術士等の［イ］確保の［ウ］）

第45条の2　技術士又は技術士補は，その業務を行うに当たっては，公共の安全，環境の保全その他の［イ］を害することのないよう努めなければならない。

（技術士の名称表示の場合の［ア］）

第46条　技術士は，その業務に関して技術士の名称を表示するときは，その登録を受けた［エ］を明示してするものとし，登録を受けていない［エ］を表示してはならない。

（技術士補の業務の［オ］等）

第47条　技術士補は，第2条第1項に規定する業務について技術士を補助する場合を除くほか，技術士補の名称を表示して当該業務を行ってはならない。

2　前条の規定は，技術士補がその補助する技術士の業務に関してする技術士補の名称の表示について［カ］する。

（技術士の［キ］向上の［ウ］）

第47条の2　技術士は，常に，その業務に関して有する知識及び技能の水準を向上させ，その他その［キ］の向上を図るよう努めなければならない。

	ア	イ	ウ	エ	オ	カ	キ
①	義務	公益	責務	技術部門	制限	準用	能力
②	責務	安全	義務	専門部門	制約	適用	能力
③	義務	公益	責務	技術部門	制約	適用	資質
④	責務	安全	義務	専門部門	制約	準用	資質
⑤	義務	公益	責務	技術部門	制限	準用	資質

II-2

☑☑☑

さまざまな理工系学協会は，会員や学協会自身の倫理観の向上を目指して，倫理規程，倫理綱領を定め，公開しており，技術者の倫理的意思決定を行う上で参考になる。それらを踏まえた次の記述のうち，最も不適切なものはどれか。

① 技術者は，製品，技術および知的生産物に関して，その品質，信頼性，安全性，および環境保全に対する責任を有する。また，職務遂行においては常に公衆の安全，健康，福祉を最優先させる。
② 技術者は，研究・調査データの記録保存や厳正な取扱いを徹底し，ねつ造，改ざん，盗用などの不正行為をなさず，加担しない。ただし，顧客から要求があった場合は，要求に沿った多少のデータ修正を行ってもよい。
③ 技術者は，人種，性，年齢，地位，所属，思想・宗教などによって個人を差別せず，個人の人権と人格を尊重する。
④ 技術者は，不正行為を防止する公正なる環境の整備・維持も重要な責務であることを自覚し，技術者コミュニティおよび自らの所属組織の職務・研究環境を改善する取り組みに積極的に参加する。
⑤ 技術者は，自己の専門知識と経験を生かして，将来を担う技術者・研究者の指導・育成に努める。

II-3

☑☑☑

科学研究と産業が密接に連携する今日の社会において，科学者は複数の役割を担う状況が生まれている。このような背景のなか，科学者・研究者が外部との利益関係等によって，公的研究に必要な公正かつ適正な判断が損なわれる，または損なわれるのではないかと第三者から見なされかねない事態を利益相反（Conflict Of Interest：COI）という。法律で判断できないグレーゾーンに属する問題が多いことから，研究活動において利益相反が問われる場合が少なくない。実際に弊害が生じていなくても，弊害が生じているかのごとく見られることも含まれるため，指摘を受けた場合に的確に説明できるよう，研究者及び所属機関は適切な対応を行う必要がある。以下に示すCOIに関する（ア）～（エ）の記述のうち，正しいものは○，誤っているものは×として，最も適切な組合せはどれか。

（ア）公的資金を用いた研究開発の技術指導を目的にA教授はZ社と有償での兼業を行っている。A教授の所属する大学からの兼業許可では，毎週水曜日が兼業の活動日とされているが，毎週土曜日にZ社で開催される技術会議に出席する必要が生じた。そこでA教授は所属する大学のCOI委員会にこのことを相談した。

（イ）B教授は自らの研究と非常に近い競争関係にある論文の査読を依頼された。しかし，その論文の内容に対して公正かつ正当な評価を行えるかに不安があり，その論文の査読を辞退した。

（ウ）C教授は公的資金によりY社が開発した技術の性能試験及び，その評価に携わった。その後Y社から自社の株購入の勧めがあり，少額の未公開株を購入した。取引はC教授の配偶者名義で行ったため，所属する大学のCOI委員会への相談は省略した。

（エ）D教授は自らの研究成果をもとに，D教授の所属する大学から兼業許可を得て研究成果活用型のベンチャー企業を設立した。公的資金で購入したD教授が管理する研究室の設備を，そのベンチャー企業が無償で使用する必要が生じた。そこでD教授は事前に所属する大学のCOI委員会にこのことを相談した。

	ア	イ	ウ	エ
①	○	○	○	○
②	○	○	○	×
③	○	○	×	○
④	○	×	○	○
⑤	×	○	○	○

II-4

近年，企業の情報漏洩に関する問題が社会的現象となっている。営業秘密等の漏洩は企業にとって社会的な信用低下や顧客への損害賠償等，甚大な損失を被るリスクがある。例えば，石油精製業等を営む会社のポリカーボネート樹脂プラントの設計図面等を，その従業員を通じて競合企業が不正に取得し，さらに中国企業に不正開示した事案では，その図面の廃棄請求，損害賠償請求等が認められる（知財高裁 平成23.9.27）など，基幹技術など企業情報の漏えい事案が多発している。また，サイバー空間での窃取，拡散など漏えい態様も多様化しており，抑止力向上と処罰範囲の整備が必要となっている。

営業秘密に関する次の（ア）～（エ）の記述について，正しいものは○，誤っているものは×として，最も適切な組合せはどれか。

（ア）顧客名簿や新規事業計画書は，企業の研究・開発や営業活動の過程で生み出されたものなので営業秘密である。

（イ）製造ノウハウやそれとともに製造過程で発生する有害物質の河川への垂れ流しといった情報は，社外に漏洩してはならない営業秘密である。

（ウ）刊行物に記載された情報や特許として公開されたものは，営業秘密に該当しない。

（エ）技術やノウハウ等の情報が「営業秘密」として不正競争防止法で保護されるためには，(1)秘密として管理されていること，(2)有用な営業上又は技術上の情報であること，(3)公然と知られていないこと，の3つの要件のどれか1つに当てはまれば良い。

	ア	イ	ウ	エ
①	○	○	×	×
②	○	×	○	×
③	×	×	○	○
④	×	○	×	○
⑤	○	×	○	○

令和
02
年度

適性科目

II-5

ものづくりに携わる技術者にとって，知的財産を理解することは非常に大事なことである。知的財産の特徴の一つとして，「もの」とは異なり「財産的価値を有する情報」であることが挙げられる。情報は，容易に模倣されるという特質をもっており，しかも利用されることにより消費されるということがないため，多くの者が同時に利用することができる。こうしたことから知的財産権制度は，創作者の権利を保護するため，元来自由利用できる情報を，社会が必要とする限度で自由を制限する制度ということができる。

以下に示す（ア）～（コ）の知的財産権のうち，産業財産権に含まれないものの数はどれか。

（ア）特許権（発明の保護）
（イ）実用新案権（物品の形状等の考案の保護）
（ウ）意匠権（物品のデザインの保護）
（エ）著作権（文芸，学術等の作品の保護）
（オ）回路配置利用権（半導体集積回路の回路配置利用の保護）
（カ）育成者権（植物の新品種の保護）
（キ）営業秘密（ノウハウや顧客リストの盗用など不正競争行為を規制）
（ク）商標権（商品・サービスで使用するマークの保護）
（ケ）商号（商号の保護）
（コ）商品等表示（不正競争防止法）

① 4　② 5　③ 6　④ 7　⑤ 8

II-6

我が国の「製造物責任法（ＰＬ法）」に関する次の記述のうち，最も不適切なものはどれか。

① この法律は，製造物の欠陥により人の生命，身体又は財産に係る被害が生じた場合における製造業者等の損害賠償の責任について定めることにより，被害者の保護を図り，もって国民生活の安定向上と国民経済の健全な発展に寄与することを目的としている。

② この法律において，製造物の欠陥に起因する損害についての賠償責任を製造業者等に対して追及するためには，製造業者等の故意あるいは過失の有無は関係なく，その欠陥と損害の間に相当因果関係が存在することを証明する必要がある。

③ この法律には「開発危険の抗弁」という免責事由に関する条項がある。これにより，当該製造物を引き渡した時点における科学・技術知識の水準で，欠陥があることを認識することが不可能であったことを製造事業者等が証明できれば免責される。

④ この法律に特段の定めがない製造物の欠陥による製造業者等の損害賠償の責任については，民法の規定が適用される。

⑤ この法律は，国際的に統一された共通の規定内容であるので，海外に製品を輸出，現地生産等の際には我が国のPL法の規定に基づけばよい。

II-7

製品安全性に関する国際安全規格ガイド【ISO ／ IEC Guide51（JIS Z 8051）】の重要な指針として「リスクアセスメント」があるが，2014年（JISは2015年）の改訂で，そのプロセス全体におけるリスク低減に焦点が当てられ，詳細化された。その下図中の（ア）～（エ）に入る語句の組み合わせとして，最も適切なものはどれか。

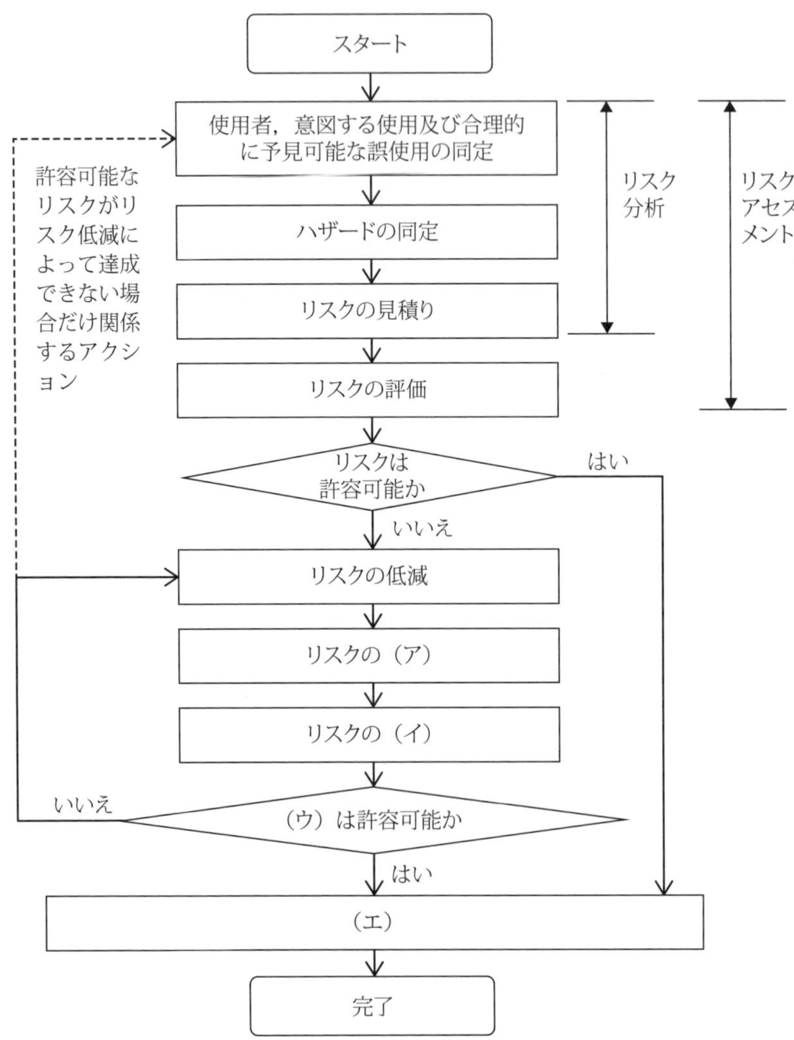

	ア	イ	ウ	エ
①	見積り	評価	発生リスク	妥当性確認及び文書化
②	同定	評価	発生リスク	合理性確認及び記録化
③	見積り	検証	残留リスク	妥当性確認及び記録化
④	見積り	評価	残留リスク	妥当性確認及び文書化
⑤	同定	検証	発生リスク	合理性確認及び文書化

II-8

労働災害の実に9割以上の原因が，ヒューマンエラーにあると言われている。意図しないミスが大きな事故につながるので，現在では様々な研究と対策が進んでいる。

ヒューマンエラーの原因を知るためには，エラーに至った過程を辿る必要がある。もし仮にここで，ヒューマンエラーはなぜ起こるのかを知ったとしても，すべての状況に当てはまるとは限らない。だからこそ，人はどのような過程においてエラーを起こすのか，それを知る必要がある。

エラーの原因はさまざまあるが，しかし，エラーの原因を知れば知るほど，実はヒューマンエラーは「事故の原因ではなく結果」なのだということを知ることになる。

次の（ア）～（シ）の記述のうち，ヒューマンエラーに該当しないものの数はどれか。

（ア）無知・未経験．不慣れ
（イ）危険軽視・慣れ
（ウ）不注意
（エ）連絡不足
（オ）集団欠陥
（カ）近道・省略行動
（キ）場面行動本能
（ク）パニック
（ケ）錯覚
（コ）高齢者の心身機能低下
（サ）疲労
（シ）単調作業による意識低下

①　0　　②　1　　③　2　　④　3　　⑤　4

Ⅱ-9

企業は，災害や事故で被害を受けても，重要業務が中断しないこと，中断しても可能な限り短い期間で再開することが望まれている。事業継続は企業自らにとっても，重要業務中断に伴う顧客の他社への流出，マーケットシェアの低下，企業評価の低下などから企業を守る経営レベルの戦略的課題と位置づけられる。事業継続を追求する計画を「事業継続計画（BCP：Business Continuity Plan）」と呼ぶ。以下に示すBCPに関する（ア）～（エ）の記述のうち，正しいものは○，誤っているものを×として，最も適切な組合せはどれか。

（ア）事業継続の取組みが必要なビジネスリスクには，大きく分けて，突発的に被害が発生するもの（地震，水害，テロなど）と段階的かつ長期間に渡り被害が継続するもの（感染症，水不足，電力不足など）があり，事業継続の対策は，この双方のリスクによって違ってくる。

（イ）我が国の企業は，地震等の自然災害の経験を踏まえ，事業所の耐震化，予想被害からの復旧計画策定などの対策を進めてきており，BCPについても，中小企業を含めてほぼ全ての企業が策定している。

（ウ）災害により何らかの被害が発生したときは，災害前の様に業務を行うことは困難となるため，すぐに着手できる業務から優先順位をつけて継続するよう検討する。

（エ）情報システムは事業を支える重要なインフラとなっている。必要な情報のバックアップを取得し，同じ災害で同時に被災しない場所に保存する。特に重要な業務を支える情報システムについては，バックアップシステムの整備が必要となる。

	ア	イ	ウ	エ
①	×	○	×	○
②	×	×	○	○
③	○	×	×	○
④	○	○	×	×
⑤	×	○	○	×

Ⅱ-10

近年，地球温暖化に代表される地球環境問題の抑止の観点から，省エネルギー技術や化石燃料に頼らない，エネルギーの多様化推進に対する関心が高まっている。例えば，各種機械やプラントなどのエネルギー効率の向上を図り，そこから排出される廃熱を回生することによって，化石燃料の化学エネルギー消費量を減らし，温室効果ガスの削減が行われている。とりわけ，環境負荷が小さい再生可能エネルギーの導入が注目されているが，現在のところ，急速な普及に至っていない。さまざまな課題を抱える地球規模でのエネルギー資源の解決には，主として「エネルギーの安定供給（Energy Security）」，「環境への適合（Environment）」，「経済効率性（Economic Efficiency）」の3Eの調和が大切である。

エネルギーに関する次の（ア）～（エ）の記述について，正しいものは○，誤っているものは×として，最も適切な組合せはどれか。

（ア）再生可能エネルギーとは，化石燃料以外のエネルギー源のうち永続的に利用することができるものを利用したエネルギーであり，代表的な再生可能エネルギー源としては太陽光，風力，水力，地熱，バイオマスなどが挙げられる。

（イ）スマートシティやスマートコミュニティにおいて，地域全体のエネルギー需給を最適化する管理システムを，「地域エネルギー管理システム（CEMS：Community Energy Management System）」という。

（ウ）コージェネレーション（Cogeneration）とは，熱と電気（または動力）を同時に供給するシステムをいう。

（エ）ネット・ゼロ・エネルギー・ハウス（ZEH）は，高効率機器を導入すること等を通じて大幅に省エネを実現した上で，再生可能エネルギーにより，年間の消費エネルギー量を正味でゼロとすることを目指す住宅をいう。

	ア	イ	ウ	エ
①	○	○	○	○
②	×	○	○	○
③	○	×	○	○
④	○	○	×	○
⑤	○	○	○	×

II-11

☑☑☑

近年，我が国は急速な高齢化が進み，多くの高齢者が快適な社会生活を送るための対応が求められている。また，東京オリンピック・パラリンピックや大阪万博などの国際的なイベントが開催される予定があり，世界各国から多くの人々が日本を訪れることが予想される。これらの現状や今後の予定を考慮すると年齢，国籍，性別及び障害の有無などにとらわれず，快適に社会生活を送るための環境整備は重要である。その取組の一つとして，高齢者や障害者を対象としたバリアフリー化は活発に進められているが，バリアフリーは特別な対策であるため汎用性が低くなるので過剰な投資となることや，特別な対策を行うことで利用者に対する特別な意識が生まれる可能性があるなどの問題が指摘されている。バリアフリーの発想とは異なり，国籍，年齢，性別及び障害の有無などに関係なく全ての人が分け隔てなく使用できることを設計段階で考慮するユニバーサルデザインという考え方がある。ユニバーサルデザインは，1980年代に建築家でもあるノースカロライナ州立大学のロナルド・メイス教授により提唱され，我が国でも「ユニバーサルデザイン2020行動計画」をはじめ，交通設備をはじめとする社会インフラや，多くの生活用品にその考え方が取り入れられている。

以下の（ア）～（キ）に示す原則のうち，その主旨の異なるものの数はどれか。

（ア）公平な利用（誰にでも公平に利用できること）
（イ）利用における柔軟性（使う上での自由度が高いこと）
（ウ）単純で直感に訴える利用法（簡単に直感的にわかる使用法となっていること）
（エ）認知できる情報（必要な情報がすぐ理解できること）
（オ）エラーに対する寛大さ（うっかりミスや危険につながらないデザインであること）
（カ）少ない身体的努力（無理な姿勢や強い力なしに楽に使用できること）
（キ）接近や利用のためのサイズと空間（接近して使えるような寸法・空間となっている）

① 0　② 1　③ 2　④ 3　⑤ 4

II-12

「製品安全に関する事業者の社会的責任」は，ISO26000（社会的責任に関する手引き）2.18にて，以下のとおり，企業を含む組織の社会的責任が定義されている。

組織の決定および活動が社会および環境に及ぼす影響に対して次のような透明かつ倫理的な行動を通じて組織が担う責任として，

－健康および社会の繁栄を含む持続可能な発展に貢献する
－ステークホルダー（利害関係者）の期待に配慮する
－関連法令を遵守し，国際行動規範と整合している
－その組織全体に統合され，その組織の関係の中で実践される

製品安全に関する社会的責任とは，製品の安全・安心を確保するための取組を実施し，さまざまなステークホルダー（利害関係者）の期待に応えることを指す。

以下に示す（ア）～（キ）の取組のうち，不適切なものの数はどれか。

（ア）法令等を遵守した上でさらにリスクの低減を図ること
（イ）消費者の期待を踏まえて製品安全基準を設定すること
（ウ）製造物責任を負わないことに終始するのみならず製品事故の防止に努めること
（エ）消費者を含むステークホルダー（利害関係者）とのコミュニケーションを強化して信頼関係を構築すること
（オ）将来的な社会の安全性や社会的弱者にも配慮すること
（カ）有事の際に迅速かつ適切に行動することにより被害拡大防止を図ること
（キ）消費者の苦情や紛争解決のために，適切かつ容易な手段を提供すること

①　0　　②　1　　③　2　　④　3　　⑤　4

Ⅱ-13

労働者が情報通信技術を利用して行うテレワーク（事業場外勤務）は，業務を行う場所に応じて，労働者の自宅で業務を行う在宅勤務，労働者の属するメインのオフィス以外に設けられたオフィスを利用するサテライトオフィス勤務，ノートパソコンや携帯電話等を活用して臨機応変に選択した場所で業務を行うモバイル勤務に分類がされる。

いずれも，労働者が所属する事業場での勤務に比べて，働く時間や場所を柔軟に活用することが可能であり，通勤時間の短縮及びこれに伴う精神的・身体的負担の軽減等のメリットが有る。使用者にとっても，業務効率化による生産性の向上，育児・介護等を理由とした労働者の離職の防止や，遠隔地の優秀な人材の確保，オフィスコストの削減等のメリットが有る。

しかし，労働者にとっては，「仕事と仕事以外の切り分けが難しい」や「長時間労働になり易い」などが言われている。使用者にとっては，「情報セキュリティの確保」や「労務管理の方法」など，検討すべき問題・課題も多い。

テレワークを行う場合，労働基準法の適用に関する留意点について（ア）～（エ）の記述のうち，正しいものは○，誤っているものは×として，最も適切な組合せはどれか。

（ア）労働者がテレワークを行うことを予定している場合，使用者は，テレワークを行うことが可能な勤務場所を明示することが望ましい。

（イ）労働時間は自己管理となるため，使用者は，テレワークを行う労働者の労働時間について，把握する責務はない。

（ウ）テレワーク中，労働者が労働から離れるいわゆる中抜け時間については，自由利用が保証されている場合，休憩時間や時間単位の有給休暇として扱うことが可能である。

（エ）通勤や出張時の移動時間中のテレワークでは，使用者の明示又は黙示の指揮命令下で行われるものは労働時間に該当する。

	ア	イ	ウ	エ
①	○	○	○	○
②	○	○	○	×
③	○	○	×	○
④	○	×	○	○
⑤	×	○	○	○

II-14

先端技術の一つであるバイオテクノロジーにおいて，遺伝子組換え技術の生物や食品への応用研究開発及びその実用化が進んでいる。

以下の遺伝子組換え技術に関する(ア)～(エ)の記述のうち，正しいものは○，誤っているものは×として，最も適切な組合せはどれか。

(ア) 遺伝子組換え技術は，その利用により生物に新たな形質を付与することができるため，人類が抱える様々な課題を解決する有効な手段として期待されている。しかし，作出された遺伝子組換え生物等の形質次第では，野生動植物の急激な減少などを引き起こし，生物の多様性に影響を与える可能性が危惧されている。

(イ) 遺伝子組換え生物等の使用については，生物の多様性へ悪影聾が及ぶことを防ぐため，国際的な枠組みが定められている。日本においても，「遺伝子組換え生物等の使用等の規制による生物の多様性の確保に関する法律」により，遺伝子組換え生物等を用いる際の規制措置を講じている。

(ウ) 安全性審査を受けていない遺伝子組換え食品等の製造・輸入・販売は，法令に基づいて禁止されている。

(エ) 遺伝子組換え食品等の安全性審査では，組換えDNA技術の応用による新たな有害成分が存在していないかなど，その安全性について，食品安全委員会の意見を聴き，総合的に審査される。

	ア	イ	ウ	エ
①	○	○	○	○
②	○	○	○	×
③	○	○	×	○
④	○	×	○	○
⑤	×	○	○	○

II-15

内部告発は，社会や組織にとって有用なものである。すなわち，内部告発により，組織の不祥事が社会に明らかとなって是正されることによって，社会が不利益を受けることを防ぐことができる。また，このような不祥事が社会に明らかになる前に，組織内部における通報を通じて組織が情報を把握すれば，問題が大きくなる前に組織内で不祥事を是正し，組織自らが自発的に不祥事を行ったことを社会に明らかにすることができ，これにより組織の信用を守ることにも繋がる。

このように，内部告発が社会や組織にとってメリットとなるものなので，不祥事を発見した場合には，積極的に内部告発をすることが望まれる。ただし，告発の方法等については，慎重に検討する必要がある。

以下に示す(ア)～(カ)の内部告発をするにあたって，適切なものの数はどれか。

(ア) 自分の抗議が正当であることを自ら確信できるように，あらゆる努力を払う。
(イ)「倫理ホットライン」などの組織内手段を活用する。
(ウ) 同僚の専門職が支持するように働きかける。
(エ) 自分の直属の上司に，異議を知らしめることが適当な場合はそうすべきである。
(オ) 目前にある問題をどう解決するかについて，積極的に且つ具体的に提言すべきである。
(カ) 上司が共感せず冷淡な場合は，他の理解者を探す。

① 6　② 5　③ 4　④ 3　⑤ 2

令和元年度　技術士第一次試験
〔基礎科目・適性科目〕

問題　基礎科目

次の1群～5群の全ての問題群からそれぞれ3問題，計15問題を選び解答せよ。（解答欄に1つだけマークすること。）

問題群	総問題数	選択問題数	ページ
1群　設計・計画に関するもの	6	3	238
2群　情報・論理に関するもの	6	3	244
3群　解析に関するもの	6	3	249
4群　材料・化学・バイオに関するもの	6	3	253
5群　環境・エネルギー・技術に関するもの	6	3	256

1群　設計・計画に関するもの

（全6問題から3問題を選択解答）

I-1-1

☑☑☑

最適化問題に関する次の（ア）から（エ）の記述について，それぞれの正誤の組合せとして，最も適切なものはどれか。

（ア）線形計画問題とは，目的関数が実数の決定変数の線形式として表現できる数理計画問題であり，制約条件が線形式であるか否かは問わない。

（イ）決定変数が2変数の線形計画問題の解法として，図解法を適用することができる。この方法は2つの決定変数からなる直交する座標軸上に，制約条件により示される（実行）可能領域，及び目的関数の等高線を描き，最適解を図解的に求める方法である。

（ウ）制約条件付きの非線形計画問題のうち凸計画問題については，任意の局所的最適解が大域的最適解になるといった性質を持つ。

（エ）決定変数が離散的な整数値である最適化問題を整数計画問題という。整数計画問題では最適解を求めることが難しい問題も多く，問題の規模が大きい場合は遺伝的アルゴリズムなどのヒューリスティックな方法により近似解を求めることがある。

	ア	イ	ウ	エ
①	正	正	誤	誤
②	正	誤	正	誤
③	誤	正	誤	正
④	誤	誤	正	正
⑤	誤	正	正	正

I-1-2

ある問屋が取り扱っている製品Aの在庫管理の問題を考える。製品Aの1年間の総需要はd［単位］と分かっており，需要は時間的に一定，すなわち，製品Aの在庫量は一定量ずつ減少していく。この問屋は在庫量がゼロになった時点で発注し，1回当たりの発注量q［単位］（ただしq≦d）が時間遅れなく即座に納入されると仮定する。このとき，年間の発注回数はd／q［回］，平均在庫量はq／2［単位］となる。1回当たりの発注費用は発注量q［単位］には無関係でk［円］，製品Aの平均在庫量1単位当たりの年間在庫維持費用（倉庫費用，保険料，保守費用，税金，利息など）をh［円／単位］とする。

年間総費用C（q）［円］は1回当たりの発注量q［単位］の関数で，年間総発注費用と年間在庫維持費用の和で表すものとする。このとき年間総費用C（q）［円］を最小とする発注量を求める。なお，製品Aの購入費は需要d［単位］には比例するが，1回当たりの発注量q［単位］とは関係がないので，ここでは無視する。

k＝20,000［円］，d＝1,350［単位］，h＝15,000［円／単位］とするとき，年間総費用を最小とする1回当たりの発注量q［単位］として最も適切なものはどれか。

①　50単位　　②　60単位　　③　70単位　　④　80単位　　⑤　90単位

I-1-3

☑☑☑

設計者が製作図を作成する際の基本事項に関する次の（ア）～（オ）の記述について，それぞれの正誤の組合せとして，最も適切なものはどれか。

（ア）工業製品の高度化，精密化に伴い，製品の各部品にも高い精度や互換性が要求されてきた。そのため最近は，形状の幾何学的な公差の指示が不要となってきている。

（イ）寸法記入は製作工程上に便利であるようにするとともに，作業現場で計算しなくても寸法が求められるようにする。

（ウ）限界ゲージとは，できあがった品物が図面に指示された公差内にあるかどうかを検査するゲージのことをいう。

（エ）図面は投影法において第二角法あるいは第三角法で描かれる。

（オ）図面の細目事項は，表題欄，部品欄，あるいは図面明細表に記入される。

	ア	イ	ウ	エ	オ
①	誤	誤	誤	正	正
②	誤	正	正	正	誤
③	正	誤	正	誤	正
④	正	正	誤	正	誤
⑤	誤	正	正	誤	正

Ⅰ-1-4

材料の強度に関する次の記述の，［　　］に入る語句の組合せとして，最も適切なものはどれか。

下図に示すように，真直ぐな細い針金を水平面に垂直に固定し，上端に圧縮荷重が加えられた場合を考える。荷重がきわめて［ア］ならば針金は真直ぐな形のまま純圧縮を受けるが，荷重がある限界値を［イ］と真直ぐな変形様式は不安定となり，［ウ］形式の変形を生じ，横にたわみはじめる。この種の現象は［エ］と呼ばれる。

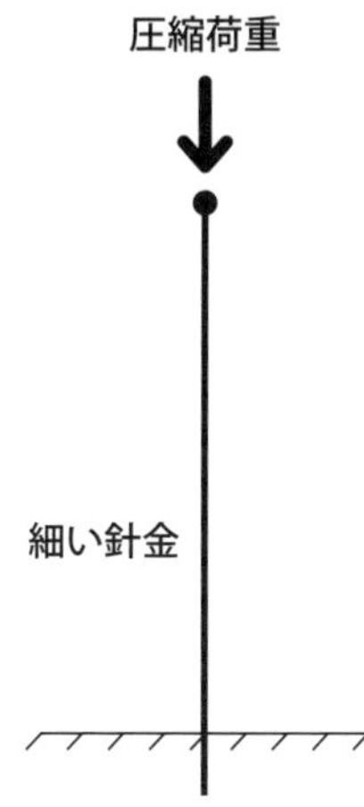

図　上端に圧縮荷重を加えた場合の水平面に垂直に固定した細い針金

	ア	イ	ウ	エ
①	小	下回る	ねじれ	座屈
②	大	下回る	ねじれ	共振
③	小	越す	ねじれ	共振
④	大	越す	曲げ	共振
⑤	小	越す	曲げ	座屈

I-1-5

☑☑☑

ある銀行に1台のATMがあり，このATMを利用するために到着する利用者の数は1時間当たり平均40人のポアソン分布に従う。また，このATMでの1人当たりの処理に要する時間は平均40秒の指数分布に従う。このとき，利用者がATMに並んでから処理が終了するまで系内に滞在する時間の平均値として最も近い値はどれか。

トラフィック密度（利用率）＝到着率÷サービス率
平均系内列長＝トラフィック密度÷（1－トラフィック密度）
平均系内滞在時間＝平均系内列長÷到着率

① 68秒　② 72秒　③ 85秒　④ 90秒　⑤ 100秒

Ⅰ-1-6

次の（ア）～（ウ）の説明が対応する語句の組合せとして，最も適切なものはどれか。

（ア）ある一変数関数 $f(x)$ が $x=0$ の近傍において何回でも微分可能であり，適当な条件の下で以下の式

$$f(x)=\sum_{k=0}^{\infty}\frac{f^{(k)}(0)}{k!}x^k$$

が与えられる。

（イ）ネイピア数（自然対数の底）を e，円周率を π，虚数単位（-1の平方根）を i とする。このとき

$$e^{i\pi}+1=0$$

の関係が与えられる。

（ウ）関数 $f(x)$ と $g(x)$ が，c を端点とする開区間において微分可能で $\lim_{x\to c}f(x)=\lim_{x\to c}g(x)=0$　あるいは $\lim_{x\to c}f(x)=\lim_{x\to c}g(x)=\infty$ のいずれかが満たされるとする。

このとき，$f(x)$，$g(x)$ の1階微分を $f'(x)$，$g'(x)$ として，$g'(x)\neq 0$ の場合に，$\lim_{x\to c}\frac{f'(x)}{g'(x)}=L$ が存在すれば，$\lim_{x\to c}\frac{f(x)}{g(x)}=L$ である。

	ア	イ	ウ
①	ロピタルの定理	オイラーの等式	フーリエ級数
②	マクローリン展開	フーリエ級数	オイラーの等式
③	マクローリン展開	オイラーの等式	ロピタルの定理
④	フーリエ級数	ロピタルの定理	マクローリン展開
⑤	フーリエ級数	マクローリン展開	ロピタルの定理

2群　情報・論理に関するもの

（全6問題から3問題を選択解答）

Ⅰ-2-1

☑☑☑

基数変換に関する次の記述の，[　　] に入る表記の組合せとして，最も適切なものはどれか。

私たちの日常生活では主に10進数で数を表現するが，コンピュータで数を表現する場合，「0」と「1」の数字で表す2進数や，「0」から「9」までの数字と「A」から「F」までの英字を使って表す16 進数などが用いられる。10進数，2進数，16進数は相互に変換できる。例えば10進数の15.75は，2進数では$(1111.11)_2$，16進数では$(F.C)_{16}$である。同様に10進数の11.5を2進数で表すと [ア]，16進数で表すと [イ] である。

	ア	イ
①	$(1011.1)_2$	$(B.8)_{16}$
②	$(1011.0)_2$	$(C.8)_{16}$
③	$(1011.1)_2$	$(B.5)_{16}$
④	$(1011.0)_2$	$(B.8)_{16}$
⑤	$(1011.1)_2$	$(C.5)_{16}$

I-2-2

二分探索木とは，各頂点に1つのキーが置かれた二分木であり，任意の頂点vについて次の条件を満たす。

(1) vの左部分木の頂点に置かれた全てのキーが，vのキーより小さい。

(2) vの右部分木の頂点に置かれた全てのキーが，vのキーより大きい。

以下では空の二分探索木に，8，12，5，3，10，7，6の順に相異なるキーを登録する場合を考える。最初のキー8は二分探索木の根に登録する。次のキー12は根の8より大きいので右部分木の頂点に登録する。次のキー5は根の8より小さいので左部分木の頂点に登録する。続くキー3は根の8より小さいので左部分木の頂点5に分岐して大小を比較する。比較するとキー3は5よりも小さいので，頂点5の左部分木の頂点に登録する。以降同様に全てのキーを登録すると下図に示す二分探索木を得る。

キーの集合が同じであっても，登録するキーの順番によって二分探索木が変わることもある。下図と同じ二分探索木を与えるキーの順番として，最も適切なものはどれか。

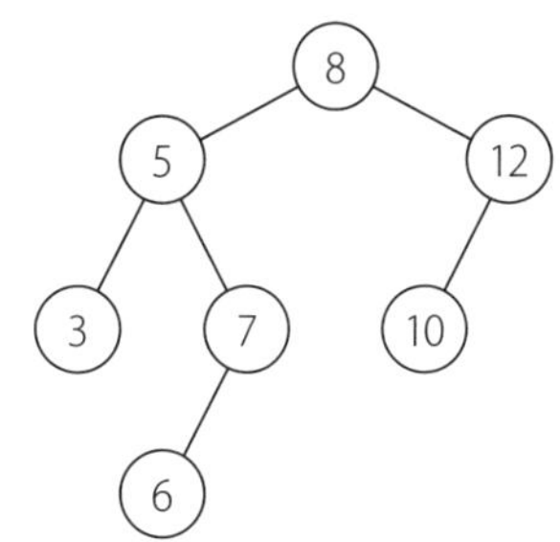

図　二分探索木

① 8，5，7，12，3，10，6

② 8，5，7，10，3，12，6

③ 8，5，6，12，3，10，7

④ 8，5，3，10，7，12，6

⑤ 8，5，3，12，6，10，7

I-2-3

表1は，文書A～文書F中に含まれる単語とその単語の発生回数を示す。ここでは問題を簡単にするため，各文書には単語1，単語2，単語3の3種類の単語のみが出現するものとする。各文書の特性を，出現する単語の発生回数を要素とするベクトルで表現する。文書Aの特性を表すベクトルは$\vec{A}=(7,3,2)$となる。また，ベクトル$\vec{A}$のノルムは，$\|\vec{A}\|_2=\sqrt{7^2+3^2+2^2}=\sqrt{62}$と計算できる。

2つの文書Xと文書Y間の距離を（式1）により算出すると定義する。2つの文書の類似度が高ければ，距離の値は0に近づく。文書Aに最も類似する文書はどれか。

表1　文書と単語の発生回数

	文書A	文書B	文書C	文書D	文書E	文書F
単語1	7	2	70	21	1	7
単語2	3	3	3	9	2	30
単語3	2	0	2	6	3	20

$$\text{文書Xと文書Yの距離}=1-\frac{\vec{X}\cdot\vec{Y}}{\|\vec{X}\|_2\|\vec{Y}\|_2} \quad \text{（式1）}$$

（式1）において，$\vec{X}=(x_1, x_2, x_3)$，$\vec{Y}=(y_1, y_2, y_3)$であれば，

$\vec{X}\cdot\vec{Y}=x_1\cdot y_1+x_2\cdot y_2+x_3\cdot y_3$，$\|\vec{X}\|_2=\sqrt{x_1{}^2+x_2{}^2+x_3{}^2}$，$\|\vec{Y}\|_2=\sqrt{y_1{}^2+y_2{}^2+y_3{}^2}$

①　文書B　②　文書C　③　文書D　④　文書E　⑤　文書F

I-2-4

次の表現形式で表現することができる数値として，最も不適切なものはどれか。

数値　::= 整数｜小数｜整数 小数
小数　::= 小数点 数字列
整数　::= 数字列｜符号 数字列
数字列 ::= 数字｜数字列 数字
符号　::= ＋|－
小数点 ::= .
数字　::= 0｜1｜2｜3｜4｜5｜6｜7｜8｜9

ただし，上記表現形式において，::=は定義を表し，｜はORを示す。

①　－19.1　②　.52　③　－.37　④　4.35　⑤　－125

I-2-5

☑☑☑

次の記述の，[ ] に入る値の組合せとして，最も適切なものはどれか。

同じ長さの2つのビット列に対して，対応する位置のビットが異なっている箇所の数をそれらのハミング距離と呼ぶ。ビット列「0101011」と「0110000」のハミング距離は，表1のように考えると4であり，ビット列「1110001」と「0001110」のハミング距離は [ア] である。4ビットの情報ビット列「X1 X2 X3 X4」に対して，「X5 X6 X7」をX5＝X2＋X3＋X4 mod 2，X6＝X1＋X3＋X4 mod 2，X7＝X1＋X2＋X4 mod 2（mod 2は整数を2で割った余りを表す）と置き，これらを付加したビット列「X1 X2 X3 X4 X5 X6 X7 」を考えると，任意の2つのビット列のハミング距離が3以上であることが知られている。このビット列「X1 X2 X3 X4 X5 X6 X7」を送信し通信を行ったときに，通信過程で高々1ビットしか通信の誤りが起こらないという仮定の下で，受信ビット列が「0100110」であったとき，表2のように考えると「1100110」が送信ビット列であることがわかる。同じ仮定の下で，受信ビット列が「1001010」であったとき，送信ビット列は [イ] であることがわかる。

表1　ハミング距離の計算

1つめのビット列	0	1	0	1	0	1	1
2つめのビット列	0	1	1	0	0	0	0
異なるビット位置と個数計算			1	2		3	4

表2　受信ビット列が「0100110」の場合

受信ビットの正誤	送信ビット列								X1,X2,X3,X4に対応する付加ビット列		
	X1	X2	X3	X4	X5	X6	X7	⇒	X2＋X3＋X4　mod2	X1＋X3＋X4　mod2	X1＋X2＋X4　mod2
全て正しい	0	1	0	0	1	1	0		1	0	1
X1のみ誤り	1	1	0	0	同上			一致	1	1	0
X2のみ誤り	0	0	0	0	同上				0	0	0
X3のみ誤り	0	1	1	0	同上				0	1	1
X4のみ誤り	0	1	0	1	同上				0	1	0
X5のみ誤り	0	1	0	0	0	1	0		1	0	1
X6のみ誤り	同上				1	0	0		同上		
X7のみ誤り	同上				1	1	1		同上		

	ア	イ
①	5	「1001010」
②	5	「0001010」
③	5	「1101010」
④	7	「1001010」
⑤	7	「1011010」

I-2-6

スタックとは，次に取り出されるデータ要素が最も新しく記憶されたものであるようなデータ構造で，後入れ先出しとも呼ばれている。スタックに対する基本操作を次のように定義する。

- 「PUSH n」 スタックに整数データnを挿入する。
- 「POP」 スタックから整数データを取り出す。

空のスタックに対し，次の操作を行った。

PUSH 1, PUSH 2, PUSH 3, PUSH 4, POP, POP, PUSH 5, POP, POP

このとき，最後に取り出される整数データとして，最も適切なものはどれか。

①　1　　②　2　　③　3　　④　4　　⑤　5

3群　解析に関するもの

（全6問題から3問題を選択解答）

I-3-1

3次元直交座標系 (x, y, z) におけるベクトル

$$\mathrm{V}=(V_x, V_y, V_z)=(\sin(x+y+z), \cos(x+y+z), z)$$

の $(x, y, z)=(2\pi, 0, 0)$ における発散 $\mathrm{div}\,\mathrm{V}=\dfrac{\partial V_x}{\partial x}+\dfrac{\partial V_y}{\partial y}+\dfrac{\partial V_z}{\partial z}$ の値として，最も適切なものはどれか。

①　−2　　②　−1　　③　0　　④　1　　⑤　2

I-3-2

座標(x, y)と変数r, sの間には，次の関係があるとする。

$$x = g(r, s)$$

$$y = h(r, s)$$

このとき，関数$z=f(x, y)$のx, yによる偏微分とr, sによる偏微分は，次式によって関連付けられる。

$$\begin{bmatrix} \dfrac{\partial z}{\partial r} \\ \dfrac{\partial z}{\partial s} \end{bmatrix} = [J] \begin{bmatrix} \dfrac{\partial z}{\partial x} \\ \dfrac{\partial z}{\partial y} \end{bmatrix}$$

ここに$[J]$はヤコビ行列と呼ばれる2行2列の行列である。$[J]$の行列式として，正しいものはどれか。

① $\dfrac{\partial x}{\partial r}\dfrac{\partial x}{\partial s}+\dfrac{\partial y}{\partial r}\dfrac{\partial y}{\partial s}$

② $\dfrac{\partial x}{\partial r}\dfrac{\partial x}{\partial s}-\dfrac{\partial y}{\partial r}\dfrac{\partial y}{\partial s}$

③ $\dfrac{\partial y}{\partial r}\dfrac{\partial y}{\partial s}-\dfrac{\partial x}{\partial r}\dfrac{\partial x}{\partial s}$

④ $\dfrac{\partial x}{\partial r}\dfrac{\partial y}{\partial s}+\dfrac{\partial y}{\partial r}\dfrac{\partial x}{\partial s}$

⑤ $\dfrac{\partial x}{\partial r}\dfrac{\partial y}{\partial s}-\dfrac{\partial y}{\partial r}\dfrac{\partial x}{\partial s}$

I-3-3

物体が粘性のある流体中を低速で落下運動するとき，物体はその速度に比例する抵抗力を受けるとする。そのとき，物体の速度をv，物体の質量をm，重力加速度をg, 抵抗力の比例定数をk, 時間をtとすると, 次の方程式が得られる。

$$m\frac{dv}{dt}=mg-kv$$

ただしm，g，kは正の定数である。物体の初速度がどんな値でも，十分時間が経つと一定の速度に近づく。この速度として最も適切なものはどれか。

① $\dfrac{mg}{k}$　② $\dfrac{2mg}{k}$　③ $\dfrac{\sqrt{mg}}{k}$　④ $\sqrt{\dfrac{mg}{k}}$　⑤ $\sqrt{\dfrac{2mg}{k}}$

Ⅰ-3-4

ヤング率E，ポアソン比νの等方性線形弾性体がある。直交座標系において，この弾性体に働く垂直応力の３成分をσ_{xx}，σ_{yy}，σ_{zz}とし，それによって生じる垂直ひずみの３成分をε_{xx}，ε_{yy}，ε_{zz}とする。いかなる組合せの垂直応力が働いてもこの弾性体の体積が変化しないとすると，この弾性体のポアソン比νとして，最も適切な値はどれか。

ただし，ひずみは微小であり，体積変化を表す体積ひずみεは，３成分の垂直ひずみの和（$\varepsilon_{xx}+\varepsilon_{yy}+\varepsilon_{zz}$）として与えられるものとする。また，例えば垂直応力σ_{xx}によって生じる垂直ひずみは，$\varepsilon_{xx}=\sigma_{xx}/E$，$\varepsilon_{yy}=\varepsilon_{zz}=-\nu\sigma_{xx}/E$で与えられるものとする。

①　1／6　　②　1／4　　③　1／3　　④　1／2　　⑤　1

Ⅰ-3-5

下図に示すように，左端を固定された長さl，断面積Aの棒が右端に荷重Pを受けている。この棒のヤング率をEとしたとき，棒全体に蓄えられるひずみエネルギーはどのように表示されるか。次のうち，最も適切なものはどれか。

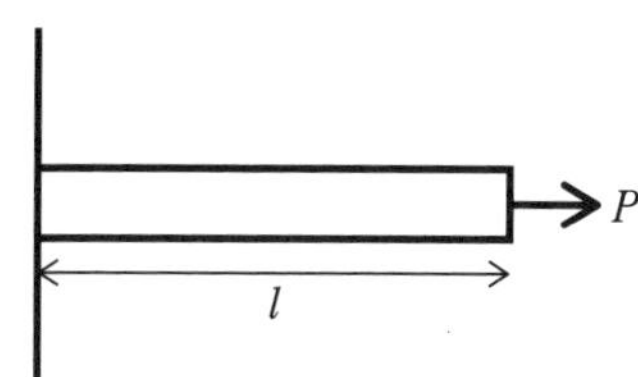

図　荷重を受けている棒

①　Pl　　②　$\dfrac{Pl}{E}$　　③　$\dfrac{Pl^2}{A}$　　④　$\dfrac{P^2l}{2EA}$　　⑤　$\dfrac{P^2}{2EA^2}$

I-3-6

☑☑☑

下図に示すように長さl，質量Mの一様な細長い棒の一端を支点とする剛体振り子がある。重力加速度をg，振り子の角度をθ，支点周りの剛体の慣性モーメントをIとする。剛体振り子が微小振動するときの運動方程式は

$$I\frac{d^2\theta}{dt^2} = -Mg\frac{l}{2}\theta$$

となる。これより角振動数は

$$\omega = \sqrt{\frac{Mgl}{2I}}$$

となる。この剛体振り子の周期として，最も適切なものはどれか。

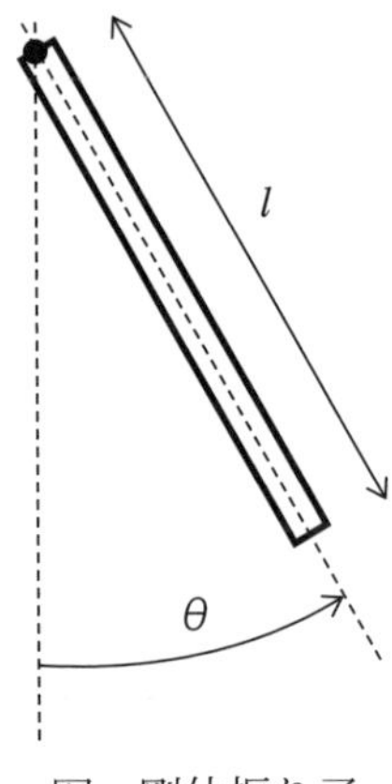

図　剛体振り子

① $2\pi\sqrt{\frac{l}{g}}$　② $2\pi\sqrt{\frac{3l}{2g}}$　③ $2\pi\sqrt{\frac{2l}{3g}}$　④ $2\pi\sqrt{\frac{2g}{3l}}$　⑤ $2\pi\sqrt{\frac{3g}{2l}}$

4群　材料・化学・バイオに関するもの

（全6問題から3問題を選択解答）

I-4-1

ハロゲンに関する次の(ア)～(エ)の記述について，正しいものの組合せとして，最も適切なものはどれか。

（ア）ハロゲン化水素の水溶液の酸としての強さは，強いものからHF，HCl，HBr，HIの順である。
（イ）ハロゲン原子の電気陰性度は，大きいものからF，Cl，Br，Iの順である。
（ウ）ハロゲン化水素の沸点は，高いものからHF，HCl，HBr，HIの順である。
（エ）ハロゲン分子の酸化力は，強いものからF_2，Cl_2，Br_2，I_2の順である。

①　ア，イ　②　ア，ウ　③　イ，ウ　④　イ，エ　⑤　ウ，エ

I-4-2

同位体に関する次の(ア)～(オ)の記述について，それぞれの正誤の組合せとして，最も適切なものはどれか。

（ア）陽子の数は等しいが，電子の数は異なる。
（イ）質量数が異なるので，化学的性質も異なる。
（ウ）原子核中に含まれる中性子の数が異なる。
（エ）放射線を出す同位体は，医療，遺跡の年代測定などに利用されている。
（オ）放射線を出す同位体は，放射線を出して別の原子に変わるものがある。

	ア	イ	ウ	エ	オ
①	正	正	誤	誤	誤
②	正	正	正	正	誤
③	誤	誤	正	誤	誤
④	誤	正	誤	正	正
⑤	誤	誤	正	正	正

I-4-3

質量分率がアルミニウム95.5［%］，銅4.50［%］の合金組成を物質量分率で示す場合，アルミニウムの物質量分率［%］及び銅の物質量分率［%］の組合せとして，最も適切なものはどれか。ただし，アルミニウム及び銅の原子量は，27.0及び63.5である。

	アルミニウム	銅
①	95.0	4.96
②	96.0	3.96
③	97.0	2.96
④	98.0	1.96
⑤	99.0	0.96

I-4-4

物質に関する次の記述のうち，最も適切なものはどれか。

① 炭酸ナトリウムはハーバー・ボッシュ法により製造され，ガラスの原料として使われている。

② 黄リンは淡黄色の固体で毒性が少ないが，空気中では自然発火するので水中に保管する。

③ 酸化チタン(IV)の中には光触媒としてのはたらきを顕著に示すものがあり，抗菌剤や防汚剤として使われている。

④ グラファイトは炭素の同素体の1つで，きわめて硬い結晶であり，電気伝導性は悪い。

⑤ 鉛は鉛蓄電池の正極，酸化鉛(II)はガラスの原料として使われている。

Ⅰ-4-5

DNAの変性に関する次の記述の，［　　］に入る語句の組合せとして，最も適切なものはどれか。

DNA二重らせんの2本の鎖は，相補的塩基対間の［ア］によって形成されているが，熱や強アルカリで処理をすると，変性して一本鎖になる。しかし，それぞれの鎖の基本構造を形成している［イ］間の［ウ］は壊れない。DNA分子の半分が変性する温度を融解温度といい，グアニンと［エ］の含量が多いほど高くなる。熱変性したDNAをゆっくり冷却すると，再び二重らせん構造に戻る。

	ア	イ	ウ	エ
①	ジスルフィド結合	グルコース	水素結合	ウラシル
②	ジスルフィド結合	ヌクレオチド	ホスホジエステル結合	シトシン
③	水素結合	グルコース	ジスルフィド結合	ウラシル
④	水素結合	ヌクレオチド	ホスホジエステル結合	シトシン
⑤	ホスホジエステル結合	ヌクレオチド	ジスルフィド結合	シトシン

Ⅰ-4-6

タンパク質に関する次の記述の，［　　］に入る語句の組合せとして，最も適切なものはどれか。

タンパク質を構成するアミノ酸は［ア］種類あり，アミノ酸の性質は，［イ］の構造や物理化学的性質によって決まる。タンパク質に含まれるそれぞれのアミノ酸は，隣接するアミノ酸と［ウ］をしている。タンパク質には，等電点と呼ばれる正味の電荷が0となるpHがあるが，タンパク質が等電点よりも高いpHの水溶液中に存在すると，タンパク質は［エ］に帯電する。

	ア	イ	ウ	エ
①	15	側鎖	ペプチド結合	正
②	15	アミノ基	エステル結合	負
③	20	側鎖	ペプチド結合	負
④	20	側鎖	エステル結合	正
⑤	20	アミノ基	ペプチド結合	正

5群　環境・エネルギー・技術に関するもの

（全6問題から3問題を選択解答）

I-5-1

☑☑☑

大気汚染に関する次の記述の，［　　］に入る語句の組合せとして，最も適切なものはどれか。

我が国では，1960年代から1980年代にかけて工場から大量の［ア］等が排出され，工業地帯など工場が集中する地域を中心として著しい大気汚染が発生しました。その対策として，大気汚染防止法の制定（1968年），大気環境基準の設定（1969年より順次），大気汚染物質の排出規制，全国的な大気汚染モニタリングの実施等の結果，［ア］と一酸化炭素による汚染は大幅に改善されました。

1970年代後半からは大都市地域を中心とした都市・生活型の大気汚染が問題となりました。その発生源は，工場・事業場のほか年々増加していた自動車であり，特にディーゼル車から排出される［イ］や［ウ］の対策が重要な課題となり，より一層の対策の実施や国民の理解と協力が求められました。

現在においても，［イ］や炭化水素が反応を起こして発生する［エ］の環境基準達成率は低いレベルとなっており，対策が求められています。

	ア	イ	ウ	エ
①	硫黄酸化物	光化学オキシダント	浮遊粒子状物質	二酸化炭素
②	窒素酸化物	光化学オキシダント	二酸化炭素	浮遊粒子状物質
③	硫黄酸化物	窒素酸化物	浮遊粒子状物質	光化学オキシダント
④	窒素酸化物	硫黄酸化物	二酸化炭素	光化学オキシダント
⑤	硫黄酸化物	窒素酸化物	浮遊粒子状物質	二酸化炭素

I-5-2

環境保全，環境管理に関する次の記述のうち，最も不適切なものはどれか。

① 我が国が提案し実施している二国間オフセット・クレジット制度とは，途上国への優れた低炭素技術等の普及や対策実施を通じ，実現した温室効果ガスの排出削減・吸収への我が国の貢献を定量的に評価し，我が国の削減目標の達成に活用する制度である。

② 地球温暖化防止に向けた対策は大きく緩和策と適応策に分けられるが，適応策は地球温暖化の原因となる温室効果ガスの排出を削減して地球温暖化の進行を食い止め，大気中の温室効果ガス濃度を安定させる対策のことをいう。

③ カーボンフットプリントとは，食品や日用品等について，原料調達から製造・流通・販売・使用・廃棄の全過程を通じて排出される温室効果ガス量を二酸化炭素に換算し，「見える化」したものである。

④ 製品に関するライフサイクルアセスメントとは，資源の採取から製造・使用・廃棄・輸送など全ての段階を通して環境影響を定量的，客観的に評価する手法をいう。

⑤ 環境基本法に基づく環境基準とは，大気の汚染，水質の汚濁，土壌の汚染及び騒音に係る環境上の条件について，それぞれ，人の健康を保護し，及び生活環境を保全する上で維持されることが望ましい基準をいう。

I-5-3

2015年7月に経済産業省が決定した「長期エネルギー需給見通し」に関する次の記述のうち，最も不適切なものはどれか。

① 2030年度の電源構成に関して，総発電電力量に占める原子力発電の比率は20－22%程度である。

② 2030年度の電源構成に関して，総発電電力量に占める再生可能エネルギーの比率は22－24%程度である。

③ 2030年度の電源構成に関して，総発電電力量に占める石油火力発電の比率は25－27%程度である。

④ 徹底的な省エネルギーを進めることにより，大幅なエネルギー効率の改善を見込む。これにより，2013年度に比べて2030年度の最終エネルギー消費量の低下を見込む。

⑤　エネルギーの安定供給に関連して，2030年度のエネルギー自給率は，東日本大震災前を上回る水準（25％程度）を目指す。ただし，再生可能エネルギー及び原子力発電を，それぞれ国産エネルギー及び準国産エネルギーとして，エネルギー自給率に含める。

I-5-4

☑☑☑

総合エネルギー統計によれば，2017年度の我が国における一次エネルギー国内供給は20,095PJであり，その内訳は，石炭5,044PJ，石油7,831PJ，天然ガス・都市ガス4,696PJ，原子力279PJ，水力710PJ，再生可能エネルギー（水力を除く）938PJ，未活用エネルギー596PJである。ただし，石油の非エネルギー利用分の約1,600PJを含む。2017年度の我が国のエネルギー起源二酸化炭素（CO_2）排出量に最も近い値はどれか。ただし，エネルギー起源二酸化炭素（CO_2）排出量は，燃料の燃焼で発生・排出されるCO_2であり，非エネルギー利用由来分を含めない。炭素排出係数は，石炭 24t－C／TJ，石油 19t－C／TJ，天然ガス・都市ガス 14t－C／TJとする。t－Cは炭素換算トン（Cの原子量12），t－CO_2はCO_2換算トン（CO_2の分子量44）である。P（ペタ）は10の15乗，T（テラ）は10の12乗，M（メガ）は10の6乗の接頭辞である。

①　100 Mt－CO_2
②　300 Mt－CO_2
③　500 Mt－CO_2
④　1,100 Mt－CO_2
⑤　1,600 Mt－CO_2

Ⅰ-5-5

科学と技術の関わりは多様であり，科学的な発見の刺激により技術的な応用がもたらされることもあれば，革新的な技術が科学的な発見を可能にすることもある。こうした関係についての次の記述のうち，最も不適切なものはどれか。

① 原子核分裂が発見されたのちに原子力発電の利用が始まった。
② ウイルスが発見されたのちに種痘が始まった。
③ 望遠鏡が発明されたのちに土星の環が確認された。
④ 量子力学が誕生したのちにトランジスターが発明された。
⑤ 電磁波の存在が確認されたのちにレーダーが開発された。

Ⅰ-5-6

特許法と知的財産基本法に関する次の記述のうち，最も不適切なものはどれか。

① 特許法において，発明とは，自然法則を利用した技術的思想の創作のうち高度のものをいう。
② 特許法は，発明の保護と利用を図ることで，発明を奨励し，産業の発達に寄与することを目的とする法律である。
③ 知的財産基本法において，知的財産には，商標，商号その他事業活動に用いられる商品又は役務を表示するものも含まれる。
④ 知的財産基本法は，知的財産の創造，保護及び活用に関し，基本理念及びその実現を図るために基本となる事項を定めたものである。
⑤ 知的財産基本法によれば，国は，知的財産の創造，保護及び活用に関する施策を策定し，実施する責務を有しない。

問題　適性科目

II　次の15問題を解答せよ。（解答欄に1つだけマークすること。）

II-1

☑☑☑

技術士法第4章に関する次の記述の，［　　］に入る語句の組合せとして，最も適切なものはどれか。

（信用失墜行為の禁止）

第44条　技術士又は技術士補は，技術士若しくは技術士補の信用を傷つけ，又は技術士及び技術士補全体の不名誉となるような行為をしてはならない。

（技術士等の秘密保持［ア］）

第45条　技術士又は技術士補は，正当の理由がなく，その業務に関して知り得た秘密を漏らし，又は盗用してはならない。技術士又は技術士補でなくなった後においても，同様とする。

（技術士等の［イ］確保の［ウ］）

第45条の2　技術士又は技術士補は，その業務を行うに当たっては，公共の安全，環境の保全その他の［イ］を害することのないよう努めなければならない。

（技術士の名称表示の場合の［ア］）

第46条　技術士は，その業務に関して技術士の名称を表示するときは，その登録を受けた［エ］を明示してするものとし，登録を受けていない［エ］を表示してはならない。

（技術士補の業務の［オ］等）

第47条　技術士補は，第2条第1項に規定する業務について技術士を補助する場合を除くほか，技術士補の名称を表示して当該業務を行ってはならない。

2　前条の規定は，技術士補がその補助する技術士の業務に関してする技術士補の名称の表示について［カ］する。

（技術士の［キ］向上の［ウ］）

第47条の2　技術士は，常に，その業務に関して有する知識及び技能の水準を向上させ，その他その［キ］の向上を図るよう努めなければならない。

	ア	イ	ウ	エ	オ	カ	キ
①	義務	公益	責務	技術部門	制限	準用	能力
②	責務	安全	義務	専門部門	制約	適用	能力
③	義務	公益	責務	技術部門	制約	適用	資質
④	責務	安全	義務	専門部門	制約	準用	資質
⑤	義務	公益	責務	技術部門	制限	準用	資質

II-2

平成26年3月，文部科学省科学技術・学術審議会の技術士分科会は，「技術士に求められる資質能力」について提示した。次の文章を読み，下記の問いに答えよ。

技術の高度化，統合化等に伴い，技術者に求められる資質能力はますます高度化，多様化している。

これらの者が業務を履行するために，技術ごとの専門的な業務の性格・内容，業務上の立場は様々であるものの，（遅くとも）35歳程度の技術者が，技術士資格の取得を通じて，実務経験に基づく専門的学識及び高等の専門的応用能力を有し，かつ，豊かな創造性を持って複合的な問題を明確にして解決できる技術者（技術士）として活躍することが期待される。

このたび，技術士に求められる資質能力（コンピテンシー）について，国際エンジニアリング連合（IEA）の「専門職としての知識・能力」（プロフェッショナル・コンピテンシー，PC）を踏まえながら，以下の通り，キーワードを挙げて示す。これらは，別の表現で言えば，技術士であれば最低限備えるべき資質能力である。

技術士はこれらの資質能力をもとに，今後，業務履行上必要な知見を深め，技術を修得し資質向上を図るように，十分な継続研さん（CPD）を行うことが求められる。

次の（ア）～（キ）のうち，「技術士に求められる資質能力」で挙げられているキーワードに含まれるものの数はどれか。

（ア）専門的学識

（イ）問題解決

（ウ）マネジメント
（エ）評価
（オ）コミュニケーション
（カ）リーダーシップ
（キ）技術者倫理

① 3　② 4　③ 5　④ 6　⑤ 7

II-3

製造物責任（PL）法の目的は，その第1条に記載されており，「製造物の欠陥により人の生命，身体又は財産に係る被害が生じた場合における製造業者等の損害賠償の責任について定めることにより，被害者の保護を図り，もって国民生活の安定向上と国民経済の健全な発展に寄与する」とされている。次の（ア）～（ク）のうち，「PL法上の損害賠償責任」に該当しないものの数はどれか。

（ア）自動車輸入業者が輸入販売した高級スポーツカーにおいて，その製造工程で造り込まれたブレーキの欠陥により，運転者及び歩行者が怪我をした場合。
（イ）建設会社が造成した宅地において，その不適切な基礎工事により，建設された建物が損壊した場合。
（ウ）住宅メーカーが建築販売した住宅において，それに備え付けられていた電動シャッターの製造時の欠陥により，住民が怪我をした場合。
（エ）食品会社経営の大規模養鶏場から出荷された鶏卵において，それがサルモネラ菌におかされ，食中毒が発生した場合。
（オ）マンションの管理組合が発注したエレベータの保守点検において，その保守業者の作業ミスにより，住民が死亡した場合。
（カ）ロボット製造会社が製造販売した作業用ロボットにおいて，それに組み込まれたソフトウェアの欠陥により暴走し，工場作業者が怪我をした場合。
（キ）電力会社の電力系統において，その変動（周波数等）により，需要家である工場の設備が故障した場合。
（ク）大学ベンチャー企業が国内のある湾内で養殖し，出荷販売した鯛において，その養殖場で汚染した菌により食中毒が発生した場合。

① 8　② 7　③ 6　④ 5　⑤ 4

II-4

個人情報保護法は，高度情報通信社会の進展に伴い個人情報の利用が著しく拡大していることに鑑み，個人情報の適正な取扱に関し，基本理念及び政府による基本方針の作成その他の個人情報の保護に関する施策の基本となる事項を定め，国及び地方公共団体の責務等を明らかにするとともに，個人情報を取扱う事業者の遵守すべき義務等を定めることにより，個人情報の適正かつ効果的な活用が新たな産業の創出並びに活力ある経済社会及び豊かな国民生活の実現に資するものであることその他の個人情報の有用性に配慮しつつ，個人の権利利益を保護することを目的としている。

法では，個人情報の定義の明確化として，①指紋データや顔認識データのような，個人の身体の一部の特徴を電子計算機の用に供するために変換した文字，番号，記号その他の符号，②旅券番号や運転免許証番号のような，個人に割り当てられた文字，番号，記号その他の符号が「個人識別符号」として，「個人情報」に位置付けられる。

次に示す（ア）～（キ）のうち，個人識別符号に含まれないものの数はどれか。

（ア）DNAを構成する塩基の配列
（イ）顔の骨格及び皮膚の色並びに目，鼻，口その他の顔の部位の位置及び形状によって定まる容貌
（ウ）虹彩の表面の起伏により形成される線状の模様
（エ）発声の際の声帯の振動，声門の開閉並びに声道の形状及びその変化
（オ）歩行の際の姿勢及び両腕の動作，歩幅その他の歩行の態様
（カ）手のひら又は手の甲若しくは指の皮下の静脈の分岐及び端点によって定まるその静脈の形状
（キ）指紋又は掌紋

① 0　② 1　③ 2　④ 3　⑤ 4

II-5

産業財産権制度は，新しい技術，新しいデザイン，ネーミングなどについて独占権を与え，模倣防止のために保護し，研究開発へのインセンティブを付与したり，取引上の信用を維持することによって，産業の発展を図ることを目的にしている。これらの権利は，特許庁に出願し，登録することによって，一定期間，独占的に実施（使用）することができる。

従来型の経営資源である人・物・金を活用して利益を確保する手法に加え，産業財産権を最大限に活用して利益を確保する手法について熟知することは，今や経営者及び技術者 にとって必須の事項といえる。

産業財産権の取得は，利益を確保するための手段であって目的ではなく，取得後どのように活用して利益を確保するかを，研究開発時や出願時などのあらゆる節目で十分に考えておくことが重要である。

次の知的財産権のうち，「産業財産権」に含まれないものはどれか。

① 特許権　② 実用新案権　③ 意匠権
④ 商標権　⑤ 育成者権

II-6

次の（ア）～（オ）の語句の説明について，最も適切な組合せはどれか。

（ア）システム安全

A）システム安全は，システムにおけるハードウェアのみに関する問題である。

B）システム安全は，環境要因，物的要因及び人的要因の総合的対策によって達成される。

（イ）機能安全

A）機能安全とは，安全のために，主として付加的に導入された電子機器を含んだ装置が，正しく働くことによって実現される安全である。

B）機能安全とは，機械の目的のための制御システムの部分で実現する安全機能である。

（ウ）機械の安全確保

A）機械の安全確保は，機械の製造等を行う者によって十分に行われることが原則である。

B）機械の製造等を行う者による保護方策で除去又は低減できなかった残留

リスクへの対応は，全て使用者に委ねられている。

（エ）安全工学

A) 安全工学とは，製品が使用者に対する危害と，生産において作業者が受ける危害の両方に対して，人間の安全を確保したり，評価する技術である。

B) 安全工学とは，原子力や航空分野に代表される大規模な事故や災害を問題視し，ヒューマンエラーを主とした分野である

（オ）レジリエンス工学

A) レジリエンス工学は，事故の未然防止・再発防止のみに着目している。

B) レジリエンス工学は，事故の未然防止・再発防止だけでなく，回復力を高めること等にも着目している。

	ア	イ	ウ	エ	オ
①	B	A	A	A	B
②	B	B	B	B	A
③	A	A	A	B	A
④	A	B	A	A	B
⑤	B	A	A	B	A

II-7

我が国で2017年以降，多数顕在化した品質不正問題（検査データの書き換え，不適切な検査等）に対する記述として，正しいものは○，誤っているものは×として，最も適切な組合せはどれか。

（ア）企業不祥事や品質不正問題の原因は，それぞれの会社の業態や風土が関係するので，他の企業には，参考にならない。

（イ）発覚した品質不正問題は，単発的に起きたものである。

（ウ）組織の風土には，トップのリーダーシップが強く関係する。

（エ）企業は，すでに企業倫理に関するさまざまな取組を行っている。そのため，今回のような品質不正問題は，個々の組織構成員の問題である。

（オ）近年顕在化した品質不正問題は，1つの部門内に閉じたものだけでなく，部門ごとの責任の不明瞭さや他部門への付度といった事例も複数見受けられた。

	ア	イ	ウ	エ	オ
①	×	○	○	×	○
②	×	×	×	×	×
③	×	○	○	○	○
④	○	○	○	○	○
⑤	×	×	○	×	○

II-8

平成24年12月2日，中央自動車道笹子トンネル天井板落下事故が発生した。このような事故を二度と起こさないよう，国土交通省では，平成25年を「社会資本メンテナンス元年」と位置付け，取組を進めている。平成26年5月には，国土交通省が管理・所管する道路・鉄道・河川・ダム・港湾等のあらゆるインフラの維持管理・更新等を着実に推進するための中長期的な取組を明らかにする計画として，「国土交通省インフラ長寿命化計画（行動計画）」を策定した。この計画の具体的な取組の方向性に関する次の記述のうち，最も不適切なものはどれか。

① 全点検対象施設において点検・診断を実施し，その結果に基づき，必要な対策を適切な時期に，着実かつ効率的・効果的に実施するとともに，これらの取組を通じて得られた施設の状態や情報を記録し，次の点検・診断に活用するという「メンテナンスサイクル」を構築する。

② 将来にわたって持続可能なメンテナンスを実施するために，点検の頻度や内容等は全国一律とする。

③ 点検・診断，修繕・更新等のメンテナンスサイクルの取組を通じて，順次，最新の劣化・損傷の状況や，過去に蓄積されていない構造諸元等の情報収集を図る。

④ メンテナンスサイクルの重要な構成要素である点検・診断については，点検等を支援するロボット等による機械化，非破壊・微破壊での検査技術，ICTを活用した変状計測等新技術による高度化，効率化に重点的に取組む。

⑤ 点検・診断等の業務を実施する際に必要となる能力や技術を，国が施設分野・業務分野ごとに明確化するとともに，関連する民間資格について評価し，当該資格を必要な能力や技術を有するものとして認定する仕組みを構築する。

Ⅱ-9

企業や組織は，保有する営業情報や技術情報を用いて，他社との差別化を図り，競争力を向上させている。これら情報の中には秘密とすることでその価値を発揮するものも存在し，企業活動が複雑化する中，秘密情報の漏洩経路も多様化しており，情報漏洩を未然に防ぐための対策が企業に求められている。情報漏洩対策に関する次の(ア)～(カ)の記述について，不適切なものの数はどれか。

(ア) 社内規定等において，秘密情報の分類ごとに，アクセス権の設定に関するルールを明確にした上で，当該ルールに基づき，適切にアクセス権の範囲を設定する。

(イ) 秘密情報を取扱う作業については，複数人での作業を避け，可能な限り単独作業で実施する。

(ウ) 社内の規定に基づいて，秘密情報が記録された媒体等(書類，書類を綴じたファイル，USBメモリ，電子メール等)に，自社の秘密情報であることが分かるように表示する。

(エ) 従業員同士で互いの業務態度が目に入ったり，背後から上司等の目につきやすくするような座席配置としたり，秘密情報が記録された資料が保管された書棚等が従業員等からの死角とならないようにレイアウトを工夫する。

(オ) 電子データを暗号化したり，登録されたIDでログインしたPCからしか閲覧できないような設定にしておくことで，外部に秘密情報が記録された電子データを無断でメールで送信しても，閲覧ができないようにする。

(カ) 自社内の秘密情報をペーパーレスにして，アクセス権を有しない者が秘密情報に接する機会を少なくする。

①　0　　②　1　　③　2　　④　3　　⑤　4

II-10

専門職としての技術者は，一般公衆が得ることのできない情報に接することができる。また技術者は，一般公衆が理解できない高度で複雑な内容の情報を理解でき，それに基づいて一般公衆よりもより多くのことを予見できる。このような特権的な立場に立っているがゆえに，技術者は適正に情報を発信したり，情報を管理したりする重い責任があると言える。次の(ア)～(カ)の記述のうち，技術者の情報発信や情報管理のあり方として不適切なものの数はどれか。

(ア) 技術者Aは，飲み会の席で，現在たずさわっているプロジェクトの技術的な内容を，技術業とは無関係の仕事をしている友人に話した。

(イ) 技術者Bは納入する機器の仕様に変更があったことを知っていたが，専門知識のない顧客に説明しても理解できないと考えたため，そのことは話題にせずに機器の説明を行った。

(ウ) 顧客は「詳しい話は聞くのが面倒だから説明はしなくていいよ」と言ったが，技術者Cは納入する製品のリスクや，それによってもたらされるかもしれない不利益などの情報を丁寧に説明した。

(エ) 重要な専有情報の漏洩は，所属企業に直接的ないし間接的な不利益をもたらし，社員や株主などの関係者にもその影響が及ぶことが考えられるため，技術者Dは不要になった専有情報が保存されている記憶媒体を速やかに自宅のゴミ箱に捨てた。

(オ) 研究の際に使用するデータに含まれる個人情報が漏洩した場合には，データ提供者のプライバシーが侵害されると考えた技術者Eは，そのデータファイルに厳重にパスワードをかけ，記憶媒体に保存して，利用するとき以外は施錠可能な場所に保管した。

(カ) 顧客から現在使用中の製品について問い合わせを受けた技術者Fは，それに答えるための十分なデータを手元に持ち合わせていなかったが，顧客を待たせないよう，記憶に基づいて問い合わせに答えた。

① 2　② 3　③ 4　④ 5　⑤ 6

II-11

事業者は事業場の安全衛生水準の向上を図っていくため，個々の事業場において危険性又は有害性等の調査を実施し，その結果に基づいて労働者の危険又は健康障害を防止するための措置を講ずる必要がある。危険性又は有害性等の調査及びその結果に基づく措置に関する指針について，次の（ア）～（エ）の記述のうち，正しいものは○，誤っているものは×として，最も適切な組合せはどれか。

（ア）事業者は，以下の時期に調査及びその結果に基づく措置を行うよう規定されている。

（1）建設物を設置し，移転し，変更し，又は解体するとき

（2）設備，原材料を新規に採用し，又は変更するとき

（3）作業方法又は作業手順を新規に採用し，又は変更するとき

（4）その他，事業場におけるリスクに変化が生じ，又は生ずるおそれのあるとき

（イ）過去に労働災害が発生した作業，危険な事象が発生した作業等，労働者の就業に係る危険性又は有害性による負傷又は疾病の発生が合理的に予見可能であるものは全て調査対象であり，平坦な通路における歩行等，明らかに軽微な負傷又は疾病しかもたらさないと予想されたものについても調査等の対象から除外してはならない。

（ウ）事業者は，各事業場における機械設備，作業等に応じてあらかじめ定めた危険性又は有害性の分類に則して，各作業における危険性又は有害性を特定するに当たり，労働者の疲労等の危険性又は有害性への付加的影響を考慮する。

（エ）リスク評価の考え方として，「ALARPの原則」がある。ALARPは，合理的に実行可能なリスク低減措置を講じてリスクを低減することで，リスク低減措置を講じることによって得られる効果に比較して，リスク低減費用が著しく大きく，著しく合理性を欠く場合は，それ以上の低減対策を講じなくてもよいという考え方である。

	ア	イ	ウ	エ
①	○	×	×	○
②	○	×	○	○
③	○	○	×	×
④	○	○	○	×
⑤	×	×	○	○

II-12

男女雇用機会均等法及び育児・介護休業法やハラスメントに関する次の（ア）～（オ）の記述について，正しいものは○，誤っているものは×として，最も適切な組合せはどれか。

（ア）職場におけるセクシュアルハラスメントは，異性に対するものだけではなく，同性に対するものも該当する。
（イ）職場のセクシュアルハラスメント対策は，事業主の努力目標である。
（ウ）現在の法律では，産休の対象は，パート，雇用期間の定めのない正規職員に限られている。
（エ）男女雇用機会均等法及び育児・介護休業法により，事業主は，事業主や妊娠等した労働者やその他の労働者の個々の実情に応じた措置を講じることはできない。
（オ）産前休業も産後休業も，必ず取得しなければならない休業である。

	ア	イ	ウ	エ	オ
①	○	×	×	×	×
②	×	○	×	×	○
③	○	×	○	○	○
④	×	×	○	×	×
⑤	○	○	×	○	○

II-13

企業に策定が求められているBusiness Continuity Plan（BCP）に関する次の（ア）～（エ）の記述のうち，誤っているものの数はどれか。

（ア）BCPとは，企業が緊急事態に遭遇した場合において，事業資産の損害を最小限にとどめつつ，中核となる事業の継続あるいは早期復旧を可能とするために，平常時に行うべき活動や緊急時における事業継続のための方法，手段などを取り決めておく計画である。

（イ）BCPの対象は，自然災害のみである。

（ウ）わが国では，東日本大震災や相次ぐ自然災害を受け，現在では，大企業，中堅企業ともに，そのほぼ100%がBCPを策定している。

（エ）BCPの策定・運用により，緊急時の対応力は鍛えられるが，平常時にはメリットがない。

①　0　　②　1　　③　2　　④　3　　⑤　4

II-14

✓ ✓ ✓

組織の社会的責任（SR：Social Responsibility）の国際規格として，2010年11月，ISO26000「Guidance on social responsibility」が発行された。また，それに続き，2012年，ISO規格の国内版（JIS）として，JIS Z 26000：2012（社会的責任に関する手引き）が制定された。そこには，「社会的責任の原則」として7項目が示されている。その7つの原則に関する次の記述のうち，最も不適切なものはどれか。

①　組織は，自らが社会，経済及び環境に与える影響について説明責任を負うべきである。

②　組織は，社会及び環境に影響を与える自らの決定及び活動に関して，透明であるべきである。

③　組織は，倫理的に行動すべきである。

④　組織は，法の支配の尊重という原則に従うと同時に，自国政府の意向も尊重すべきである。

⑤　組織は，人権を尊重し，その重要性及び普遍性の両方を認識すべきである。

II-15

SDGs（Sustainable Development Goals：持続可能な開発目標）とは，国連持続可能な開発サミットで採択された「誰一人取り残さない」持続可能で多様性と包摂性のある社会の実現のための目標である。次の（ア）～（キ）の記述のうち，SDGsの説明として正しいものの数はどれか。

（ア）SDGsは，開発途上国のための目標である。
（イ）SDGsの特徴は，普遍性，包摂性，参画型，統合性，透明性である。
（ウ）SDGsは，2030年を年限としている。
（エ）SDGsは，17の国際目標が決められている。
（オ）日本におけるSDGsの取組は，大企業や業界団体に限られている。
（カ）SDGsでは，気候変動対策等，環境問題に特化して取組が行われている。
（キ）SDGsでは，モニタリング指標を定め，定期的にフォローアップし，評価・公表することを求めている。

① 0　② 1　③ 2　④ 3　⑤ 4

平成30年度　技術士第一次試験
〔基礎科目・適性科目〕

問題　基礎科目

次の1群～5群の全ての問題群からそれぞれ3問題，計15問題を選び解答せよ。（解答欄に1つだけマークすること。）

問題群	総問題数	選択問題数	ページ
1群　設計・計画に関するもの	6	3	274
2群　情報・論理に関するもの	6	3	278
3群　解析に関するもの	6	3	282
4群　材料・化学・バイオに関するもの	6	3	286
5群　環境・エネルギー・技術に関するもの	6	3	289

1群　設計・計画に関するもの

（全6問題から3問題を選択解答）

Ⅰ-1-1

✓ ✓ ✓

下図に示される左端から右端に情報を伝達するシステムの設計を考える。図中の数値及び記号X（X＞0）は，構成する各要素の信頼度を示す。また，要素が並列につながっている部分は，少なくともどちらか一方が正常であれば，その部分は正常に作動する。ここで，図中のように，同じ信頼度Xを持つ要素を配置することによって，システムA全体の信頼度とシステムB全体の信頼度が同等であるという。このとき，図中のシステムA全体の信頼度及びシステムB全体の信頼度として，最も近い値はどれか。

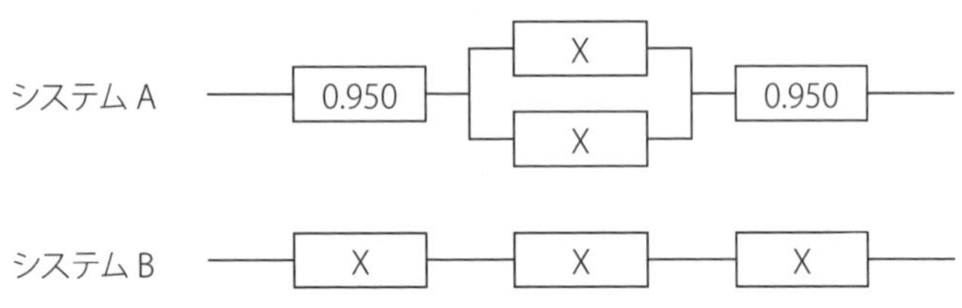

図　システム構成図と各要素の信頼度

① 0.835　② 0.857　③ 0.901　④ 0.945　⑤ 0.966

Ⅰ-1-2

設計開発プロジェクトのアローダイアグラムが下図のように作成された。ただし，図中の矢印のうち，実線は要素作業を表し，実線に添えたpやalなどは要素作業名を意味し，同じく数値はその要素作業の作業日数を表す。また，破線はダミー作業を表し，○内の数字は状態番号を意味する。このとき，設計開発プロジェクトの遂行において，工期を遅れさせないために，特に重点的に進捗状況管理を行うべき要素作業群として，最も適切なものはどれか。

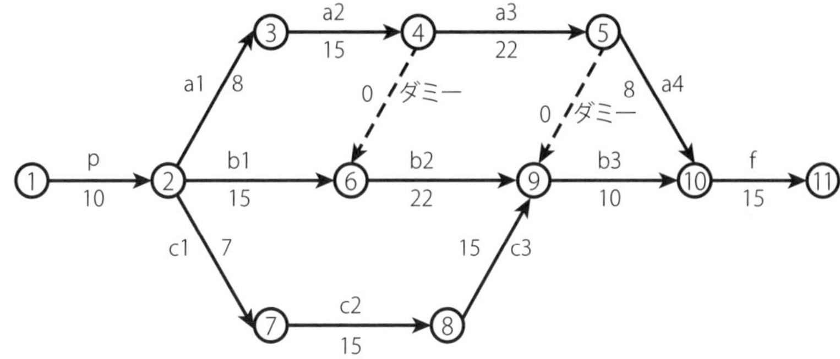

図　アローダイアグラム（arrow diagram：矢線図）

① （p，al，a2，a3，b2，b3，f）
② （p，cl，c2，c3，b3，f）
③ （p，bl，b2，b3，f）
④ （p，al，a2，b2，b3，f）
⑤ （p，al，a2，a3，a4，f）

Ⅰ-1-3

人に優しい設計に関する次の（ア）～（ウ）の記述について，それぞれの正誤の組合せとして，最も適切なものはどれか。

（ア）バリアフリーデザインとは，障害者，高齢者等の社会生活に焦点を当て，物理的な障壁のみを除去するデザインという考え方である。

（イ）ユニバーサルデザインとは，施設や製品等について新しい障壁が生じないよう，誰にとっても利用しやすく設計するという考え方である。

（ウ）建築家ロン・メイスが提唱したバリアフリーデザインの7原則は次のと

平成30年度

基礎科目

おりである。誰もが公平に利用できる，利用における自由度が高い，使い方が簡単で分かりやすい，情報が理解しやすい，ミスをしても安全である，身体的に省力で済む，近づいたり使用する際に適切な広さの空間がある。

	ア	イ	ウ
①	正	正	誤
②	誤	正	誤
③	誤	誤	正
④	正	誤	誤
⑤	正	正	正

I-1-4

✓ ✓ ✓

ある工場で原料A，Bを用いて，製品1，2を生産し販売している。製品1，2は共通の製造ラインで生産されており，2つを同時に生産することはできない。下表に示すように製品1を1kg生産するために原料A，Bはそれぞれ2kg，1kg必要で，製品2を1kg生産するためには原料A，Bをそれぞれ1kg，3kg必要とする。また，製品1，2を1kgずつ生産するために，生産ラインを1時間ずつ稼働させる必要がある。原料A，Bの使用量，及び，生産ラインの稼働時間については，1日当たりの上限があり，それぞれ12kg，15kg，7時間である。製品1，2の販売から得られる利益が，それぞれ300万円／kg，200万円／kgのとき，全体の利益が最大となるように製品1，2の生産量を決定したい。1日当たりの最大の利益として，最も適切な値はどれか。

表　製品の製造における原料の制約と生産ラインの稼働時間及び販売利益

	製品1	製品2	使用上限
原料A［kg］	2	1	12
原料B［kg］	1	3	15
ライン稼働時間［時間］	1	1	7
利益［万円／kg］	300	200	

① 1,980万円

② 1,900万円

③　1,000万円
④　1,800万円
⑤　1,700万円

Ⅰ-1-5

ある製品1台の製造工程において検査をX回実施すると，製品に不具合が発生する確率は，$1/(X+2)^2$になると推定されるものとする。1回の検査に要する費用が30万円であり，不具合の発生による損害が3,240万円と推定されるとすると，総費用を最小とする検査回数として，最も適切なものはどれか。

①　2回　　②　3回　　③　4回　　④　5回　　⑤　6回

Ⅰ-1-6

製造物責任法に関する次の記述の，［　　］に入る語句の組合せとして，最も適切なものはどれか。

製造物責任法は，［ア］の［イ］により人の生命，身体又は財産に係る被害が生じた場合における製造業者等の損害賠償の責任について定めることにより，［ウ］の保護を図り，もって国民生活の安定向上と国民経済の健全な発展に寄与することを目的とする。

製造物責任法において［ア］とは，製造又は加工された動産をいう。また，［イ］とは，当該製造物の特性，その通常予見される使用形態，その製造業者等が当該製造物を引き渡した時期その他の当該製造物に係る事情を考慮して，当該製造物が通常有すべき［エ］を欠いていることをいう。

	ア	イ	ウ	エ
①	製造物	故障	被害者	機能性
②	設計物	欠陥	製造者	安全性
③	設計物	破損	被害者	信頼性
④	製造物	欠陥	被害者	安全性
⑤	製造物	破損	製造者	機能性

2群　情報・論理に関するもの

（全6問題から3問題を選択解答）

I-2-1

情報セキュリティに関する次の記述のうち，最も不適切なものはどれか。

① 外部からの不正アクセスや，個人情報の漏えいを防ぐために，ファイアウォール機能を利用することが望ましい。

② インターネットにおいて個人情報をやりとりする際には，SSL／TLS通信のように，暗号化された通信であるかを確認して利用することが望ましい。

③ ネットワーク接続機能を備えたIoT機器で常時使用しないものは，ネットワーク経由でのサイバー攻撃を防ぐために，使用終了後に電源をオフにすることが望ましい。

④ 複数のサービスでパスワードが必要な場合には，パスワードを忘れないように，同じパスワードを利用することが望ましい。

⑤ 無線LANへの接続では，アクセスポイントは自動的に接続される場合があるので，意図しないアクセスポイントに接続されていないことを確認することが望ましい。

I-2-2

下図は，人や荷物を垂直に移動させる装置であるエレベータの挙動の一部に関する状態遷移図である。図のように，エレベータには，「停止中」，「上昇中」，「下降中」の3つの状態がある。利用者が所望する階を「目的階」とする。「現在階」には現在エレベータが存在している階数が設定される。エレベータの内部には，階数を表すボタンが複数個あるとする。「停止中」状態で，利用者が所望の階数のボタンを押下すると，エレベータは，「停止中」，「上昇中」，「下降中」のいずれかの状態になる。「上昇中」，「下降中」の状態は，「現在階」をそれぞれ1つずつ増加又は減少させる。最終的にエレベータは,「目的階」に到着する。ここでは，簡単のため，エレベータの扉の開閉の状態，扉の開閉のためのボタン押下の動作，エレベータが目的階へ「上昇中」又は「下降中」に別の階から呼び出される動作，エレベータの故障の状態など，ここで挙げた状態遷移以外は考えないこととする。図中の状態遷移の「現在階」と「目的階」の条件において，(a)，(b)，(c)，(d)，(e)に入る記述として，最も適切な組合せはどれか。

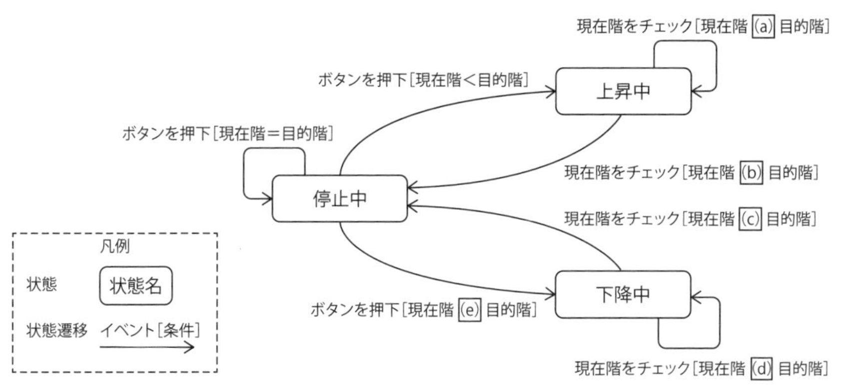

図　エレベータの状態遷移図

	a	b	c	d	e
①	＝	＝	＝	＝	＝
②	＝	＞	＜	＝	＝
③	＜	＝	＝	＞	＞
④	＝	＜	＞	＝	＝
⑤	＞	＝	＝	＜	＞

I-2-3

☑☑☑

補数表現に関する次の記述の，[　　] に入る補数の組み合わせとして，最も適切なものはどれか。

一般に，k桁のn進数Xについて，Xのnの補数はn^k-X，Xのn－1の補数は$(n^k-1)-X$をそれぞれn進数で表現したものとして定義する。よって，3桁の10進数で表現した956の（n＝）10の補数は，10^3から956を引いた$10^3-956=1000-956=44$である。さらに956の（n－1＝10－1＝）9の補数は，10^3-1から956を引いた$(10^3-1)-956=1000-1-956=43$である。同様に，5桁の2進数$(01011)_2$の（n＝）2の補数は [ア]，（n－1＝2－1＝）1の補数は [イ] である。

	ア	イ
①	$(11011)_2$	$(10100)_2$
②	$(10101)_2$	$(11011)_2$
③	$(10101)_2$	$(10100)_2$
④	$(10100)_2$	$(10101)_2$
⑤	$(11011)_2$	$(11011)_2$

I-2-4

☑☑☑

次の論理式と等価な論理式はどれか。

$$X=\overline{\overline{A}\cdot\overline{B}+A\cdot B}$$

ただし，論理式中の＋は論理和，・は論理積，$\overline{X}$はXの否定を表す。また，2変数の論理和の否定は各変数の否定の論理積に等しく，2変数の論理積の否定は各変数の否定の論理和に等しい。

① $X=(A+B)\cdot\overline{(A+B)}$

② $X=(A+B)\cdot(\overline{A}\cdot\overline{B})$

③ $X=(A\cdot B)\cdot(\overline{A}\cdot\overline{B})$

④ $X=(A\cdot B)\cdot\overline{(A\cdot B)}$

⑤ $X=(A+B)\cdot\overline{(A\cdot B)}$

I-2-5

数式を$a+b$のように，オペランド（演算の対象となるもの，ここでは1文字のアルファベットで表される文字のみを考える。）の間に演算子（ここでは+，-，×，÷の4つの2項演算子のみを考える。）を書く書き方を中間記法と呼ぶ。これを$ab+$のように，オペランドの後に演算子を置く書き方を後置記法若しくは逆ポーランド記法と呼ぶ。中間記法で，$(a+b)\times(c+d)$と書かれる式を下記の図のように数式を表す2分木で表現し，木の根（root）からその周囲を反時計回りに回る順路（下図では▲の方向）を考え，順路が節点の右側を上昇（下図では↑で表現）して通過するときの節点の並び$ab+cd+\times$はこの式の後置記法となっている。後置記法で書かれた式は，先の式のように「aとbを足し，cとdを足し，それらを掛ける」というように式の先頭から読むことによって意味が通じることが多いことや，かっこが不要なため，コンピュータの世界ではよく使われる。中間記法で$a\times b+c\div d$と書かれた式を後置記法に変換したとき，最も適切なものはどれか。

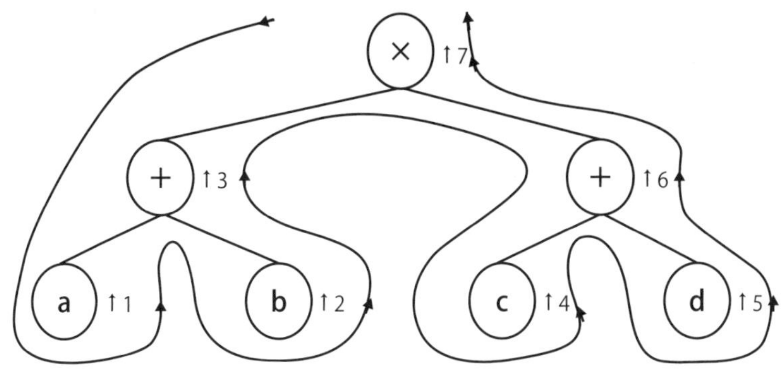

図　式$(a+b)\times(c+d)$の2分木と後置記法への変換

① $ab\times cd\div+$

② $ab\times c\div d+$

③ $abc\times\div d+$

④ $abc+d\div\times$

⑤ $abcd\times\div+$

平成30年度
基礎科目

I-2-6

900個の元をもつ全体集合Uに含まれる集合A, B, Cがある。集合A, B, C等の元の個数は次のとおりである。

Aの元　300個

Bの元　180個

Cの元　128個

$A \cap B$の元　60個

$A \cap C$の元　43個

$B \cap C$の元　26個

$A \cap B \cap C$の元　9個

このとき，集合$\overline{A \cup B \cup C}$の元の個数はどれか。ただし，$\overline{X}$は集合$X$の補集合とする。

①　385個　　②　412個　　③　420個　　④　480個　　⑤　488個

3群　解析に関するもの

（全6問題から3問題を選択解答）

I-3-1

一次関数$f(x) = ax + b$について定積分$\int_{-1}^{1} f(x)dx$の計算式として，最も不適切なものはどれか。

①　$\frac{1}{4}f(-1) + f(0) + \frac{1}{4}f(1)$

②　$\frac{1}{2}f(-1) + f(0) + \frac{1}{2}f(1)$

③　$\frac{1}{3}f(-1) + \frac{4}{3}f(0) + \frac{1}{3}f(1)$

④　$f(-1) + f(1)$

⑤　$2f(0)$

Ⅰ-3-2

$x-y$平面において$\boldsymbol{v}=(u,v)=(-x^2+2xy, 2xy-y^2)$のとき，$(x,y)=(1,2)$における$\mathrm{div}\,\boldsymbol{v}=\dfrac{\partial u}{\partial x}+\dfrac{\partial v}{\partial y}$の値と$\mathrm{rot}\,\boldsymbol{v}=\dfrac{\partial v}{\partial x}-\dfrac{\partial u}{\partial y}$の値の組合せとして，最も適切なものはどれか。

① $\mathrm{div}\,\boldsymbol{v}=2$, $\mathrm{rot}\,\boldsymbol{v}=-4$

② $\mathrm{div}\,\boldsymbol{v}=0$, $\mathrm{rot}\,\boldsymbol{v}=-2$

③ $\mathrm{div}\,\boldsymbol{v}=-2$, $\mathrm{rot}\,\boldsymbol{v}=0$

④ $\mathrm{div}\,\boldsymbol{v}=0$, $\mathrm{rot}\,\boldsymbol{v}=2$

⑤ $\mathrm{div}\,\boldsymbol{v}=2$, $\mathrm{rot}\,\boldsymbol{v}=4$

Ⅰ-3-3

行列$A=\begin{pmatrix}1&0&0\\a&1&0\\b&c&1\end{pmatrix}$の逆行列として，最も適切なものはどれか。

① $\begin{pmatrix}1&0&0\\a&1&0\\ac-b&c&1\end{pmatrix}$

② $\begin{pmatrix}1&0&0\\-a&1&0\\ac-b&-c&1\end{pmatrix}$

③ $\begin{pmatrix}1&0&0\\1-a&1&0\\ac-b&1-c&1\end{pmatrix}$

④ $\begin{pmatrix}1&0&0\\-a&1&0\\ac+b&-c&1\end{pmatrix}$

⑤ $\begin{pmatrix}1&0&0\\a&1&0\\ac+b&c&1\end{pmatrix}$

I-3-4

下図は，ニュートン・ラフソン法（ニュートン法）を用いて非線形方程式 $f(x)=0$ の近似解を得るためのフローチャートを示している。図中の（ア）及び（イ）に入れる処理の組合せとして，最も適切なものはどれか。

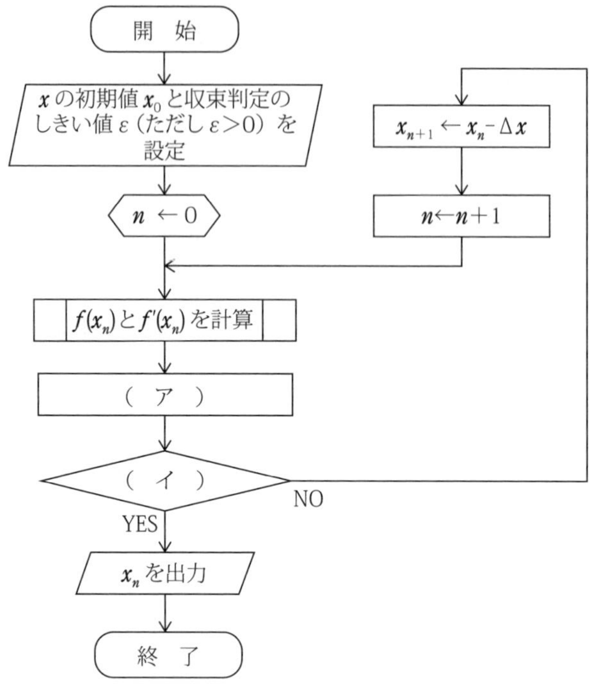

図　ニュートン・ラフソン法のフローチャート

	ア	イ
①	$\Delta x \leftarrow f(x_n) \cdot f'(x_n)$	$\lvert\Delta x\rvert < \varepsilon$
②	$\Delta x \leftarrow f(x_n) / f'(x_n)$	$\lvert\Delta x\rvert < \varepsilon$
③	$\Delta x \leftarrow f'(x_n) / f(x_n)$	$\lvert\Delta x\rvert < \varepsilon$
④	$\Delta x \leftarrow f(x_n) \cdot f'(x_n)$	$\lvert\Delta x\rvert > \varepsilon$
⑤	$\Delta x \leftarrow f(x_n) / f'(x_n)$	$\lvert\Delta x\rvert > \varepsilon$

Ⅰ-3-5

下図に示すように，重力場中で質量mの質点がバネにつり下げられている系を考える。ここで，バネの上端は固定されており，バネ定数は$k(>0)$，重力の加速度はg，質点の変位はuとする。次の記述のうち最も不適切なものはどれか。

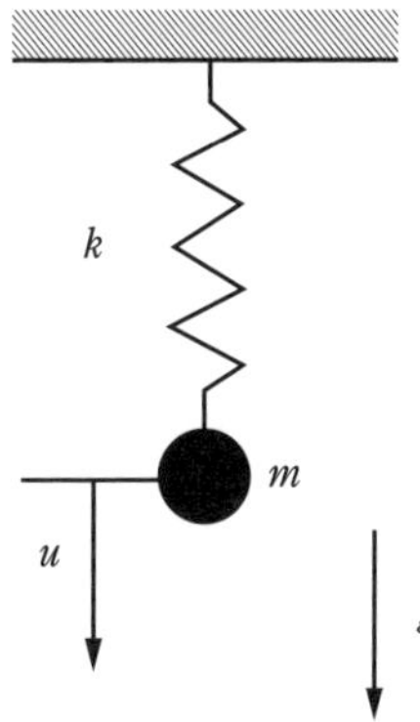

図　重力場中で質点がバネにつり下げられている系

① 質点に作用する力の釣合い方程式は，$ku = mg$と表すことができる。

② 全ポテンシャルエネルギー（＝内部ポテンシャルエネルギー＋外力のポテンシャルエネルギー）Π_pは，$\Pi_p = \frac{1}{2}ku^2 - mgu$と表すことができる。

③ 質点の釣合い位置において，全ポテンシャルエネルギーΠ_pは最大となる。

④ 質点に作用する力の釣合い方程式は，全ポテンシャルエネルギーΠ_pの停留条件，$\frac{d\Pi_p}{du} = 0$から求めることができる。

⑤ 全ポテンシャルエネルギーΠ_pの極値問題として静力学問題を取り扱うことが，有限要素法の固体力学解析の基礎となっている。

Ⅰ-3-6

長さ2m，断面積100mm^{2}の弾性体からなる棒の上端を固定し，下端を4kNの力で下方に引っ張ったとき，この棒に生じる伸びの値はどれか。ただし，この弾性体のヤング率は200GPaとする。なお，自重による影響は考慮しないものとする。

① 0.004mm　② 0.04mm　③ 0.4mm　④ 4mm　⑤ 40mm

4群　材料・化学・バイオに関するもの

（全6問題から3問題を選択解答）

Ⅰ-4-1

次に示した物質の物質量［mol］の中で，最も小さいものはどれか。ただし，(　)の中の数字は直前の物質の原子量，分子量又は式量である。

① 0℃，1.013×10^5［Pa］の標準状態で14［L］の窒素（28）
② 10％塩化ナトリウム水溶液200［g］に含まれている塩化ナトリウム（58.5）
③ 3.0×10^{23}個の水分子（18）
④ 64［g］の銅（63.6）を空気中で加熱したときに消費される酸素（32）
⑤ 4.0［g］のメタン（16）を完全燃焼した際に生成する二酸化炭素（44）

Ⅰ-4-2

次の記述のうち，最も不適切なものはどれか。ただし，いずれも常温・常圧下であるものとする。

① 酢酸は弱酸であり，炭酸の酸性度はそれより弱く，フェノールは炭酸より弱酸である。
② 水酸化ナトリウム，水酸化カリウム，水酸化カルシウム，水酸化バリウムは水に溶けて強塩基性を示す。
③ 炭酸カルシウムに希塩酸を加えると，二酸化炭素を発生する。
④ 塩化アンモニウムと水酸化カルシウムの混合物を加熱すると，アンモニアを発生する。
⑤ 塩酸及び酢酸の0.1［mol/L］水溶液は同一のpHを示す。

Ⅰ-4-3

金属材料の腐食に関する次の記述のうち，最も適切なものはどれか。

① 腐食とは，力学的作用によって表面が逐次減量する現象である。
② 腐食は，局所的に生じることはなく，全体で均一に生じる。
③ アルミニウムは表面に酸化物皮膜を形成することで不働態化する。
④ 耐食性のよいステンレス鋼は，鉄にニッケルを5%以上含有させた合金鋼と定義される。
⑤ 腐食の速度は，材料の使用環境温度には依存しない。

Ⅰ-4-4

金属の変形や破壊に関する次の(A)～(D)の記述の，［　　］に入る語句の組合せとして，最も適切なものはどれか。

(A)金属の塑性は，［ア］が存在するために原子の移動が比較的容易で，また，移動後も結合が切れないことによるものである。
(B)結晶粒径が［イ］なるほど，金属の降伏応力は大きくなる。
(C)多くの 金属は室温下では変形が進むにつれて格子欠陥が増加し，［ウ］する。
(D)疲労破壊とは，［エ］によって引き起こされる破壊のことである。

	ア	イ	ウ	エ
①	自由電子	小さく	加工軟化	繰返し負荷
②	自由電子	小さく	加工硬化	繰返し負荷
③	自由電子	大きく	加工軟化	経年腐食
④	同位体	大きく	加工硬化	経年腐食
⑤	同位体	小さく	加工軟化	繰返し負荷

I-4-5

☑☑☑

生物の元素組成は地球表面に存在する非生物の元素組成とは著しく異なっている。すなわち，地殻に存在する約100種類の元素のうち，生物を構成するのはごくわずかな元素である。細胞の化学組成に関する次の記述のうち，最も不適切なものはどれか。

① 水は細菌細胞の重量の約70%を占める。
② 細胞を構成する総原子数の99%を主要4元素（水素，酸素，窒素，炭素）が占める。
③ 生物を構成する元素の組成比はすべての生物でよく似ており，生物体中の総原子数の60%以上が水素原子である。
④ 細胞内の主な有機小分子は，糖，アミノ酸，脂肪酸，ヌクレオチドである。
⑤ 核酸は動物細胞を構成する有機化合物の中で最も重量比が大きい。

I-4-6

☑☑☑

タンパク質の性質に関する次の記述のうち，最も適切なものはどれか。

① タンパク質は，20種類のαアミノ酸がペプチド結合という非共有結合によって結合した高分子である。
② タンパク質を構成するアミノ酸はほとんどがD体である。
③ タンパク質の一次構造は遺伝子によって決定される。
④ タンパク質の高次構造の維持には，アミノ酸の側鎖同士の静電的結合，水素結合，ジスルフィド結合などの非共有結合が重要である。
⑤ フェニルアラニン，ロイシン，バリン，トリプトファンなどの非極性アミノ酸の側鎖はタンパク質の表面に分布していることが多い。

5群　環境・エネルギー・技術に関するもの

（全6問題から3問題を選択解答）

Ⅰ-5-1

「持続可能な開発目標（SDGs）」に関する次の記述のうち，最も不適切なものはどれか。

① 「ミレニアム開発目標（MDGs）」の課題を踏まえ，2015年9月に国連で採択された「持続可能な開発のための2030アジェンダ」の中核となるものである。

② 今後，経済発展が進む途上国を対象として持続可能な開発に関する目標を定めたものであり，環境，経済，社会の三側面統合の概念が明確に打ち出されている。

③ 17のゴールと各ゴールに設定された169のターゲットから構成されており，「ミレニアム開発目標（MDGs）」と比べると，水，持続可能な生産と消費，気候変動，海洋，生態系・森林など，環境問題に直接関係するゴールが増えている。

④ 目標達成のために，多種多様な関係主体が連携・協力する「マルチステークホルダー・パートナーシップ」を促進することが明記されている。

⑤ 日本では，内閣に「持続可能な開発目標（SDGs）推進本部」が設置され，2016年12月に「持続可能な開発目標（SDGs）実施指針」が決定されている。

Ⅰ-5-2

事業者が行う環境に関連する活動に関する次の記述のうち，最も適切なものはどれか。

① グリーン購入とは，製品の原材料や事業活動に必要な資材を購入する際に，バイオマス（木材などの生物資源）から作られたものを優先的に購入することをいう。

② 環境報告書とは，大気汚染物質や水質汚濁物質を発生させる一定規模以上の装置の設置状況を，事業者が毎年地方自治体に届け出る報告書をいう。

③ 環境会計とは，事業活動における環境保全のためのコストやそれによって得られた効果を金額や物量で表す仕組みをいう。

平成30年度
基礎科目

④　環境監査とは，事業活動において環境保全のために投資した経費が，税法上適切に処理されているかどうかについて，公認会計士が監査することをいう。

⑤　ライフサイクルアセスメントとは，企業の生産設備の周期的な更新の機会をとらえて，その設備の環境への影響の評価を行うことをいう。

I-5-3

☑☑☑

石油情勢に関する次の記述の，［　　］に入る数値又は語句の組合せとして，最も適切なものはどれか。

日本で消費されている原油はそのほとんどを輸入に頼っているが，財務省貿易統計によれば輸入原油の中東地域への依存度（数量ベース）は2017年で約［ア］％と高く，その大半は同地域における地政学的リスクが大きい［イ］海峡を経由して運ばれている。

また，同年における最大の輸入相手国は［ウ］である。石油及び石油製品の輸入金額が，日本の総輸入金額に占める割合は，2017年には約［エ］％である。

	ア	イ	ウ	エ
①	67	マラッカ	クウェート	12
②	67	ホルムズ	サウジアラビア	32
③	87	ホルムズ	サウジアラビア	12
④	87	マラッカ	クウェート	32
⑤	87	ホルムズ	クウェート	12

Ⅰ-5-4

☑☑☑

我が国を対象とする，これからのエネルギー利用に関する次の記述のうち，最も不適切なものはどれか。

① 電力の利用効率を高めたり，需給バランスを取ったりして，電力を安定供給するための新しい電力送配電網のことをスマートグリッドという。スマートグリッドの構築は，再生可能エネルギーを大量導入するために不可欠なインフラの1つである。

② スマートコミュニティとは，ICT（情報通信技術）や蓄電池などの技術を活用したエネルギーマネジメントシステムを通じて，分散型エネルギーシステムにおけるエネルギー需給を総合的に管理・制御する社会システムのことである。

③ スマートハウスとは，省エネ家電や太陽光発電，燃料電池，蓄電池などのエネルギー機器を組合せて利用する家のことをいう。

④ スマートメーターは，家庭のエネルギー管理システムであり，家庭用蓄電池や次世代自動車といった「蓄電機器」と，太陽光発電，家庭用燃料電池などの「創エネルギー機器」の需給バランスを最適な状態に制御する。

⑤ スマートグリッド，スマートコミュニティ，スマートハウス，スマートメーターなどで用いられる「スマート」は「かしこい」の意である。

I-5-5

☑☑☑

次の（ア）～（オ）の，社会に大きな影響を与えた科学技術の成果を，年代の古い順から並べたものとして，最も適切なものはどれか。

（ア）フリッツ・ハーバーによるアンモニアの工業的合成の基礎の確立
（イ）オットー・ハーンによる原子核分裂の発見
（ウ）アレクサンダー・グラハム・ベルによる電話の発明
（エ）ハインリッヒ・R・ヘルツによる電磁波の存在の実験的な確認
（オ）ジェームズ・ワットによる蒸気機関の改良

① ウ － エ － オ － イ － ア
② ウ － オ － ア － エ － イ
③ オ － ウ － エ － ア － イ
④ オ － エ － ウ － イ － ア
⑤ ア － オ － ウ － エ － イ

I-5-6

☑☑☑

技術者を含むプロフェッション（専門職業）やプロフェッショナル（専門職業人）の倫理や責任に関する次の記述のうち，最も不適切なものはどれか。

① プロフェッショナルは自らの専門知識と業務にかかわる事柄について，一般人よりも 高い基準を満たすよう期待されている。
② 倫理規範はプロフェッションによって異なる場合がある。
③ プロフェッショナルには，自らの能力を超える仕事を引き受けてはならないことが道徳的に義務付けられている。
④ プロフェッショナルの行動規範は変化する。
⑤ プロフェッショナルは，職務規定の中に規定がない事柄については責任を負わなくてよい。

問題　適性科目

II　次の15問題を解答せよ。(解答欄に1つだけマークすること。)

II-1

技術士法第4章に関する次の記述の, [　　] に入る語句の組合せとして, 最も適切なものはどれか。

技術士法第4章　技術士等の義務
(信用失墜行為の [ア])
第44条　技術士又は技術士補は, 技術士若しくは技術士補の信用を傷つけ, 又は技術士及び技術士補全体の不名誉となるような行為をしてはならない。
(技術士等の秘密保持 [イ])
第45条　技術士又は技術士補は, 正当の理由がなく, その業務に関して知り得た秘密を漏らし, 又は盗用してはならない。技術士又は技術士補でなくなった後においても, 同様とする。
(技術士等の [ウ] 確保の [エ])
第45条の2　技術士又は技術士補は, その業務を行うに当たっては, 公共の安全, 環境の保全その他の [ウ] を害することのないよう努めなければならない。
(技術士の名称表示の場合の [イ])
第46条　技術士は, その業務に関して技術士の名称を表示するときは, その登録を受けた技術部門を明示してするものとし, 登録を受けていない技術部門を表示してはならない。
(技術士補の業務の [オ] 等)
第47条　技術士補は, 第2条第1項に規定する業務について技術士を補助する場合を除くほか, 技術士補の名称を表示して当該業務を行ってはならない。
2　前条の規定は, 技術士補がその補助する技術士の業務に関してする技術士補の名称の表示について準用する。
(技術士の資質向上の責務)
第47条の2　技術士は, 常に, その業務に関して有する知識及び技能の水準を向上させ, その他その資質の向上を図るよう努めなければならない。

	ア	イ	ウ	エ	オ
①	制限	責務	利益	義務	制約
②	禁止	義務	公益	責務	制限
③	禁止	義務	利益	責務	制約
④	禁止	責務	利益	義務	制限
⑤	制限	責務	公益	義務	制約

Ⅱ-2

☑☑☑

技術士及び技術士補は，技術士法第4章（技術士等の義務）の規定の遵守を求められている。次の（ア）～（オ）の記述について，第4章の規定に照らして適切でないものの数はどれか。

（ア）業務遂行の過程で与えられる営業機密情報は，発注者の財産であり，技術士等はその守秘義務を負っているが，当該情報を基に独自に調査して得られた情報の財産権は，この限りではない。

（イ）企業に属している技術士等は，顧客の利益と公衆の利益が相反した場合には，所属している企業の利益を最優先に考えるべきである。

（ウ）技術士等の秘密保持義務は，所属する組織の業務についてであり，退職後においてまでその制約を受けるものではない。

（エ）企業に属している技術士補は，顧客がその専門分野能力を認めた場合は，技術士補の名称を表示して主体的に業務を行ってよい。

（オ）技術士は，その登録を受けた技術部門に関しては，充分な知識及び技能を有しているので，その登録部門以外に関する知識及び技能の水準を重点的に向上させるよう努めなければならない。

① 1　② 2　③ 3　④ 4　⑤ 5

II-3

「技術士の資質向上の責務」は，技術士法第47条2に「技術士は，常に，その業務に関して有する知識及び技能の水準を向上させ，その他その資質の向上を図るよう努めなければならない。」と規定されているが，海外の技術者資格に比べて明確ではなかった。このため，資格を得た後の技術士の資質向上を図るためのCPD（Continuing Professional Development）は，法律で責務と位置づけられた。

技術士制度の普及，啓発を図ることを目的とし，技術士法により明示された我が国で唯一の技術士による社団法人である公益社団法人日本技術士会が掲げる「技術士CPDガイドライン第3版（平成29年4月発行）」において，［　　］に入る語句の組合せとして，最も適切なものはどれか。

技術士CPDの基本

技術業務は，新たな知見や技術を取り入れ，常に高い水準とすべきである。また，継続的に技術能力を開発し，これが証明されることは，技術者の能力証明としても意義があることである。

［ア］は，技術士個人の［イ］としての業務に関して有する知識及び技術の水準を向上させ，資質の向上に資するものである。

従って，何が［ア］となるかは，個人の現在の能力レベルや置かれている［ウ］によって異なる。

［ア］の実施の［エ］については，自己の責任において，資質の向上に寄与したと判断できるものを［ア］の対象とし，その実施結果を［エ］し，その証しとなるものを保存しておく必要がある。

（中略）

技術士が日頃従事している業務，教職や資格指導としての講義など，それ自体は［ア］とはいえない。しかし，業務に関連して実施した「［イ］としての能力の向上」に資する調査研究活動等は，［ア］活動であるといえる。

平成30年度

適性科目

	ア	イ	ウ	エ
①	継続学習	技術者	環境	記録
②	継続学習	専門家	環境	記載
③	継続研鑽	専門家	立場	記録
④	継続学習	技術者	環境	記載
⑤	継続研鑽	専門家	立場	記載

II-4

さまざまな工学系学協会が会員や学協会自身の倫理性向上を目指し，倫理綱領や倫理規程等を制定している。それらを踏まえた次の記述のうち，最も不適切なものはどれか。

① 技術者は，倫理綱領や倫理規程等に抵触する可能性がある場合，即時，無条件に情報を公開しなければならない。

② 技術者は，知識や技能の水準を向上させるとともに資質の向上を図るために，組織内のみならず，積極的に組織外の学協会などが主催する講習会などに参加するよう努めることが望ましい。

③ 技術者は，法や規制がない場合でも，公衆に対する危険を察知したならば，それに対応する責務がある。

④ 技術者は，自らが所属する組織において，倫理にかかわる問題を自由に話し合い，行動できる組織文化の醸成に努める。

⑤ 技術者に必要な資質能力には，専門的学識能力だけでなく，倫理的行動をとるために必要な能力も含まれる。

Ⅱ-5

次の記述は，日本のある工学系学会が制定した行動規範における，［前文］の一部である。［　　］に入る語句の組合せとして，最も適切なものはどれか。

会員は，専門家としての自覚と誇りをもって，主体的に［ア］可能な社会の構築に向けた取組みを行い，国際的な平和と協調を維持して次世代，未来世代の確固たる［イ］権を確保することに努力する。また，近現代の社会が幾多の苦難を経て獲得してきた基本的人権や，産業社会の公正なる発展の原動力となった知的財産権を擁護するため，その基本理念を理解するとともに，諸権利を明文化した法令を遵守する。

会員は，自らが所属する組織が追求する利益と，社会が享受する利益との調和を図るように努め，万一双方の利益が相反する場合には，何よりも人類と社会の［ウ］，［エ］および福祉を最優先する行動を選択するものとする。そして，広く国内外に眼を向け，学術の進歩と文化の継承，文明の発展に寄与し，［オ］な見解を持つ人々との交流を通じて，その責務を果たしていく。

	ア	イ	ウ	エ	オ
①	持続	生存	安全	健康	同様
②	持続	幸福	安定	安心	同様
③	進歩	幸福	安定	安心	同様
④	持続	生存	安全	健康	多様
⑤	進歩	幸福	安全	安心	多様

II-6

☑☑☑

ものづくりに携わる技術者にとって，知的財産を理解することは非常に大事なことである。知的財産の特徴の1つとして，「もの」とは異なり「財産的価値を有する情報」であることが挙げられる。情報は，容易に模倣されるという特質を持っており，しかも利用されることにより消費されるということがないため，多くの者が同時に利用することができる。こうしたことから知的財産権制度は，創作者の権利を保護するため，元来自由利用できる情報を，社会が必要とする限度で制限する制度ということができる。

次に示す（ア）～（ケ）のうち，知的財産権に含まれないものの数はどれか。

（ア）特許権（「発明」を保護）
（イ）実用新案権（物品の形状等の考案を保護）
（ウ）意匠権（物品のデザインを保護）
（エ）著作権（文芸，学術，美術，音楽，プログラム等の精神的作品を保護）
（オ）回路配置利用権（半導体集積回路の回路配置の利用を保護）
（カ）育成者権（植物の新品種を保護）
（キ）営業秘密（ノウハウや顧客リストの盗用など不正競争行為を規制）
（ク）商標権（商品・サービスに使用するマークを保護）
（ケ）商号（商号を保護）

① 0　② 1　③ 2　④ 3　⑤ 4

Ⅱ-7

近年，企業の情報漏洩に関する問題が社会的現象となっており，営業秘密等の漏洩は企業にとって社会的な信用低下や顧客への損害賠償等，甚大な損失を被るリスクがある。営業秘密に関する次の（ア）～（エ）の記述について，正しいものは○，誤っているものは×として，最も適切な組合せはどれか。

（ア）営業秘密は現実に利用されていることに有用性があるため，利用されることによって，経費の節約，経営効率の改善等に役立つものであっても，現実に利用されていない情報は，営業秘密に該当しない。

（イ）営業秘密は公然と知られていない必要があるため，刊行物に記載された情報や特許として公開されたものは，営業秘密に該当しない。

（ウ）情報漏洩は，現職従業員や中途退職者，取引先，共同研究先等を経由した多数のルートがあり，近年，サイバー攻撃による漏洩も急増している。

（エ）営業秘密には，設計図や製法，製造ノウハウ，顧客名簿や販売マニュアルに加え，企業の脱税や有害物質の垂れ流しといった反社会的な情報も該当する。

	ア	イ	ウ	エ
①	○	○	○	×
②	×	○	×	×
③	○	○	×	○
④	×	×	○	○
⑤	×	○	○	×

II-8

☑☑☑

2004年，公益通報者を保護するために，公益通報者保護法が制定された。公益通報には，事業者内部に通報する内部通報と行政機関及び企業外部に通報する外部通報としての内部告発とがある。企業不祥事を告発することは，企業内のガバナンスを引き締め，消費者や社会全体の利益につながる側面を持っているが，同時に，企業の名誉・信用を失う行為として懲戒処分の対象となる側面も持っている。

公益通報者保護法に関する次の記述のうち，最も不適切なものはどれか。

① 公益通報者保護法が保護する公益通報は，不正の目的ではなく，労務提供先等について「通報対象事実」が生じ，又は生じようとする旨を，「通報先」に通報することである。

② 公益通報者保護法は，保護要件を満たして「公益通報」した通報者が，解雇その他の不利益な取扱を受けないようにする目的で制定された。

③ 公益通報者保護法が保護する対象は，公益通報した労働者で，労働者には公務員は含まれない。

④ 保護要件は，事業者内部（内部通報）に通報する場合に比較して，行政機関や事業者外部に通報する場合は，保護するための要件が厳しくなるなど，通報者が通報する通報先によって異なっている。

⑤ マスコミなどの外部に通報する場合は，通報対象事実が生じ，又は生じようとしていると信じるに足りる相当の理由があること，通報対象事実を通報することによって発生又は被害拡大が防止できることに加えて，事業者に公益通報したにもかかわらず期日内に当該通報対象事実について当該労務提供先等から調査を行う旨の通知がないこと，内部通報や行政機関への通報では危害発生や緊迫した危険を防ぐことができないなどの要件が求められる。

II-9

製造物責任法は，製品の欠陥によって生命・身体又は財産に被害を被ったことを証明した場合に，被害者が製造会社などに対して損害賠償を求めることができることとした民事ルールである。製造物責任法に関する次の（ア）～（カ）の記述のうち，不適切なものの数はどれか。

（ア）製造物責任法には，製品自体が有している特性上の欠陥のほかに，通常予見される使用形態での欠陥も含まれる。このため製品メーカーは，メーカーが意図した正常使用条件と予見可能な誤使用における安全性の確保が必要である。

（イ）製造物責任法では，製造業者が引渡したときの科学又は技術に関する知見によっては，当該製造物に欠陥があることを認識できなかった場合でも製造物責任者として責任がある。

（ウ）製造物の欠陥は，一般に製造業者や販売業者等の故意若しくは過失によって生じる。この法律が制定されたことによって，被害者はその故意若しくは過失を立証すれば，損害賠償を求めることができるようになり，被害者救済の道が広がった。

（エ）製造物責任法では，テレビを使っていたところ，突然発火し，家屋に多大な損害が及んだ場合，製品の購入から10年を過ぎても，被害者は欠陥の存在を証明ができれば，製造業者等へ損害の賠償を求めることができる。

（オ）この法律は製造物に関するものであるから，製造業者がその責任を問われる。他の製造業者に製造を委託して自社の製品としている，いわゆるOEM製品とした業者も含まれる。しかし輸入業者は，この法律の対象外である。

（カ）この法律でいう「欠陥」というのは，当該製造物に関するいろいろな事情（判断要素）を総合的に考慮して，製造物が通常有すべき安全性を欠いていることをいう。このため安全性にかかわらないような品質上の不具合は，この法律の賠償責任の根拠とされる欠陥には当たらない。

① 2　② 3　③ 4　④ 5　⑤ 6

II-10

2007年5月，消費者保護のために，身の回りの製品に関わる重大事故情報の報告・公表制度を設けるために改正された「消費生活用製品安全法（以下，消安法という。）」が施行された。さらに，2009年4月，経年劣化による重大事故を防ぐために，消安法の一部が改正された。消安法に関する次の（ア）～（エ）の記述について，正しいものは○，誤っているものは×として，最も適切な組合せはどれか。

（ア）消安法は，重大製品事故が発生した場合に，事故情報を社会が共有することによって，再発を防ぐ目的で制定された。重大製品事故とは，死亡，火災，一酸化炭素中毒，後遺障害，治療に要する期間が30日以上の重傷病をさす。

（イ）事故報告制度は，消安法以前は事業者の協力に基づく任意制度として実施されていた。消安法では製造・輸入事業者が，重大製品事故発生を知った日を含めて10日以内に内閣総理大臣（消費者庁長官）に報告しなければならない。

（ウ）消費者庁は，報告受理後，一般消費者の生命や身体に重大な危害の発生及び拡大を防止するために，1週間以内に事故情報を公表する。この場合，ガス・石油機器は，製品欠陥によって生じた事故でないことが完全に明白な場合を除き，また，ガス・石油機器以外で製品起因が疑われる事故は，直ちに，事業者名，機種・型式名，事故内容等を記者発表及びウェブサイトで公表する。

（エ）消安法で規定している「通常有すべき安全性」とは，合理的に予見可能な範囲の使用等における安全性で，絶対的な安全性をいうものではない。危険性・リスクをゼロにすることは不可能であるか著しく困難である。全ての商品に「危険性・リスク」ゼロを求めることは，新製品や役務の開発・供給を萎縮させたり，対価が高額となり，消費者の利便が損なわれることになる。

	ア	イ	ウ	エ
①	×	○	○	○
②	○	×	○	○
③	○	○	×	○
④	○	○	○	×
⑤	○	○	○	○

II-11

労働安全衛生法における安全並びにリスクに関する次の記述のうち，最も不適切なものはどれか。

① リスクアセスメントは，事業者自らが職場にある危険性又は有害性を特定し，災害の重篤度（危害のひどさ）と災害の発生確率に基づいて，リスクの大きさを見積もり，受け入れ可否を評価することである。

② 事業者は，職場における労働災害発生の芽を事前に摘み取るために，設備，原材料等や作業行動等に起因するリスクアセスメントを行い，その結果に基づいて，必要な措置を実施するように努めなければならない。なお，化学物質に関しては，リスクアセスメントの実施が義務化されている。

③ リスク低減措置は，リスク低減効果の高い措置を優先的に実施することが必要で，次の順序で実施することが規定されている。

(1) 危険な作業の廃止・変更等，設計や計画の段階からリスク低減対策を講じること

(2) インターロック，局所排気装置等の設置等の工学的対策

(3) 個人用保護具の使用

(4) マニュアルの整備等の管理的対策

④ リスク評価の考え方として，「ALARPの原則」がある。ALARPは，合理的に実行可能なリスク低減措置を講じてリスクを低減することで，リスク低減措置を講じることによって得られるメリットに比較して，リスク低減費用が著しく大きく合理性を欠く場合はそれ以上の低減対策を講じなくてもよいという考え方である。

⑤ リスクアセスメントの実施時期は，労働安全衛生法で次のように規定されている。

(1) 建築物を設置し，移転し，変更し，又は解体するとき

(2) 設備，原材料等を新規に採用し，又は変更するとき

(3) 作業方法又は作業手順を新規に採用し，又は変更するとき

(4) その他危険性又は有害性等について変化が生じ，又は生じるおそれがあるとき

II-12

☑☑☑

我が国では人口減少社会の到来や少子化の進展を踏まえ，次世代の労働力を確保するために，仕事と育児・介護の両立や多様な働き方の実現が急務となっている。

この仕事と生活の調和（ワーク・ライフ・バランス）の実現に向けて，職場で実践すべき次の（ア）～（コ）の記述のうち，不適切なものの数はどれか。

（ア）会議の目的やゴールを明確にする。参加メンバーや開催時間を見直す。必ず結論を出す。

（イ）事前に社内資料の作成基準を明確にして，必要以上の資料の作成を抑制する。

（ウ）キャビネットやデスクの整理整頓を行い，書類を探すための時間を削減する。

（エ）「人に仕事がつく」スタイルを改め，業務を可能な限り標準化，マニュアル化する。

（オ）上司は部下の仕事と労働時間を把握し，部下も仕事の進捗報告をしっかり行う。

（カ）業務の流れを分析した上で，業務分担の適正化を図る。

（キ）周りの人が担当している業務を知り，業務負荷が高いときに助け合える環境をつくる。

（ク）時間管理ツールを用いてスケジュールの共有を図り，お互いの業務効率化に協力する。

（ケ）自分の業務や職場内での議論，コミュニケーションに集中できる時間をつくる。

（コ）研修などを開催して，効率的な仕事の進め方を共有する。

① 0　② 1　③ 2　④ 3　⑤ 4

Ⅱ-13

環境保全に関する次の記述について，正しいものは○，誤っているものは×として，最も適切な組合せはどれか。

（ア）カーボン・オフセットとは，日常生活や経済活動において避けることができないCO_2等の温室効果ガスの排出について，まずできるだけ排出量が減るよう削減努力を行い，どうしても排出される温室効果ガスについて，排出量に見合った温室効果ガスの削減活動に投資すること等により，排出される温室効果ガスを埋め合わせるという考え方である。

（イ）持続可能な開発とは，「環境と開発に関する世界委員会」（委員長：ブルントラント・ノルウェー首相（当時））が1987年に公表した報告書「Our Common Future」の中心的な考え方として取り上げた概念で，「将来の世代の欲求を満たしつつ，現在の世代の欲求も満足させるような開発」のことである。

（ウ）ゼロエミッション（Zero emission）とは，産業により排出される様々な廃棄物・副産物について，他の産業の資源などとして再活用することにより社会全体として廃棄物をゼロにしようとする考え方に基づいた，自然界に対する排出ゼロとなる社会システムのことである。

（エ）生物濃縮とは，生物が外界から取り込んだ物質を環境中におけるよりも高い濃度に生体内に蓄積する現象のことである。特に生物が生活にそれほど必要でない元素・物質の濃縮は，生態学的にみて異常であり，環境問題となる。

	ア	イ	ウ	エ
①	×	○	○	○
②	○	×	○	○
③	○	○	×	○
④	○	○	○	×
⑤	○	○	○	○

平成30年度

適性科目

Ⅱ-14

☑☑☑

多くの事故の背景には技術者等の判断が関わっている。技術者として事故等の背景を知っておくことは重要である。事故後，技術者等の責任が刑事裁判でどのように問われたかについて，次に示す事例のうち，実際の判決と異なるものはどれか。

① 2006年，シンドラー社製のエレベーター事故が起き，男子高校生がエレベーターに挟まれて死亡した。この事故はメンテナンスの不備に起因している。裁判では，シンドラー社元社員の刑事責任はなしとされた。

② 2005年，JR福知山線の脱線事故があった。事故は電車が半径304mのカーブに制限速度を超えるスピードで進入したために起きた。直接原因は運転手のブレーキ使用が遅れたことであるが，当該箇所に自動列車停止装置（ATS）が設置されていれば事故にはならなかったと考えられる。この事故では，JR西日本の歴代3社長は刑事責任を問われ有罪となった。

③ 2004年，六本木ヒルズの自動回転ドアに6歳の男の子が頭を挟まれて死亡した。製造メーカーの営業開発部長は，顧客要求に沿って設計した自動回転ドアのリスクを十分に顧客に開示していないとして，森ビル関係者より刑事責任が重いとされた。

④ 2000年，大阪で低脂肪乳を飲んだ集団食中毒事件が起き，被害者は1万3000人を超えた。事故原因は，停電事故が起きた際に，脱脂粉乳の原料となる生乳をプラント中に高温のまま放置し，その間に黄色ブドウ球菌が増殖しエンテロトキシンAに汚染された脱脂粉乳を製造したためとされている。この事故では，工場関係者の刑事責任が問われ有罪となった。

⑤ 2012年，中央自動車道笹子トンネルの天井板崩落事故が起き，9名が死亡した。事故前の点検で設備の劣化を見抜けなかったことについて，「中日本高速道路」と保守点検を行っていた会社の社長らの刑事責任が問われたが，「天井板の構造や点検結果を認識しておらず，事故を予見できなかった」として刑事責任はなしとされた。

Ⅱ-14の問題は、選択肢のそれぞれの事例に関して、刑事裁判における判決内容を問うものであり、選択肢⑤の事例は不起訴処分とされ刑事裁判にあたらない事案であるとともに、試験日現在検察審査会に審査の申し立てがなされていることから、不適格な選択肢であったため不適切な出題と判断しました。

II-15

近年，さまざまな倫理促進の取組が，行為者の萎縮に繋がっているとの懸念から，行為者を鼓舞し，動機付けるような倫理の取組が求められている。このような動きについて書かれた次の文章において，[　　　]に入る語句の組合せのうち，最も適切なものはどれか。

国家公務員倫理規程は，国家公務員が，許認可等の相手方，補助金等の交付を受ける者など，国家公務員が[ア]から金銭・物品の贈与や接待を受けたりすることなどを禁止しているほか，割り勘の場合でも[ア]と共にゴルフや旅行など行うことを禁止しています。

しかし，このように倫理規程では公務員としてやってはいけないことを述べていますが，人事院の公務員倫理指導の手引では，倫理規程で示している倫理を「[イ]の公務員倫理」とし，「[ウ]の公務員倫理」として，「公務員としてやった方が望ましいこと」や「公務員として求められる姿勢や心構え」を求めています。

技術者倫理においても，同じような分類があり，狭義の公務員倫理として述べられているような，「～するな」という服務規律を典型とする倫理を「[エ]倫理（消極的倫理）」，広義の公務員倫理として述べられている「したほうがよいことをする」を[オ]倫理（積極的倫理）と分けて述べることがあります。技術者が倫理的であるためには，この2つの側面を認識し，行動することが必要です。

	ア	イ	ウ	エ	オ
①	利害関係者	狭義	広義	規律	自律
②	知人	狭義	広義	予防	自律
③	知人	広義	狭義	規律	志向
④	利害関係者	狭義	広義	予防	志向
⑤	利害関係者	広義	狭義	予防	自律

平成29年度　技術士第一次試験
〔基礎科目・適性科目〕

問題　基礎科目

次の1群～5群の全ての問題群からそれぞれ3問題，計15問題を選び解答せよ。（解答欄に1つだけマークすること。）

問題群	総問題数	選択問題数	ページ
1群　設計・計画に関するもの	6	3	310
2群　情報・論理に関するもの	6	3	315
3群　解析に関するもの	6	3	320
4群　材料・化学・バイオに関するもの	6	3	324
5群　環境・エネルギー・技術に関するもの	6	3	327

1群　設計・計画に関するもの

（全6問題から3問題を選択解答）

I-1-1

ある銀行に1台のATMがあり，このATMの1人当たりの処理時間は平均40秒の指数分布に従う。また，このATMを利用するために到着する利用者の数は1時間当たり平均60人のポアソン分布に従う。このとき，利用者がATMに並んでから処理が終了するまでの時間の平均値はどれか。

平均系内列長 ＝ 利用率÷（1 －利用率）
平均系内滞在時間 ＝ 平均系内列長÷到着率
利用率＝到着率 ÷ サービス率

① 60秒
② 75秒
③ 90秒
④ 105秒
⑤ 120秒

Ⅰ-1-2

次の（ア）～（ウ）に記述された安全係数を大きい順に並べる場合，最も適切なものはどれか。

（ア）航空機やロケットの構造強度の評価に用いる安全係数
（イ）クレーンの玉掛けに用いるワイヤロープの安全係数
（ウ）人間が摂取する薬品に対する安全係数

①　（ア）＞（イ）＞（ウ）
②　（イ）＞（ウ）＞（ア）
③　（ウ）＞（ア）＞（イ）
④　（ア）＞（ウ）＞（イ）
⑤　（ウ）＞（イ）＞（ア）

Ⅰ-1-3

工場の災害対策として設備投資をする際に，恒久対策を行うか，状況対応的対策を行うかの最適案を判断するために，図に示すデシジョンツリーを用いる。決定ノードは□，機会ノードは○，端末ノードは△で表している。端末ノードには損失額が記載されている。また括弧書きで記載された値は，その「状態」や「結果」が生じる確率である。

状況対応的対策を選んだ場合は，災害の状態S1，S2，S3がそれぞれ記載された確率で生起することが予想される。状態S1とS2においては，対応策として代替案A1若しくはA2を選択する必要がある。代替案A1を選んだ場合には，結果R1とR2が記載された確率で起こり，それぞれ損失額が異なる。期待総損失額を小さくする判断として，最も適切なものはどれか。

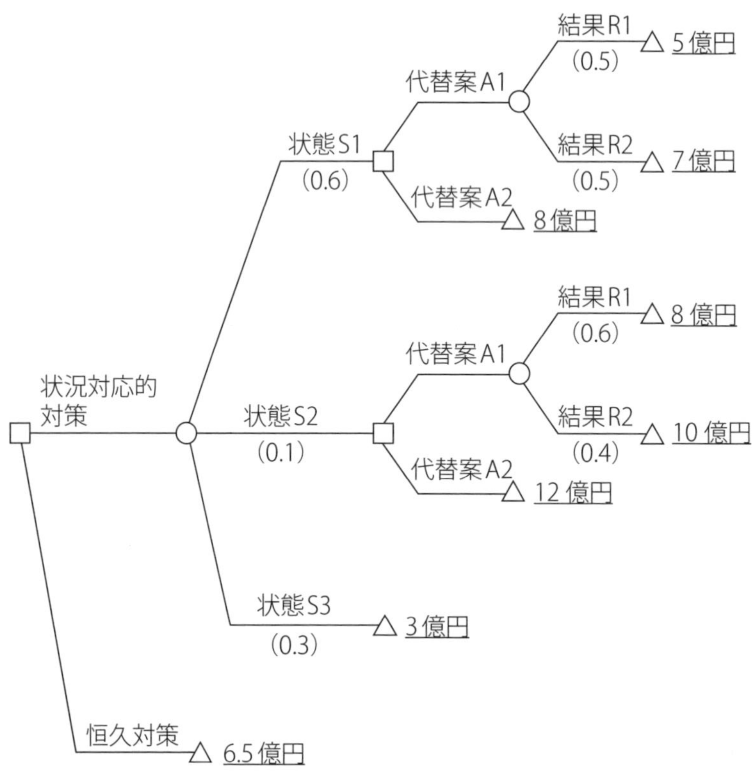

① 状況対応的対策の期待総損失額は4.5億円となり，状況対応的対策を採択する。
② 状況対応的対策の期待総損失額は5.4億円となり，状況対応的対策を採択する。
③ 状況対応的対策の期待総損失額は5.7億円となり，状況対応的対策を採択する。
④ 状況対応的対策の期待総損失額は6.6億円となり，恒久対策を採択する。
⑤ 状況対応的対策の期待総損失額は6.9億円となり，恒久対策を採択する。

I-1-4

材料の機械的特性に関する次の記述の，［　　］に入る語句の組合せとして，最も適切なものはどれか。

材料の機械的特性を調べるために引張試験を行う。特性を荷重と［ア］の線図で示す。材料に加える荷重を増加させると［ア］は一般的に増加する。荷重を取り除いたとき，完全に復元する性質を［イ］といい，き裂を生じたり分離はしないが，復元しない性質を［ウ］という。さらに荷重を増加させると，荷重は最大値をとり，材料はやがて破断する。この荷重の最大値は材料の強さを表す重要な値である。これを応力で示し［エ］と呼ぶ。

	ア	イ	ウ	エ
①	ひずみ	弾性	延性	疲労限
②	伸び	塑性	弾性	引張強さ
③	伸び	弾性	延性	疲労限
④	ひずみ	延性	塑性	破断強さ
⑤	伸び	弾性	塑性	引張強さ

I-1-5

設計者が製作図を作成する際の基本事項を次の（ア）～（オ）に示す。それぞれの正誤の組合せとして，最も適切なものはどれか。

（ア）工業製品の高度化，精密化に伴い，製品の各部品にも高い精度や互換性が要求されてきた。そのため最近は，形状の幾何学的な公差の指示が不要となってきている。

（イ）寸法記入は製作工程上に便利であるようにするとともに，作業現場で計算しなくても寸法が求められるようにする。

（ウ）車輪と車軸のように，穴と軸とが相はまり合うような機械の部品の寸法公差を指示する際に「はめあい方式」がよく用いられる。

（エ）図面は投影法において第二角法あるいは第三角法で描かれる。

（オ）図面には表題欄，部品欄，あるいは図面明細表が記入される。

	ア	イ	ウ	エ	オ
①	誤	正	正	誤	正
②	誤	正	正	正	誤
③	正	誤	正	誤	正
④	正	正	誤	正	誤
⑤	誤	誤	誤	正	正

I-1-6

構造物の耐力Rと作用荷重Sは材料強度のばらつきや荷重の変動などにより，確率変数として表される。いま，RとSの確率密度関数$f_R(r)$，$f_S(s)$が次のように与えられたとき，構造物の破壊確率として，最も近い値はどれか。

ただし，破壊確率は，$P_r\,[R<S]$で与えられるものとする。

$$f_R(r)=\begin{cases}0.2 & (18\leq r\leq 23)\\ 0 & (\text{その他})\end{cases}, \qquad f_S(s)=\begin{cases}0.1 & (10\leq s\leq 20)\\ 0 & (\text{その他})\end{cases}$$

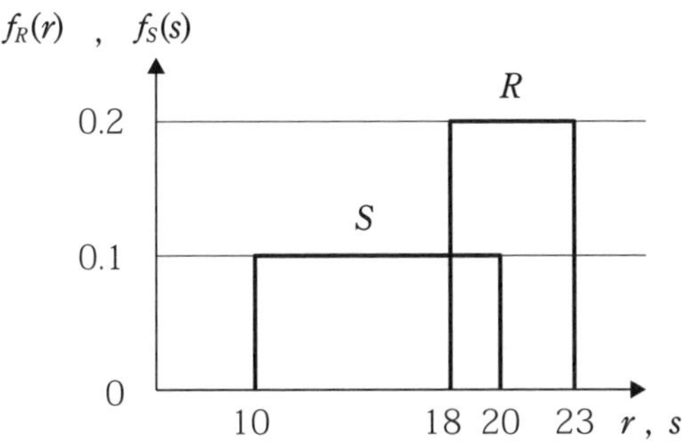

① 0.02　② 0.04　③ 0.08　④ 0.1　⑤ 0.2

2群　情報・論理に関するもの

（全6問題から3問題を選択解答）

Ⅰ-2-1

情報セキュリティを確保する上で，最も不適切なものはどれか。

① 添付ファイル付きのメールの場合，差出人のメールアドレスが知り合いのものであれば，直ちに添付ファイルを開いてもよい。
② 各クライアントとサーバにウィルス対策ソフトを導入する。
③ OSやアプリケーションの脆弱性に対するセキュリティ更新情報を定期的に確認し，最新のセキュリティパッチをあてる。
④ パスワードは定期的に変更し，過去に使用したものは流用しない。
⑤ 出所の不明なプログラムやUSBメモリを使用しない。

I-2-2

計算機内部では，数は0と1の組合せで表される。絶対値が2^{-126}以上2^{128}未満の実数を，符号部1文字，指数部8文字，仮数部23文字の合計32文字の0，1からなる単精度浮動小数表現として，次の手続き1～4によって変換する。

1. 実数を$\pm 2^{\alpha} \times (1+x)$，$0 \leqq x < 1$形に変形する。
2. 符号部1文字は符号が正(＋)のとき0，負(－)のとき1とする。
3. 指数部8文字は$\alpha + 127$の値を2進数に直した文字列とする。
4. 仮数部23文字はxの値を2進数に直したとき，小数点以下に表れる23文字分の0，1からなる文字列とする。

例えば，$-6.5 = -2^{2} \times (1+0.625)$なので，符号部は符号が負(－)より1，

指数部は$2+127=129=(10000001)_2$より10000001，

仮数部は$0.625 = \frac{1}{2} + \frac{1}{2^3} = (0.101)_2$より10100000000000000000000である。

したがって，実数－6.5は，

符号部1，指数部10000001，仮数部10100000000000000000000

と表現される。

実数13.0をこの方式で表現したとき，最も適切なものはどれか。

	符号部	指数部	仮数部
①	1	10000001	10010000000000000000000
②	1	10000010	10100000000000000000000
③	0	10000001	10010000000000000000000
④	0	10000010	10100000000000000000000
⑤	0	10000001	10100000000000000000000

I-2-3

2以上の自然数で1とそれ自身以外に約数を持たない数を素数と呼ぶ。Nを4以上の自然数とする。2以上$\sqrt{N}$ 以下の全ての自然数でNが割り切れないとき，Nは素数であり，そうでないとき，Nは素数でない。

例えば，$N = 11$の場合，$11 \div 2 = 5$余り1，$11 \div 3 = 3$余り2となり，

2以上$\sqrt{11} \fallingdotseq 3.317$以下の全ての自然数で割り切れないので11は素数である。このアルゴリズムを次のような流れ図で表した。流れ図中の（ア），（イ）に入る記述として，最も適切なものはどれか。

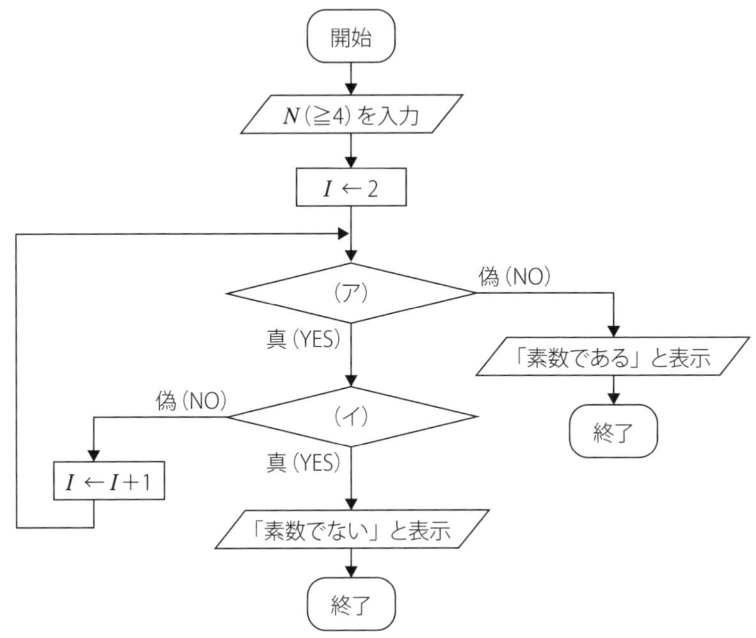

	ア	イ
①	$I \geqq \sqrt{N}$	IがNで割り切れる。
②	$I \geqq \sqrt{N}$	NがIで割り切れない。
③	$I \geqq \sqrt{N}$	NがIで割り切れる。
④	$I \leqq \sqrt{N}$	NがIで割り切れない。
⑤	$I \leqq \sqrt{N}$	NがIで割り切れる。

I-2-4

西暦年号がうるう年か否かの判定は次の(ア)〜(ウ)の条件によって決定する。うるう年か否かの判定を表現している決定表として，最も適切なものはどれか。

(ア) 西暦年号が4で割り切れない年はうるう年でない。
(イ) 西暦年号が100で割り切れて400で割り切れない年はうるう年でない。
(ウ) (ア)，(イ)以外のとき，うるう年である。

なお，決定表の条件部での"Y"は条件が真，"N"は条件が偽であることを表し，"—"は条件の真偽に関係ない又は論理的に起こりえないことを表す。動作部での"X"は条件が全て満たされたときその行で指定した動作の実行を表し，"—"は動作を実行しないことを表す。

①

条件部	西暦年号が4で割り切れる	N	Y	Y	Y
	西暦年号が100で割り切れる	—	N	Y	Y
	西暦年号が400で割り切れる	—	—	N	Y
動作部	うるう年と判定する	—	X	X	X
	うるう年でないと判定する	X	—	—	—

②

条件部	西暦年号が4で割り切れる	N	Y	Y	Y
	西暦年号が100で割り切れる	—	N	Y	Y
	西暦年号が400で割り切れる	—	—	N	Y
動作部	うるう年と判定する	—	—	X	X
	うるう年でないと判定する	X	X	—	—

③

条件部	西暦年号が4で割り切れる	N	Y	Y	Y
	西暦年号が100で割り切れる	—	N	Y	Y
	西暦年号が400で割り切れる	—	—	N	Y
動作部	うるう年と判定する	—	X	—	X
	うるう年でないと判定する	X	—	X	—

④ 条件部／動作部

条件部	西暦年号が4で割り切れる	N	Y	Y	Y
	西暦年号が100で割り切れる	−	N	Y	Y
	西暦年号が400で割り切れる	−	−	N	Y
動作部	うるう年と判定する	−	X	−	−
	うるう年でないと判定する	X	−	X	X

⑤ 条件部／動作部

条件部	西暦年号が4で割り切れる	N	Y	Y	Y
	西暦年号が100で割り切れる	−	N	Y	Y
	西暦年号が400で割り切れる	−	−	N	Y
動作部	うるう年と判定する	−	−	−	X
	うるう年でないと判定する	X	X	X	−

Ⅰ-2-5

次の式で表現できる数値列として，最も適切なものはどれか。

<数値列> ::= 01 | 0 <数値列> 1

ただし，上記式において，::= は定義を表し，| はORを示す。

① 111110　② 111000　③ 101010　④ 000111　⑤ 000001

Ⅰ-2-6

10,000命令のプログラムをクロック周波数2.0［GHz］のCPUで実行する。下表は，各命令の個数と，CPI（命令当たりの平均クロックサイクル数）を示している。このプログラムのCPU実行時間に最も近い値はどれか。

命令	個数	CPI
転送命令	3,500	6
算術演算命令	5,000	5
条件分岐命令	1,500	4

① 260ナノ秒　② 26マイクロ秒　③ 260マイクロ秒
④ 26ミリ秒　⑤ 260ミリ秒

3群　解析に関するもの

（全6問題から3問題を選択解答）

Ⅰ-3-1

導関数 $\frac{d^2u}{dx^2}$ の点x_iにおける差分表現として，最も適切なものはどれか。ただし，添え字iは格子点を表すインデックス，格子幅をhとする。

① $\frac{u_{i+1}-u_i}{h}$

② $\frac{u_{i+1}+u_i}{h}$

③ $\frac{u_{i+1}-2u_i+u_{i-1}}{2h}$

④ $\frac{u_{i+1}+2u_i+u_{i-1}}{h^2}$

⑤ $\frac{u_{i+1}-2u_i+u_{i-1}}{h^2}$

Ⅰ-3-2

ベクトルAとベクトルBがある。AをBに平行なベクトルPとBに垂直なベクトルQに分解する。すなわちA＝P＋Qと分解する。A＝(6, 5, 4)，B＝(1, 2, －1)とするとき，Qとして，最も適切なものはどれか。

①（1, 1, 3）　②（2, 1, 4）　③（3, 2, 7）　④（4, 1, 6）　⑤（5, －1, 3）

Ⅰ-3-3

材料が線形弾性体であることを仮定した構造物の応力分布を，有限要素法により解析するときの要素分割に関する次の記述のうち，最も不適切なものはどれか。

① 応力の変化が大きい部分に対しては，要素分割を細かくするべきである。

② 応力の変化が小さい部分に対しては，応力自体の大小にかかわらず要素分割の影響は小さい。

③ 要素分割の影響を見るため，複数の要素分割によって解析を行い，結果を比較することが望ましい。

④　粗い要素分割で解析した場合には常に変形は小さくなり応力は高めになるので，応力評価に関しては安全側である。

⑤　ある荷重に対して有効性が確認された要素分割でも，他の荷重に対しては有効とは限らない。

I-3-4

長さがL，抵抗がrの導線を複数本接続して，下図に示すような3種類の回路(a)，(b)，(c)を作製した。(a)，(b)，(c)の各回路におけるAB間の合成抵抗の大きさをそれぞれR_a，R_b，R_cとするとき，R_a，R_b，R_cの大小関係として，最も適切なものはどれか。ただし，導線の接合点で付加的な抵抗は存在しないものとする。

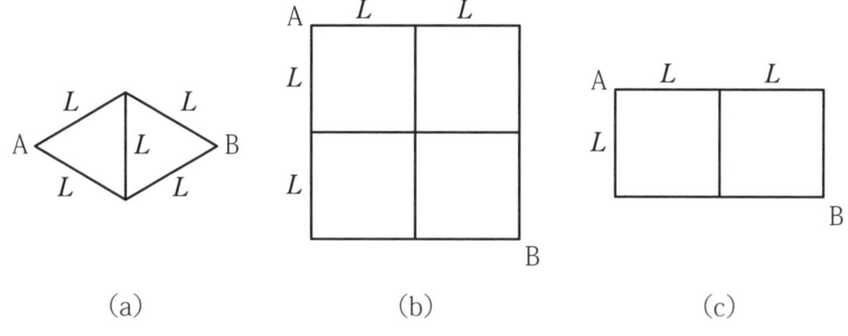

①　$R_a < R_b < R_c$

②　$R_a < R_c < R_b$

③　$R_c < R_a < R_b$

④　$R_c < R_b < R_a$

⑤　$R_b < R_a < R_c$

I-3-5

両端にヒンジを有する2つの棒部材ACとBCがあり，点Cにおいて鉛直下向きの荷重Pを受けている。棒部材ACの長さはLである。棒部材ACとBCの断面積はそれぞれA_1とA_2であり，縦弾性係数（ヤング係数）はともにEである。棒部材ACとBCに生じる部材軸方向の伸びをそれぞれδ_1とδ_2とするとき，その比（δ_1／δ_2）として，最も適切なものはどれか。なお，棒部材の伸びは微小とみなしてよい。

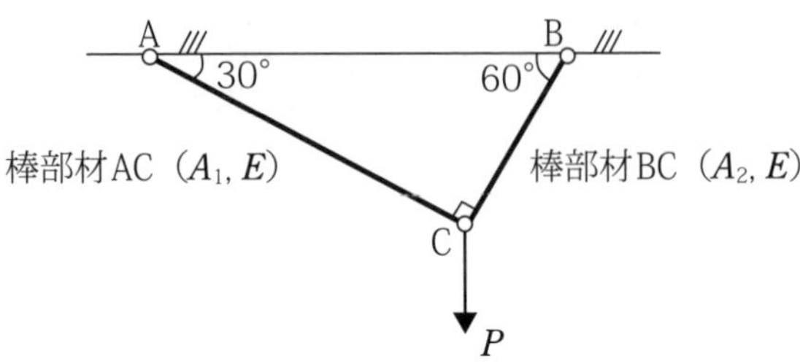

① $\dfrac{\delta_1}{\delta_2}=\dfrac{A_1}{A_2}$

② $\dfrac{\delta_1}{\delta_2}=\dfrac{\sqrt{3}A_1}{2A_2}$

③ $\dfrac{\delta_1}{\delta_2}=\dfrac{A_2}{A_1}$

④ $\dfrac{\delta_1}{\delta_2}=\dfrac{\sqrt{3}A_2}{2A_1}$

⑤ $\dfrac{\delta_1}{\delta_2}=\dfrac{\sqrt{3}A_2}{A_1}$

Ⅰ-3-6

下図に示す，長さが同じで同一の断面積$4d^2$を有し，断面形状が異なる3つの単純支持のはり(a)，(b)，(c)のxy平面内の曲げ振動について考える。これらのはりのうち，最も小さい1次固有振動数を有するものとして，最も適切なものはどれか。ただし，はりは同一の等方性線形弾性体からなり，はりの断面は平面を保ち，断面形状は変わらず，また，はりに生じるせん断変形は無視する。

(a)

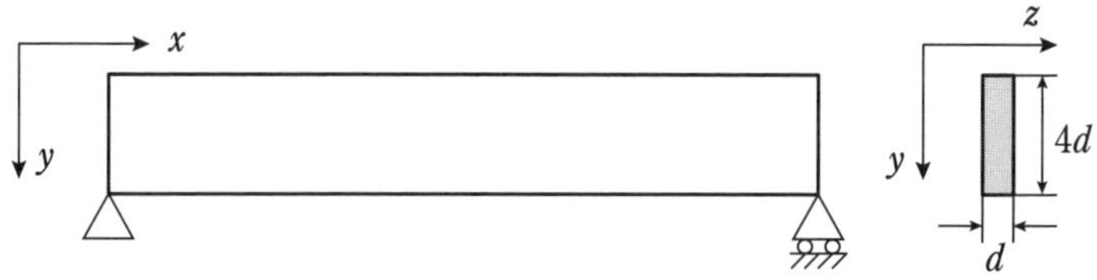

(b)

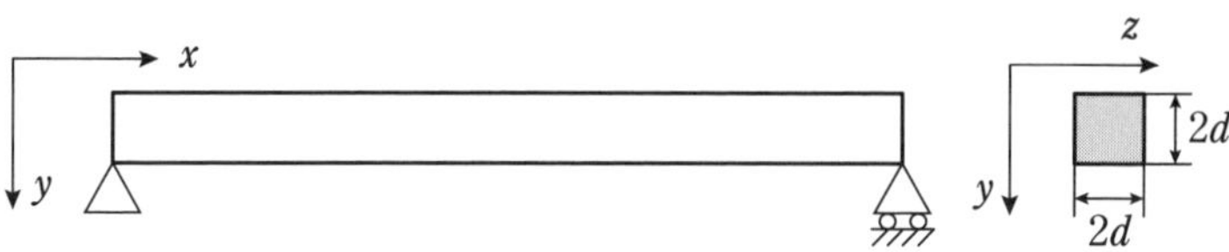

(c)

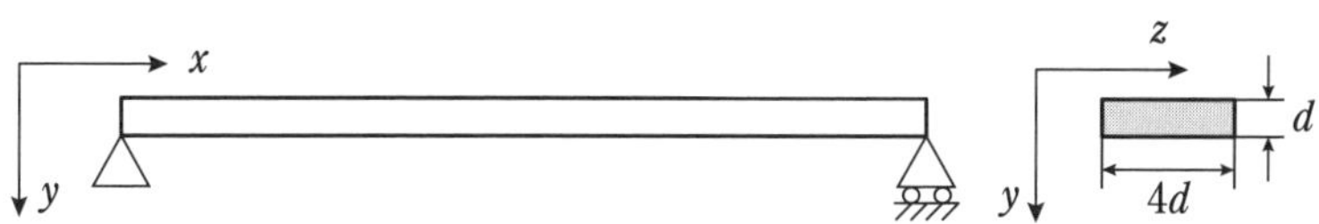

① (a)と(b)
② (b)と(c)
③ (a)のみ
④ (b)のみ
⑤ (c)のみ

4群　材料・化学・バイオに関するもの

（全6問題から3問題を選択解答）

I-4-1

ある金属イオン水溶液に水酸化ナトリウム水溶液を添加すると沈殿物を生じ，さらに水酸化ナトリウム水溶液を添加すると溶解した。この金属イオン種として，最も適切なものはどれか。

① Ag^{+}イオン　② Fe^{3+}イオン　③ Mg^{2+}イオン
④ Al^{3+}イオン　⑤ Cu^{2+}イオン

I-4-2

0.10 [mol] のNaCl，$C_6H_{12}O_6$（ブドウ糖），$CaCl_2$をそれぞれ1.0 [kg] の純水に溶かし，3種類の0.10 [mol/kg] 水溶液を作製した。これらの水溶液の沸点に関する次の記述のうち，最も適切なものはどれか。

① 3種類の水溶液の沸点はいずれも100 [℃] よりも低い。
② 3種類の水溶液の沸点はいずれも100 [℃] よりも高く，同じ値である。
③ 0.10 [mol/kg] のNaCl水溶液の沸点が最も低い。
④ 0.10 [mol/kg] の$C_6H_{12}O_6$（ブドウ糖）水溶液の沸点が最も高い。
⑤ 0.10 [mol/kg] の$CaCl_2$水溶液の沸点が最も高い。

I-4-3

材料の結晶構造に関する次の記述の，[　　] に入る語句の組合せとして，最も適切なものはどれか。

結晶は，単位構造の並進操作によって空間全体を埋めつくした構造を持っている。室温・大気圧下において，単体物質の結晶構造は，FeやNaでは [ア] 構造，AlやCuでは [イ] 構造，TiやZnでは [ウ] 構造である。単位構造の中に属している原子の数は，[ア] 構造では [エ] 個，[イ] 構造では4個，[ウ] 構造では2個である。

	ア	イ	ウ	エ
①	六方最密充填	面心立方	体心立方	3
②	面心立方	六方最密充填	体心立方	4
③	面心立方	体心立方	六方最密充填	2
④	体心立方	面心立方	六方最密充填	2
⑤	体心立方	六方最密充填	面心立方	4

I-4-4

下記の部品及び材料とそれらに含まれる主な元素の組合せとして，最も適切なものはどれか。

	乾電池負極材	光ファイバー	ジュラルミン	永久磁石
①	Zn	Si	Cu	Fe
②	Zn	Cu	Si	Fe
③	Fe	Si	Cu	Zn
④	Si	Zn	Fe	Cu
⑤	Si	Zn	Fe	Si

I-4-5

アミノ酸に関する次の記述の，［　　］に入る組合せとして，最も適切なものはどれか。

一部の特殊なものを除き，天然のタンパク質を加水分解して得られるアミノ酸は［ア］種類である。アミノ酸のα－炭素原子には，アミノ基と［イ］，そしてアミノ酸の種類によって異なる側鎖（R基）が結合している。R基に脂肪族炭化水素鎖や芳香族炭化水素鎖を持つロイシンやフェニルアラニンは［ウ］性アミノ酸である。グリシン以外のアミノ酸には光学異性体が存在するが，天然に主に存在するものは［エ］である。

	ア	イ	ウ	エ
①	20	カルボキシ基	疎水	L体
②	20	ヒドロキシ基	疎水	D体
③	30	カルボキシ基	親水	L体
④	30	カルボキシ基	疎水	D体
⑤	30	ヒドロキシ基	親水	L体

I-4-6

遺伝子組換え技術の開発はバイオテクノロジーを革命的に変化させ，ゲノムから目的の遺伝子を取り出して，直接DNA分子の構造を解析することを可能にした。遺伝子組換え技術に関する次の記述のうち，最も適切なものはどれか。

① ポリメラーゼ連鎖反応（PCR）では，一連の反応を繰り返すたびに二本鎖DNAを熱によって変性させなければならないので，熱に安定なDNAポリメラーゼを利用する。
② 遺伝子組換え技術により，大腸菌によるインスリン合成に成功したのは1990年代後半である。
③ DNAの断片はゲル電気泳動によって陰極に向かって移動し，大きさにしたがって分離される。
④ 6塩基の配列を識別する制限酵素EcoRIでゲノムDNAを切断すると，生じるDNA断片は正確に4^6塩基対の長さになる。
⑤ ヒトのゲノムライブラリーの全てのクローンは，肝臓のRNAから作製したcDNAライブラリーの中に見いだされる。

5群　環境・エネルギー・技術に関するもの
（全6問題から3問題を選択解答）

Ⅰ-5-1

環境管理に関する次のA～Dの記述について，それぞれの正誤の組合せとして，最も適切なものはどれか。

(A) ある製品に関する資源の採取から製造，使用，廃棄，輸送など全ての段階を通して環境影響を定量的かつ客観的に評価する手法をライフサイクルアセスメントという。
(B) 公害防止のために必要な対策をとったり，汚された環境を元に戻したりするための費用は，汚染物質を出している者が負担すべきという考え方を汚染者負担原則という。
(C) 生産者が製品の生産・使用段階だけでなく，廃棄・リサイクル段階まで責任を負うという考え方を拡大生産者責任という。
(D) 事業活動において環境保全のために投資した経費が，税法上適切に処理されているかどうかについて，公認会計士が監査することを環境監査という。

	A	B	C	D
①	正	正	正	誤
②	誤	誤	誤	正
③	誤	正	正	誤
④	正	正	誤	正
⑤	正	誤	誤	誤

Ⅰ-5-2

国連気候変動枠組条約第21回締約国会議（COP21）で採択されたパリ協定についての次の記述のうち，最も不適切なものはどれか。

① 温室効果ガスの排出削減目標を5年ごとに提出・更新することを義務付けることで，気候変動に対する適応策を積極的に推し進めることとした。
② 産業革命前からの地球の平均気温上昇を2［℃］より十分下方に抑えるとともに，1.5［℃］に抑える努力を追求することとした。

③　各国より提供された温室効果ガスの排出削減目標の実施・達成に関する情報について，専門家レビューを実施することとした。

④　我が国が提案した二国間オフセット・クレジット制度（JCM）を含む市場メカニズムの活用が位置づけられた。

⑤　途上国における森林減少及び森林劣化による温室効果ガス排出量を減少させる取組等について，実施及び支援するための行動をとることが奨励された。

Ⅰ-5-3

☑☑☑

天然ガスは，日本まで輸送する際に容積を少なくするため，液化天然ガス（LNG, Liquefied Natural Gas）の形で運ばれている。0［℃］，1気圧の天然ガスを液化すると体積は何分の1になるか，次のうち最も近い値はどれか。なお，天然ガスは全てメタン（CH_4）で構成される理想気体とし，LNGの密度は温度によらず425［kg/m^3］で一定とする。

①　1/1200　　②　1/1000　　③　1/800　　④　1/600　　⑤　1/400

Ⅰ-5-4

☑☑☑

我が国の近年の家庭のエネルギー消費に関する次の記述のうち，最も不適切なものはどれか。

①　全国総和の年間エネルギー消費量を用途別に見ると，約3割が給湯用のエネルギーである。

②　全国総和の年間エネルギー消費量を用途別に見ると，冷房のエネルギー消費量は暖房のエネルギー消費量の約10倍である。

③　全国総和の年間エネルギー消費量をエネルギー種別に見ると，約5割が電気である。

④　電気冷蔵庫，テレビ，エアコンなどの電気製品は，エネルギーの使用の合理化等に関する法律（省エネ法）に基づく「トップランナー制度」の対象になっており，エネルギー消費効率の基準値が設定されている。

⑤　全国総和の年間電力消費量のうち，約5%が待機時消費電力として失われている。

I-5-5

18世紀後半からイギリスで産業革命を引き起こす原動力となり，現代工業化社会の基盤を形成したのは，自動織機や蒸気機関などの新技術だった。これらの技術発展に関する次の記述のうち，最も不適切なものはどれか。

① 一見革命的に見える新技術も，多くは既存の技術をもとにして改良を積み重ねることで達成されたものである。
② 新技術の開発は，ヨーロッパ各地の大学研究者が主導したものが多く，産学協同の格好の例といえる。
③ 新技術の発展により，手工業的な作業場は機械で重装備された大工場に置き換えられていった。
④ 新技術のアイデアには，からくり人形や自動人形などの娯楽製品から転用されたものもある。
⑤ 新技術は生産効率を高めたが，反面で安い労働力を求める産業資本が成長し，長時間労働や児童労働などが社会問題化した。

I-5-6

科学史・技術史上著名な業績に関する次の記述のうち，最も不適切なものはどれか。

① アレッサンドロ・ボルタは，異種の金属と湿った紙で電堆（電池）を作り定常電流を実現した。
② アレクサンダー・フレミングは，溶菌酵素のリゾチームと抗生物質のペニシリンを発見した。
③ ヴィルヘルム・レントゲンは，陰極線の実験を行う過程で未知の放射線を発見しX線と名付けた。
④ グレゴール・メンデルは，エンドウマメの種子の色などの性質に注目し植物の遺伝の法則性を発見した。
⑤ トマス・エジソンは，交流電圧を用いて荷電粒子を加速するサイクロトロンを発明した。

問題　適性科目

II　次の15問題を解答せよ。（解答欄に1つだけマークすること。）

II-1

☑☑☑

技術士法第4章のに関する次の記述の，［　　］に入る語句の組合せとして，最も適切なものはどれか。

≪技術士法第4章　技術士等の義務≫

（信用失墜行為の禁止）

第44条　技術士又は技術士補は，技術士若しくは技術士補の信用を傷つけ，又は技術士及び技術士補全体の［ア］となるような行為をしてはならない。

（技術士等の秘密保持［イ］）

第45条　技術士又は技術士補は，正当の理由がなく，その業務に関して知り得た秘密を漏らし，又は［ウ］してはならない。技術士又は技術士補でなくなった後においても，同様とする。

（技術士等の［エ］確保の［オ］）

第45条の2　技術士又は技術士補は，その業務を行うに当たっては，公共の安全，環境の保全その他の［エ］を害することのないよう努めなければならない。

（技術士の名称表示の場合の［イ］）

第46条　技術士は，その業務に関して技術士の名称を表示するときは，その登録を受けた［カ］を明示してするものとし，登録を受けていない［カ］を表示してはならない。

（技術士補の業務の制限等）

第47条　技術士補は，第2条第1項に規定する業務について技術士を補助する場合を除くほか，技術士補の名称を表示して当該業務を行ってはならない。

2　前条の規定は，技術士補がその補助する技術士の業務に関してする技術士補の名称の表示について準用する。

（技術士の［キ］向上の［オ］）

第47条の2　技術士は，常に，その業務に関して有する知識及び技能の水準を向上させ，その他その［キ］の向上を図るよう努めなければならない。

	ア	イ	ウ	エ	オ	カ	キ
①	不名誉	義務	盗用	安全	責務	技術部門	能力
②	信用失墜	責務	盗作	公益	義務	技術部門	資質
③	不名誉	義務	盗用	公益	責務	技術部門	資質
④	不名誉	責務	盗作	公益	義務	専門部門	資質
⑤	信用失墜	義務	盗作	安全	責務	専門部門	能力

II−2

✓✓✓

技術士及び技術士補（以下「技術士等」という）は，技術士法第4章 技術士等の義務の規定の遵守を求められている。次の記述のうち，第4章の規定に照らして適切でないものの数はどれか。

（ア）技術士等は，関与する業務が社会や環境に及ぼす影響を予測評価する努力を怠らず，公衆の安全，健康，福祉を損なう，又は環境を破壊する可能性がある場合には，自己の良心と信念に従って行動する。

（イ）業務遂行の過程で与えられる情報や知見は，依頼者や雇用主の財産であり，技術士等は守秘の義務を負っているが，依頼者からの情報を基に独自で調査して得られた情報はその限りではない。

（ウ）技術士は，部下が作成した企画書を承認する前に，設計，製品，システムの安全性と信頼度について，技術士として責任を持つために自らも検討しなければならない。

（エ）依頼者の意向が技術士等の判断と異なった場合，依頼者の主張が安全性に対し懸念を生じる可能性があるときでも，技術士等は予想される可能性について指摘する必要はない。

（オ）技術士等は，その業務において，利益相反の可能性がある場合には，説明責任を重視して，雇用者や依頼者に対し，利益相反に関連する情報を開示する。

（カ）技術士は，自分の持つ専門分野の能力を最大限に発揮して業務を行わなくてはならない。また，専門分野外であっても，自分の判断で業務を進めることが求められている。

(キ) 技術士補は，顧客がその専門分野能力を認めた場合は，技術士に代わって主体的に業務を行い，成果を納めてよい。

① 0　② 1　③ 2　④ 3　⑤ 4

II-3

☑☑☑

あなたは，会社で材料発注の責任者をしている。作られている製品の売り上げが好調で，あなた自身もうれしく思っていた。しかしながら，予想を上回る売れ行きの結果，材料の納入が追いつかず，納期に遅れが出てしまう状況が発生した。こうした状況の中，納入業者の一人が，「一部の工程を変えることを許可してもらえるなら，材料をより早くかつ安く納入することができる」との提案をしてきた。この問題を考える上で重要な事項4つをどのような優先順位で考えるべきか。次の優先順位の組合せの中で最も適切なものはどれか。

	優先順位			
	1番	2番	3番	4番
①	納期	原価	品質	安全
②	安全	原価	品質	納期
③	安全	品質	納期	原価
④	品質	納期	安全	原価
⑤	品質	安全	原価	納期

II-4

職場におけるハラスメントは，労働者の個人としての尊厳を不当に傷つけるとともに，労働者の就業環境を悪化させ，能力の発揮を妨げ，また，企業にとっても，職場秩序や業務の遂行を阻害し，社会的評価に影響を与える問題である。職場のハラスメントに関する次の記述のうち，適切なものの数はどれか。

（ア）ハラスメントであるか否かについては，相手から意思表示がある場合に限る。

（イ）職場の同僚の前で，上司が部下の失敗に対し，「ばか」，「のろま」などの言葉を用いて大声で叱責する行為は，本人はもとより職場全体のハラスメントとなり得る。

（ウ）職場で，受け止め方によっては不満を感じたりする指示や注意・指導があったとしても，これらが業務の適正な範囲で行われている場合には，ハラスメントには当たらない。

（エ）ハラスメントの行為者となり得るのは，事業主，上司，同僚に限らず，取引先，顧客，患者及び教育機関における教員・学生等である。

（オ）上司が，長時間労働をしている妊婦に対して，「妊婦には長時間労働は負担が大きいだろうから，業務分担の見直しを行い，あなたの業務量を減らそうと思うがどうか」と相談する行為はハラスメントには該当しない。

（カ）職場のハラスメントにおいて，「職場内の優位性」とは職務上の地位などの「人間関係による優位性」を対象とし，「専門知識による優位性」は含まれない。

（キ）部下の性的指向（人の恋愛・性愛がいずれの性別を対象にするかをいう）又は性自認（性別に関する自己意識）を話題に挙げて上司が指導する行為は，ハラスメントになり得る。

①　1　　②　2　　③　3　　④　4　　⑤　5

II-5

我が国では平成26年11月に過労死等防止対策推進法が施行され，長時間労働対策の強化が喫緊の課題となっている。政府はこれに取組むため，「働き方の見直し」に向けた企業への働きかけ等の監督指導を推進している。労働時間，働き方に関する次の（ア）～（オ）の記述について，正しいものは○，誤っているものは×として，最も適切な組合せはどれか。

（ア）「労働時間」とは，労働者が使用者の指揮命令下に置かれている時間のことをいう。使用者の指示であっても，業務に必要な学習等を行っていた時間は含まれない。

（イ）「管理監督者」の立場にある労働者は，労働基準法で定める労働時間，休憩，休日の規定が適用されないことから，「管理監督者」として取り扱うことで，深夜労働や有給休暇の適用も一律に除外することができる。

（ウ）フレックスタイム制は，一定期間内の総労働時間を定めておき，労働者がその範囲内で各日の始業，終業の時刻を自らの意思で決めて働く制度をいう。

（エ）長時間労働が発生してしまった従業員に対して適切なメンタルヘルス対策，ケアを行う体制を整えることも事業者が講ずべき措置として重要である。

（オ）働き方改革の実施には，労働基準法の遵守にとどまらず働き方そのものの見直しが必要で，朝型勤務やテレワークの活用，年次有給休暇の取得推進の導入など，経営トップの強いリーダーシップが有効となる。

	ア	イ	ウ	エ	オ
①	○	○	○	×	○
②	○	×	×	○	○
③	×	×	○	○	○
④	×	×	○	○	×
⑤	×	○	×	○	○

II-6

あなたの職場では，情報セキュリティーについて最大限の注意を払ったシステムを構築し，専門の担当部署を設け，日々，社内全体への教育も行っている。5月のある日，あなたに倫理に関するアンケート調査票が添付された回答依頼のメールが届いた。送信者は職場倫理を担当している外部組織名であった。メール本文によると，回答者は職員からランダムに選ばれているとのことである。だが，このアンケートは，企業倫理月間（10月）にあわせて毎年行われており，あなたは軽い違和感を持った。対応として次の記述のうち，最も適切なものはどれか。

① 社内の担当部署に報告する。
② メールに書かれているアンケート担当者に連絡する。
③ しばらく様子をみて，再度違和感を持つことがあれば社内の担当部署に報告する。
④ アンケートに回答する。
⑤ 自分の所属している部署内のメンバーに違和感を伝え様子をみる。

II-7

昨今，公共性の高い施設や設備の建設においてデータの虚偽報告など技術者倫理違反の事例が後を絶たない。特にそれが新技術・新工法である場合，技術やその検査・確認方法が複雑化し，実用に当たっては開発担当技術者だけでなく，組織内の関係者の連携はもちろん，社外の技術評価機関や発注者，関連団体にもある一定の専門能力や共通の課題認識が必要となる。関係者の対応として次の記述のうち，最も適切なものはどれか。

① 現場の技術責任者は，計画と異なる事象が繰り返し生じていることを認識し，技術開発部署の担当者に電話相談した。新技術・新工法が現場に適用された場合によくあることだと説明を受け，担当者から指示された方法でデータを日常的に修正し，発注者に提出した。
② 支店の技術責任者は，現場責任者から品質トラブルの報告があったため，社内ルールに則り対策会議を開催した。高度な専門的知識を要する内容であったため，会社の当該技術に対する高い期待感を伝え，事情を知る現場サイドで対策を考え，解決後に支店へ報告するよう指示した。

③　対策会議に出席予定の品質担当者は，過去の経験から社内ガバナンスの甘さを問題視しており，トラブル発生時の対策フローは社内に存在するが，倫理観の欠如が組織内にあることを懸念して会議前日にトラブルを内部告発としてマスコミに伝えた。

④　技術評価機関や関連団体は，社会からの厳しい目が関係業界全体に向けられていることを強く認識し，再発防止策として横断的に連携して類似技術のトラブル事例やノウハウの共有，研修実施等の取組みを推進した。

⑤　公共工事の発注者は，社会的影響が大きいとしてすべての民間開発の新技術・新工法の採用を中止する決断をした。関連のすべての従来工法に対しても悪意ある巧妙な偽装の発生を前提として，抜き打ち検査などの立会検査を標準的に導入し，不正に対する抑止力を強化した。

Ⅱ-8

製造物責任法（平成7年7月1日施行）は，安全で安心できる社会を築く上で大きな意義を有するものである。製造物責任法に関する次の記述のうち，最も不適切なものはどれか。

①　製造物責任法は，製造物の欠陥により人の命，身体又は財産に関わる被害が生じた場合，その製造業者などが損害賠償の責任を負うと定めた法律である。

②　製造物責任法では，損害が製品の欠陥によるものであることを被害者（消費者）が立証すればよい。なお，製造物責任法の施行以前は，民法709条によって，損害と加害の故意又は過失との因果関係を被害者（消費者）が立証する必要があった。

③　製造物責任法では，製造物とは製造又は加工された動産をいう。

④　製造物責任法では，製品自体が有している品質上の欠陥のほかに，通常予見される使用形態での欠陥も含まれる。このため製品メーカーは，メーカーが意図した正常使用条件と予見可能な誤使用における安全性の確保が必要である。

⑤　製造物責任法では，製造業者が引渡したときの科学又は技術に関する知見によっては，当該製造物に欠陥があることを認識できなかった場合でも製造物責任者として責任がある。

Ⅱ-9

消費生活用製品安全法（以下，消安法）は，消費者が日常使用する製品によって起きるやけど等のケガ，死亡などの人身事故の発生を防ぎ，消費者の安全と利益を保護することを目的として制定された法律であり，製品事業者・輸入事業者からの「重大な製品事故の報告義務」，「消費者庁による事故情報の公表」，「特定の長期使用製品に対する安全点検制度」などが規定されている。消安法に関する次の記述のうち，最も不適切なものはどれか。

① 製品事故情報の収集や公表は，平成18年以前，事業者の協力に基づく「任意の制度」として実施されてきたが，類似事故の迅速な再発防止措置の難しさや行政による対応の遅れなどが指摘され，事故情報の報告・公表が義務化された。

② 消費生活用製品とは，消費者の生活の用に供する製品のうち，他の法律（例えば消防法の消火器など）により安全性が担保されている製品のみを除いたすべての製品を対象としており，対象製品を限定的に列記していない。

③ 製造事業者又は輸入事業者は，重大事故の範疇かどうか不明確な場合，内容と原因の分析を最優先して整理収集すれば，法定期限を超えて報告してもよい。

④ 重大事故が報告される中，長期間の使用に伴い生ずる劣化（いわゆる経年劣化）が事故原因と判断されるものが確認され，新たに「長期使用製品安全点検制度」が創設され，屋内式ガス瞬間湯沸器など計9品目が「特定保守製品」として指定されている。

⑤ 「特定保守製品」の製造又は輸入を行う事業者は，保守情報の1つとして，特定保守製品への設計標準使用期間及び点検期間の設定義務がある。

II-10

☑☑☑

ものづくりに携わる技術者にとって，知的財産を理解することは非常に大事なことである。知的財産の特徴の1つとして，「もの」とは異なり「財産的価値を有する情報」であることが挙げられる。情報は，容易に模倣されるという特質を持っており，しかも利用されることにより消費されるということがないため，多くの者が同時に利用することができる。こうしたことから知的財産権制度は，創作者の権利を保護するため，元来自由利用できる情報を，社会が必要とする限度で自由を制限する制度ということができる。

次の（ア）～（オ）のうち，知的財産権に含まれるものを○，含まれないものを×として，最も適切な組合せはどれか。

（ア）特許権（発明の保護）
（イ）実用新案権（物品の形状等の考案の保護）
（ウ）意匠権（物品のデザインの保護）
（エ）著作権（文芸，学術等の作品の保護）
（オ）営業秘密（ノウハウや顧客リストの盗用など不正競争行為の規制）

	ア	イ	ウ	エ	オ
①	○	○	○	○	○
②	○	○	○	○	×
③	○	○	○	×	○
④	○	○	×	○	○
⑤	○	×	○	○	○

II-11

☑☑☑

近年，世界中で環境破壊，貧困など様々な社会的問題が深刻化している。また，情報ネットワークの発達によって，個々の組織の活動が社会に与える影響はますます大きく，そして広がるようになってきている。このため社会を構成するあらゆる組織に対して，社会的に責任ある行動がより強く求められている。ISO26000には社会的責任の原則として「説明責任」，「透明性」，「倫理的な行動」などが記載されているが，社会的責任の原則として次の項目のうち，最も不適切なものはどれか。

① ステークホルダーの利害の尊重
② 法の支配の尊重
③ 国際行動規範の尊重
④ 人権の尊重
⑤ 技術ノウハウの尊重

II-12

技術者にとって安全確保は重要な使命の1つである。2014年に国際安全規格「ISO／IECガイド51」が改訂された。日本においても平成28年6月に労働安全衛生法が改正され施行された。リスクアセスメントとは，事業者自らが潜在的な危険性又は有害性を未然に除去・低減する先取り型の安全対策である。安全に関する次の記述のうち，最も不適切なものはどれか。

① 「ISO／IECガイド51（2014年改訂）」は安全の基本概念を示しており，安全は「許容されないリスクのないこと（受容できないリスクのないこと）」と定義されている。
② リスクアセスメントは事故の未然防止のための科学的・体系的手法のことである。リスクアセスメントを実施することによってリスクは軽減されるが，すべてのリスクが解消できるわけではない。この残っているリスクを「残留リスク」といい，残留リスクは妥当性を確認し文書化する。
③ どこまでのリスクを許容するかは，時代や社会情勢によって変わるものではない。
④ リスク低減対策は，設計段階で可能な限り対策を講じ，人間の注意の前に機械設備側の安全化を優先する。リスク低減方策の実施は，本質安全設計，安全防護策及び付加防護方策，使用上の情報の順に優先順位がつけられている。
⑤ 人は間違えるものであり，人が間違っても安全であるように対策を施すことが求められ，どうしてもハード対策ができない場合に作業者の訓練などの人による対策を考える。

Ⅱ-13

倫理問題への対処法としての功利主義と個人尊重主義は，ときに対立することがある。次の記述の，［　　］に入る語句の組合せとして，最も適切なものはどれか。

倫理問題への対処法としての「功利主義」とは，19世紀のイギリスの哲学者であるベンサムやミルらが主張した倫理学説で，「最大多数の最大幸福」を原理とする。倫理問題で選択肢がいくつかあるとき，そのどれが最大多数の最大幸福につながるかで優劣を判断する。しかしこの種の功利主義のもとでは，特定個人への［ア］が生じたり，個人の権利が制限されたりすることがある。一方，「個人尊重主義」の立場からは，個々人の権利はできる限り尊重すべきである。功利主義においては，特定の個人に犠牲を強いることになった場合には，個人尊重主義と対立することになる。功利主義のもとでの犠牲が個人にとって［イ］できるものかどうか。その確認の方法として，「黄金律」テストがある。黄金律とは，「自分の望むことを人にせよ」あるいは「自分の望まないことを人にするな」という教えである。自分がされた場合には憤慨するようなことを，他人にはしていないかチェックする「黄金律」テストの結果，自分としては損害を［イ］できないとの結論に達したならば，他の行動を考える倫理的必要性が高いとされる。また，重要なのは，たとえ「黄金律」テストで自分でも［イ］できる範囲であると判断された場合でも，次のステップとして「相手の価値観においてはどうだろうか」と考えることである。

以上のように功利主義と個人尊重主義とでは対立しうるが，権利にもレベルがあり，生活を維持する権利は生活を改善する権利に優先する。この場合の生活の維持とは，盗まれない権利，だまされない権利などまでを含むものである。また，［ウ］，［エ］に関する権利は最優先されなければならない。

	ア	イ	ウ	エ
①	不利益	無視	安全	人格
②	不道徳	許容	環境	人格
③	不利益	許容	安全	健康
④	不道徳	無視	環境	健康
⑤	不利益	許容	環境	人格

II-14

「STAP細胞」論文が大きな社会問題になり，科学技術に携わる専門家の研究や学術論文投稿に対する倫理が問われた。科学技術は倫理という暗黙の約束を守ることによって，社会からの信頼を得て進めることができる。研究や研究発表・投稿に関する研究倫理に関する次の記述のうち，不適切なものの数はどれか。

（ア）研究の自由は，科学や技術の研究者に社会から与えられた大きな権利であり，真理追究あるいは公益を目指して行われ，研究は，オリジナリティ（独創性）と正確さを追求し，結果への責任を伴う。

（イ）研究が科学的であるためには，研究結果の客観的な確認・検証が必要である。取得データなどに関する記録は保存しておかねばならない。データの捏造（ねつぞう），改ざん，盗用は許されない。

（ウ）研究費は，正しく善良な意図の研究に使用するもので，その使い方は公正で社会に説明できるものでなければならない。研究費は計画や申請に基づいた適正な使い方を求められ，目的外の利用や不正な操作があってはならない。

（エ）論文の著者は，研究論文の内容について応分の貢献をした人は共著者にする必要がある。論文の著者は，論文内容の正確さや有用性，先進性などに責任を負う。共著者は，論文中の自分に関係した内容に関して責任を持てばよい。

（オ）実験上多大な貢献をした人は，研究論文や報告書の内容や正確さを説明することが可能ではなくとも共著者になれる。

（カ）学術研究論文では先発表優先の原則がある。著者のオリジナルな内容であることが求められる。先人の研究への敬意を払うと同時に，自分のオリジナリティを確認し主張する必要がある。そのためには新しい成果の記述だけではなく，その課題の歴史・経緯，先行研究でどこまでわかっていたのか，自分の寄与は何であるのかを明確に記述する必要がある。

（キ）論文を含むあらゆる著作物は著作権法で保護されている。引用には，引用箇所を明示し，原著作者の名を参考文献などとして明記する。図表のコピーや引用の範囲を超えるような文章のコピーには著者の許諾を得ることが原則である。

①　0　　②　1　　③　2　　④　3　　⑤　4

Ⅱ-15

倫理的な意思決定を行うためのステップを明確に認識していることは，技術者としての道徳的自律性を保持し，よりよい解決策を見いだすためには重要である。同時に，非倫理的な行動を取るという過ちを避けるために，倫理的意思決定を妨げる要因について理解を深め，人はそのような倫理の落とし穴に陥りやすいという現実を自覚する必要がある。次の（ア）～（キ）に示す，倫理的意思決定に関る促進要因と阻害要因の対比のうち，不適切なものの数はどれか。

	促進要因	阻害要因
（ア）	利他主義	利己主義
（イ）	希望・勇気	失望・おそれ
（ウ）	正直・誠実	自己ぎまん
（エ）	知識・専門能力	無知
（オ）	公共的志向	自己中心的志向
（カ）	指示・命令に対する批判精神	指示・命令への無批判な受入れ
（キ）	依存的思考	自律的思考

① 0　② 1　③ 2　④ 3　⑤ 4

さくいん

※さくいんの「別」は別冊のページ数を表しています。

さくいん

さくいん

■そ

■た

■ち

■て

■と

さくいん

■へ

■ほ

■ま

■み

■め

■も

■や

さくいん

■ダウンロードについて

令和元年度再試験、平成24年度～平成28年度の「基礎科目」と「適性科目」の試験問題と解答・解説をダウンロードで提供しています。下記のURLからIDとパスワードを入力し、ダウンロードしてください。

URL: https://gihyo.jp/book/2024/978-4-297-14031-1/support/
ID：GJTS2024　　パスワード：G113041

ファイル形式はPDFです。PDFを開くときに下記のパスワードを入力してください。

パスワード：G113041

注意

・このサービスはインターネットからのみの提供となります。著者および出版社は印刷物としての提供は行っておりません。各自の責任でダウンロードし、印刷してご使用ください。
・ファイルの無断配布を禁止します。

■著者略歴

飯島　晃良（いいじま　あきら）　博士（工学）、技術士（機械部門）

日本大学理工学部　教授

学部4年時に技術士第一次試験合格。大学院修了後、富士重工業（現SUBARU）および日本大学で実務経験を積み、28歳で技術士第二次試験に合格。米国PE（Professional Engineer）試験合格。現在は、高効率エンジンの研究を行いながら、熱力学、内燃機関、伝熱工学、エネルギー変換工学、機械設計製図等の講義を担当。学内では、技術士第一次試験対策講座も担当。日本機械学会奨励賞、自動車技術会論文賞、日本燃焼学会論文賞、日本エネルギー学会進歩賞、SETC Best Paperなど受賞多数。

著書：

・『ボイラー技士の仕事が一番わかる』技術評論社（2023）

・『らくらく突破 乙種第1・2・3・5・6類 危険物取扱者 合格テキスト＋問題集 改訂新版』技術評論社（2023）

・『基礎から学ぶ内燃機関』森北出版（2022）　など

カバーデザイン●麒麟三隻館　花本浩一　　DTP ●株式会社 ウイリング

らくらく突破　2024年版
技術士第一次試験［基礎・適性科目］
過去問マスター解説集

2024年 4月 2日　初版　第1刷発行
2024年 8月 3日　初版　第2刷発行

著　者　飯島　晃良
発行者　片岡　巌
発行所　株式会社技術評論社
東京都新宿区市谷左内町21-13
電話　03-3513-6150 販売促進部
03-3513-6166 書籍編集部

印刷／製本　昭和情報プロセス株式会社

定価はカバーに表示してあります。

ISBN978-4-297-14031-1 C3050
Printed in Japan

■お問い合わせについて

ご質問前にp.2の「注意」をご確認ください。

本書に関するご質問は、FAXか書面でお願いします。**電話での直接のお問い合わせにはお答えできません**ので、あらかじめご了承ください。また、下記のWebサイトでも質問用のフォームを用意しておりますので、ご利用ください。

ご質問の際には、書名と該当ページ、返信先を明記してください。e-mailをお使いになられる方は、メールアドレスの併記をお願いします。

お送りいただいた質問は、場合によっては回答にお時間をいただくこともございます。なお、ご質問は本書に書いてあるもののみとさせていただきます。

■お問い合わせ先
〒162-0846
東京都新宿区市谷左内町21-13
株式会社技術評論社　書籍編集部
「らくらく突破 2024年版　技術士第一次試験［基礎・適性科目］過去問マスター解説集」係
FAX：03-3513-6183
Web：https://gihyo.jp/book

らくらく突破　2024年版

技術士第一次試験〔基礎・適性科目〕過去問マスター解説集

飯島　晃良【著】

解答・解説

技術評論社

取り外してお使いいただけます。→

目次

令和5年度　解答・解説　基礎科目

1群　設計・計画に関するもの

I-1-1　解答⑤

材料の強度　類似問題　–

鉄鋼（Steel）と炭素繊維強化プラスチック（CFRP）の材料特性比較に関する穴埋め問題です。強度、密度（軽量さ）、コストの観点からの材料選定を想定した設問ですが、鉄鋼とCFRPの強度、密度、価格は問題文に与えられているため、これらに関する知識が無くても解けるサービス問題です。

鉄鋼とCFRPの価格P、密度ρ、強度σはそれぞれ次の通りです。

価格：$P_{\mathrm{steel}} = 60$円/kg, $P_{\mathrm{CFRP}} = 16{,}000$円/kg

密度：$\rho_{\mathrm{steel}} = 7{,}900\ \mathrm{kg/m^3}$, $\rho_{\mathrm{CFRP}} = 1{,}600\ \mathrm{kg/m^3}$

強度：$\sigma_{\mathrm{steel}} = 400\ \mathrm{MPa}$, $\sigma_{\mathrm{CFRP}} = 2{,}000\ \mathrm{MPa}$

（ア）比強度S

材料を構造物などに利用する場合、引張強度等が高いことに加えて、軽い事が重要です。よって、強度が高いほど、そして密度が低いほど軽くて強い材料です。これを比強度Sと呼びます。

$$S = \frac{\sigma}{\rho}$$

よって、比強度は<u>（ア）強度を密度で割ったもの</u>です。

（イ）比強度の比較

鉄鋼とCFRPの比強度は、問題文に与えられている強度と密度を用いて計算できます。強度は、単位面積あたりに作用する力である応力で表示され、その単位$\mathrm{N/m^2}$をPaで示します。よって、$1\ \mathrm{MPa} = 1 \times 10^6\ \mathrm{Pa} = 1 \times 10^6\ \mathrm{N/m^2}$です。

＜鉄鋼の比強度S_{steel}＞

$$S_{\mathrm{steel}} = \frac{\sigma_{\mathrm{steel}}}{\rho_{\mathrm{steel}}} = \frac{400\ \mathrm{MPa}}{7900\ \mathrm{kg/m^3}} = \frac{400 \times 10^6\ \mathrm{Pa}}{7900\ \mathrm{kg/m^3}} = \frac{400 \times 10^6\ \mathrm{N/m^2}}{7900\ \mathrm{kg/m^3}}$$

$$= 51\ \mathrm{kN{\cdot}m/kg}$$

＜CFRPの比強度S_{CFRP}＞

$$S_{\mathrm{CFRP}} = \frac{\sigma_{\mathrm{CFRP}}}{\rho_{\mathrm{CFRP}}} = \frac{2000\ \mathrm{MPa}}{1600\ \mathrm{kg/m^3}} = \frac{2000 \times 10^6\ \mathrm{Pa}}{1600\ \mathrm{kg/m^3}} = \frac{2000 \times 10^6\ \mathrm{N/m^2}}{1600\ \mathrm{kg/m^3}}$$

$= 1250\ \mathrm{kN{\cdot}m/kg}$

よって、(イ)はCFRPです。

(ウ)比強度当たりの価格X

比強度当たりの価格は、問題文に与えられている価格Pを(イ)で求めた比強度で割ればよいので、次のようになります。

$$X_{\mathrm{steel}} = \frac{P_{\mathrm{steel}}}{S_{\mathrm{steel}}} = \frac{60}{51} = 1.2\ \text{円}/(\mathrm{kN{\cdot}m})$$

$$X_{\mathrm{CFRP}} = \frac{P_{\mathrm{CFRP}}}{S_{\mathrm{CFRP}}} = \frac{16000}{1250} = 12.8\ \text{円}/(\mathrm{kN{\cdot}m})$$

よって、CFRPの比強度当たりの価格は、鉄鋼のそれに比べて1桁大きい。

よって、(ウ)は約10倍となり、解答は⑤です。

I-1-2　解答④

材料の強度(座屈現象)

類似問題　令和元年度 I-1-4、平成28年度 I-1-3

材料の強度(材料力学、構造力学)における、座屈現象の問題です。

細長い棒や板に引張力をかけても容易には変形・破断しません。一方、圧縮力をかけていくと、引張力よりも低い力で急に曲げ形式の変形をします。このような現象を座屈といいます。細長い棒に圧縮力をかける場合、圧縮力が小さいうちは変形しませんが、圧縮力を徐々に大きくしていくと、ある限界値を超えると突然座屈します。

よって、解答は④です。

この問題は、座屈という用語を知っていれば、それ以外の空欄はイメージすれば経験的に分かります(例えば定規を圧縮するなどの状況をイメージする)。

I-1-3　解答 ③

材料の機械的特性（引張試験）　類似問題　平成29年度 I-1-4

引張試験に関する問題です。材料の引張試験では、試験片に引張荷重をかけ、荷重を徐々に変化させた際の荷重と(ア)伸びの関係を測定し、線図に表します。その後、材料のサイズの影響を排除するために、荷重を断面積で除した応力と、伸びを元の長さで除したひずみの関係（応力—ひずみ線図）に変換して解析をすることが行われます。荷重がある一定値以下であれば、荷重を取り除くと伸びが完全に復元します。この状態を(イ)弾性変形と呼びます。一方、荷重が弾性限度を超えると、荷重を取り除いても伸びが元に戻らず、復元しません。このような状態を(ウ)塑性変形といいます。材料が破断する荷重を元の断面積で割って公称応力で示した数値を(エ)引張強さといいます。

よって、解答は③です（重要ポイント総整理 第3群参照）。

I-1-4　解答 ④

システムの信頼度（2/3多数決冗長系）　類似問題　—

システムの信頼度の計算問題です。2/3多数決冗長系は、同じ機能をもつ3つの要素のうち、2つ以上が正常に動作している場合に系が正常に動作します。これは、直列システムと並列システムの中間的な信頼度を持つシステムです。

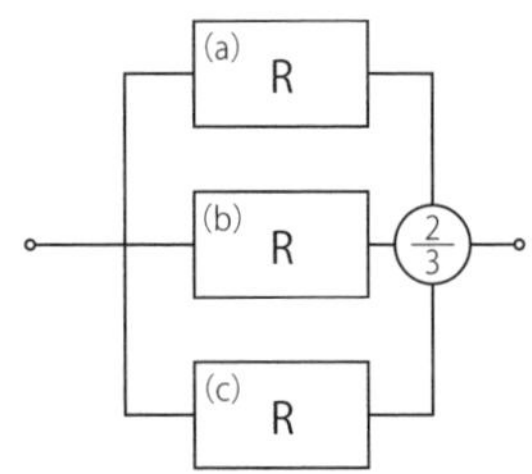

図　2/3多数決冗長系システム

同じ信頼度Rを持つ3つのシステムのうちの2つが機能していればよいため、その組み合わせは次のようになります。

<組合せ>

[1] 3つ全てが正常に機能している場合：　1通り

[2] 3つのうちの2つが機能している場合の組合せ：$_3C_2 = \frac{_3P_2}{2!} = \frac{3 \times 2}{2} = 3$通り

<信頼度>

[1] 3つ全てが正常に機能している場合

3つ全てが正常に機能するというのは、直列システムの信頼度と同じです。その信頼度は次のようになります。

$R_1 = R^3 = 0.7^3 = 0.343$

―[R]―[R]―[R]―

[2] 3つのうちの2つが正常に機能している場合

3つのうちの2つが機能し、1つが故障している場合の信頼度R_2は、2つの信頼度と1つの故障率（故障率F＝1－信頼度R）の積で表されます。

$R_2 = R^2 \times F = R^2 \times (1 - R) = 0.7^2 \times (1 - 0.7) = 0.147$

[2]は3通りの組み合わせがあるため、全体の信頼度R_{all}は次のようになります。

$R_{all} = R_1 + 3R_2 = 0.343 + 3 \times 0.147 = 0.784$

となります。まとめると以下の表になります。

	組合せ	要素（a）	要素（b）	要素（c）	信頼度
[1] 全てが正常	1	○	○	○	$R_1 = R^3$
[2] 2つが正常	${}_3C_2$	○	○	×	$R_2 = R^2 \times (1 - R)$
		○	×	○	
		×	○	○	

よって、解答は0.75以上0.8未満に該当し、④です。

Ⅰ-1-5　解答①

信頼性用語　類似問題　－

信頼性用語とその意味を問う問題です。各用語の意味を以下にまとめます。

用語	意味
フェールセーフ	故障時に、安全を保つことができるシステムの性質。
フェールソフト	故障状態にあるか、又は故障が差し迫る場合に、その影響を受ける機能を、優先順位を付けて徐々に終了することができるシステムの性質。
フールプルーフ	使用者が操作を誤っても事故や問題につながらないように、システムの信頼性及び安全性を保持する性質。

用語	意味
フォールトトレランス	システムにいくつかの障害（フォールト）が生じても、別の系統に切り替わるなどしてシステムが機能し続ける能力。
フォールトマスキング	あるフォールトが、他のフォールトの検出を妨げている状況。

参考：JIS Z 8115:2019　ディペンダビリティ（総合信頼性）用語

以上より、設問の（ア）はフェールセーフ、（イ）はフェールソフト、（ウ）はフールプルーフ、（エ）はフォールトトレランスの説明であり、解答は①です。

I-1-6　解答②

相関係数　類似問題　－

相関係数の性質に関する正誤問題です。

① ×　誤り。相関係数rの範囲は、-1＜r＜1ではなく、-1≦r≦1です。つまり、-1および1も含まれます。

② ○　正しい。相関係数0は無相関です。相関係数が1に近づくほど、強い正の相関、-1に近づくほど強い負の相関があります。

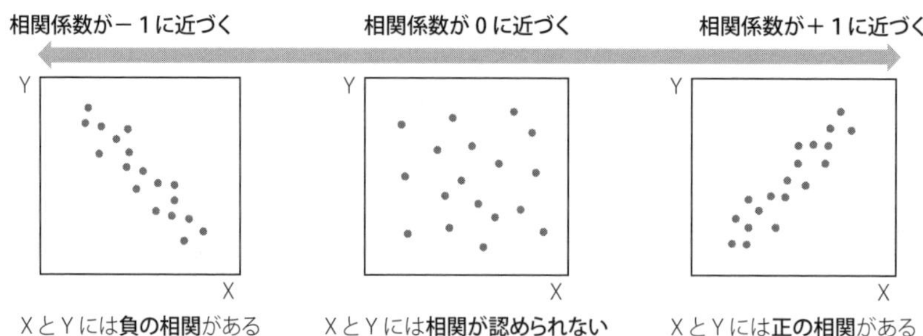

③ ×　誤り。独立とは、2つの事象それぞれについて、一方の変化が他方の変化に影響しないことです。無相関は、相関係数が0であることです。つまり、無相関は独立の必要条件ではありますが、十分条件ではありません。

④ ×　誤り。決定係数は、相関係数の2乗と等しくなります。相関係数は、2変数間の相関関係を表しますが、決定係数は、回帰式への当てはまりの度合いを表します。例えば、相関係数r＝0.80の事象は、比較的強い正の相関関係があると言えますが、この決定係数はr^2＝0.64であり、これが回帰直線

にどの程度当てはまっているかを表しています。相関係数が1や-1に近づくほど、決定係数も1に近づき、散布図が回帰直線上に集中してくることを意味します。

⑤ ×　誤り。相関係数の絶対値が大きいほど、2つの事象の関係が大きくなります（直線関係になる）。因果関係とは，「ある原因とそれによって生じる結果との関係」を指します。例えば、夏場の気温と氷の売り上げに正の相関があるとします。この場合、気温と売り上げには因果関係があります。相関係数の絶対値の大きさが変わっても、気温と氷の売り上げの因果関係があることには違いありません。よって、誤った記述です。

よって、解答は②です。

2群　情報・論理に関するもの

Ⅰ-2-1　解答①

情報セキュリティ　類似問題　－

情報セキュリティに関する正誤問題です。

① ○　正しい。設問の通りです。一般に、パスワードは定期的に変更したほうが安全ですが、それは「流出、解読」等のリスクがある場合です。つまり、十分に複雑で使いまわしの無いパスワードを設定した上で、パスワードの流出などの明らかに危険な事象が無い場合には、基本的にパスワードを変更する必要はありません。

② ×　誤り。PINコードは、4～6桁の数字からなるパスワードです。PINコードは、そもそも特定のデバイスに関連付けられています。つまり、その特定のハードウェアを持っていなければ、PINコードは役立ちません。総当たり攻撃で破られるというのは、外部からアクセスされるリスクがあるオンラインパスワードの場合です。

③ ×　誤り。例えば、本人の指紋の画像を用いて、第三者によって認証されてしまうなどのリスクがあります。

④ ×　誤り。二段階認証とは、2回の認証段階で認証をするものです。例えば、パスワードを入れた後に、生年月日入れるなどです。これは、「二段階認証であって一要素認証」に該当します。この場合、パスワードと生年月日が同時に流出する可能性があり、段階を増やしても認証が強固になるとは限

りません。「一段階認証で二要素認証」は、一段階で認証を行うものですが、その際、認証の三要素（「パスワードなどの知識要素」、「SMSやワンタイムパスワード等の所有者のみが持っている所有要素」、「指紋などの生体要素」）のなかの2つの要素を組み合わせて認証を行うものです。二要素認証の場合は、「パスワード」と「秘密の質問の答え」等の知識要素だけでは認証が成功せず、その人の「所有要素」や「生体要素」が必要となるため、より安全性が高いと言えます。

⑤ ×　誤り。WEP方式は、無線通信間での通信傍受を防ぐための方法に共通鍵暗号方式を用いています。この方式は、比較的容易に盗聴ができてしまうなどの脆弱性が指摘されています。そのため、WPA（Wi-Fi Protected Access）、WPA2などのより安全な暗号化方式を用いるのがよいとされています。

よって、解答は①です。

I-2-2　解答 ④

アルゴリズム（ユークリッドの互除法）　類似問題　平成26年度 I-2-2

ユークリッドの互除法によって最大公約数を求める方法のアルゴリズムに関する問題です。計算の流れは問題文に記されていますので、その通りにアルゴリズムを確認していけば良いです。まず、AをBで割った際の余りRがゼロになるまで繰り返すことから、R=0になったら計算は終わりで、R≠0の場合はループになります。よって、（ア）はR≠0、（イ）はR＝0であることが分かります。問題文からA＞Bであることは明らかなので、余りRがゼロになるときのBの値が最大公約数になります。したがって、（ウ）はBです。

例）A＝2001とB＝253の最大公約数を求めると、23になります。

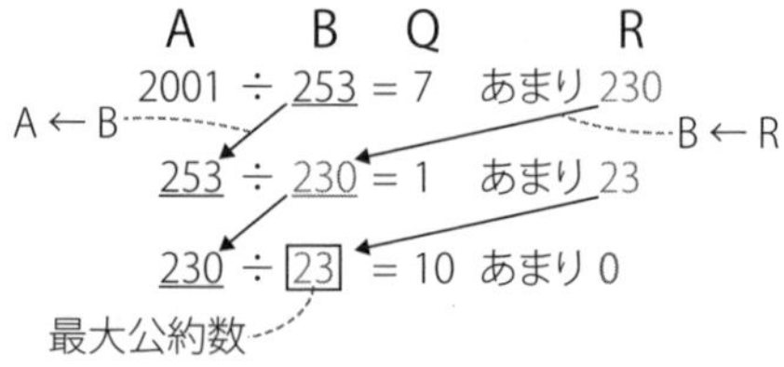

よって、解答は④です。

Ⅰ-2-3　解答⑤

国際書籍番号ISBN-13　類似問題　－

国際書籍番号ISBN-13の空白の数字を求める問題です。問題文に、ISBN-13の表示規則が説明されているため、その式に沿って計算すれば、ISBN-13に関する知識が無くても求めることができます。ここで、mod 10とは、対象の数字を「10で割った際の余り」を指します。

ISBN-13の13桁の数字 $a_{13}a_{12}a_{11}-a_{10}-a_9a_8a_7-a_6a_5a_4a_3a_2-a_1$　(1)

$a_{13}+3a_{12}+a_{11}+3a_{10}+a_9+3a_8+a_7+3a_6+a_5+3a_4+a_3+3a_2+a_1 \equiv 0 \pmod{10}$　(2)

Xの部分が読み取れない書籍のISBN-13：　978-4-103-34194-X　(3)

式(2)は、添え字が奇数の部分はそのままで、偶数の部分は3倍し、それらの和をとっています。

＜奇数の項＞

$a_{13}+a_{11}+a_9+a_7+a_5+a_3=9+8+1+3+4+9=34$

＜偶数の項＞

$3a_{12}+3a_{10}+3a_8+3a_6+3a_4+3a_2=3\times(7+4+0+3+1+4)=57$

よって、(2)式は次のようになります。

$34+57+a_1 \equiv 0 \pmod{10}$

つまり、34＋57＝91にa_1を足した数字のmod10が0になります。10で割って余りが0になる整数は、10の倍数(10, 20, 30…)です。よって、91に1桁の整数a_1を足して10の倍数にするには、91＋9＝100であることが分かります。

よって、$a_1=9$となり、解答は⑤です。

Ⅰ-2-4　解答①

情報(データ)の圧縮　類似問題　令和2年度Ⅰ-2-1

情報の圧縮に関する正誤問題です。情報の圧縮に関する正確な知識がない場合でも、日頃扱っているデータのファイル形式や一般常識を元に解答を絞り込める問題です。

① ×　誤り。データ圧縮は、情報源に関する知識がなくても実施できます。

② ○　正しい。設問の通りです。どのような圧縮方式であっても、限界を超えて圧縮することはできません。

③ ○　正しい。復号時に完全には復元できない圧縮方式を非可逆圧縮と呼びます。非可逆圧縮は、データを完全には復元できない代わりに、高い圧縮率をもつため、音声や映像ファイルの圧縮に用いられます。

④ ○　正しい。圧縮したデータを復号化する際に完全に復元できる圧縮方式を可逆圧縮と呼びます。テキストデータは、1ビットでも欠けると表すもの意味が異なってしまうため、可逆圧縮を用います。

⑤ ○　正しい。設問の通りです。JPEGの写真ファイル、MPEG動画などとして身近に用いられています。

よって、解答は①です。

I-2-5　解答①

論理演算　類似問題　－

論理演算に関する問題です。論理積と排他的論理和を用いた計算を行う問題です。問題文に、論理積と排他的論理和の説明が示されているため、排他的論理和の定義を忘れていたとしても解答できる問題です。論理積と排他的論理和は次のように示されます。

論理積（AND）の真理値表

A	B	A・B
0	0	0
0	1	0
1	0	0
1	1	1

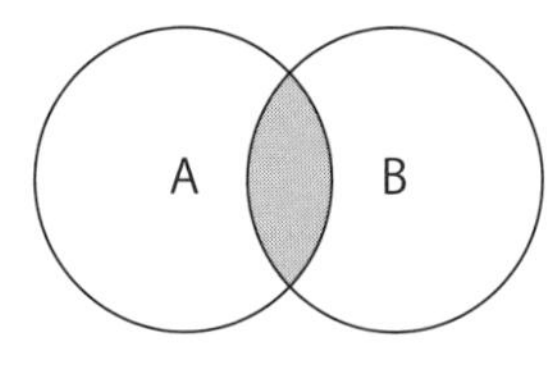

排他的論理和（XOR）の真理値表

A	B	A⊕B
0	0	0
0	1	1
1	0	1
1	1	0

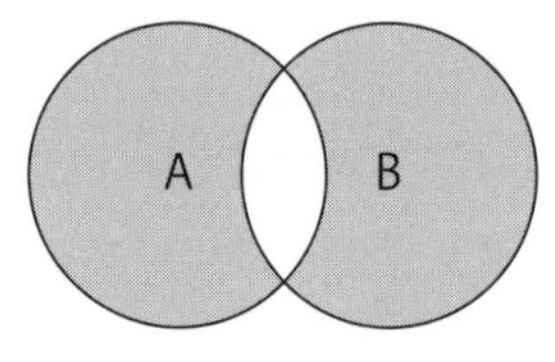

論理積は、AとBの双方が1のときのみ1となり、排他的論理和は、AとBの片方のみ1の時に1になることがポイントです。そのことは、問題文の例えにも示されています。

以上の考え方を元に、次の演算を順を追って行います。

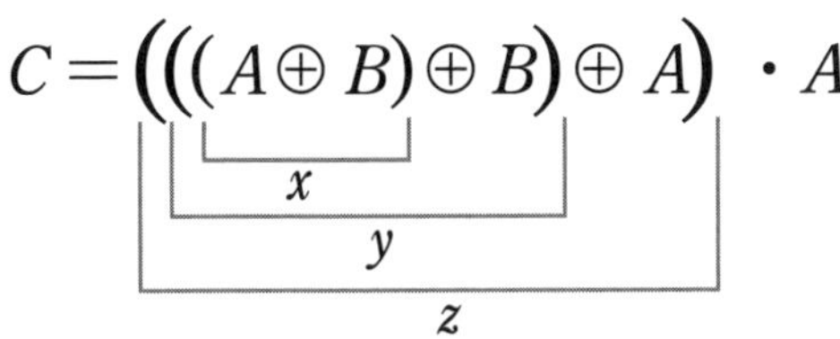

$x = A \oplus B$の演算（排他的論理和）

A	0	1	0	1	1	1	0	1
B	1	0	1	0	1	1	0	1
$x = A \oplus B$	1	1	1	1	0	0	0	0

$y = x \oplus B$の演算（排他的論理和）

x	1	1	1	1	0	0	0	0
B	1	0	1	0	1	1	0	1
$y = x \oplus B$	0	1	0	1	1	1	0	1

$z = y \oplus A$の演算（排他的論理和）

y	0	1	0	1	1	1	0	1
A	0	1	0	1	1	1	0	1
$z = y \oplus A$	0	0	0	0	0	0	0	0

この時点で$z = 00000000$となったため、$C = z \cdot A = 00000000$です。よって、解答は①です。

I-2-6　解答 ④

集合　　**類似問題**　平成30年度 I-2-6

集合に関する問題です。設問の内容をまとめると、以下の図のようになります。求めたいのは図の全体集合Vの数です。図より、A, B, Cの和集合（$A \cup B \cup C = 300 + 180 + 120 = 600$）から、重複している$A$と$B$、$A$と$C$、$B$と$C$の共通部分（積集合, $A \cap B$と$A \cap C$と$B \cap C$）を引きます。そうすると、A、B、Cの積集合（$A \cap B \cap C = 10$個）がなくなるため、それを加えます。

よって、全体集合Vは次のように算出されます。

$$V=\overline{A\cup B\cup C}+A\cup B\cup C-(A\cap B+A\cap C+B\cap \mathrm{C})+A\cap B\cap C$$
$$=400+600-(60+40+20)+10=890$$

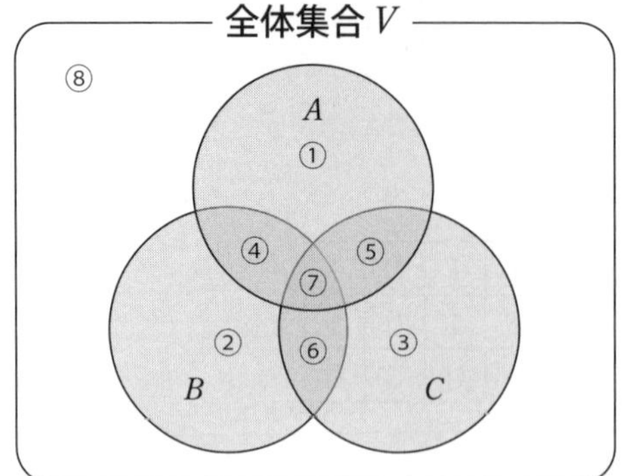

① Aの元：300個
② Bの元：180個
③ Cの元：120個
④ $A\cap B$の元：60個
⑤ $A\cap C$の元：40個
⑥ $B\cap C$の元：20個
⑦ $A\cap B\cap C$の元：10個
⑧ $\overline{A\cup B\cup C}$の元：400個

よって、解答は④です。

3群　解析に関するもの

I-3-1　解答 ④

逆行列　類似問題　平成30年度 I-3-3

正則な行列Aと逆行列A^{-1}をかけると単位行列Eになります。

$$\mathrm{AA}^{-1}=\mathrm{A}^{-1}\mathrm{A}=\mathrm{E}$$

$$\mathrm{A}=\begin{pmatrix} a_{11} & a_{12} & a_{13} \\ a_{21} & a_{22} & a_{23} \\ a_{31} & a_{32} & a_{33} \end{pmatrix},\quad \mathrm{A}^{-1}=\begin{pmatrix} x_1 & x_2 & x_3 \\ y_1 & y_2 & y_3 \\ z_1 & z_2 & z_3 \end{pmatrix}$$ とすると

$$\mathrm{AA}^{-1}=\begin{pmatrix} a_{11} & a_{12} & a_{13} \\ a_{21} & a_{22} & a_{23} \\ a_{31} & a_{32} & a_{33} \end{pmatrix}\begin{pmatrix} x_1 & x_2 & x_3 \\ y_1 & y_2 & y_3 \\ z_1 & z_2 & z_3 \end{pmatrix}=$$

$$\begin{pmatrix} a_{11}x_1+a_{12}y_1+a_{13}z_1 & a_{11}x_2+a_{12}y_2+a_{13}z_2 & a_{11}x_3+a_{12}y_3+a_{13}z_3 \\ a_{21}x_1+a_{22}y_1+a_{23}z_1 & a_{21}x_2+a_{22}y_2+a_{23}z_2 & a_{21}x_3+a_{22}y_3+a_{23}z_3 \\ a_{31}x_1+a_{32}y_1+a_{33}z_1 & a_{31}x_2+a_{32}y_2+a_{33}z_2 & a_{31}x_3+a_{32}y_3+a_{33}z_3 \end{pmatrix}=\begin{pmatrix} 1 & 0 & 0 \\ 0 & 1 & 0 \\ 0 & 0 & 1 \end{pmatrix}\cdots(1)$$

となります。次のような方法で逆行列を求めることができます。

[1] 選択肢に与えられている逆行列A^{-1}を用いて式(1)の計算を行い、$AA^{-1}=E$になるものを探す

その結果、次のように④が正解であることが分かります。(④以外はAA^{-1}が単位行列Eにならないことを確かめてみましょう。)

$$④\begin{pmatrix}1&0&0\\a&1&0\\b&c&1\end{pmatrix}\begin{pmatrix}1&0&0\\-a&1&0\\ac-b&-c&1\end{pmatrix}=\begin{pmatrix}1+0+0&0+0+0&0+0+0\\a-a+0&0+1+0&0+0+0\\b-ac+(ac-b)&c-c&0+0+1\end{pmatrix}$$

$$=\begin{pmatrix}1&0&0\\0&1&0\\0&0&1\end{pmatrix}$$

この方法は，最大で選択肢①～⑤までの5回計算をする必要がありますが、解答時間に余裕がある場合、確実に解を求めることができます。また、正しくない選択肢の場合、計算の途中で明らかに単位行列にならないものは除外できます。

[2] 逆行列を$A^{-1}=\begin{pmatrix}x_1&x_2&x_3\\y_1&y_2&y_3\\z_1&z_2&z_3\end{pmatrix}$とおいて単位行列になる行列を求める。

$$\begin{pmatrix}1&0&0\\a&1&0\\b&c&1\end{pmatrix}\begin{pmatrix}x_1&x_2&x_3\\y_1&y_2&y_3\\z_1&z_2&z_3\end{pmatrix}=\begin{pmatrix}x_1+0+0&x_2+0+0&x_3+0+0\\ax_1+y_1+0&ax_2+y_2+0&ax_3+y_3+0\\bx_1+cy_1+z_1&bx_2+cy_2+z_2&bx_3+cy_3+z_3\end{pmatrix}$$

$$=\begin{pmatrix}x_1&x_2&x_3\\ax_1+y_1&ax_2+y_2&ax_3+y_3\\bx_1+cy_1+z_1&bx_2+cy_2+z_2&bx_3+cy_3+z_3\end{pmatrix}\cdots(2)$$

式(2)が単位行列$E=\begin{pmatrix}1&0&0\\0&1&0\\0&0&1\end{pmatrix}$になる必要があります。よって、1行目から順に$x$、$y$、$z$を求めていきます。

$$\begin{pmatrix}x_1&x_2&x_3\\ax_1+y_1&ax_2+y_2&ax_3+y_3\\bx_1+cy_1+z_1&bx_2+cy_2+z_2&bx_3+cy_3+z_3\end{pmatrix}=\begin{pmatrix}1&0&0\\0&1&0\\0&0&1\end{pmatrix}$$

＜1行目＞

x_1、x_2、x_3は次のようになります。

$x_1=1$　$x_2=0$　$x_3=0$

＜2行目＞

2行1列目：$ax_1+y_1=0$において、$x_1=1$である。→$y_1=-a$

2行2列目：$ax_2+y_2=1$において、$x_2=0$である。→ $y_2=1$

2行3列目：$ax_3+y_3=0$において、$x_3=0$である。→ $y_3=0$

<3行目>

3行1列目：$bx_1+cy_1+z_1=0$において、$x_1=1$、$y_1=-a$である。

→ $z_1=ac-b$

3行2列目：$bx_2+cy_2+z_2=0$において、$x_2=0$、$y_2=1$である。→ $z_2=c$

3行3列目：$bx_3+cy_3+z_3=1$において、$x_3=0$、$y_3=0$である。→ $z_3=1$

よって、$A^{-1}=\begin{pmatrix}1 & 0 & 0\\ -a & 1 & 0\\ ac-b & -c & 1\end{pmatrix}$となり、解答は④です。

I-3-2　解答②

重積分　類似問題　−

二重積分を求める問題です。x、yの直交座標をr, θの極座標に変数変換をして積分をします。

問題に示されているyの領域$0\leq y\leq\sqrt{1-x^2}$は、$y^2=1-x^2$とすると$x^2+y^2=1$となる。これは、半径1の円の式です。yは0以上であること、xの領域$0\leq x\leq 1$であることから、これは図1に示すように円の第一象限部になります。

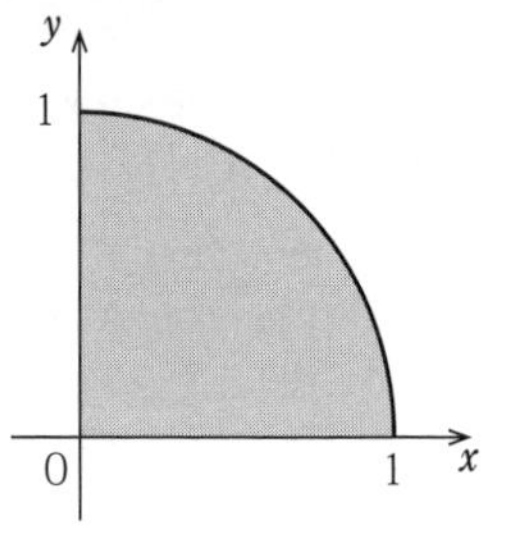

図1　領域Rの図示

x−y平面における微小領域$dxdy$を極座標表示にすると、図2のように$rd\theta$とdrの積なので$dxdy=rdrd\theta$になります※。

※ヤコビアン（重要ポイント総整理の第3群参照）を用いて変数変換をしても同じ結果が得られます。

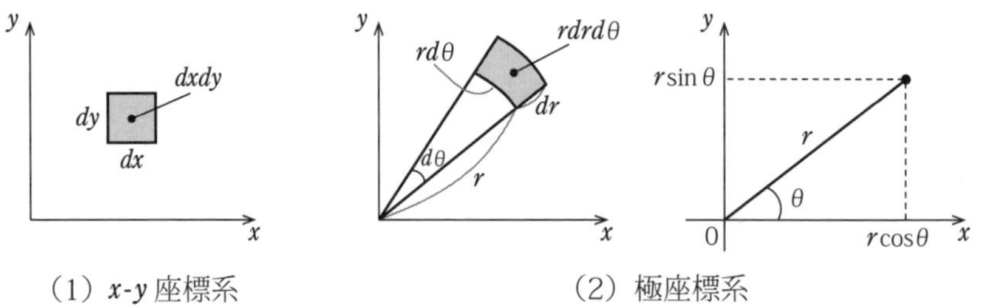

図2　極座標表示への変換

極座標表示に伴い、領域Rは次のようになります。

$0 \leq x \leq 1 \to 0 \leq r \leq 1$（半径0から$r$）

$0 \leq y \leq \sqrt{1-x^2} \to 0 \leq y \leq \frac{\pi}{2}$（図1に示す通り角度0からπ /2までの円弧）

$x = r\cos\theta$

$y = r\sin\theta$

以上を元に積分を行います。

$$\iint_R x\,dxdy = \int_0^{\frac{\pi}{2}}\left\{\int_0^1 r\cos\theta \cdot r dr\right\}d\theta = \int_0^{\frac{\pi}{2}}\left\{\int_0^1 r^2\cos\theta\, dr\right\}d\theta = \int_0^{\frac{\pi}{2}}\left[\frac{r^3}{3}\cos\theta\right]_0^1 d\theta$$

$$= \int_0^{\frac{\pi}{2}}\frac{1}{3}\cos\theta\, d\theta = \frac{1}{3}[\sin\theta]_0^{\frac{\pi}{2}} = \frac{1}{3}(1-0) = \frac{1}{3}$$

よって、解答は②です。

Ⅰ-3-3　解答 ①

数値解析の精度

類似問題　令和4年度Ⅰ-3-3、令和2年度Ⅰ-3-3

数値解析の方法や誤差に関する正誤問題です。

① ×　誤り。数値計算は、そもそも近似解法です。数値計算においては、桁落ち、情報落ち、丸め誤差等がつきものです。そのため、数学的に等価な式であっても、その計算結果は等しくなりません（誤差が生じます）。

② ○　正しい。設問の通りです。（重要ポイント総整理第2群を参照）

③ ○　正しい。設問の通りです。（重要ポイント総整理第2群を参照）

④ ○　正しい。連立一次方程式の数値解法には、ガウスの消去法、LU分解法、その他逆行列を求める以外の方法があります。

⑤ ○　正しい。有限要素法では、対象となる連続体を、有限の要素に分割して解析します。要素分割を細かくすることで、精度が向上していきます。

よって、解答は①です。

Ⅰ-3-4　解答 ⑤

材料力学（棒の伸び）

類似問題　平成30年度Ⅰ-3-6

引張を受ける棒ののびを求める問題です。応力、ひずみ、フックの法則を用いて解きます。弾性体に対するフックの法則によって、応力σ、縦弾性係数E、ひずみεの関係は、次のようにあらわされます。

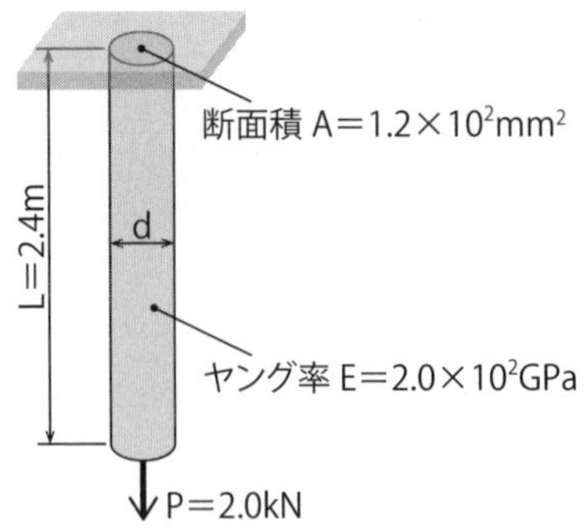

$$\sigma = E\varepsilon \qquad (1)$$

荷重Pを受ける断面積Aの材料にかかる応力は

$$\sigma = P / A \qquad (2)$$

となります。ひずみεの定義は、棒の伸びをΔL、元の長さをLとすれば

$$\varepsilon = \frac{\Delta L}{L} \qquad (3)$$

となります。

よって、式(1)、(2)、(3)から、

$$\frac{P}{A} = E\frac{\Delta L}{L}$$

$$\Delta L = \frac{PL}{EA} = \frac{2.0 \times 10^3 \times 2.4}{200 \times 10^9 \times 120 \times 10^{-6}} = 0.2 \times 10^{-3}\mathrm{m} = 0.2\mathrm{mm}$$

よって、解答は⑤です。この問題は、材料の引張に関する基礎的な内容ですが、選択肢には桁が異なる数値を並べているため、荷重P、断面積A、ヤング率Eの単位の換算を誤ると不正解になりやすい問題です。注意しましょう。

Ⅰ-3-5　解答②

剛体の運動方程式　類似問題　令和4年度Ⅰ-3-5

令和4年度に出題された問題の類似問題です。令和4年の問題に対して伝達効率1の変速機が取り付けられています。つまり、変速比を考慮してトルクを求めればよい問題です。

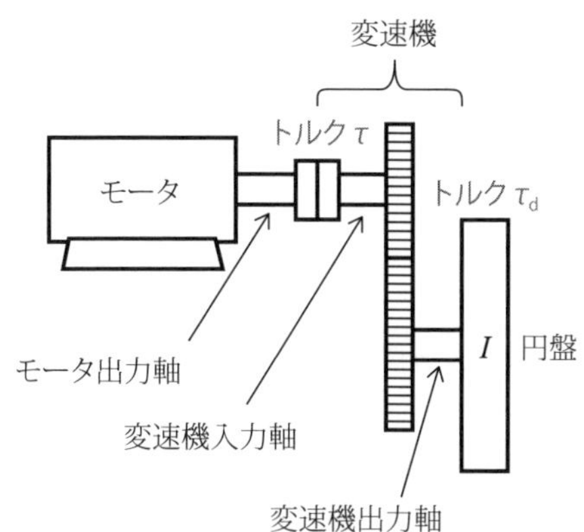

円盤のトルクを τ_d，慣性モーメントをI，角速度ω，角度θ，時間Tとすると円盤の運動方程式は次のように示されます。

$$I\frac{d\omega}{dT}=\tau_d$$

一定角速度で増速するので、次のようになります。

$$I\frac{(\omega_2-\omega_1)}{T}=\tau_d$$

ここで、求めたいのはモータ出力軸のトルクτです。

変速比は、

入力軸の回転速度：出力軸の回転速度＝$1:\frac{1}{n}$ $(n>1)$です。

つまり、出力軸は減速していることが分かります。その分、トルクが増大するため、次のようになります。

$$\tau=\frac{1}{n}\tau_d=I\frac{(\omega_2-\omega_1)}{nT}=(1/n)\times I\times(\omega_2-\omega_1)/T$$

よって、解答は②です。

I-3-6　解答 ③

合成抵抗　類似問題 平成29年度 I-3-4

回路の合成抵抗を比較する問題です。まず、直列接続および並列接続における回路の合成抵抗は次のように求められます。（重要ポイント総整理の第3群参照）

<直列接続された抵抗の合成抵抗R_c>

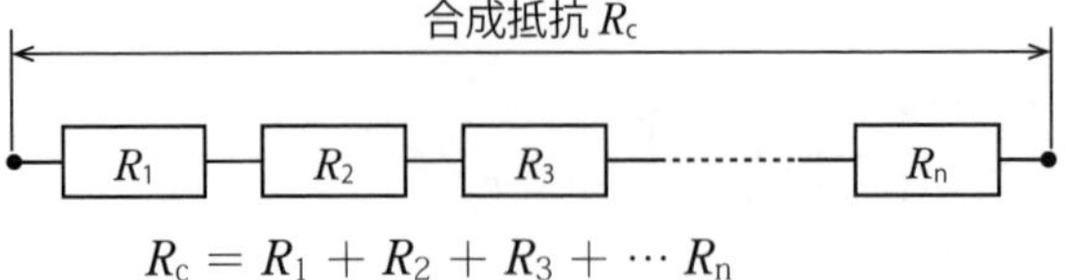

$$R_c = R_1 + R_2 + R_3 + \cdots R_n$$

<並列接続された抵抗の合成抵抗R_c>

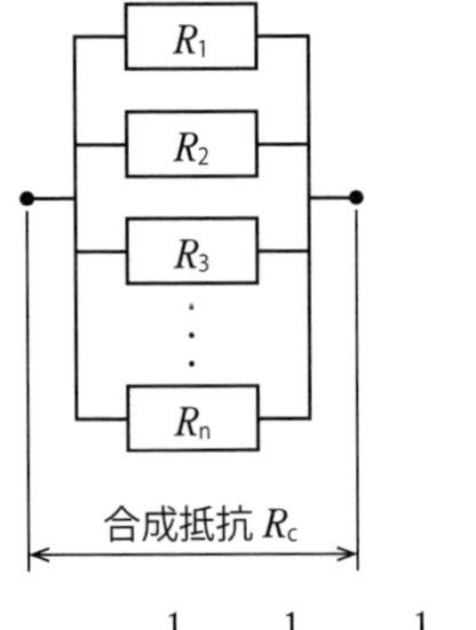

$$\frac{1}{R_c} = \frac{1}{R_1} + \frac{1}{R_2} + \frac{1}{R_3} + \cdots + \frac{1}{R_n}$$

次に、(a)、(b)、(c)の各回路の合成抵抗を求めていきます。先に、AからBに至る経路間の抵抗値が対称である(b)と(c)から見ていきます。

(b) A－CとA－D間の抵抗は同じため、この回路は次のように表せます。

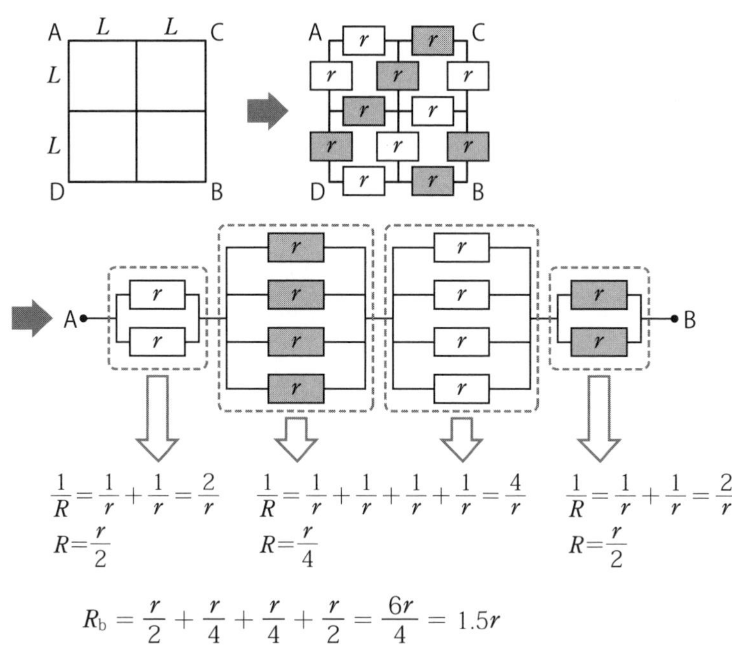

$$\frac{1}{R}=\frac{1}{r}+\frac{1}{r}=\frac{2}{r}\qquad R=\frac{r}{2}$$

$$\frac{1}{R}=\frac{1}{r}+\frac{1}{r}+\frac{1}{r}+\frac{1}{r}=\frac{4}{r}\qquad R=\frac{r}{4}$$

$$\frac{1}{R}=\frac{1}{r}+\frac{1}{r}=\frac{2}{r}\qquad R=\frac{r}{2}$$

$$R_{\mathrm{b}}=\frac{r}{2}+\frac{r}{4}+\frac{r}{4}+\frac{r}{2}=\frac{6r}{4}=1.5r$$

(c) この回路は、A－C－B－D間の導線の長さがLで抵抗がrであり、全て同じ抵抗になります。つまり、C－D間は同じ電位なので、C－D間には電流は流れません。よって、次のような回路と考えることができます。

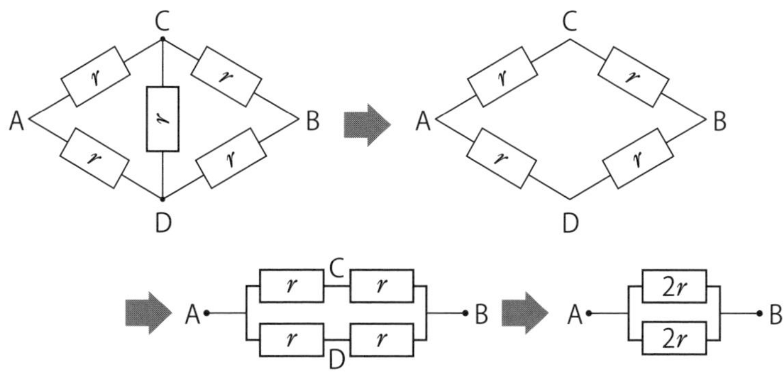

よって、合成抵抗R_{a}は次のようになります。

$$\frac{1}{R_{\mathrm{c}}}=\frac{1}{2r}+\frac{1}{2r}=\frac{2}{2r}=\frac{1}{r}\quad\therefore R_{\mathrm{c}}=r$$

(a)この回路は、AからBに至る経路間の抵抗値が非対称になります。(b)や(c)と同じようには計算できません。

まず、AC間の電流をI_1、AD間の電流をI_2とします。ADとDFは連続しているので、DF間の電流もI_2です。

次に、CF間の電流をI_3とします。そうすると、A－C－F－Bの区間を考えると、ACとFBの抵抗はともにLで同じなので、FB間の電流はI_1であることが分かります。A点を通る電流とB点を通る電流は同じIです。よって、FB間がI_1なのであれば、CEおよびEB間の電流はともにI_2であることが分かります。このように各区間の電流の関係が分かりました。

F点において、A－C－Fでの電圧降下（$= r \times I_1 + r \times I_3$）と、

A－D－Fでの電圧降下（$= 2r \times I_2$）は等しくなければなりません。よって、

$r \times I_1 + r \times I_3 = 2r \times I_2$となります。

また、$I = I_1 + I_2$、$I_1 = I_2 + I_3$なので、これらを連立して解くと、

$I_1 = 0.6I$、$I_2 = 0.4I$、$I_3 = 0.2I$となります。よって、AからBまでの間にオームの法則を適用すると、例えばA－C－E－Bで計算すると（ほかの経路で計算しても同じなので）次のようになります。

電圧降下$E_{AB} = r \times I_1 + 2r \times I_2 = 0.6rI + 0.8rI = 1.4rI$

よって、(a)の合成抵抗R_aは次のように算出されます。

$$R_a = \frac{E_{AB}}{I} = \frac{1.4rI}{I} = 1.4r$$

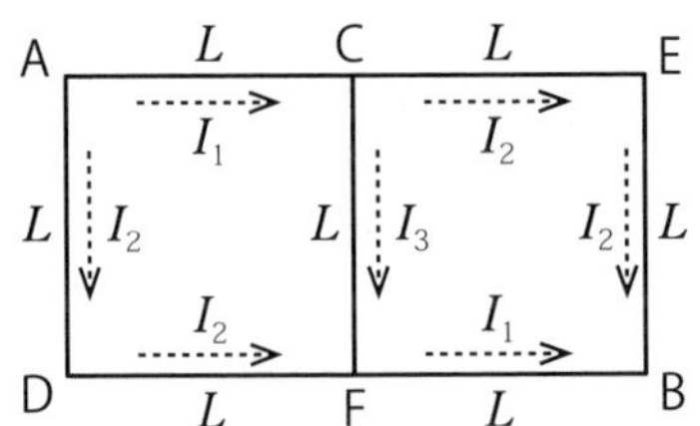

以上の結果から、回路(a)、回路(b)、回路(c)の合成抵抗の大小関係は、

$R_c < R_a < R_b$

となり、解答は③です。

4群　材料・化学・バイオに関するもの

Ⅰ-4-1　解答③

原子の基本　類似問題　平成28年度Ⅰ-4-2

原子を構成する陽子、中性子、電子の関係と、それらに基づく同位体と同素体の違いを問う問題です。元素記号の添え字は次の意味を持っています。

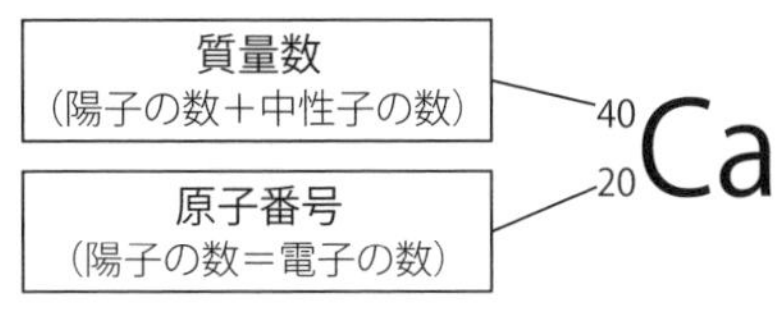

また、同位体と同素体の定義は次の通りです。

同位体：原子番号が同じであるが、質量数が異なる原子（陽子と電子の数は同じだが、中性子の数が違う）

同素体：同一の元素からなる単体（1種類の元素で構成される物質）であるが、構成原子の配列や結合形態が違うため異なった性質を示す物質

よって、各選択肢の正誤は次のようになります。

①×　誤り。中性子の数は、Caが40—20＝20、Arが40—18＝22です。

②×　誤り。原子番号が同じで質量数が異なるので、中性子の数が異なります。つまり、これらは同位体です。

③○　正しい。原子番号＝陽子の数＝電子の数なので、原子番号が等しければ電子数も等しいです。

④×　誤り。そもそも異なる元素なので同位体ではありません。

⑤×　誤り。この二つは同位体です。

よって、解答は③です。

Ⅰ-4-2　解答⑤

コロイドの性質　類似問題　－

コロイドに関する問題です。

溶媒の中に、直径1nm（ナノメートル）～100nm程度の粒子が沈殿せずに混じっているものをコロイド溶液と呼びます。

① ○　正しい。分散媒である水との親和性が低いコロイド粒子によるコロイド溶液を疎水コロイドと呼びます。コロイド粒子は静電的な反発力で水中に分散していますが、疎水コロイドに少量の電解質を加えると、イオンによって電荷が中和されてコロイド粒子間の反発力が失われます。その結果、コロイド粒子が集まって大きくなり、沈殿します。このような現象を凝析と呼びます。

② ○　正しい。コロイド粒子は溶媒分子に比べて大きいため、半透膜を用いてそれらを分離することができます。このような操作を透析と呼びます。

③ ○　正しい。コロイド溶液中に強い光を透過させると光路が明るく光って見えます。これは、コロイド粒子が光を散乱しているためです。このような現象をチンダル現象と呼びます。

④ ○　正しい。コロイド粒子は正または負に帯電している場合が多いため、コロイド溶液中に電極を入れて直流電圧を加えると、正（＋）に帯電しているコロイド粒子は負極（－）に向かって移動し、負（－）に帯電しているコロイド粒子は正極（＋）に移動します。このような現象を電気泳動と呼びます。

⑤ ×　誤り。流動性を持つコロイドをゾルと呼びます。流動性を失って半固体状になったコロイドをゲルと呼びます。

よって、解答は⑤です。

I-4-3　解答 ③

鉄の結晶構造　類似問題　－

純鉄（Fe）の結晶構造と変態に関する問題です。

常温での純鉄は、体心立方格子であり、α 鉄（α-Fe）と呼ばれます。α-Feは強磁性ですが、加熱をしていくと約770℃のA_2変態点で磁気変態を起こして強磁性を失い常磁性になります。911℃のA_3変態点で面心立方格子の γ 鉄（γ-Fe）に変態します。面心立方構造になることで、収縮します。よって、解答が③に絞り込まれます。なお、強磁性を示す金属として、鉄の他にコバルト、ニッケルなどがあります。

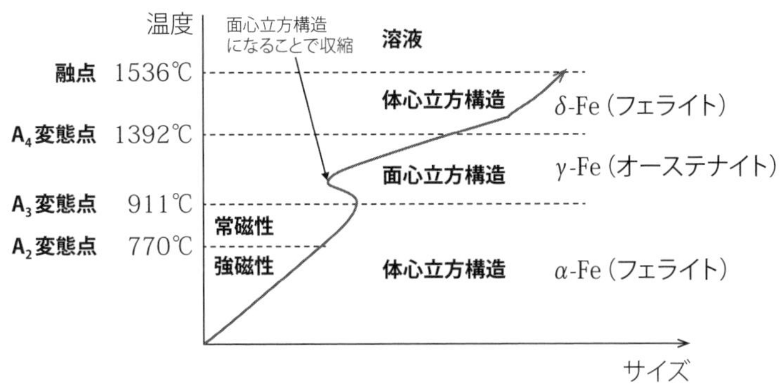

Ⅰ-4-4　解答①

金属の腐食　類似問題　ー

金属の腐食に関する正誤問題です。

① ○　正しい。アルミニウム、ステンレス鋼、クロム、チタンなどは、表面が酸化すると酸化被膜（不動態膜）が形成されるため、不動態化して内部への腐食が進行しにくくなります。

② ×　誤り。ステンレス鋼とは、鉄にクロム（Cr）を12%以上含有させた金属を指します。

③ ×　誤り。一般に、金属材料の使用環境温度が高いほど腐食が進行しやすくなります。金属材料の腐食は、金属が酸化物や水酸化物に変化して表面から消耗していく現象です。そのため、アレニウス法則（化学反応の速度は温度の上昇に対して指数関数的に早くなる）に従う場合が多いです。

④ ×　誤り。③で示したように、腐食は化学反応が起こっている面で生じるため、金属の表面や、金属内部の亀裂内部など、反応が起こる箇所で部分的に起こります。

⑤ ×　誤り。腐食は③で示した現象です。力学的作用によって表面が減量する現象は摩耗です。

よって、解答は①です。

Ⅰ-4-5　解答 ③

タンパク質　類似問題 令和元年度 Ⅰ-4-6

タンパク質の性質に関する問題です。

アミノ酸とは、下図に示すように、分子内にカルボキシル基（-COOH）とアミノ基（$-NH_2$）を有する化合物の総称です。

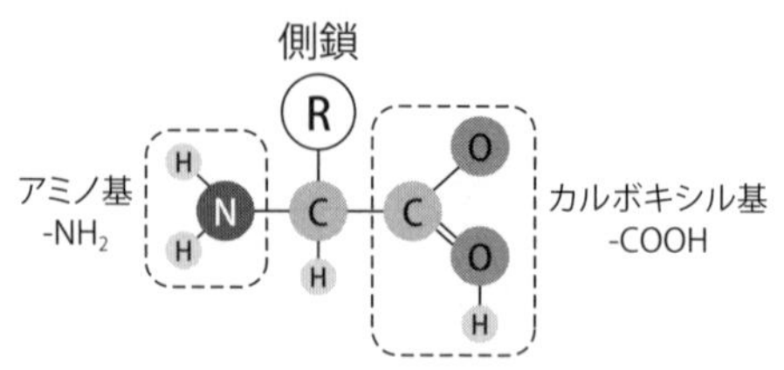

アミノ酸の構造（α-アミノ酸）

アミノ酸同士がペプチド結合（-CONH-）することで、50個程度以上結合して鎖状になったものがタンパク質です。生体内では、常温付近でも様々な化学反応が速やかに進行しています。これが起こる理由は、たんぱく質を主成分とする酵素が触媒の働きをしているためです。酵素には様々種類がありますが、アミラーゼはでんぷんを加水分解する酵素です。セルロースを加水分解する酵素をセルラーゼと呼びます。よって、解答は③です。

Ⅰ-4-6　解答 ⑤

PCR法（ポリメラーゼ連鎖反応）　類似問題 令和2年度 Ⅰ-4-6

PCR法（ポリメラーゼ連鎖反応）に関する正誤問題です。

① ×　誤り。温度が低いほどアニーリングが起こりやすく，増幅されやすいが，非特異的結合が多くなります。

② ×　誤り。増幅したい配列が長いほど、より長い伸長時間を必要とします。

③ ×　誤り。増幅したDNAには、プライマーの塩基配列も含まれます。

④ ×　誤り。耐熱性の高いDNAポリメラーゼが、PCR法に適しています。

⑤ ○　正しい。設問の通りです。

よって、解答は⑤です。

5群　環境・エネルギー・技術に関するもの

I-5-1　解答 ③

生物多様性　類似問題　－

生物多様性国家戦略2023-2030を元にした生物多様性に関する正誤問題です。

https://www.biodic.go.jp/biodiversity/about/initiatives/index.html

① ○　正しい。設問の通りです。（生物多様性国家戦略2023-2030のP.13を参照）

② ○　正しい。設問の通りです。（生物多様性国家戦略2023-2030のP.16を参照）

③ ×　誤り。「里地里山は、奥山自然地域と都市地域との中間に位置し、地域集落とそれを取り巻く二次林、それらと混在する農地、ため池、草原などで構成される地域で、我が国の生物多様性保全上重要な地域であるが、農地、水路・ため池、農用林などの利用縮小等により、里地里山を構成する野生生物の生息・生育地が減少した。」（生物多様性国家戦略2023-2030のP.13より）里地里山とは何かの説明は正しいですが、農地、水路・ため池、農用林などの利用が縮小されたために野生生物の生息・育成地が減少しています。

④ ○　正しい。設問の通りです。（生物多様性国家戦略2023-2030のP.17を参照）

⑤ ○　正しい。設問の通りです。（生物多様性国家戦略2023-2030のP.17を参照）

よって解答は③です。

I-5-2　解答 ⑤

大気汚染物質　類似問題　－

大気汚染物質に関する正誤問題です。

① ○　正しい。二酸化硫黄（SO_2）は、硫黄分を含む石炭や石油などの燃焼によって生成し、呼吸器不全や酸性雨をもたらします。なお、自動車用の軽油に含まれる硫黄分は、2007年以降は10ppm以下に低減されています（サル

ファーフリー軽油と呼ばれる)。

② ○　正しい。物質の燃焼時に、主に高温な燃焼ガス中でサーマルNOと呼ばれるメカニズムで一酸化窒素NOが生じます。それが大気中で太陽光を受けて光化学反応を起こすなどして酸化されて二酸化窒素NO_2が発生します。NO_2は、呼吸器疾患の原因になります。また、光化学スモッグの原因物質でもあります。

③ ○　正しい。例えば有機物である炭化水素が完全燃焼すると二酸化炭素CO_2と水H_2Oになります。不完全燃焼を起こすと一酸化炭素COが生成します。COは、ヘモグロビンとの結合力が酸素よりも数百倍高いため、COを吸入すると体内への酸素運搬機能が阻害されます(一酸化炭素中毒)。

④ ○　正しい。窒素酸化物NO_xや揮発性有機化合物(VOC)等が大気中で太陽の紫外線を受けて光化学反応を起こして生成する酸化性物質を光化学オキシダントと呼びます

⑤ ×　誤り。微小粒子状物質(PM2.5)は、浮遊粒子状物質のうち、粒径2.5μm以下のものを指します。粒径が非常に小さいため、肺の深部まで到達しやすいです。「肺胞に最も付着しやすい粒径」というのは誤りです。PM2.5は、粒子表面に様々な有害成分が吸着されていることで、健康影響が懸念されています。

よって、解答は⑤です。

I-5-3　解答 ①

国内エネルギー情勢　類似問題　－

エネルギー情勢に関する正誤問題です。エネルギー白書「第3節一次エネルギーの動向」からの出題です。

① ×　誤り。国内向け太陽電池は、2008年まではほとんどが国内製でしたが、2009年以降は海外生産品の割合が拡大し、2019年以降は10%台です。

② ○　正しい。原油の中東依存度は90%以上で、輸入量が多い上位二か国はサウジアラビアとアラブ首長国連邦(UAE)です。

③ ○　正しい。2020年度の天然ガスの輸入供給源は、豪州、マレーシア、インドネシア等、中東以外の地域が80%以上を占めます。また、2012年以降豪州が最大の輸入先です。

▼太陽電池国内出荷量の生産地構成の推移

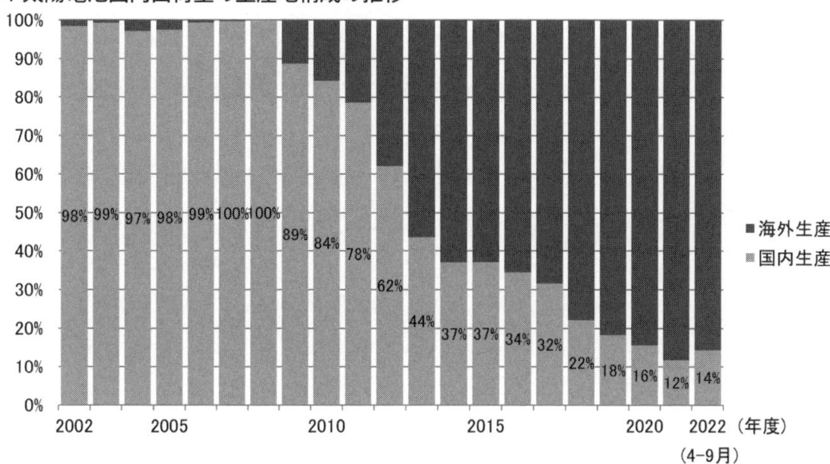

資源エネルギー庁、エネルギー白書2023より
https://www.enecho.meti.go.jp/about/whitepaper/2023/html/2-1-3.html

▼原油の輸入先（2021年度）

▼LNGの供給国別輸入量の推移

資源エネルギー庁、エネルギー白書2022より
https://www.enecho.meti.go.jp/about/whitepaper/2022/html/2-1-3.html

④ ○　正しい。設問の通りです。

⑤ ○　正しい。日本の地熱発電の資源量は、2347万kWであり、米国、インドネシアに次ぐ世界3位の資源量です。

よって、解答は①です。

Ⅰ-5-4　解答②

天然ガスの体積

類似問題　令和4年度Ⅰ-5-4、平成29年度Ⅰ-5-4

天然ガスの体積計算に関する問題です。

炭素Cの原子量は12［kg/kmol］、水素Hの原子量は1［kg/kmol］なので、メタンCH_4の分子量は、12＋1×4＝16［kg/kmol］です。$1m^3$の液体のメタンの質量は425kgなので、そのモル数は425÷16＝26.6kmolです。アボガドロの法則により、「0℃、1気圧において1molの気体は22.4Lを占める」ことが分かります。つまり、1kmolの気体は$22.4m^3$を占めます。よって、気体のメタン425kgが占める容積は、22.4×26.6≒$596m^3$になります。よって、約1/600となり、解答は②です。

ちなみに、アボガドロの法則を用いなくても、理想気体の状態方程式$pV=nR_0T$と、一般気体定数R_0＝8314J/（kmol・K）であることを知っていれば、

$$V=\frac{nR_0T}{p}=\frac{26.6\times 8314\times(0+273)}{101.3\times 10^3}\fallingdotseq 596\mathrm{m}^3$$

となり、解答が得られます。（1気圧は101.3 kPaですが、約100 kPaとして計算しても$604m^3$となり、正解が導けます。）

Ⅰ-5-5　解答①

労働安全に関する施策の歴史

類似問題　－

労働安全に関する国内の出来事を年代順に並べる問題です。

（ア）労働安全衛生法：1972年（昭和47年）施行

「職場における労働者の安全と健康を確保」するとともに、「快適な職場環境を形成する」目的で制定された法律

（イ）製造物責任法：1995年（平成7年）施行

製造物の欠陥によって生命、身体または他の財産に損害を被った場合に、被害者は製造業者等に対して損害賠償を求めることができる法律

（ウ）工場法：1916年（大正5年）施行（1911年（明治44年）公布）

工場労働者の保護を図るため、年少者の就業制限、年少者・女子の労働時間制限、業務上の事故に対する雇用者の扶助義務などを定めた法律

（エ）第1回 全国安全週間：1928年（昭和3年）

（オ）日本工業規格JIS（現在の日本産業規格）：1949年制定

よって、ウ−エ−オ−ア−イとなり、解答は①です。

各項目の年を覚えている人はいないと思われます。このような問題は、選択肢から、ウ、エ、オの中ではウ（工場法）が最も古いということは予想がつくと思われ、①か②に絞り込めます。

I-5-6　解答 ⑤

科学技術史（人物と年代）　類似問題　−

科学と技術のかかわりに関する正誤問題です。

① ○　正しい。設問の通りです。望遠鏡の発明によって、土星に環があることが発見されました。

② ○　正しい。量子力学の基本方程式であるシュレーディンガー方程式の発表が1926年です。バーディーン、ブラッテン、ショックレーによるトランジスタの発明が1947年です。

③ ○　正しい。1887年に、ヘルツによる電磁波の存在が立証されたことで、レーダーの開発に繋がっていきました。

④ ○　正しい。1938年にオットー・ハーンにより原子核分裂が発見されたことで、原子力発電の開発と利用に繋がっていきました。

⑤ ×　誤り。1898年にウイルスが発見される以前に、1796年にエドワード・ジェンナーによって種痘法のワクチン接種法が開発されています。

よって、解答は⑤です。

令和5年度　解答・解説　適性科目

II-1　解答③

技術士等の義務（技術士法第4章）　類似問題　平成30年度II-2他

技術士法第4章の理解を問う問題です。「技術士法第4章」、「技術士倫理綱領」を読み、技術士としての基本姿勢（理想的な技術士像）をイメージしておくと、自然と解答できます。

（ア）×　誤り。発注者からの情報が無ければ得られなかった事項であり、第4章第45条（技術士等の秘密保持義務）の「業務に関して知り得た情報」に該当する可能性があり、守秘義務に該当しないという記述は誤りです。

（イ）○　正しい。第45条の2（技術士等の公益確保の責務）に記載がある通り、自分自身や所属組織に不利な情報であっても、「公益確保」が最優先です。

（ウ）×　誤り。公衆の安全を確保するために必要な情報公開をするように組織に働きかけることは正しい対応ですが、事態が改善されない場合には、他の方法を考えるなどして、公衆の安全確保を最優先に取り組む必要があります（例：公益通報を行うなど）。

（エ）×　誤り。技術士として、公益確保のために、安全に関して予想される可能性を説明する必要があります。

よって、解答は③です。

II-2　解答③

情報漏洩　類似問題　令和元年度II-9

情報漏洩の防止に関する問題です。

① ○　正しい。設問の通りです。適切にアクセス権の範囲を設定することで、情報漏洩のリスクをできるだけ低くすることが重要です。

② ○　正しい。設問の通りです。

③ ×　誤り。単独作業を行うと、もしもその作業者が意図的に情報を漏洩させようとしている場合に防ぐことができません。複数人で作業をすることでお互いに作業状況が目に入るようにすることが重要です。

④ ○　正しい。設問の通りです。

⑤ ○　正しい。設問の通りです。

よって、解答は③です。

Ⅱ-3　解答 ②

公益通報　類似問題 平成30年度Ⅱ-8

公益通報に関する正誤問題です。

① ○　正しい。設問の記述の通り、公益通報の対象となる法律として、公益通報者保護法や政令で定められています。

② ×　誤り。通報者には、公務員も含まれます。

③ ○　正しい。設問の通りです。公益通報者保護法は、労働者等が公益のために通報を行ったことを理由とした解雇等の不利益な取扱いを受けることを防ぐためのルールを明確にするものです。

④ ○　正しい。設問の通りです。

⑤ ○　正しい。設問の通りです。

よって、解答は②です。（重要ポイント総整理 適性科目の「公益通報者保護法」を参照）

Ⅱ-4　解答 ②

知的財産権　類似問題 令和4年度Ⅱ-9、令和2年度Ⅱ-5他

知的財産権に関する正誤問題です。知的財産権を表にまとめます。

知的財産権								
産業財産権								
特許（発明）	実用新案（考案）	意匠（デザイン）	商標（マーク）	著作権	半導体集積回路配置	商号	不正競争の防止	植物の新品種

設問の（ア）～（エ）は産業財産権です。著作権は産業財産権ではありません。よって、解答は②です。

Ⅱ-5　解答 ①

技術士に求められる資質能力　類似問題 令和元年度Ⅱ-2他

技術士に求められる資質能力（技術士コンピテンシー）に関する問題です。技術士に求められる資質能力（平成26年）において、設問の（ア）～（キ）の7つ

の項目が示されていました。令和5年に改定がなされ、8番目のキーワードとして「継続研さん」が追加されました。

よって、誤ったキーワードはゼロであり、解答は①です。

II-6　解答 ③

製造物責任法（PL法）

類似問題　令和4年度II-11、令和3年度II-8

製造物責任法（PL法）に関する正誤問題です。

（ア）×　誤り。不動産はPL法の対象ではありませんが、エスカレーター自体は、人を昇降させる機械であり、製造物に該当します。

（イ）○　正しい。設問の通りです。ソフトウエア自体は製造物ではありませんが、ソフトウエアが組み込まれた製造物の欠陥による事故は、ソフトウエアの不具合が原因であればPL法の対象になります。

この時点で、解答が③に絞り込めます。

（ウ）○　正しい。設問の通りです。原子炉の運転等によって生じた損害は、PL法ではなく原子力損害の賠償に関する法律が適用されます。

（エ）○　正しい。設問の通りです。

（オ）×　誤り。PL法は国際的に統一された法律ではありません。

よって、解答は③です。

II-7　解答 ②

科学者の行動規範

類似問題　平成29年度II-13

科学者の行動規範に関する正誤問題です。「重要ポイント総整理」の適性科目の「科学者の行動規範」を一読しておくとよいでしょう。

（ア）○　正しい。設問の通りです。

（イ）×　誤り。「意見の相違が存在するときはこれを解り易く説明する。」が正しい記述です。

（ウ）○　正しい。設問の通りです。

（エ）○　正しい。設問の通りです。

よって、解答は②です。

Ⅱ-8　解答 ②

リスクマネジメント　類似問題　－

リスクマネジメントに関する問題です。

リスクアセスメントの基本手順は次の通りです。

リスク特定→リスク分析→リスク評価→リスク対応

よって、解答は②です。

Ⅱ-9　解答 ④

失敗事例　類似問題　平成30年度Ⅱ-14

過去に起こった科学技術が大きく関係する事故や事件に関する正誤問題です。

① ○　正しい。設問の通りです。

② ○　正しい。設問の通りです。

③ ○　正しい。設問の通りです。

④ ×　誤り。当該エレベータ事故は、ゴンドラケーブルの破断ではなく、ブレーキ不具合によって扉が開いた状態でゴンドラが急上昇したことが原因で起こったものです。

⑤ ○　正しい。設問の通りです。

よって、解答は④です。

Ⅱ-10　解答 ③

事業継続（BCP、BCM）　類似問題　－

事業継続計画および事業継続マネジメントに関する正誤問題です。

（ア）○　正しい。設問の通り、事業継続への取り組みは企業経営者の責任のもとで、平常時からリーダーシップを発揮して取り組むことが求められます。

（イ）×　誤り。法令や条例を遵守する必要が無いという記述は誤りです。

（ウ）○　正しい。設問の通りです。

（エ）○　正しい。設問の通りです。

よって、解答は③です。

参考　事業継続ガイドライン －あらゆる危機的事象を乗り越えるための戦略と対応－（内閣府）
https://www.bousai.go.jp/kyoiku/kigyou/keizoku/sk_04.html

Ⅱ-11　解答 ②

エシックス・テスト　類似問題　－

倫理的な行動のためのエシックス・テストに関する問題です。エシックス・テストには次のものなどがあります。

(ア) 普遍化可能テスト：もし、その行為を皆が行ったらどうなるか考えてみる

(イ) 可逆性テスト：その行為によって直接影響を受ける立場であっても、同じ意思決定をするかどうか考えてみる

(ウ) 美徳テスト：その行為を継続的に行った場合、自分はどうみられるかを考えてみる

(エ) 世評テスト：その行動をとったことがニュースなどで報道されたらどうなるか考えてみる

・専門家テスト：その行動をとることは専門家からどのように評価されるかを考えてみる

よって、解答は②です。

Ⅱ-12　解答 ④

輸出管理　類似問題　－

輸出管理に関する正誤問題です。

① ○　正しい。設問の通りです。

② ○　正しい。設問の通りです。

③ ○　正しい。設問の通りです。

④ ×　誤り。技術提供の場が国内であったとしても、国内非居住者に技術提供する場合には輸出管理規制に該当する可能性があるため、確認が必要です。

⑤○　正しい。設問の通りです。

よって、解答は④です。

Ⅱ-13　解答 ⑤

インフラの長寿命化　類似問題　－

国土交通省インフラ長寿命化計画（行動計画）（第二期）に関する問題です。

<国土交通省インフラ長寿命化計画（行動計画）>（令和3年6月18日）
https://www.mlit.go.jp/sogoseisaku/maintenance/03activity/03_01_03.html
この中で、具体的な取り組みとして、次の7項目が示されています。

1.個別施設計画の策定・充実　　2.点検・診断／修繕・更新等
3.予算管理　　4.体制の構築
5.新技術の開発・導入　　6.情報基盤の整備と活用
7.基準類等の充実

「⑤技術継承の取組」は、示されていません。
よって、解答は⑤です。

II-14　解答③

リスクと安全　類似問題 令和3年度II-10

安全確保に関する正誤問題です。

①○　正しい。設問の通りです。
②○　正しい。設問の通りです。
③×　誤り。ALARPは、安全領域までリスクを提言する現実的な技術が無い場合のみ適用可能です。「リスク軽減費用が予算に収まらない」という理由は誤りです。
④○　正しい。設問の通りです。
⑤○　正しい。設問の通りです。

よって、解答は③です。

II-15　解答③

環境　類似問題　－

環境基本法に関する問題です。
環境基本法第二条において、典型7公害は次のように定められています。典型7公害を次に記します。

(1)大気汚染　(2)水質汚濁　(3)土壌汚染　(4)騒音
(5)振動　(6)地盤沈下　(7)悪臭

よって、解答は③です。

令和4年度　解答・解説　基礎科目

1群　設計・計画に関するもの

I-1-1　解答 ①

金属材料の性質　類似問題　－

金属材料の性質に関する穴埋め問題です。

(A) 材料に繰り返し荷重を長期間与えると、その際の応力がその材料の引張強さよりも低い場合でも、最終的に破壊してしまうことがあります。このような現象を疲労破壊と呼びます。当然、規則的な繰返し応力における平均応力を高くすればより少ない繰り返し回数で疲労破壊に至ります。加えて、加えられる繰返し応力の平均応力が引張方向にある場合の方が、より少ない繰り返し荷重で疲労破壊に至ります。よって、(ア)は「引張」です。

(B) 材料に一定の荷重をかけて、一定応力で保持した際に、時間の経過とともに塑性変形が進み、やがて破壊することがあります。このような現象をクリープと呼びます。クリープは、材料が高温の条件ほど起こりやすいです。よって、(イ)は「材料の温度が高い状態」です。

(C) 弾性変形領域における材料の変形は、次のフックの法則に従います。

$\sigma = E\varepsilon$　　σ：応力　E：縦弾性係数（ヤング率）　ε：ひずみ

同一形状の材料において、変形しやすいというのは同一応力においてひずみが大きいという意味です。よって、縦弾性係数が小さいほうが少しの応力で変形することになります。よって、(ウ)は「小さい」です。

(D) von Misesの降伏条件は、多方向から荷重が作用した際の降伏条件を与えるものです。部材の形状が急激に変化する部分では局所的に応力が増大します。これを応力集中と呼びます。局所の応力が増加すれば当然局所のvon Misesの相当応力も増加します。よって、(エ)は「大きく」です。

I-1-2　解答 ④

確率分布　類似問題　－

① ○　正しい。一様分布は、さいころを振った際に、それぞれの目が出る確率などのように、それぞれの目が出る確率が等しい場合の確率分布です。

② ○　正しい。ポアソン分布は、ある「ランダムに発生する事象」に対して、それが「ある期間に何回起こるかの確率」を示す分布です。例えば、大量生産されているある製品において、製品をX個生産した際に不良品がY個発生したとします。この結果を用いて、この製品を大量に生産した際に不良品が何個発生するかはポアソン分布で表すことができます。

③ ○　正しい。指数分布は、ランダムに発生する事象の発生間隔を表す分布です。よって、災害が起こってから次の災害が起こるまでの期間は指数分布で近似できます。

④ ×　誤り。これは、②で示した通りポアソン分布に従います。正規分布は、人間の身長の分布、大量生産品の寸法の分布などを表す確率分布です。

⑤ ○　正しい。「コインを投げた際に表が出るか裏が出るか」など、結果がAかBのいずれかである試行を独立に行った際、AやBが出る回数を表す分布を二項分布と呼びます。

よって、解答は④です。

I-1-3　解答③

正規分布　類似問題　平成27年度 I-1-5

正規分布による確率を求める問題です。

この問題では、互いに独立な引張力F_aと圧縮力F_bの標準偏差S_a, S_bが与えられています。両者を足した際の標準偏差S_{ab}は、次のように求められます。

$$S_{ab} = \sqrt{S_a^2 + S_b^2} = \sqrt{30^2 + 40^2} = \sqrt{2500} = 50$$

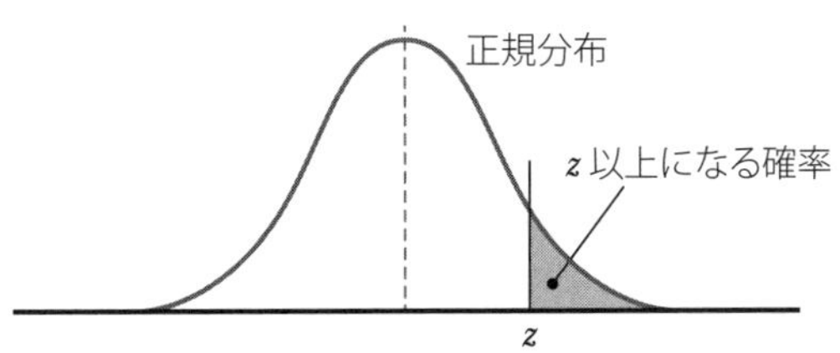

平均値は300－200＝100Nの引張力であり、判定の基準となる数値である引張力200N、標準偏差50を標準化すると、zは次のように求まります。

$$z = \frac{\text{判定の基準となる数値} - \text{平均値}}{\text{標準偏差}} = \frac{200 - 100}{50} = 2.0$$

設問で与えられた表を参照すると、$z = 2.0$となる確率は2.28％です。よって、解答は③（1%以上5%未満）です。

I-1-4　解答 ①

信頼性工学　類似問題 令和元年度(再) I-1-5

生産時の経済性計算に関する問題です。期待損失額と製造コストを表す式が問題文に示されています。また、選択肢に安全率xの数値が挙げられているので、その数値を代入して大小関係を比較すれば答えが求まります。

$$総コストC = 期待損失額 + 製造コスト$$

$$= (損傷発生確率 \times 損失額) + 製造コスト = \frac{9}{(1+x)} + x$$

上式に選択肢のxを代入して総コストを求めると以下の表のようになります。

よって、選択肢の中で、総コストが最も低くなる安全率はx=2.0です。

安全率x	期待損失額	製造コスト	総コスト
2.0	3.0	2.0	5.00
2.5	2.6	2.5	5.07
3.0	2.3	3.0	5.25
3.5	2.0	3.5	5.50
4.0	1.8	4.0	5.80

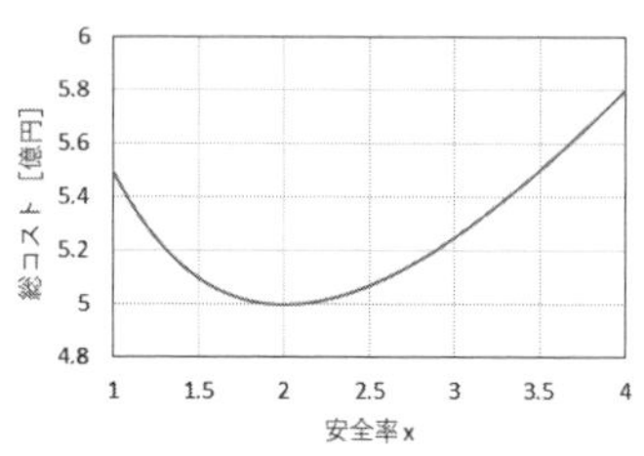

これをグラフ化すると上記のようになります。よって、解答は①です。

I-1-5　解答 ③

片持ちはりの変形と強度　類似問題　－

等分布荷重を受ける片持ちはりのたわみと曲げ応力に関する穴埋め問題です。はりの断面形状によって決まる断面二次モーメントIと断面係数Z、そして最大曲げ応力σ_{max}との関係を利用します。

図に示すように、片持ちはりの支持部で最大曲げモーメントおよび最大曲げ応力が生じます。たわみははりの先端部分で最大になります。最大曲げ応力σ_{max}と最大曲げモーメントM_{max}と断面係数Zには次の関係があります。

$$\sigma_{max} = \frac{M_{max}}{Z}$$

直径dの円形断面及び幅b、高さhの長方形断面の断面二次モーメントは次のようになります。また、断面係数Zは断面二次モーメントを中立軸までの距離

eで割ったものであり、$Z=I/e$で表されます。まとめると図及び以下の通りです。

▼等分布荷重を受ける片持ち梁

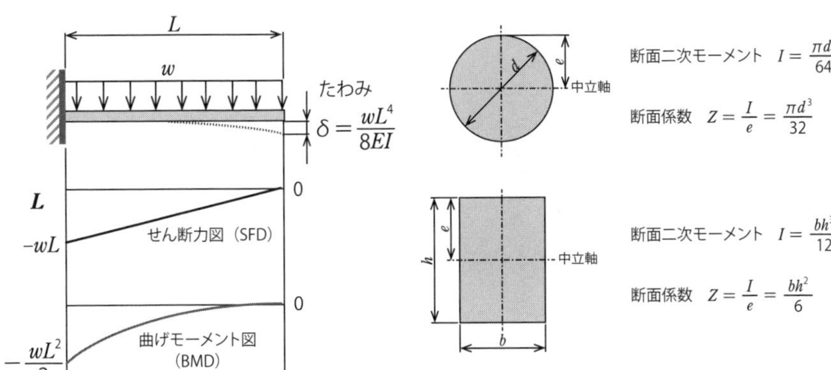

＜直径dの円形断面＞

中立軸は丸棒の中心なので、$e=d/2$である。

断面二次モーメント $I=\dfrac{\pi d^4}{64}$

断面係数 $Z=\dfrac{I}{e}=\dfrac{\pi d^4}{64}\dfrac{2}{d}=\dfrac{\pi d^3}{32}$

最大曲げ応力 $\underline{\sigma_{max}}=\dfrac{M_{max}}{Z}=\dfrac{32M_{max}}{\pi \underline{d^3}}$

最大たわみ $\underline{\delta}=\dfrac{wL^4}{8EI}=\dfrac{wL^4}{8E}\dfrac{64}{\pi d^4}=\dfrac{8wL^4}{\pi \underline{d^4}E}$

＜幅b、高さhの長方形断面＞

中立軸は長方形の中心なので、$e=h/2$である。

断面二次モーメント $I=\dfrac{bh^3}{12}$

断面係数 $Z=\dfrac{I}{e}=\dfrac{bh^3}{12}\dfrac{2}{h}=\dfrac{bh^2}{6}$

最大曲げ応力 $\underline{\sigma_{max}}=\dfrac{M_{max}}{Z}=\dfrac{6M_{max}}{b\underline{h^2}}$

最大たわみ $\delta=\dfrac{wL^4}{8EI}=\dfrac{wL^4}{8E}\dfrac{12}{bh^3}=\dfrac{3wL^4}{2bh^3E}$

以上より、上記の下線部で示すように、

円形断面の片持ちはりの場合、最大曲げ応力 σ_{max} は直径の(ア) 3乗に(イ)反比例します。最大たわみ δ は円の直径の(ウ) 4乗に(イ)反比例します。長方形断面の場合、最大曲げ応力 σ_{max} は長方形の高さの(エ) 2乗に(イ)反比例します。よって、解答は③です。

I-1-6 解答 ②

施設建設における便益　類似問題　−

施設の建設における便益を求める問題です。過去7年間に類題が出題されていませんが、問題文に与えられた数式と条件をもとに計算すれば、予備知識は無くても解答が導かれます。

期待される価値が以下のように問題文に与えられています。

期待される価値＝便益－費用

また、各計画(ア)～(オ)に対する社会条件a、b、cごとの便益と、建設費用、そして社会条件a、b、cの発生確率が与えられています。これらの情報から、期待される価値の高さは、以下のように考えることができます。

1. 便益が大きい
2. 費用が少ない
3. 便益と費用の差が大きいうえで、発生確率が高い案件

よって、以下の式で比較できます。

期待される価値＝(便益－費用)×発生確率

例えば(ア)の計画で社会条件aの場合、期待される価値は次のようになります。

期待される価値＝(便益－費用)×発生確率＝(5－3)×0.7＝1.4

同様に各条件での価値を計算すると以下の表のようになります。

計画		ア	イ	ウ	エ	オ
費用		3	3	3	4	6
便益	a(発生確率70%)	5	5	3	6	7
	b(発生確率20%)	4	4	6	5	4
	c(発生確率10%)	4	7	7	3	5
期待される価値	a(発生確率70%)	1.4	1.4	0	1.4	0.7
	b(発生確率20%)	0.2	0.2	0.6	0.2	-0.4
	c(発生確率10%)	0.1	0.4	0.4	-0.1	-0.1
期待される価値の合計		1.7	2	1	1.5	0.2

つまり、各計画（ア）～（オ）において、社会条件a、b、cそれぞれで算出した期待される価値の合計額が最も高いものが、最も期待される価値が大きい。よって、解答は②です。

2群　情報・論理に関するもの

I-2-1　解答 ①

テレワーク環境　類似問題　－

テレワーク環境に関する正誤問題です。一般的な情報セキュリティの知識で解ける易しい問題と言えます。

① ×　誤り。Web会議参加用URLを安全な通信路を用いて送信すれば、その情報が盗まれるリスクは低いですが、URLを誤った対象者に送信したり、対象者が別の社員等にメールを転送するなどした場合、意図しない参加者が当該Web会議に入室可能になってしまいます。

②～⑤ ○　正しい。設問の通りです。

よって、解答は①です。一見、①も大きな誤りではないように読み取れますが、②～⑤が明らかに正しいと判断できることからも正答は容易に絞り込めると思われます。

I-2-2　解答 ③

集合の要素数（包除原理）　類似問題　－

4つの集合の要素数を求める問題です。過去7年間に類似問題は出題されていません。包除原理を用いると容易に計算できる問題ですが、包除原理を知らない場合は解答が容易ではないと思われます。頻出問題ではありませんので、その場合には他の易しい問題や過去問の類題から3問選ぶと良いでしょう（例えばI-2-1は易しい問題です。I-2-4、I-2-5、I-2-6は過去問とほぼ同じ問題です）。

＜包除原理（和集合と積集合の要素数に関する公式）＞

有限の集合$A_1, A_2, \cdots A_n$に対して、次の関係が成り立ちます。

$$|A_1 \cup A_2 \cup \cdots \cup A_n| = \sum_{i}|A_i| - \sum_{i<j}|A_i \cap A_j| + \sum_{i<j<k}|A_i \cap A_j \cap A_k| - \cdots + (-1)^{n-1}|A_1 \cap A_2 \cap \cdots \cap A_n|$$

ここで、$|A_n|$は集合A_nの要素数，$|A \cup B|$は集合AとBの和集合の要素数，$|A \cap B|$は集合AとBの積集合の要素数を指します。

よって、４つの集合A, B, C, Dに適用すると次の通りです。

$$|A \cup B \cup C \cup D| = |A| + |B| + |C| + |D| - |A \cap B| - |A \cap C| - |A \cap D| - |B \cap C| - |B \cap D| - |C \cap D| + |A \cap B \cap C| + |A \cap B \cap D| + |A \cap C \cap D| + |B \cap C \cap D| - |A \cap B \cap C \cap D|$$

よって、問題文に与えられている情報を当てはめると次のようになります。

$$\overset{16}{|A \cup B \cup C \cup D|} = \overset{11}{|A|} + \overset{11}{|B|} + \overset{11}{|C|} + \overset{11}{|D|}$$

$$- \overset{7}{|A \cap B|} - \overset{7}{|A \cap C|} - \overset{7}{|A \cap D|} - \overset{7}{|B \cap C|} - \overset{7}{|B \cap D|} - \overset{7}{|C \cap D|}$$

$$+ \overset{4}{|A \cap B \cap C|} + \overset{4}{|A \cap B \cap D|} + \overset{4}{|A \cap C \cap D|} + \overset{4}{|B \cap C \cap D|}$$

$$- \boxed{|A \cap B \cap C \cap D|}$$

求めたい数
（A, B, C, Dの 積集合の要素数）

以上より、$|A \cup B \cup C \cup D| = (11 \times 4) - (7 \times 6) + (4 \times 4) - 16 = 2$

よって、解答は③です。

I-2-3　解答 ③

仮想記憶の処理（LRU方式）　類似問題　－

限られた容量の仮想記憶ページの記憶領域が満杯になった際に、最も長い間参照されていないデータから削除する方式をLRU（Least Recently Used）と呼びます。問題文にLRU方式とは何かの説明と、具体的な例が示されているため、予備知識が無くても解ける問題です。

３ページある主記憶に格納されているページを参照する際にはアクセス時間は短く済み、ここではH［秒］です。主記憶に無いページを参照する場合、外部記憶（ハードディスクなど）から読み込む必要があるため（ページイン）アクセス時間が長くなり、ここではM［秒］です。また、主記憶の３ページが全て埋まっている状態で、新たなページがページインすると、主記憶にあった最も長い間参照されていないページがページアウトします。

2⇒1⇒1⇒2⇒3⇒4⇒1⇒3⇒4

の順でページを参照した場合、次のようになります。

主記憶を参照（アクセス時間H）			H	H				H	H	4回
外部記憶を参照（アクセス時間M）	M	M			M	M	M			5回
参照ページ	2	1	1	2	3	4	1	3	4	
主記憶の格納スタック（3ページ分）	2	1 2	1 2	2 1	3 2 1	4 3 2	1 4 3	3 1 4	4 3 1	
						↓				
ページアウト						1				

以上より、M秒で5回、H秒で4回読み込むことになるため、総アクセス時間は5M＋4Hです。よって、解答は③です。

I-2-4　解答⑤

ハミング距離　**類似問題**　令和元年度 I-2-5

ハミング距離を用いたビット送信エラーの判定に関する問題です。ハミング距離の詳細を知らなくても、設問に例が書かれているので、それをもとに考えれば解答が得られます。

（ア）ハミング距離を求める

問題文に算出方法が示されている通り、ビット列「1110101」と「1001111」のハミング距離を求めると次のようになります。

1つ目のビット列	1	1	1	0	1	0	1
2つ目のビット列	1	0	0	1	1	1	1
ビット列の相違	同	違	違	違	同	違	同
異なるビットの数				4			

以上のように4つのビットが異なっているため、ハミング距離は4です。よって、（ア）は4です。

（イ）送信ビットを求める

（ア）が4であるため、選択肢の①か③か⑤が正解になります。そこで、選択肢①と③と⑤について、（イ）の送信ビット演算を行うと次のようになります。

①送信ビット0000010

X5＝X2+X3+X4＝0+0+0= 0 → mod2を行うと0

X6＝X1+X3+X4＝0+0+0= 0 → mod2を行うと0

X7＝X1+X2+X4＝0+0+0= 0 → mod2を行うと0

よって、付加ビットは000となり、送信ビットと一致しない。

③送信ビット1001010

X5＝X2+X3+X4＝0+0+1= 1 → mod2を行うと1

X6＝X1+X3+X4＝1+0+1= 2 → mod2を行うと0

X7＝X1+X2+X4＝1+0+1= 2 → mod2を行うと0

よって、付加ビットは100となり、送信ビットと一致しない。

⑤送信ビット1000011

X5＝X2+X3+X4＝0+0+0= 0 → mod2を行うと0

X6＝X1+X3+X4＝1+0+0= 1 → mod2を行うと1

X7＝X1+X2+X4＝1+0+0= 1 → mod2を行うと1

よって、付加ビットは011となり、送信ビットと一致する。

これらをまとめると、次の表のとおりです。

選択肢	送信ビット							判定	付加ビット列		
									X2＋X3＋X4　mod2	X1＋X3＋X4　mod2	X1＋X2＋X4　mod2
①	0	0	0	0	**0**	**1**	**0**	**←不一致→**	**0**	**0**	**0**
③	1	0	0	1	**0**	**1**	**0**	**←不一致→**	**1**	**0**	**0**
⑤	1	0	0	0	**0**	**1**	**1**	**←一致→**	**0**	**1**	**1**

よって、解答は⑤です。

I-2-5　解答⑤

アルゴリズム（基数変換）　類似問題 令和2年度 I-2-5

2進数を10進数に変換するアルゴリズムに関する問題です。流れ図とその説明が問題文に示されていますので、それを元に順を追って数字を求めていけば、正解が導けます。以下に手順を示します。

<対象の2進数>

a_7	a_6	a_5	a_4	a_3	a_2	a_1	a_0
1	1	0	0	1	0	1	1

(1) 8桁の2進数なので、$a_n \Rightarrow a_7 = 1$

(2) Sには$a_7 = 1$が代入される

(3) iにはn−1 = 6が代入される（以後、6→5→4→3→2→1と続く）

(4) i=6　$S \times 2 + a_6 = 1 \times 2 + 1 = 3$　→　$S = 3$になる

(5) i=5　$S \times 2 + a_5 = 3 \times 2 + 0 = 6$　→　$S = 6$になる

(6) i=4　$S \times 2 + a_4 = 6 \times 2 + 0 = 12$　→　$S = 12$になる

(7) i=3　$S \times 2 + a_3 = 12 \times 2 + 1 = 25$　→　$S = 25$になる

(8) i=2　$S \times 2 + a_2 = 25 \times 2 + 0 = 50$　→　$S = 50$になる

(9) i=1　$S \times 2 + a_1 = 50 \times 2 + 1 = 101$　→　$S = 101$になる

(10) i=0　$S \times 2 + a_0 = 101 \times 2 + 1 = 203$　→　$S = 203$になる

よって、Sは1→3→6→（ア：12）→（イ：25）→（ウ：50）→（エ：101）→203となり、解答は⑤です。

I-2-6　解答④

IPアドレスの情報量　類似問題　平成28年度 I-2-6

IPv4のIPアドレスは32ビットなので、2^{32}個（約43億個）のアドレスを持ちます。43億個のIPアドレスでは、全世界の人口よりも少なくなります。

次世代プロトコルであるIPv6のIPアドレスは128ビットなので、2^{128}個のアドレスを持ちます。両者の比をとると次のようになります。

$$\frac{\text{IPv6のアドレス数}}{\text{IPv4のアドレス数}} = \frac{2^{128}}{2^{32}} = 2^{128-32} = 2^{96}$$

つまり、IPv6はIPv4の2^{96}倍のアドレスを持てます。よって、解答は④です。

3群　解析に関するもの

I-3-1　解答④

差分法　類似問題　平成26年度 I-3-3

差分法に関する問題です。図に示すように、$(f_{i+1} - f_i)$、$(f_i - f_{i-1})$、$(f_{i-1}$

$-f_{i-2}$)、において格子幅がΔになります。例として、選択肢①の差分を図に示すと図の①の直線部分になります。導関数の差分表現として、分子と分母の格子幅が等しくなるか（図の①のように傾きを求める式として成立しているか）について、各設問の式を確認していきます。

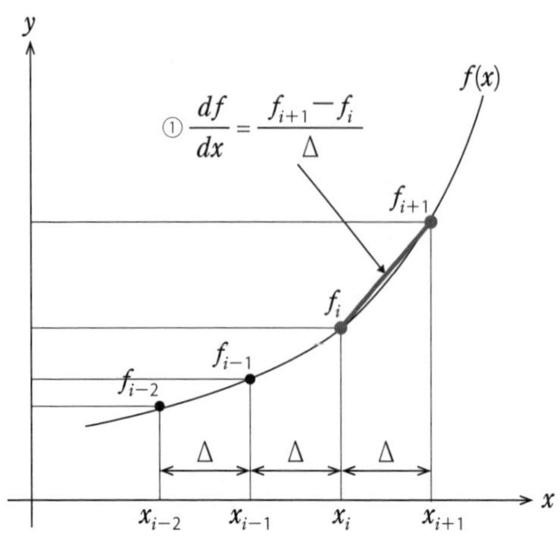

① ○　正しい。$\frac{f_{i+1}-f_i}{\Delta}$ →$f_{i+1}-f_i$に対応する格子幅はΔであり、分母の格子幅と同じになる。ちなみにこれは1次前進差分を示しています。

② ○　正しい。$\frac{3f_i-4f_{i-1}+f_{i-2}}{2\Delta}$ →$3f_i-4f_{i-1}+f_{i-2}=3(f_i-f_{i-1})-(f_{i-1}-f_{i-2})$に対応する格子幅は3Δ－Δ=2Δであり、分母の格子幅と同じになる。ちなみにこれは2次後退差分を示しています。

③ ○　正しい。$\frac{f_{i+1}-f_{i-1}}{2\Delta}$ →$(f_{i+1}-f_i)+(f_i-f_{i-1})$に対応する格子幅はΔ＋Δ=2Δであり、分母の格子幅と同じになる。ちなみにこれは2次中心差分を示している。

④ ×　誤り。$\frac{f_{i+1}-2f_i+f_{i-1}}{\Delta^2}$ →$(f_{i+1}-f_i)-(f_i-f_{i-1})$に対応する格子幅はΔ－Δ=0であり、導関数の差分として成立していません。

⑤ ○　正しい。$\frac{f_i-f_{i-1}}{\Delta}$ →f_i-f_{i-1}に対応する格子幅はΔであり、分子の格子幅と同じになる。ちなみにこれは1次後退差分を示しています。

よって、解答は④です。

I-3-2　解答②

ベクトルの内積・外積の性質　類似問題　－

ベクトルの内積と外積に関する問題です。

①○　成立する。ベクトルaとbの外積の大きさ$|a \times b|$は、

$|a \times b| = |a||b|\sin\theta$

で表されます。つまり、大きさは下図の平行四辺形O-A-C-Bの面積に等しく、向きはaからbに向かうように右ねじを回した時に進む向きです。この時、ベクトルaとベクトルbの双方とも、$a \times b$と直交しています（外積の直交性）。また、ベクトルaとbの内積$a \cdot b$は次のように表されます。

$a \cdot b = |a||b|\cos\theta$

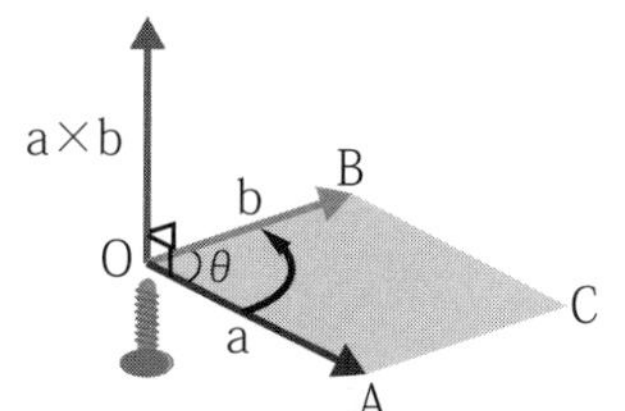

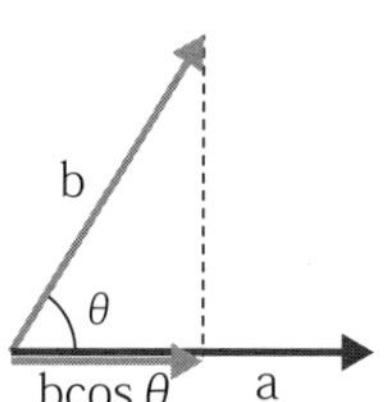

ベクトルのなす角が90°つまり直交しているとき、内積$|a||b|\cos\theta = |a||b|\cos 90° = 0$となります。つまりベクトルが直交する条件は内積が0です。外積$(a \times b)$は、ベクトルa及びbと直交していることから、$(a \times b)$とaの内積$(a \times b) \cdot a = 0$は成立しています。

②×　成立しない。ベクトルの外積を成す２つのベクトルを入れ替えると、符号が逆になります。つまり、$a \times b = -b \times a$が成り立ちます。

③○　成立する。ベクトルの内積には交換法則が成り立ちます。

④○　成立する。①で示した通り、ベクトルbとも直交なので内積は0になります。

⑤○　成立する。同じベクトル同士の外積はゼロになります。

$|a \times a| = |a||a|\sin 0 = 0$

よって、解答は②です。

I-3-3　解答 ④

数値解析の制度　類似問題 令和元年度(再) I-3-3、平成26年度 I-3-2

有限要素法による数値解析の高精度化に関する正誤問題です。

① ○　正しい。扱う数値の精度を上げれば、計算精度も向上します。

② ○　正しい。高次要素（中間接点を持つ要素）を用いることで、より局面を表現しやすくなるため、精度が向上します。

③ ○　正しい。要素ができるだけゆがみがなく分割されていたほうが、精度が向上します。

④ ×　誤り。収束計算の判定条件を緩くすれば、計算精度は低下します。

⑤ ○　正しい。有限要素法では、対象となる連続体を、有限の要素に分割して解析します。要素分割を細かくすることで、精度が向上していきます。

よって、解答は④です。

I-3-4　解答 ②

構造力学・材料力学　類似問題 平成29年度 I-3-5

平成29年度に同一形状で同一荷重の問題が出題されました。平成29年度は部材の伸びを求める問題であったため、構造力学及び材料力学の基本知識が必要でしたが、今年度の問題は軸方向の荷重（力）を求めるだけの問題のため、力の分解のみで解答が得られます。

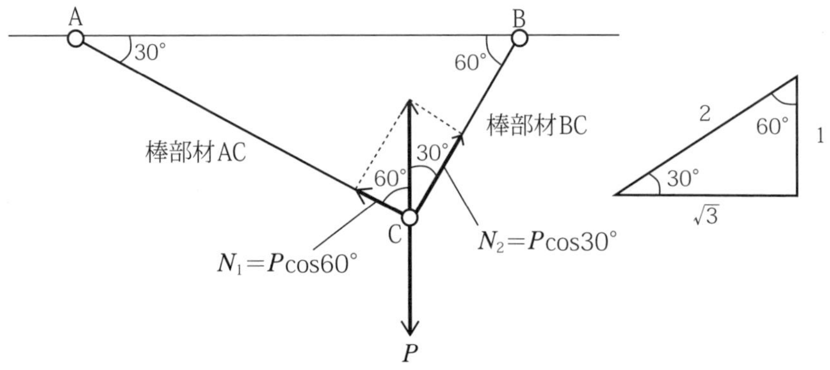

<部材AC>

荷重Pにより部材ACの軸方向に働く引張力$N_1 = P\cos 60°$

<部材BC>

荷重Pにより部材BCの軸方向に働く引張力$N_2 = P\cos 30°$

以上より、部材ACと部材BCにかかる軸方向力の比は次のようになります。

$$\frac{N_1}{N_2} = \frac{P\cos 60°}{P\sin 60°} = \frac{\cos 60°}{\sin 60°} = \frac{1}{2}\frac{2}{\sqrt{3}} = \frac{1}{\sqrt{3}}$$

よって、解答は②です。

I-3-5　解答 ③

運動方程式（円運動）　類似問題　－

慣性モーメントI，トルクτ，角速度ω，時間Tとすると円盤の運動方程式は次のように示されます。

$$I\frac{d\omega}{dT} = \tau$$

一定角速度で増速するので、次のようになります。

$$I\frac{(\omega_2 - \omega_1)}{T} = \tau$$

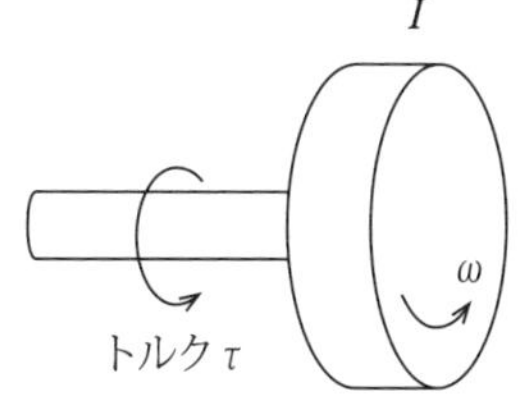

よって、解答は③です。

I-3-6　解答 ⑤

固有振動数　類似問題　－

長さが異なる弦に取り付けられた物体の固有振動数を求める問題です。まず、下図に示すような等速円運動を用いて単振動の運動方程式を考えます。

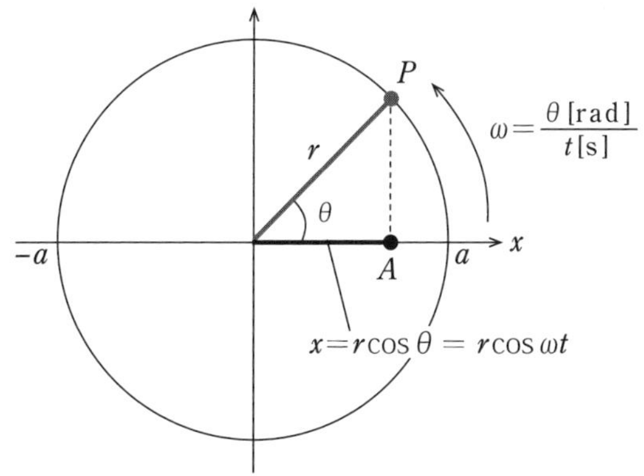

t[s]を時間とし、角度θ [rad]の変化により点Pが角速度$\omega = \theta / t$ [rad/s]で等速円運動をすると、x軸上の点Aは以下の式に従って点aと点$-a$の間を単振動で往復します。$\theta = \omega t$なので、

$$x = r\cos\theta = r\cos\omega t$$

運動方程式を求めたいので加速度を出すためにxを時間で2階微分します。

$$x' = -r\omega\sin\omega t$$

$$x'' = -r\omega^2\cos\omega t = -\omega^2 x$$

これを運動方程式$F = mx''$に代入すると$F = -m\omega^2 x$となります。

次に、振動系の復元力を求めます。

問題文に示される通り、復元力は$2T\sin\theta$で表されます。よって、図(a)及び図(b)それぞれについて次のように求められます。

＜図(a)＞

$$F = 2T\sin\theta = -2T\frac{x}{L}$$

＜図(b)＞

$$F = 2T\sin\theta = -2T\frac{x}{2L} = -T\frac{x}{L}$$

よって、これらを運動方程式に代入すると答えが求まります。

＜図(a)＞

$F = -m\omega^2 x = -2T\dfrac{x}{L}$より$\omega$を求めると、$\omega_a = \sqrt{\dfrac{2T}{mL}}$

＜図(b)＞

弦の長さが$2L$、物体の質量が$2m$であるので、

$F = -2m\omega^2 x = -T\dfrac{x}{L}$より$\omega$を求めると、$\omega_b = \sqrt{\dfrac{T}{2mL}}$

求めたいのは(a)と(b)の系の固有振動数fの比であるが、これは固有角振動数ωの比も同じであるので、

$$\frac{f_a}{f_b} = \frac{\omega_a}{\omega_b} = \sqrt{\frac{2T}{mL}\frac{2mL}{T}} = \sqrt{4} = 2$$

よって、$f_a : f_b = 2 : 1$となり、解答は⑤です。

4群　材料・化学・バイオに関するもの

Ⅰ-4-1　解答②

同位体の性質　類似問題 平成30年度Ⅰ-4-2

基礎的な化学に関する知識問題です。

① ○　正しい。設問の通りです。酸を強い順に並べると、スルホン酸＞カルボン酸（酢酸はカルボン酸の一種）＞炭酸＞フェノールの順になります。語呂合わせとして「スカタンフェノール」と覚えましょう。

② ×　誤り。塩酸は強酸、酢酸は弱酸です。つまり、同じ濃度の水溶液中の H^+ の濃度が違うので、同じpHにはなりません。

③ ○　正しい。設問の通りです。水酸化ナトリウム（NaOH）、水酸化カリウム（KOH）、水酸化カルシウム（$Ca(OH)_2$）、水酸化バリウム（$Ba(OH)_2$）は、水に溶けて「陽イオン＋水酸化物イオン（OH^-）」に電離するため、塩基性（アルカリ性）を示します。

例）水酸化ナトリウムの水溶液の場合　$NaOH \rightarrow Na^+ + \underline{OH^-}$

このように、水酸化物イオン OH^- が生じることで、水溶液が塩基性になります。

④ ○　正しい。設問の通りです。炭酸カルシウム $CaCO_3$ と希塩酸HClが反応すると、以下のように塩化カルシウム $CaCl_2$ と二酸化炭素 CO_2 と水 H_2O が生じます。

$$CaCO_3 + 2HCl \rightarrow CaCl_2 + CO_2 + H_2O$$

⑤ ○　正しい。設問の通りです。塩化アンモニウム NH_4Cl と水酸化カルシウム $Ca(OH)_2$ が反応してアンモニア NH_3 が発生します。

$$2NH_4Cl + Ca(OH)_2 \rightarrow CaCl_2 + 2H_2O + 2NH_3$$

よって、解答は②です。

Ⅰ-4-2　解答④

酸化と還元（酸化数）　類似問題 平成27年度Ⅰ-4-2

酸化数を求める問題です。

酸化とは、電子 (e^-) を失う事、還元とは、電子 (e^-) を得ることです。化学反応式から、電子のやり取りの関係が不明確な場合、酸化数の概念を使うことで酸化と還元を判定できます。酸化数は、次のように決めることができます。

(1) 単体の酸化数は0（ゼロ）
(2) 化合物中の酸化数の総和は0（全体として電荷をもっていない）
(3) イオンの場合、酸化数はイオンの価数に等しい
(4) 化合物中の水素Hの酸化数は＋1、酸素Oの酸化数は−2（例外あり）
(5) 化合物中のアルカリ金属の酸化数は、1族が＋1、2族が＋2

ここで、③MnO_4^-は、化学式に示されている通り−1価のイオンなので全体で−1になることに注意が必要です。

① $H_2\underline{S}$：$2 \times 1 + S = 0$になるので、　$S = -2$
② $\underline{Mn}$：単体なので　$Mn = 0$
③ $\underline{Mn}O_4^-$：$Mn + 4 \times (-2) = -1$になるので、　$Mn = 7$
④ $\underline{N}H_3$：$N + 3 \times 1 = 0$になるので、　$N = -3$
⑤ $H\underline{N}O_3$：$1 + N + 3 \times (-2) = 0$になるので　$N = 5$

よって、解答は④です。

I-4-3　解答①

金属材料　類似問題　−

金属（ニッケル）に関する問題です。この問題はニッケルの物性を知らなくても解けます。問題文に鋼板とニッケルの密度が与えられているため、そこから質量と質量分率が計算できます。

まず、ニッケルはレアメタルの一つです。なお、（イ）と（ウ）の計算を行うと、ニッケルがレアメタルであることも選択肢から絞り込めます。

次に、鋼板とニッケルメッキそれぞれについて、体積Vを求めて、密度ρから質量$m = \rho V$を求めます。

＜鋼板＞

$$V = 0.50 \times 1.0 \times 0.60 \times 10^{-3} = 0.30 \times 10^{-3}\ \mathrm{m^3}$$

$$m = \rho V = 7.9 \times 10^3 \times 0.30 \times 10^{-3}\ \mathrm{m^3} = 2.37\ \mathrm{kg}$$

＜ニッケルメッキ＞

$$V = 0.5 \times 1.0 \times 10 \times 10^{-6} = 5.0 \times 10^{-6}\ \mathrm{m^3}$$

$$m = \rho V = 8.9 \times 10^3 \times 5.0 \times 10^{-6}\ \mathrm{m^3} = \underline{4.5 \times 10^{-2}\ \mathrm{kg}}$$

＜ニッケルの質量百分率X＞

$$X = \frac{\text{ニッケルの質量}}{\text{鋼板の質量}+\text{ニッケルの質量}} \times 100$$

$$=\frac{4.5\times10^{-2}}{2.4+4.5\times10^{-2}}\times100=\underline{1.8\%}$$

よって、(ア)レアメタル、(イ)4.5×10^{-2}、(ウ)1.8%となり、解答は①です。

Ⅰ-4-4　解答①

材料の引張特性(応力・ひずみ)　類似問題　平成28年度Ⅰ-4-4

下図に示すように、初期の断面積A_0、長さL_0の丸棒に荷重Pをかけて引張る状況を考えます。応力σ、ひずみεとヤング率Eの関係は次の通りです。

$$\sigma=\frac{P}{A}=E\varepsilon \qquad \varepsilon=\frac{\varDelta L}{L}$$

引張試験で荷重Pと伸び量$\varDelta L$の関係を調べれば、応力σ、ひずみεなどが求まります。

ここで、応力を算出する際、荷重を断面積で割りますが、棒を引張ると、次ページの図のように断面積がわずかに減少し($A_0>A$)、その分わずかに伸びます($L_0<L$)。そのため、どの時点での断面積Aと長さLを使うかによって応力とひずみの値が異なってきます。そこで、次のような定義がなされています。

<変形前の断面積A_0と長さL_0を使う>

公称応力$\sigma_n=\frac{P}{A_0}$　公称ひずみ$\varepsilon_n=\frac{L-L_0}{L_0}$

<変形中の実際の断面積Aと長さLを使う>

真応力$\sigma_t=\frac{P}{A}$　真ひずみ$\varepsilon_t=\frac{L-L_0}{L}$

▼軟鋼の応力－ひずみ線図

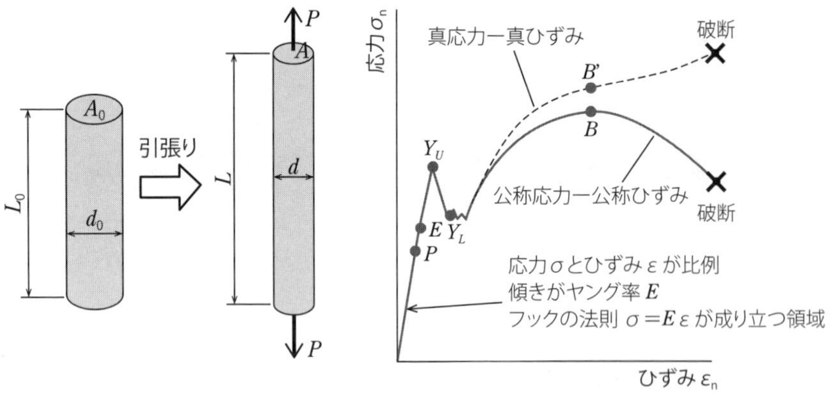

公称応力 σ_n—公称ひずみ ε_n 線図において初期に現れる直線部分は、フックの法則 $\sigma_n = E\varepsilon_n$ が成り立つ領域、つまり材料がばねなどの弾性体のような振る舞いをする領域のため、弾性変形領域と呼ばれます。つまり、（ア）～（ウ）の内容は①④⑤で正しいですが、（エ）は①のみが正しいです。よって、解答は①です。

I-4-5　解答⑤

酵素　類似問題　平成30年度 I-4-6

酵素に関する正誤問題です。

① ×　誤り。極性（親水性）の側鎖は、水和できるように外側を向いて外表面に存在し、非極性（疎水性）の側鎖は水に触れないよう内側を向いて存在する傾向にあります。

② ×　誤り。酵素が作用を発揮する最適の温度を至適温度と呼びます。例えば動物の酵素の至適温度は35℃～50℃程度ですが、中には-20℃以下のものや100℃以上のものもあります。

③ ×　誤り。酵素は、タンパク質を主成分とする有機触媒です。

④ ×　誤り。酵素は、活性化エネルギーを低下させる触媒の作用をします。

⑤ ○　正しい。設問の通りです。

よって、解答は⑤です。

I-4-6　解答⑤

DNA　類似問題　平成27年度 I-4-6

DNAはアデニン(A)、チミン(T)、グアニン(G)、シトシン(C)の塩基部での結合で形成された二重らせん構造をしています。また、二本の鎖の塩基部は、AとT、GとCで結合しています。この問題は、次の「シャルガフの規則」を知っている必要があります。

> シャルガフの規則
> 全ての生物において、アデニン(A)とチミン(T)、グアニン(G)とシトシン(C)の数の比は、それぞれ等しい。つまり、A：T＝G：C＝1：1である。

また、DNAはA、T、G、Cから成りますので、その合計は100%になります。つまり、問題文を図示すると以下の図のようになります。

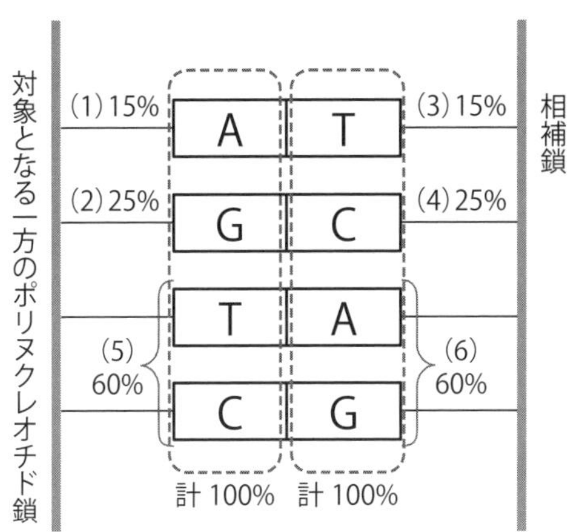

まず、問題文に記されているように、一方のポリヌクレオチド鎖(ここでは仮に図の左側とします)のAが15%、Gが25%です。よって、図中の(1)15%、(2)25%となります。そうすると、シャルガフの規則によって、図中の(3) T＝15%、(4) C＝25%であることが分かります。それぞれの鎖において、ATGCの和は100%なので、(5) T＋C＝60%、(6) A＋G＝60%であることが分かります。

よって、⑤が正しいことが分かります。それ以外について正しくない理由は次の通りです。

①×　誤り。同じ鎖（左側）のTとCの和は60%になります。
②×　誤り。例えば左側の鎖において、Gが25%です。(5)に示すようにT+Cが60%です。よって、G＋T＋C＝85%ですので、G＋Cが90%になることはありません。
③×　誤り。相補鎖（図の右側の鎖）のTは(3)に示す通り15%です。
④×　誤り。相補鎖のC+Tは(3)と(4)の和なので40%です。
⑤○　正しい。(6)に示す通りG＋A＝60%です。

よって、解答は⑤です。

5群　環境・エネルギー・技術に関するもの

I-5-1　解答②

気候変動（IPCC第6次報告）　類似問題　－

気候変動対策に関する正誤問題です。

①○　正しい。設問の通りです。
②×　誤り。2011年～2020年における世界平均気温は、工業化以前の状態とされる1850年～1900年の値よりも1.09℃高かったとされています。3℃ではありません。
③○　正しい。設問の通りです。
④○　正しい。気候変動により受ける影響は、地域間や地域内で大きく異なります。例えば気候ハザードに対して脆弱性の低い地域に住んでいる人々や生物が、より大きな影響を受けることは明らかです。そのため、先進国が気候変動を引き起こす大きな要因になっているのに対して、その影響をより受けるのが、開発が十分ではない発展途上国と言われています。
⑤○　正しい。設問の通りです。

よって、解答は②です。

I-5-2　解答①

廃棄物　類似問題　－

廃棄物に関する正誤問題です。

①×　誤り。産業廃棄物は、一般廃棄物の約９倍多く排出されています。
②○　正しい。設問のとおりです。廃棄物処理法において、「爆発性、毒性、

感染性その他の人の健康又は生活環境に係る被害を生ずるおそれがある性状を有する廃棄物」を特別管理廃棄物として規定し、通常の廃棄物よりも厳しい規制を行っています。

③○　正しい。設問のとおりです。

④○　正しい。設問のとおりです。RPF（Refuse derived paper and plastics densified Fuel）は、古紙や廃プラスチックを主原料とした固形燃料です。

⑤○　正しい。設問の通りです。2020年東京オリンピック・パラリンピックのメダルは、電子機器類などの使用済み小型家電から回収した金属をもとに製作されました。

よって、解答は①です。

I-5-3　解答 ①

石油情勢　類似問題 平成30年度 I-5-3

エネルギー資源に関する問題です。

日本は、原油の約90％（2019年）を中東からの輸入に依存しています。ちなみに中東依存度が最も高かったのは1967年の91.2％です。よって、（ア）は90%が正しいことがわかります。輸入量が最も多いのは、サウジアラビアで、次いでアラブ首長国連邦（UAE）、クウェート、カタールなど※です。これらの国から原油を輸入する際には、ホルムズ海峡を経由する必要があります。

※年度によって変化しますが、2020年度はサウジアラビア43.5%，UAE29.9%、クウェート8.6%、カタール8.3%です。サウジアラビアとUAEが比較的多く、クウェートとカタールは10%弱であることを押さえておきましょう。

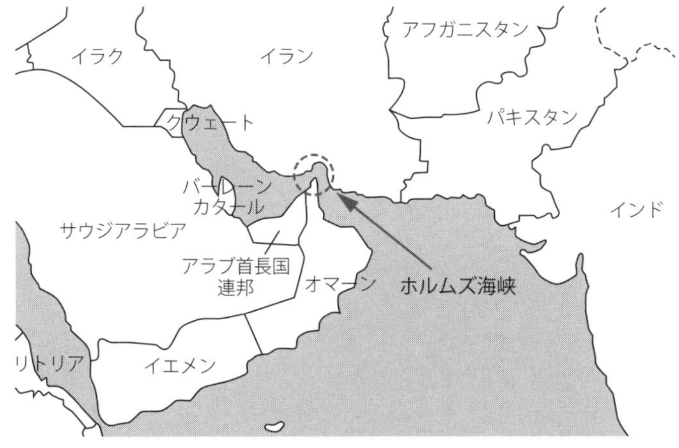

なお、日本の総輸入額に占める原油の割合は、例年10%程度で推移していますので、併せて覚えておくと良いでしょう。よって、解答は①です。

I-5-4　解答⑤

水素　類似問題　－

クリーンな二次エネルギーとして近年注目されている水素に関する問題です。今後、同様な観点でアンモニア、合成燃料（e-Fuel）等のその他の代替燃料もチェックしておくと良いと思われます。

水素は1気圧下では約-253℃で液化します。-162℃は、液化天然ガスの温度です（天然ガスの主成分であるメタンが-162℃で液化します）。水素を液化すると、常温の水素ガスの1/800の体積になります。1/600は、天然ガスの体積です。低位発熱量（重量当たり）については、水素は120MJ/kg、ガソリンは44MJ/kg程度です。

水素を使って鉄鉱石を還元する反応は次の通りで、これは吸熱反応です。

$$Fe_2O_3 + 3H_2 + 熱 = 2Fe + 3H_2O$$

よって、解答は⑤です。

I-5-5　解答⑤

科学技術とリスク　類似問題　令和元年度（再）I-5-6

科学技術とリスクに関する正誤問題です。

① ○　正しい。設問の通りです。リスク分析によって得られたリスクについて、その発生可能性や影響度の大きさなどをもとに、リスクの評価を行い、リスクに対策を行う優先度の判断材料にすることができます。

② ○　正しい。第4次科学技術基本法では、レギュラトリーサイエンスを次のように記しています。「科学技術の成果を人と社会に役立てることを目的に、根拠に基づく的確な予測、評価、判断を行い、科学技術の成果を人と社会との調和の上で最も望ましい姿に調整するための科学」よって、設問は正しいと判断できます。

③、④ ○　正しい。設問の通りです。

⑤ ×　誤り。リスクコミュニケーションの目的（様々な立場からのリスクに関する情報や意見の相互交換）に沿って考えると、リスク評価に至った過程の開示を避けることは不適切であることが分かります。

よって、解答は⑤です。

I-5-6　解答 ③

科学技術史（人物と年度）　類似問題　－

科学技術に関する功績とその年代に関する問題です。同様の形式の問題は良く出題されます。

（ア）1856年：ヘンリー・ベッセマーによる転炉法（製鋼法）の開発

（イ）1918年：本多光太郎によるKS磁石鋼の開発

（ウ）1935年：ウォーレス・カロザースによるナイロンの開発

（エ）1828年：フリードリヒ・ヴェーラーによる尿素の人工的合成

（オ）1897年：志賀潔による赤痢菌の発見。

よって、古い順に並べると（エ）－（ア）－（オ）－（イ）－（ウ）となり、解答は③です。

令和4年度　解答・解説　適性科目

II-1　解答 ④

技術士等の義務（技術士法第4章）

類似問題 令和3年度II-1、令和元年度（再）II-2他

技術士法第4章の理解を問う問題は毎年出題されています。「技術士法第4章」、「技術士倫理綱領」を一読し、技術士としての基本姿勢（理想的な技術士像）をイメージしておくと、自然と解答できます。法令を一語一句暗記する必要はありません。

（ア）×　誤り。技術士法第4章第45条（技術士等の秘密保持義務）に、技術士等としての秘密保持義務が記されています。つまり、所属する組織を退職した後も同様です。なお、技術士や技術士補でなくなった場合でも秘密保持の義務があります。「組織を退職したり、技術士でなくなった後は秘密保持の義務はない」等と問われたら誤りです。

（イ）○　正しい。技術士法第4章第47条の2（技術士の資質向上の責務）に記載がある通り、正しい記述です。

（ウ）×　誤り。技術士は「公益確保」が最優先です。例えば、取引先の要望が公益確保に反する場合、公益確保が優先です。

（エ）○　正しい。技術士法第4章第46条（技術士の名称表示の場合の義務）に示されている通りです。

（オ）×　誤り。（ウ）の問題と同じく、公益確保が優先です（公益確保に反するような設問文はすべて誤りです）。

（カ）×　誤り。技術士補は、技術士に代わるような主体業務はできません（技術士法第4章第47条（技術士補の業務の制限等））。

（キ）×　誤り。技術士法第4章第47条の2（資質向上の責務）に「技術士は、常に、その業務に関して有する知識及び技能の水準を向上させ、その他その資質の向上を図るよう努めなければならない。」とあります。自身の専門分野の継続研鑽は当然重要です。

よって、技術士法第4章の規定に照らして正しいものは（イ）と（エ）であり、解答は④です。

Ⅱ-2　解答④

PDCAサイクル　類似問題　令和3年度Ⅰ-1-3

PDCAサイクルについての問題です。PDCAの意味を知っていれば正答できる問題です。過去には基礎科目でPDCAに関する問題が出題されています。

P（Plan）—計画

D（Do）—実施

C（Check）—点検

A（Act）—処置

となり、解答は④です。

Ⅱ-3　解答③

ISO26000 社会的責任　類似問題　令和元年度Ⅱ-14、平成29年度Ⅱ-11

ISO26000に関する正誤問題です。ISO26000において、社会的責任を果たすための7つの原則が次のように挙げられています。

1.説明責任
2.透明性
3.倫理的な行動
4.ステークホルダーの利害の尊重
5.法の支配の尊重
6.国際行動規範の尊重
7.人権の尊重

設問の中で、「技術の継承」は記載されていません。

よって、解答は③です。

Ⅱ-4　解答①

Society 5.0　類似問題　—

Society5.0に関する穴埋め問題です。Society5.0とは、(ア)狩猟社会(Society 1.0)、(イ)農耕社会（Society 2.0)、工業社会（Society 3.0)、情報社会（Society 4.0）に続く社会であり、具体的には、「サイバー空間（仮想空間）とフィジカル空間（現実空間）を高度に融合させたシステムにより、経済発展と(ウ)社会的課題の解決を両立する(エ)人間中心の社会」と定義されています。

第6期科学技術・イノベーション基本計画において、国が目指すべきSociety5.0の未来社会像を、「(オ)持続可能性と強靭性を備え、国民の安全と安心を確保するとともに、一人ひとりが多様な幸せ（Well-being）を実現できる社会」の実現に向け、『「総合知による社会変革」と「知・人への投資」の好循環』という方向性が示されています。

よって、解答は①です。

II-5　解答④

ハラスメント　類似問題　平成29年度II-4

ハラスメントに関する正誤問題です。

（ア）○　正しい。設問の通りです。

（イ）×　誤り。ハラスメントか否かに、相手からの意思表示の有無は関係ありません。

（ウ）○　正しい。設問の通り、ハラスメント行為になります。

（エ）○　正しい。設問の通り、「業務の適正な範囲」で行われている場合、ハラスメント行為に該当しません。

（オ）×　誤り。長時間労働をしている妊婦に対して、負担の軽減をしたほうが良いと考えて本人に確認（提案）をして配慮しているものであり、ハラスメント行為には該当しません。

（カ）○　正しい。設問の通りです。

（キ）×　誤り。専門知識による優位性も含まれます。

よって、適切なものは（ア）（ウ）（エ）（カ）の4つとなり、解答は④です。

II-6　解答⑤

リスクと安全　類似問題　令和元年度（再）II-12

リスクに関する正誤問題です。

① ○　正しい。設問の通りです。リスク低減反復プロセスによって許容可能なレベルになるまでリスクを低減します。それでも残ってしまうリスクを残留リスクと呼びますが、残留リスクについては文書化して周知します。それにより、必要な保護具の使用、安全な作業手順書の徹底教育を行うなどして安全性を確保します。

② ○　正しい。設問の通りです。リスクを完全にゼロにすることは不可能です。そこでどこまでリスクを低減するかの考え方として、ALARP（As Low As Reasonably Practicable）「合理的に実行可能な最低の水準までリスクを低

減する」の考え方で進めます。

③、④ ○　正しい。設問の通りです。

⑤ ×　誤り。リスク低減方策として、設計段階には（1）本質的対策、（2）ガード及び保護装置、（3）最終使用者のための仕様上の情報の３つの方策がありますが、その優先順位は（１）→（２）→（３）の順です。例えば、「（１）本質的に安全な設計を行う」を最優先とし、それでも残る危険性について「（２）安全確保のためにガードを設けたり、インターロックなどの安全装置を設ける」それでも残る危険について、「（３）作業者に安全のための情報提供としてマニュアルや掲示や教育をする」の優先順位で対策をします。

よって、解答は⑤です。

II-7　解答 ③

倫理的な行動　類似問題 平成29年度II-13

倫理に関する穴埋め問題です。

功利主義とは、最大多数の最大幸福の考え方を指します。この思想は、最大多数の幸福が最大数になるように物事を判断するというものです。そのため、特定個人に対して不利益が生じたり、個人の権利が制限されたりする恐れがあります。黄金律とは、「自分の望むことを人にせよ」「自分の望まないことを人にするな」という事で、功利主義で生じる不利益が個人にとって許容できるものかを確認する方法となります。この思想の性質を考えれば、

（ア）最大幸福　（イ）個人の権利　（ウ）自分の望むことを人にせよ　（エ）健康

となり、解答は③です

II-8　解答 ②

安全保障貿易管理（輸出管理）　類似問題 令和3年度II-4

安全保障貿易管理（輸出管理）に関する正誤問題です。軍事転用可能な技術や製品等が、国際社会の安全を脅かす組織等に渡ることを防ぐため、先進国を中心とした国際的な枠組み（国際輸出管理レジーム）を作り、輸出等の管理を行っています。これを安全保障貿易管理と呼びます。対象物を輸出したり、規制対象の情報を海外に持ち出す（学会発表も含む）ことが規制されています。輸出等の際には、所定の手続き（許可申請）を経る必要があります。

（ア）×　誤り。国内で容易に入手できるものであっても、海外で軍事転用可能

なために輸出管理の対象となるものもあります。規制対象の有無の確認をせずに品物を発送するのは誤った対応です。

(イ)×　誤り。該非判定書(輸出に際し、許可の必要がないことを証明する書類)の内容を確認していない事も、法令改正を確認せずに古い判定書を使いまわしていることも、適切ではありません。

(ウ)×　誤り。確認をせずに取引する時点で誤った対応です。また、A社とB社が異なる国であった場合、B社がある国では規制がかかる場合もあります。

(エ)○　正しい対応です。

よって、適切な記述は(エ)の1つであり、解答は②です。

II-9　解答⑤

知的財産権

類似問題　令和2年度II-5、平成29年度II-10

知的財産権に関する正誤問題です。知的財産権と産業財産権と著作権等の分類を下の表にまとめます。

知的財産権								
産業財産権								
特許 (発明)	実用新案 (考案)	意匠 (デザイン)	商標 (マーク)	著作権	半導体 集積回路 配置	商号	不正競争 の防止	植物の 新品種

設問の(ア)～(オ)はいずれも知的財産権の権利に該当します。

よって、解答は⑤です。

II-10　解答④

循環型社会形成推進基本法

類似問題　－

循環型社会形成推進基本法に関する正誤問題です。基礎科目での第5群でも過去に出ているキーワードです。

(ア)○　正しい。設問の通りです。

(イ)○　正しい。設問の通りです。同法の第1章第2条の4に「この法律において「循環的な利用」とは、再使用、再生利用及び熱回収をいう。」と示されています。

(ウ)×　誤り。循環資源を製品としてそのまま使用する行為は「再使用」です。

再生利用は、循環資源の全部又は一部を原材料として利用することを指します。

(エ)×　誤り。設問にある[2]再生利用と[3]再使用の優先順位が逆です。処理の優先順位は次の①～⑤の順です。

①発生抑制、②再使用、③再生利用、④熱回収、⑤適正処分

再使用よりも再生利用の方が新たな加工や製造を伴うため、より資源やエネルギーを消費することからも、この設問が誤りであることが判断できます。

よって、解答は④です。

参考　循環型社会形成推進基本法の概要、環境省
https://www.env.go.jp/recycle/circul/kihonho/gaiyo.html

II-11　解答④

製造物責任法(PL法)　類似問題 令和3年度II-3

製造物責任法(PL法)に関する正誤問題です。

1. 製造物責任法では、製造物の欠陥により人的、身体的または財産に係る被害が生じた場合の製造業者等の賠償責任を定めています。
2. 製造物とは、製造または加工された動産を指します。そのため、不動産、未加工の農林水産物は含まれません。また、ソフトウェア、エネルギー、修理などの無形のものは含まれません。
3. 製造業者には、輸入業者やOEM製品を扱う業者も含まれます。

(ア)○　該当する。設問の通り、冷蔵庫の電源装置の欠陥による身体的または財産への被害はPL法の適用対象です。

(イ)×　該当しない。不動産の欠陥に起因するものは含まれません。

(ウ)○　該当する。エスカレーターという製造物製造時の欠陥なので対象です。

(エ)×　該当しない。エネルギーは含まれません。

(オ)○　該当する。ソフトウェア自体は製造又は加工された動産には含まれませんが、ソフトウェアが組み込まれた作業ロボットは製造物ですので、組み込まれたソフトウェアの欠陥によって製造物(作業ロボット)が暴走したことで生じた被害は製造物責任法の対象になります。

(カ)×　該当しない。未加工の農林水産物は含まれません。

(キ)○　該当する。加工処理設備は製造物ですので、その欠陥により生じた健康被害(身体的被害)は対象になります。

(ク)×　該当しない。保守業者の作業ミスは、製造物自体の欠陥ではなく、修理時のミスなので含まれません。

よって、該当しないものは(イ)(エ)(カ)(ク)の4つで、解答は④です。

Ⅱ-12　解答 ⑤

公正な取引　類似問題　－

独占禁止法、金融商品取引法に関する正誤問題です。談合、カルテル、相場操縦取引、インサイダー取引の用語を問う内容です。

(ア)×　誤り。設問に示されている行為は「談合(入札談合)」に該当します。インサイダー取引は、上場会社の関係者が、職務等により知り得た投資判断に重大な影響を与える未公表の情報を利用して、株などを売買して自己の利益を図る行為を指します。

(イ)○　正しい。設問の通りです。

(ウ)×　誤り。設問に示されている行為は「カルテル」に該当します。

(エ)×　誤り。上記(ア)の解説で示した通り、これはインサイダー取引に該当します。

よって、解答は⑤です。

Ⅱ-13　解答 ③

情報セキュリティ　類似問題　－

情報セキュリティに関する正誤問題です。

(ア)○　正しい。情報の機密性、完全性、可用性を確保することをサイバーセキュリティと呼びます。

(イ)×　誤り。これは上記に示した通り、情報の完全性の説明文です。

(ウ)～(オ)○　正しい。設問の通りです。

よって、解答は③です。

機密性：ある情報へのアクセスを認められた人のみが、その情報にアクセスできる状態を確保すること。
完全性：情報が破壊、改ざんまたは消去されていない状態を確保すること。
可用性：情報へのアクセスを認められた人が、必要時に中断することなく、情報にアクセスできる状態を確保すること。

II-14　解答 ③

持続可能な開発目標（SDGs）　類似問題 令和元年度II-15

持続可能な開発目標（SDGs）に関する正誤問題です。

（ア）×　誤り。SDGsは、すべての国を対象とした目標です。

（イ）○　正しい。設問の通りです。

（ウ）○　正しい。設問の通りです。SDGsは、社会・経済・環境の三側面に統合的に取り組むものです（統合性）。

（エ）○　正しい。SDGsは、人間の安全保障の理念を反映し、誰一人取り残さないことを掲げています（包摂性）。

（オ）○　正しい。設問の通りです。

（カ）○　正しい。SDGsは、全てのステークホルダー役割を果たすパートナーシップの下で実行されます（参画型）。

（キ）×　誤り。SDGsは、17の目標に示される通り、気候変動対策などの環境問題だけに特化したものではありません。

よって、解答は③です。

II-15　解答 ⑤

CPD（継続教育・継続研鑽）　類似問題 平成30年度II-3、平成28年度II-2

CPDに関する正誤問題です。

（ア）○　正しい。設問の通りです。学協会によっては、CPD記録等のチェックシステムを導入したり、資格継続にCPDに関する制約を課している場合があります。

（イ）○　正しい。設問の通りです。

（ウ）○　正しい。実施したCPDについて、記録や内容の証明がない場合、CPDとして認められない場合があります。そのため、実施したCPDの記録は正しく保存することが大切です。

（エ）×　誤り。日頃従事している業務自体は継続研鑽とは言えないため、CPD要件を満たしません。

よって、解答は⑤です。

令和3年度　解答・解説　基礎科目

1群　設計・計画に関するもの

Ⅰ-1-1　解答④

ユニバーサルデザイン　**類似問題**　令和2年度Ⅰ-1-1、平成30年度Ⅰ-1-3他

ユニバーサルデザインに関する正誤問題です、同様の形式の出題は過去にはありませんが、令和2年のⅠ-1-1など、繰り返し出題されているユニバーサルデザインの以下の概念を理解していれば容易に正答できます。

> ユニバーサルデザインとは
> ロナルド・メイスによって提唱された概念で、「すべての人にとって、できるだけ利用しやすいように、製品、環境、建物、空間などをデザインする」こと。

つまり、「すべての人にとって利用しやすい」という原則と異なるものが不適切な設問です。

④は、子供が操作できないように設計しているものであり、ユニバーサルデザイン（誰もが利用できる）とは異なります。なお、子供が操作をすることで事故につながるようなものに対して、それを防止するようにデザインすることを「チャイルドレジスタンス（CR）」と呼びます（子供がライターを容易に操作できないようにする、医薬品の容器を容易に開けられないようにするなどが該当します）。

④以外は、すべての人が利用できるようになることを考えての対策なので、ユニバーサルデザインの特性を備えた製品といえます。

よって、解答は④です。

Ⅰ-1-2　解答②

システムの信頼度　**類似問題**　令和2年度Ⅰ-1-6、平成30年度Ⅰ-1-1他

この類の問題は出題頻度が高いです。直列システムと並列システムの信頼度

を求める方法を知っていれば解答できます。

＜直列システムの信頼度＞

3つの要素R_A、R_B、R_Cの直列システムの信頼度R_Sは、次式で求められます。

$R_S = R_A \times R_B \times R_C$

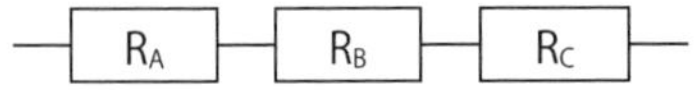

＜並列システムの信頼度＞

3つの要素R_A、R_B、R_Cの並列システムの信頼度R_pは、次式で求められます。

$R_p = 1 - (1 - R_A)(1 - R_B)(1 - R_C)$

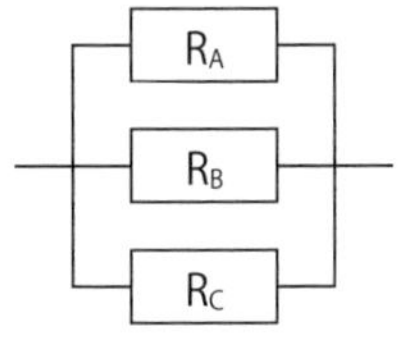

＜システムA、B、Cの信頼度R_{ABC}＞

システムA、B、Cは、同じ形をしており、2つの並列システムの中の一方が2つの直列システムになっています。この場合、直列システムの信頼度を求めた後に並列システムの信頼度を求めればよいので、以下のようになります。

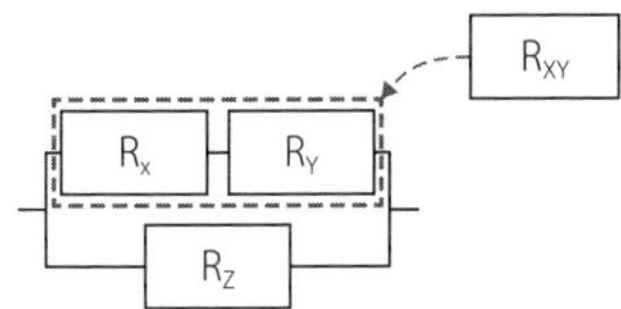

$R_{ABC} = 1 - (1 - R_{XY})(1 - R_Z) = 1 - (1 - R_X \times R_Y)(1 - R_Z)$ …式(1)

＜システムD、Eの信頼度R_{DE}＞

また、システムDとEも同じ形をしており、2つの直列システムの中の一方が2つの並列システムになっています。この場合、並列システムの信頼度を求めた後に直列システムの信頼度を求めればよいので、以下のようになります。

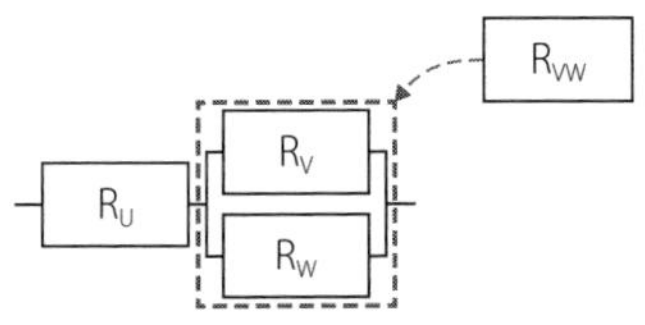

$R_{DE} = R_U \times R_{VW} = R_U \times [1 - (1 - R_V)(1 - R_W)]$ …式(2)

よって、各システムの信頼度は以下のように算出されます。

システムA：式(1) $R_A = 1 - (1 - R_X \times R_Y)(1 - R_Z)$
$= 1 - (1 - 0.9 \times 0.8)(1 - 0.7) = 0.916$

システムB：式(1) $R_B = 1 - (1 - R_X \times R_Y)(1 - R_Z)$
$= 1 - (1 - 0.9 \times 0.7)(1 - 0.8) = 0.926$

システムC：式(1) $R_C = 1 - (1 - R_X \times R_Y)(1 - R_Z)$
$= 1 - (1 - 0.8 \times 0.7)(1 - 0.9) = 0.956$

システムD：式(2) $R_D = R_u \times [1 - (1 - R_V)(1 - R_w)]$
$= 0.8 \times [1 - (1 - 0.9)(1 - 0.7)] = 0.776$

システムE：式(2) $R_E = R_u \times [1 - (1 - R_V)(1 - R_w)]$
$= 0.9 \times [1 - (1 - 0.8)(1 - 0.7)] = 0.846$

よって、システムの信頼度の高さはC＞B＞A＞E＞Dとなり、解答は②です。

I-1-3　解答②

PDCAサイクル　類似問題　平成27年度 I-1-6

品質マネジメントシステムにおけるPDCAサイクルの用語に関する問題です。PDCAは、次のサイクルを意味します。

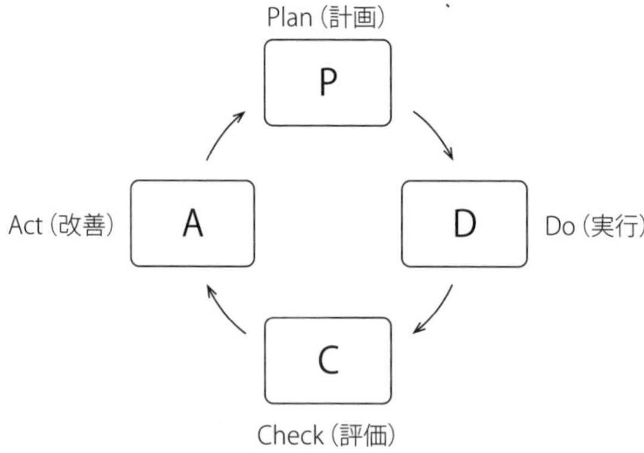

『Plan：計画をする→Do：実行する→Check：実施したことの点検・評価をする→Act：改善や次の計画などを行う』

上記のサイクルを繰り返し実施し、継続的に改善を図る手法です。よって、(ウ)と(エ)が誤った記述であり、解答は②(正－正－誤－誤)です。

Ⅰ-1-4　解答③

信頼性工学　類似問題 平成21年度Ⅰ-1-1

システムの信頼性における稼働率の問題です。まずは、用語を整理します。

平均故障間隔：MTBF（Mean Time Between Failures）：

MTBFは、システムが故障に至るまでに稼働した時間の平均です。つまり、平均的に何時間に1度故障するかを意味します。

平均修復時間：MTTR（Mean Time To Repair）：

MTTRは、故障が発生した時に修復に要する時間の平均です。

つまり、MTBFが大きく（長い時間故障しない）、MTTRが小さい（故障からの復旧が早い）システムほど稼働できる時間が長くなります。

例えば、以下の図のように全運転時間24時間中に2回の故障が起こったとします。この場合、MTBFとMTTRは次のようになります。

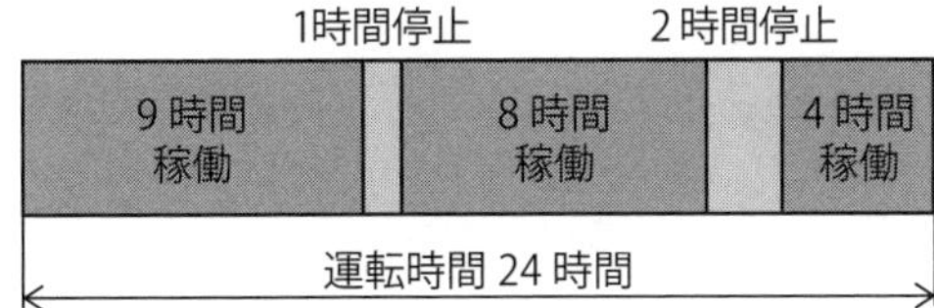

$$\mathrm{MTBF} = \frac{\text{合計稼働時間}}{\text{故障回数}} = \frac{9+8+4}{2} = 10.5\text{時間}$$

$$\mathrm{MTTR} = \frac{\text{合計停止時間}}{\text{故障回数}} = \frac{1+2}{2} = 1.5\text{時間}$$

稼働率（アベイラビリティ）は、全運転時間中にどれだけの時間稼働できたかを指します。つまり、上記の例では24時間の運転時間中に21時間稼働していましたので、稼働率は21÷24＝0.875（87.5％）です。この設問は、稼働率をMTBFとMTTRで表すとどうなるかを問うものです。

上記の図より、合計稼働時間は、MTBFに故障回数を掛けたものです。合計停止時間は、MTTRに故障回数を掛けたものです。つまり、稼働率をMTBFおよびMTTRで表すと次のようになります。

$$\text{稼働率} = \frac{\text{合計稼働時間}}{\text{運転時間}} = \frac{\text{合計稼働時間}}{\text{合計稼働時間}+\text{合計停止時間}}$$

$$= \frac{(\mathrm{MTBF}\times\text{故障回数})}{(\mathrm{MTBF}\times\text{故障回数})+(\mathrm{MTTR}\times\text{故障回数})} = \frac{\mathrm{MTBF}}{\mathrm{MTBF}+\mathrm{MTTR}}$$

よって、稼働時間$=\dfrac{\mathrm{MTBF}}{\mathrm{MTBF}+\mathrm{MTTR}}=\dfrac{\mathrm{A}}{\mathrm{A}+\mathrm{B}}$となり、解答は③です。

I-1-5　解答⑤

構造設計　類似問題　－

構造設計に関する正誤問題です。

(ア)×　誤り。

図のように圧縮荷重Pを受ける細長い棒部材が座屈する荷重をオイラーの座屈荷重P_cと呼び、式(1)で示されます(両端ヒンジの場合$n=1$)。

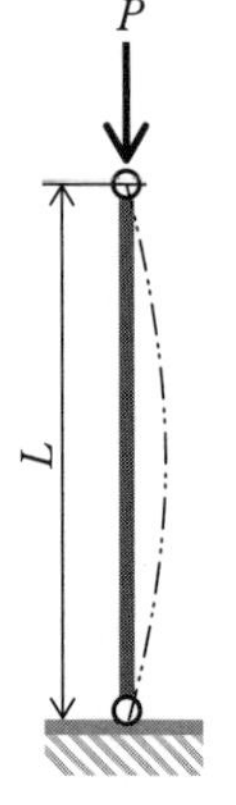

L：棒の長さ
E：ヤング率（縦弾性係数）
I：棒の断面二次モーメント
n：両端の固定方法で決まる定数
・両端回転自由（両端ヒンジ）　$n=1$
・一端固定（片方ヒンジ）　$n=1/4$
・両端固定　$n=4$

$$P_c=\frac{\pi^2 EI}{L^2}n \quad \cdots式(1)$$

棒部材の座屈荷重は、部材の長さLの二乗に反比例しますので、(ア)の記述は誤りです(長い棒が座屈しやすいのは直観的にもイメージしやすい)。

(イ)○　正しい。

式(1)に示すように、座屈荷重は部材の長さL、縦弾性係数(ヤング率)E、断面二次モーメントI(断面形状によって決まる)で決まります。よって、引張強さが異なる部材でも、幾何学的形状が同じ(断面二次モーメントIが同じ)、長さLが同じ、縦弾性係数Eが同じ、境界条件(両端の固定条件など)が同じであれば、オイラーの座屈荷重は等しくなります。

ちなみに、下図の応力ひずみ一線図において、引張強さに相当する状態と座屈が起こる際の材質の状態は異なるため、引張強さは、直接は関係ありません。

▼軟鋼の応力－ひずみ線図

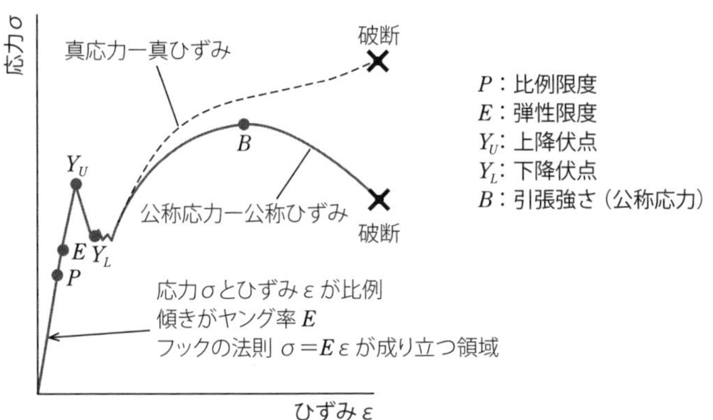

（ウ）×　誤り。

許容応力σは、設計上許容できる最大の応力です。応力で表した基準強度（基準応力）σ_sは、その部材や材料の持っている強度（例えば引張強さ）です。これらと安全率Sの関係は次の式で表されます。よって、（ウ）は誤った記述です。

$$\text{許容応力}\,\sigma = \frac{\text{基準強度}\,\sigma_s}{\text{安全率}\,S}$$

この時点で、選択肢より解答が⑤であることが分かります。

（エ）×　誤り。

限界状態とは、構造物が所定の性能を維持できる極限の状態を指します。つまり、その限界値を超えると性能を発揮できなくなります。一口に限界状態といっても、さまざまな“限界”があります。例えば、国土交通省が発行している「土木・建築にかかる設計の基本」において、以下のように記されています。

> 「検証の対象とする限界状態としては、終局限界状態、使用限界状態、および修復限界状態とする。ただし、設計対象としている構造物の目的等に応じて限界状態を選択するものとする。」
>
> 出典：「土木・建築にかかる設計の基本」（国土交通省）、https://www.mlit.go.jp/kisha/kisha02/13/131021/131021.pdf

構造物の種類や目的に応じて、求められる性能が異なります。また、考慮しなければならない限界状態が1つしかない訳ではありません。例えば、構造物の倒壊など、人命にかかわるような限界状態（終局限界状態）を考えたとして、それだけを満足すればよいわけではありません。使用時に構造物の機能を満足するのに必要な限界状態を考慮することも必要だと考えられます。このように、一般的に、複数の限界状態を考慮しなければならないといえます。

よって、解答は⑤です。

I-1-6　解答③

製図法　　類似問題 令和2年度 I-1-5

本問題は、令和2年のI-1-5と一部の設問[(イ)と(ウ)]が同じであり、(イ)と(ウ)が分かれば、正答が③に絞り込める問題です。

製図法に関する正誤問題です。

(ア)×　誤り。投影法には第一角法と第三角法の2種類があります。

(イ)○　正しい。

第三角法と第一角法のレイアウトを以下に記します。第三角法は、見る側と同じ側に投影図を描きます。第一角法は、第三角法のレイアウトに対して、平面図Bと下面図D、右側面図Cと左側面図Eを描く位置が入れ替わります。

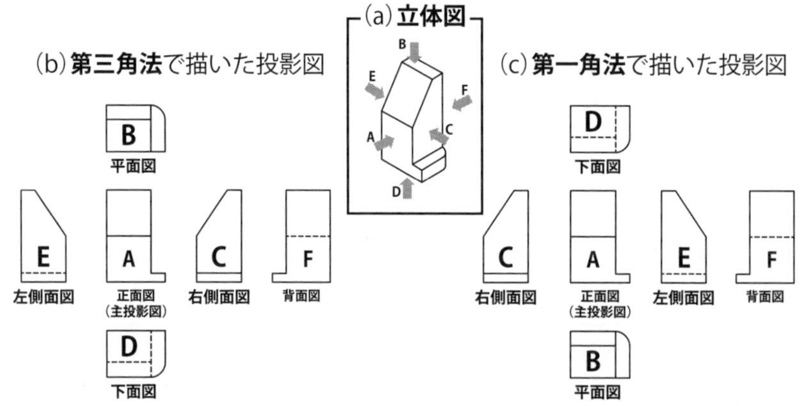

(ウ)×　誤り。上記(イ)の解説で説明した通り、第一角法の平面図は正面図の下に描かれます(「左側面図は正面図の右に」描かれる記述は正しい)。

(エ)○　正しい。設問の通りです、日本では日本産業規格(JIS)によって製図方式を制定し、改訂を加えてきました(現在は国際標準化機構ISOの規格に準拠することを基本に改訂が加えられています)。

(オ)×　誤り。上記(エ)の解説で記した通り、ISOは国際規格です。

よって、解答は③です。

2群　情報・論理に関するもの

I-2-1　解答 ①

情報セキュリティ　**類似問題** 平成27年度 I-2-5

情報セキュリティに関する正誤問題です。

① ○　正しい。公開鍵暗号方式では、暗号化に公開鍵を利用します。暗号を復号する際に、秘密鍵を使用します。

② ×　誤り。公開鍵暗号方式では、送信者Aが受信者Bに対して公開鍵を送付します。この公開鍵を本当に送信Aが送付したものかを証明する仕組みが公開鍵基盤です。すなわち、第三者機関である認証局が、ユーザーと公開鍵の結びつきを証明するディジタル証明書を発行します。秘密鍵ではありません。

③ ×　誤り。スマートフォンにもウイルス感染のリスクがあります。

④ ×　誤り。ディジタル署名方式は、公開鍵暗号方式の公開鍵と秘密鍵を逆に利用することで、なりすましや改ざんを防止する手法です。この方式では、送信者によるディジタル署名の生成には秘密鍵を用い、受信者による検証には公開鍵を使います。秘密鍵と公開鍵の関係が逆です。

⑤ ×　誤り。WEP方式は、無線通信間での通信傍受を防ぐための方法に共通鍵暗号方式を用いています。この方式は、比較的容易に盗聴ができてしまうなどの脆弱性が指摘されています。そのため、WPA（Wi-Fi Protected Access）、WPA2などのより安全な暗号化方式を用いるのがよいとされています。よって、解答は①です。

I-2-2　解答 ②

論理式　**類似問題** 平成30年度 I-2-4

論理式を整理する問題です。

ド・モルガンの法則を使って式を簡単にします。

<ド・モルガンの法則>

$$\overline{A+B}=\overline{A}\cdot\overline{B}$$

$$\overline{A\cdot B}=\overline{A}+\overline{B}$$

以上に加えて、$\overline{\overline{A}}=A$であることを利用すれば、

$$
\begin{aligned}
X &= \overline{\overline{A}\cdot\overline{B} + A\cdot B} \\
&= \overline{\overline{A}\cdot\overline{B}}\cdot\overline{A\cdot B} \\
&= (\overline{\overline{A}}+\overline{\overline{B}})\cdot(\overline{A\cdot B}) \\
&= (A+B)\cdot(\overline{A\cdot B}) \quad \cdots\cdots 式(1) \\
&= (A+B)\cdot(\overline{A}+\overline{B}) \quad \cdots\cdots 式(2)
\end{aligned}
$$

よって、解答は②です。なお、平成30年のⅠ-2-4の問題では、設問の論理式はまったく同じですが、上記の式(1)が正解として選択肢に記載されていました。論理演算の基本とド・モルガンの法則を使って、ケアレスミスをしないように論理式を整理できるようにしておくことが重要です。

Ⅰ-2-3　解答②

データの伝送時間　類似問題 平成18年度Ⅰ-2-1

データの伝送時間を計算する問題です。平成18年に類題が出題されています。この問題は、設問に伝送時間の計算式や回線速度などの定義が説明されているので、設問に示されている情報から正答を導くことが可能です。予備知識として必要なのは、「1バイト＝8ビット」であることのみです。

設問より、以下の情報が得られます。

元のデータ量：5G（ギガ）バイト＝5×8＝40ギガビット

圧縮率：0.5（上記5Gバイトのデータを2分の1に圧縮して伝送）

回線速度：200Mbps（毎秒200M（メガ）ビット）

回線利用率：0.7（70%）

以上の情報を用いて、伝送時間は次のように計算されます。

$$
伝送時間 = \frac{伝送データ量}{回線速度\times回線利用率} = \frac{元のデータ量\times圧縮率}{回線速度\times回線利用率}
$$

$$
= \frac{5\times10^{3}\times8\times0.5}{200\times0.7} = 143秒
$$

よって、解答は②です。

Ⅰ-2-4　解答②

アルゴリズム　類似問題 平成29年度Ⅰ-2-4

うるう年を判定するアルゴリズムに関する問題です。

決定表に記載されている条件部と動作部を見ながら、正しい動作をしている表を探します。

<左から1番目の列>

問題文の条件(イ)に示すように、西暦年号が4で割り切れない年(N：偽)は、うるう年ではないと判定する。

<左から2番目の列>

西暦年号が4で割り切れ(Y：真)、100で割り切れない(N：偽)年は、うるう年と判定する。

<左から3番目の列>

西暦年号が4で割り切れる年(Y：真)で、100で割り切れて(Y：真)400で割り切れない(N：偽)年は、うるう年ではないと判定する。

<左から4番目の列>

西暦年号が4で割り切れる(Y：真)年で、100でも400でも割り切れる(Y：真)年は、うるう年と判定する。

よって、以上の動作に合致している表を探すと、解答は②です。

I-2-5　解答 ①

演算子の逆ポーランド表記法(後置記法)　類似問題　平成30年度 I-2-5

設問に例が書かれているので、それをもとに考えれば解答できる問題です。例として示されている図の構文木のように、(A＋B)×(C－D)を矢印の方向に走査すると、この式の計算順序が正しく表現されています。

設問にある「(A＋B÷C)×(D－F)」を構文木で表すと以下のようになります。

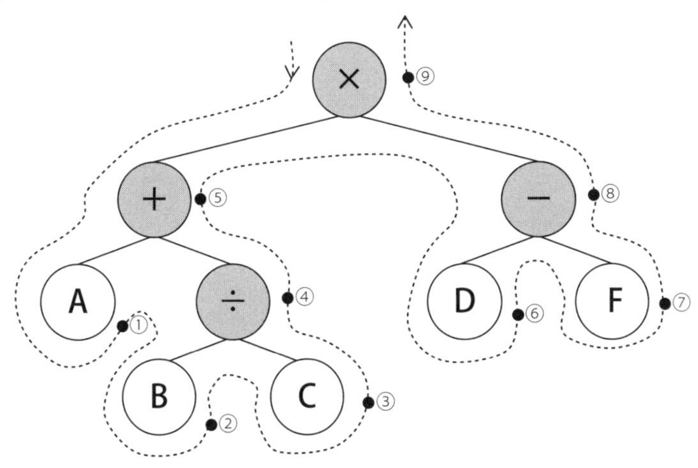

この図を①から⑨に向かって順番に並べると、「ABC÷＋DF－×」になります。よって、解答は①です。

I-2-6　解答 ③

オーダー表記（O記法）　類似問題　－

アルゴリズムの計算量を評価するためのオーダー表記に関する正誤問題です。

この問題は、オーダー表記に関する予備知識が必要だと思われますので、初めて聞く場合には避けたほうが無難です。

オーダー表記では、入力値に対して計算数がどの程度のオーダーなのかを評価することで、計算量や計算速度の大小を判断します。

例えば、選択肢（ア）$5n^3+1$において、nを十分に大きくしていくと、計算量はn^3に比例して大きくなります。この時、定数倍の“5”や定数を加える“＋1”は、n^3の項による変化に比べると小さいです。そのためそれらは無視して（ア）はn^3のオーダーであるといえます。よって、（ア）は正しい表記です。

オーダー表記における、定数、対数、多項式、指数、階乗の大小関係は以下の図に示す通りで、次のようになります。

$O(1) < O(\log_2 n) < O(n) < O(n\log_2 n) < O(n^2) < O(2^n) < O(n!) < O(n^n)$

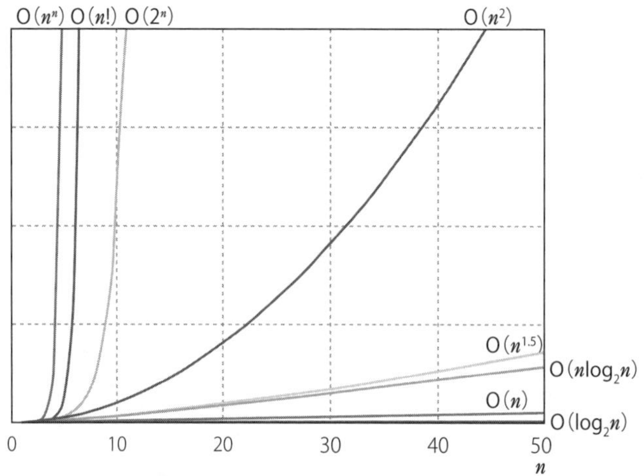

上の図に示すように、$n\log_2 n$と$n^{1.5}$のオーダーは同等であり、（イ）は正しい記述です。$n^{1.5}=n^1 n^{0.5}=n\sqrt{n}$であり、$n\log_2 n=n\times\log_2 n$と比較すると$\log_2 n$と$\sqrt{n}$のオーダーが同等であることからも理解できます。

（ウ）について、n^3と3^nを比べると3^nの方がnの増大に対して急速に発散するので、3^nが支配的です。3^nの方と4^nを比べると、オーダーは同じなので、（ウ）も正しいと判断できます。

（エ）については、指数部が2^nとn^{100}とでは明らかにオーダーが異なるため、誤りと判断できます。

よって、（ア）正、（イ）正、（ウ）正、（エ）誤となり、解答は③です。

3群　解析に関するもの

Ⅰ-3-1　解答④

ベクトルの回転　類似問題　令和2年度Ⅰ-3-1、平成30年度Ⅰ-3-2他

ベクトルの回転rot$V$を計算する問題です。rot$V$の定義は問題文に与えられていますので、与えられている各成分のベクトルV_x、V_y、V_zを偏微分して数値を代入します。

ベクトルの各成分は次の通りです。

$V_x = y + z \qquad V_y = x^2 + y^2 + z^2 \qquad V_z = z + 2y$

各成分の偏微分を行うと次のようになります。

$$\frac{\partial V_z}{\partial y} - \frac{\partial V_y}{\partial z} = \frac{\partial}{\partial y}(z + 2y) - \frac{\partial}{\partial z}(x^2 + y^2 + z^2) = 2 - 2z \quad \cdots\cdots\cdots \text{式(1)}$$

$$\frac{\partial V_x}{\partial z} - \frac{\partial V_z}{\partial x} = \frac{\partial}{\partial z}(y + z) - \frac{\partial}{\partial x}(z + 2y) = 1 \quad \cdots\cdots\cdots \text{式(2)}$$

$$\frac{\partial V_y}{\partial x} - \frac{\partial V_x}{\partial y} = \frac{\partial}{\partial x}(x^2 + y^2 + z^2) - \frac{\partial}{\partial y}(y + z) = 2x - 1 \quad \cdots\cdots\cdots \text{式(3)}$$

式(1)～(3)に$(x, y, z) = (2, 3, 1)$を代入すると、

(1) $2 - 2z = 0$　(2) 1　(3) $2x - 1 = 3$

よって、解答は④です。

Ⅰ-3-2　解答②

積分　類似問題　平成30年度Ⅰ-3-1、平成28年度Ⅰ-3-1他

基本的な積分計算の問題です。次の基本的な積分公式を用いて計算を行います。

$$\int x^a dx = \frac{x^{a+1}}{a+1} + C \quad (C \neq -1)$$

問題文に与えられた$f(x)$を積分します。

$$\int_{-1}^{1} f(x)dx = \int_{-1}^{1} (ax^3 + bx^2 + cx + d)dx = \left[\frac{1}{4}ax^4 + \frac{1}{3}bx^3 + \frac{1}{2}cx^2 + dx\right]_{-1}^{1}$$

$$= \frac{2}{3}b + 2d$$

$f(x) = ax^3 + bx^2 + cx + d$ に対して，各選択肢①～⑤に示された計算を行い、

$\frac{2}{3}b + 2d$ になるものが正解です。

① ×　誤り。$2f(0) = 2 \times (a \times 0^3 + b \times 0^2 + c \times 0 + d) = 2d$

② ○　正しい。

$$f\left(-\sqrt{\frac{1}{3}}\right) + f\left(\sqrt{\frac{1}{3}}\right) = \left[a\left(-\sqrt{\frac{1}{3}}\right)^3 + b\left(-\sqrt{\frac{1}{3}}\right)^2 + c\left(-\sqrt{\frac{1}{3}}\right) + d\right]$$

$$+ \left[a\left(\sqrt{\frac{1}{3}}\right)^3 + b\left(\sqrt{\frac{1}{3}}\right)^2 + c\left(\sqrt{\frac{1}{3}}\right) + d\right]$$

$$= \frac{b}{3} + d + \frac{b}{3} + d = \frac{2}{3}b + 2d$$

よって、解答は②です。

②が正答であることが分かったため、③～⑤の計算は省略しますが、上記と同様に計算を行うと、いずれも$\frac{2}{3}b + 2d$ になりません。

I-3-3　解答 ①

有限要素法

類似問題　平成27年度 I-3-3、平成17年度 I-3-2

有限要素解析に用いられる要素の性質に関する問題です。

（ア）の3節点三角形要素は、三角形の角のみに節点を持つ要素で、節点間は直線（一次式）で示され、一次要素と呼ばれます。そのため、三角形の要素内ではひずみは一定になります。

（イ）は、三角形要素の接点と節点の間に中間節点を設けたものであり（二次要素と呼ばれます）、中間節点で変形が可能なため、要素内のひずみは一定ではありません。

（ウ）の4節点アイソパラメトリック四辺形要素は、中間節点を持たない一次要素ですが、節点が4つになったことで、節点を元に四辺形が変形することが

できます。つまり、要素内のひずみは一定ではありません。

よって、要素内のひずみが一定なのは（ア）であり、解答は①です。

有限要素法に関する知識がなくても、（ア）、（イ）、（ウ）の要素（リンク機構で作成した模型など）をイメージすれば、要素内のひずみが変化しないのは（ア）であることがイメージできる問題だと思います。

I-3-4　解答 ③

熱応力　類似問題 平成16年度 I-3-2

熱応力を計算する問題です。過去の類題出題は平成16年度以来ですが、計算自体は簡単です。

固体の温度上昇に伴って、長さや体積が増加する現象を熱膨張と呼びます。本問題のように、線形弾性体（細長い棒）を考える際には、棒の長さ方向の膨張のみ考えればよい。熱膨張による棒の伸びを λ とすると、λ は、棒の元の長さ L と温度変化量 $\varDelta T$ に比例します。その比例係数を線膨張率 α とすると、以下の式で表されます。

熱膨張による伸び　$\lambda \propto L \varDelta T = \alpha L \varDelta T = 1.0 \times 10^{-4} \times 2.0 \times (30-10)$

$$= 0.004\text{m}$$

応力を σ、ひずみを ε、縦弾性係数（ヤング率）を E とすると、ひずみ ε の定義は $\varepsilon = \dfrac{\text{伸びの量}}{\text{元の長さ}} = \dfrac{\lambda}{L}$ であるので、

フックの法則 $\sigma = E\varepsilon$ より応力は以下のようになります。

$$\sigma = E\varepsilon = \frac{\lambda E}{L} = \frac{0.004 \times 2.0 \times 10^3}{2.0} = 4.0\text{MPa}$$

よって、解答は③です。

I-3-5　解答 ④

バネの弾性エネルギー　類似問題　－

ばねに蓄えられる弾性エネルギー E を求める問題です。

ばね定数 k のばねの変形量を x とすると、ばね力 F はフックの法則により $F = kx$ です。ばねに蓄えられるエネルギーは、ばねに加えた仕事に等しいので、

$$E = \text{力} \times \text{距離} = \int_0^x F\,dx = \int_0^x kx\,dx = \frac{1}{2}kx^2$$

となります。下図に示すように、ばねは次の①と②により変形します。

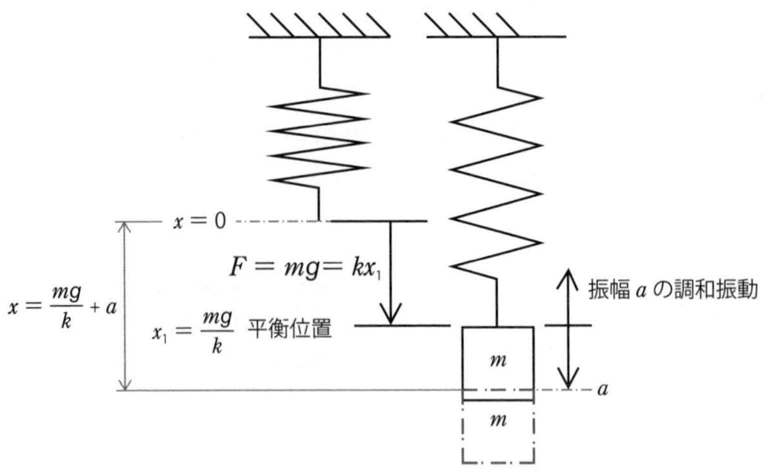

① 質量mの重り（質点）を付けたことで平衡位置x_1までばねが伸びる。

② 振幅aの調和振動により、質点が最も下にきた時には①に加えて、さらにaだけ伸びる。

①の伸び量は質点mに働く重力によるものなので、重力加速度をgとすると、

$$F = mg = kx_1$$

$$x_1 = \frac{mg}{k}$$

となります。ばね全体の伸び量xは、①と②の伸び量を足したものなので、次のようになります。

$$x = x_1 + a = \frac{mg}{k} + a$$

ばねに蓄えられるエネルギーは次のようになります。

$$E = \frac{1}{2}kx^2 = \frac{1}{2}k\left(\frac{mg}{k} + a\right)^2$$

よって、解答は④です。

I-3-6　解答⑤

重心　類似問題　－

四分円の重心を求める問題です（厚さ一定の板なので、図心を求める）。

重心や図心の定義を元に計算を行います。やや計算に時間がかかる問題だと

思われます。物体の全質量M、重力加速度g、密度ρ、体積Vとすると、例えばx方向の重心G_xは次のように定義されます（y, z方向も同様）。

$$重心G_x = \frac{全モーメント}{全重量} = \frac{\int xgdm}{Mg} = \frac{\int xdm}{M} = \frac{\rho}{M}\int xdV = \frac{1}{V}\int xdV$$

$$= \frac{1}{V}\iiint xdxdydz$$

板厚一定の場合、厚さz方向を考えなくてよいので、体積Vは面積Aで示せます。つまり、平面と考えて図心を求めればよいので、次の式になります。

$$図心R_x = \frac{1}{A}\iint xdxdy \quad \cdots\cdots 式(1)$$

扇形状の重心を求めるため、図(a)に示すように、極座標で考えます。半径方向にdr、角度$d\theta$の微小面積は$rd\theta dr$です。また、$x = r\cos\theta$です。よって、式(1)を極座標形式にすると次式になります。

$$R_x = \frac{1}{A}\iint xdxdy = \frac{1}{A}\iint r\cos\theta \cdot rdrd\theta = \frac{1}{A}\iint r^2\cos\theta\, drd\theta$$

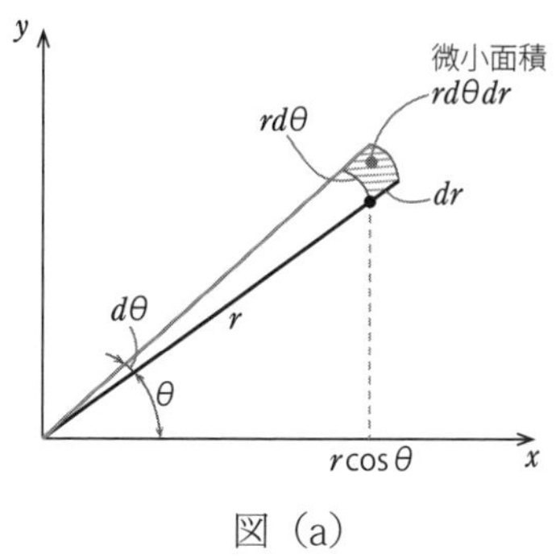

図（a）

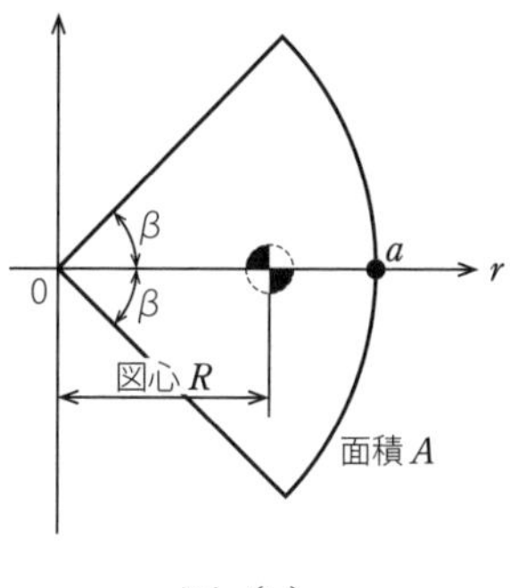

図（b）

ここで、図(b)に示すように、軸対象になるように四分円を配置すれば、r方向のみ図心を求めれば重心が定まります。この時、半径方向rと角度方向θの範囲は、「rは0からaまで」、「θは$-\beta$からβまで」です。よって、図心を求める積分計算式は次のようになります。

$$R = \frac{1}{A}\int_0^a\int_{-\beta}^{\beta} r^2\cos\theta\, drd\theta = \frac{1}{A}\int_0^a r^2dr\int_{-\beta}^{\beta}\cos\theta\, d\theta = \frac{1}{A}\left[\frac{1}{3}r^3\right]_0^a[\sin\theta]_{-\beta}^{\beta}$$

$$= \frac{1}{A}\times\frac{a^3}{3}\times 2\sin\beta = \frac{2a^3}{3A}\sin\beta$$

ここで、四分円の面積$A = \dfrac{\pi a^2}{4}$、角度は90°なので、βはその半分の45°です。

つまり、$\sin\beta = \sin 45° = \frac{1}{\sqrt{2}}$ です。よって、Rは次のように求まります。

$$R = \frac{2a^3}{3A}\sin\beta = \frac{8a^3}{3\pi a^2}\frac{1}{\sqrt{2}} = \frac{8a}{3\pi\sqrt{2}}$$

これで、極座標形式での重心位置Rが求まりました。後は、図(c)に示すように直交座標系での重心位置r_x, r_yを求めると、次のようになります。

$$r_x = r_y = R\cos 45° = R\frac{1}{\sqrt{2}} = \frac{8a}{3\pi(\sqrt{2})^2} = \frac{8a}{3\pi\times 2} = \frac{4a}{3\pi}$$

よって、解答は⑤です。

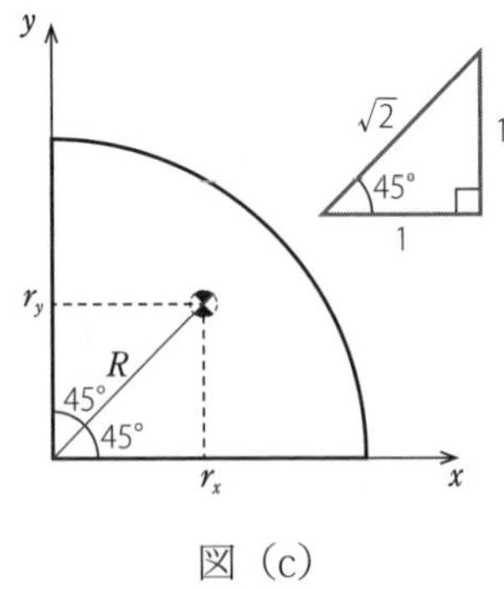

図 (c)

4群　材料・化学・バイオに関するもの

Ⅰ-4-1　解答 ③

同位体の性質

類似問題 令和元年度 Ⅰ-4-2

同位体の性質に関する正誤問題です。令和元年度に同じ問題が出題されています。同じ元素でも、中性子の数が異なる原子があり、それを同位体といいます(重要ポイント総整理4群の2と3を参照)。

(ア)×　誤り。同位体の化学的性質にはほとんど違いはありません。化学的性質は、電子の数によって大きく変わります。

(イ)×　誤り。同位体に関する説明ではありません。原子が電子を放出したり受け取ったりした場合には、イオンになります。

(ウ)○　正しい。同位体の説明です。

(エ)○　正しい。設問の通りです。例えば、炭素の放射性同位体 ^{14}C は放射線を出して、窒素^{14}Nに変化します。

(オ)○　正しい。設問の通りです。

よって、(ア)誤、(イ)誤、(ウ)正、(エ)正、(オ)正となり、解答は③です。

Ⅰ-4-2　解答④

酸化還元反応　類似問題　－

酸化還元反応に関する問題です。

酸化とは、電子(e^-)を失うこと、還元とは、電子(e^-)を得ることです。化学反応式から、電子のやり取りの関係が不明確な場合、酸化数の概念を使うことで酸化と還元を判定できます。酸化数は、次のように決めることができます。

(1) 単体の酸化数は0(ゼロ)
(2) 化合物中の酸化数の総和は0(全体として電荷をもっていない)
(3) イオンの場合、酸化数はイオンの価数に等しい
(4) 化合物中の水素Hの酸化数は＋1、酸素Oの酸化数は－2(例外あり)
(5) 化合物中のアルカリ金属の酸化数は、1族が＋1、2族が＋2

例えば、銅Cuと酸素O_2が反応して酸化銅CuOができる反応では、各元素の酸化数の変化を示すと下の図のようになります。つまり、Cuは酸化され、O_2は還元されています。このようにして、酸化と還元が同時に起こる反応を酸化還元反応と呼びます。

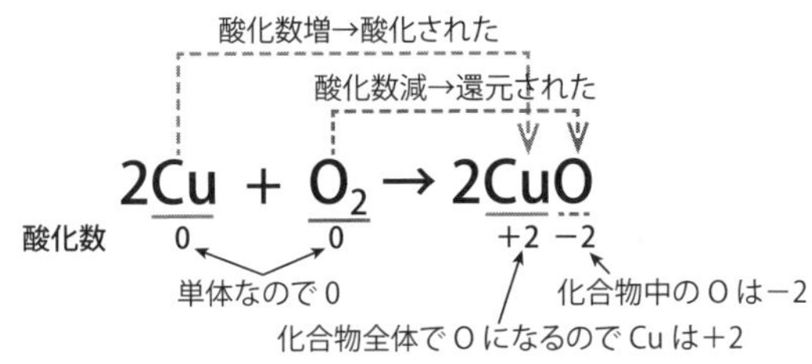

設問の化学反応式について、上記と同様に酸化数を求めていけば、酸化数変化の有無から酸化還元反応が判別できます。

なお、この問題は、以下の事項を知っているだけで正答が即座にわかる問題です。

反応式の中に単体があるものは、必ず酸化還元反応である。

単体の酸化数は0です。その単体が化学反応を起こせば酸化数が変化します。この問題では、④以外には単体が含まれます（①Na、H_2　②Cl_2　③H_2、N_2　⑤O_2）。よって、解答は④です。

ちなみに、④の反応は、塩化ナトリウムNaClと炭酸カルシウム$CaCO_3$を原料として炭酸ナトリウムNa_2CO_3を製造するソルベー法（アンモニアソーダ法）の化学反応式です。

I-4-3　解答②

材料の性質　類似問題　平成26年度 I-4-3

材料の性質と材料力学用語に関する穴埋め問題です。

重要ポイント総整理第3群の2に示すように、$\sigma = E\varepsilon$をフックの法則といいます。弾性変形がなされる領域であれば、応力σとひずみεは比例関係になります。その比例定数をヤング率（縦弾性係数）Eと呼びます。材料の温度が増すと、剛性が低くなる傾向にあるため、ヤング率が低下します。以上の内容を理解していれば、正解は②であることが分かります。ちなみに、タングステンのヤング率（407GPa）のほうが、マグネシウムのヤング率（45GPa）よりも大きいです（このことを知らなかった場合でも正答が絞り込める）。

よって、解答は②です。

I-4-4　解答①

鉄の製錬　類似問題　－

鉄の製錬と、地殻中に存在する元素の割合に関する問題です。

地表付近に存在する元素の割合（wt%）を表した数字に、クラーク数があります。これによるとアルミニウムは3番目に多い元素です（鉄よりも多い）。

▼クラーク数

元素名	元素記号	クラーク数[%]
酸素	O	49.5
ケイ素	Si	25.8
アルミニウム	Al	7.56
鉄	Fe	4.7
カルシウム	Ca	3.39
ナトリウム	Na	2.63

カリウム	K	2.4
マグネシウム	Mg	1.93
水素	H	0.83
チタン	Ti	0.46
マンガン	Mn	0.09
クロム	Cr	0.02
ニッケル	Ni	0.01
銅	Cu	0.01
その他	―	0.67

鉄（Fe）は、高炉を用いて鉄鉱石（主成分は酸化鉄）をコークスで還元させることで製錬されます。以上を知っていれば、解答が①に絞り込めます。

なお、鉄鉱石Fe_2O_3から、銑鉄Feを1000kg製造するのに必要な鉄鉱石は、次のように原子量及び分子量から計算すれば求まります。

1. 鉄鉱石Fe_2O_3の分子量は、$Fe_2 = 56 \times 2 = 112$kg/kmol と、$O_3 = 16 \times 3 = 48$kg/kmolの和であり、160kg/kmolである。この時、1kmolの鉄鉱石に含まれるFe_2の質量割合は、112/160＝0.7である。つまり、鉄鉱石を占めるFe成分の質量割合は70％である。
2. Feを1000kg製造したいので、必要な鉄鉱石は1000／0.7＝1429kgである。

よって、解答は①です。

Ⅰ-4-5　解答①

アミノ酸

類似問題　平成29年度Ⅰ-4-5、平成25年度Ⅰ-4-5

アミノ酸に関する穴埋め問題です。

タンパク質を加水分解して得られるアミノ酸は20種類あります。アミノ酸は、R－CH（－NH_2）－COOHの構造を持ちます。よって、α炭素にはアミノ基（NH_2）と（ア）カルボキシ基（－COOH）が結合しています（重要ポイント総整理第4群の20参照）。官能基の特性として、脂肪族炭化水素や芳香族炭化水素は（イ）疎水性を持ちます。親水性を持つのは、アルコールの構造に代表されるヒドロキシ基（水酸基）（－OH）などです（例えば、水によく溶けるメタノールはCH_3OH）。

以上の段階で、解答が①に絞り込めます。

なお、システインやメチオニンは、アルキル基R内に（ウ）硫黄（S）を含むアミノ酸です。よって、解答は①です。

I-4-6　解答②

DNAの突然変異　類似問題　－

DNAの突然変異に関する正誤問題です。

① ×　誤り。設問にあるような、1塩基の置換により途中で終止コドンに変わって正常ではないタンパク質の合成が行われることを、単一塩基置換の中のナンセンス変異と呼びます。

② ○　正しい。設問の通りです。

③ ×　誤り。鎌状赤血球貧血症は、1塩基の欠失（塩基がなくなること）ではなく、ヘモグロビンを構成するアミノ酸の一部に置換が起こることで発生します。

④ ×　誤り。潜性（劣性）の形質は、遺伝子が対になった染色体の両方にある場合にのみ発現します。片方にあれば発現するのは、顕性（優性）の場合です。

⑤ ×　誤り。X線、紫外線、化学物質などの外界からの要因によっても、突然変異は起こります。

よって、解答は②です。

5群　環境・エネルギー・技術に関するもの

I-5-1　解答②

気候変動対策　類似問題　－

気候変動対策に関する正誤問題です。

① ○　正しい。設問の通りです。

参考　環境省「環境省RE100の取組」
https://www.env.go.jp/earth/re100.html

② ×　誤り。代替フロンは、オゾン層破壊を防止するために利用されるようになったものです。代替フロンは温室効果が非常に高く、種類によってCO_2の数百倍から一万倍以上の温室効果を持ちます。よって、「温暖化対策として十分な効果を発揮している」という記述は不適切です。

③ ○　正しい。設問の通りです。

参考　環境省「気候関連財務情報開示タスクフォース」
https://www.env.go.jp/policy/tcfd.html

④ ○　正しい。設問の通りです。

参考　環境省「地方公共団体における2050年二酸化炭素排出実質ゼロ表明の状況」
https://www.env.go.jp/policy/zerocarbon.html

⑤ ○　正しい　設問の通りです。

参考　環境省「ZEH」
https://www.env.go.jp/guide/info/ecojin/scope/20210609.html

よって、解答は②です。

Ⅰ-5-2　解答⑤

環境保全	類似問題	平成25年度Ⅰ-5-4、平成21年度Ⅰ-5-2

環境保全に関する正誤問題です。

①～④ ○　正しい。設問のとおりです。

⑤ ×　誤り。下水処理は、一次処理（前処理）、二次処理（本処理）、三次処理（高度処理、後処理）に分けられます。この中で、活性汚泥法による生物処理は、二次処理に分類されます。

よって、解答は⑤です。

Ⅰ-5-3　解答①

国内エネルギー情勢	類似問題	―

エネルギー情勢に関する正誤問題です。下図に示すように、2018年度の再生可能エネルギーによる発電比率（地熱および新エネルギー）は9%です（2019年度で10%)。つまり、この段階で、正答は①か④に絞り込め、（イ）の選択肢は25万円/kWであることが分かります。

▼電源別発受電電力量の推移

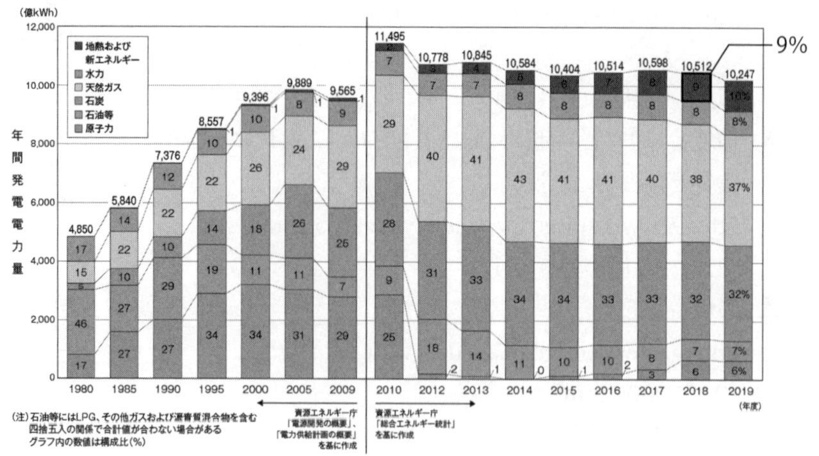

出典：「原子力・エネルギー」図面集、一般財団法人日本原子力文化財団
https://www.ene100.jp/zumen/chap1

なお、10kW以上の太陽光発電システム費用は、2020年度には約25万円/kWであることは、「太陽光発電について，2020年11月，資源エネルギー庁」等の資料に記されています。

最後に、風力発電で利用する風の持つエネルギーは、風車で連続的に取り出す仕事を意味するので、流体がもつパワー（仕事率）P[W]を指します。

今、質量m[kg]の風の塊を考え、それが速度V[m/s]で流動している時、風の塊が持つ運動エネルギーE[J]は以下のようになります。

$$E = \frac{1}{2} mV^2 \text{ [J]}$$

時間をt[s]とすれば、仕事率$P = E / t$です。つまり、質量m[kg]を質量流量$\dot{m} = m / t$[kg/s]で計算をします。質量流量は、密度をρ [kg/m^3]、風流の断面積をA[m^2]とすると次式で表されます。

$$\dot{m} = \rho AV$$

以上より、一定速度で流れる風流の持つパワーP [W]は次のようになります。

$$P = \frac{E}{t} = \frac{1}{2}\frac{m}{t}V^2 = \frac{1}{2}\dot{m}V^2 = \frac{1}{2}\rho AV^3$$

つまり、風流の持つパワーは風速の３乗に比例します。

よって、解答は①です。

I-5-4　解答②

エネルギー動向　類似問題 平成27年度 I-5-4

各国の1人当たりのエネルギー消費量に関する問題です。すべての国の1人当たりのエネルギー消費を覚えておく必要はありませんが、主要な国の状況を知っておくとよいでしょう。1人当たりのエネルギー消費を図に示します。この図からわかる通り、解答は②です。

1人当たりのエネルギー消費は、1人当たりのGDPが大きい先進国では高い傾向にあります。そのほかに、どちらかというと寒い国での消費が多くなる傾向にあります。これらの状況と設問から考えて、「アメリカとカナダが多い」、「日本よりも韓国のほうが多い」の2点を押さえておけば正解できると思います。

▼世界の1人当たりの一次エネルギー供給量

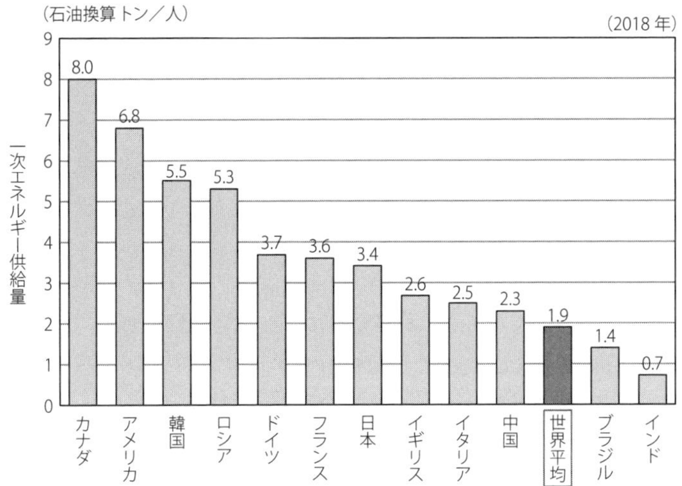

出典：「原子力・エネルギー」図面集、2019年(2018年データ)、
一般財団法人日本原子力文化財団
https://www.ene100.jp/zumen_cat/chap1

I-5-5　解答④

科学技術史(人物と功績)　類似問題 平成30年度 I-5-5

科学技術に関する功績とその年代に関する問題です。平成30年度に同じ問題が出題されています。

(ア) 1908年：フリッツ・ハーバーによるアンモニアの工業的合成法の基礎の

確立
（イ）1938年：オットー・ハーンによる原子核分裂の発見
（ウ）1876年：アレクサンダー・グラハム・ベルによる電話の発明
（エ）1887年：ハインリッヒ・R・ヘルツによる電磁波の存在の実験的な確認
（オ）1779年：ジェームズ・ワットによる蒸気機関の改良

よって、古い順に並べると（オ）－（ウ）－（エ）－（ア）－（イ）となり、解答は④です。

I-5-6　解答④

科学技術基本計画　類似問題　－

科学技術基本計画の第1期から第5期までの特徴的な政策を年代順に並べる問題です。（ア）～（オ）までの政策と科学技術基本計画との関係は、以下の通りです。

（ア）第3期科学技術基本計画（平成18～22年度）
（イ）第2期科学技術基本計画（平成13～17年度）
（ウ）第1期科学技術基本計画（平成8～12年度）
（エ）第5期科学技術基本計画（平成28～令和2年度）
（オ）第4期科学技術基本計画（平成23～27年度）

よって、解答は④です。

各期の政策を詳しく知らなくても、（オ）第4期（東日本大震災復興）と（エ）第5期（Society 5.0）が順に最後に来ることは明白です。よって、選択肢は②か④に絞り込めます。（イ）科学技術コミュニケーションと（ウ）ポスドク支援のどちらが第1期かを知らなければ正答は絞り込めませんが、「第1期科学技術基本計画として初めに出される計画」を考えると、「より科学技術に直接的に関係する政策ではないか？」とイメージされ、より直接的である（ウ）ポスドク1万人支援計画（研究者育成）となります。以上のように、知っていなければ正答できない問題が出題された場合でも、できる限り正しいと考えられる答えを選ぶことが大切です（もちろん、他に自信がある問題があればそれを優先）。

令和3年度　解答・解説　適性科目

Ⅱ-1　解答 ③

技術士の義務（技術士法第4章）

類似問題　令和元年再試験 Ⅱ-2他

技術士法第4章の理解を問う問題は、毎年出題されています。「技術士法第4章」、「技術士倫理綱領」を一読し、技術士としての基本姿勢（理想的な技術士像）をイメージしておくと、自然と解答できます。法令を一語一句暗記する必要はありません。

（ア）○　正しい。技術士法第4章第45条（技術士等の秘密保持義務）に記載の通りです。

（イ）×　誤り。技術士法第4章第45条（技術士等の秘密保持義務）に、技術士等としての秘密保持義務が記されています。つまり、所属する組織を退職した後も同様です。なお、技術士や技術士補でなくなった場合でも秘密保持の義務があります。「組織を退職したり、技術士でなくなった後は秘密保持の義務はない」等と問われたら誤りです。

（ウ）×　誤り。技術士は「公益確保」が最優先です。例えば、取引先の要望が公益確保に反する場合、公益確保が優先です。

（エ）×　誤り。（ウ）の問題と同じく、公益確保が優先です（公益確保に反するような設問文はすべて誤りです）。

（オ）×　誤り。名称表示の説明内容は正しいですが、「技術士補はその限りではない」という部分が誤りです。技術士法第4章第46条（名称表示の場合の義務）と第47条第2項（技術士補の業務の制限等）において、技術士補も技術士と同様に名称表示の義務が定められています。

（カ）×　誤り。技術士補は、技術士に代わるような主体業務はできません（技術士法第4章第47条（技術士補の業務の制限等））。

（キ）○　正しい。技術士法第4章第47条の2（技術士の資質向上の責務）に記載がある通り、正しい記述です。

よって、第4章の規定に照らして適切な記述は（ア）、（キ）の2つであり、残りの5つは不適切です。よって、解答は③です。

II-2　解答 ④

技術者倫理　類似問題　平成26年度II-6、平成15年度II-5

技術者倫理に関する穴埋め問題です。

公衆とは？　に関する選択問題で、正しいのは④です。

インフォームドコンセントとは、内容について十分な説明を受け、十分に理解した上で、自身で判断をすることを指します。

公衆は、「インフォームドコンセントを与えられていない」と考えることができます。例えば、日頃使用している製品による事故などの危険性について、説明書等に注意書きはあるものの、十分な理解が得られた上で使用している人はむしろ少ないと思われます。つまり、インフォームドコンセントを与えられていません。言い方を変えると、「よく知らされた上での同意を与えることができない」です。なお、平成26年度の適性問題II-6の選択肢に、「公衆とは、よく知らされた上での同意を与えられていない人を指す」旨の説明があります。

よって、解答は④です。

II-3　解答 ①

説明責任　類似問題　平成28年度II-6

説明責任に関する正誤問題です。

(ア)○　正しい。説明をする側と受ける側の双方が努力しなければ、受ける側の理解が正しく得られません。

(イ)○　正しい。設問の通りです。

(ウ)○　正しい。設問の通りです。

(エ)○　正しい。設問の通りです。

よって、(ア)～(エ)のいずれも正しい記述であり、解答は①です。

II-4　解答 ②

安全保障貿易管理(輸出管理)　類似問題　－

安全保障貿易管理(輸出管理)に関する正誤問題です。軍事転用可能な技術や製品等が、国際社会の安全を脅かす組織等に渡ることを防ぐため、先進国を中心とした国際的な枠組み(国際輸出管理レジーム)を作り、輸出等の管理を行っています。これを安全保障貿易管理と呼びます。対象物を輸出したり、規制対象の情報を海外に持ち出す（学会発表も含む）ことが規制されています。輸出等の際には、所定の手続き（許可申請）を経る必要があります。

①×　誤り。手続きをせずに対象物を輸出することになります。

②○　正しい記述です。

③×　他国の大学との共同研究の可能性を探るために、非公開の情報を交換するにもかかわらず、「公知」と申請しているのは誤った対応です。

④×　赤外線カメラは、輸出管理の対象物になると考えられ、手続きが必要です。

⑤×　自作した測定装置だから対象外ということではありません。

よって、解答は②です。

II-5　解答④

持続可能な開発目標（SDGs）　類似問題　令和元年度II-15

SDGsに関する正誤問題です。

（ア）○　正しい。設問の通りです。

（イ）×　誤り。SDGsには法的拘束力はありません。

（ウ）○　正しい。設問の通りです。

（エ）×　誤り。SDGsは、ゴールから逆算して何をして行くべきかを考えるバックキャストが基本です。

よって、解答は④です。

II-6　解答①

人間中心のAI社会原則　類似問題　－

人間中心の AI 社会原則（AI-Readyな社会）に関する正誤問題です。内閣府から公表された，「人間中心の社会原則（2019年3月）」に関する出題です。この資料を読んだことがなくても、「人間中心のAI社会の実現」という目的を考えて選択肢を見れば、正答しやすい問題だと思います。

（ア）～（コ）のいずれの選択肢も、「人間中心のAI社会」の実現に対して明らかに反しているものはありません。

よって、解答は①です。

参考　内閣府「人間中心の社会原則」（2019年3月）
https://www8.cao.go.jp/cstp/aigensoku.pdf

II-7　解答 ⑤

営業秘密

類似問題　令和2年度II-4、平成30年度II-7

営業秘密に関する正誤問題です。

＜営業秘密の３要件＞

① 秘密管理性：機密として管理されている情報であること。

② 有用性：事業者にとって有用な営業または技術上の情報であること。

※有害物質の垂れ流し、脱税等の反社会的活動についての情報は、そもそも法が保護すべき事業活動ではないため、有用性に値しない。

③ 非公知性：公然に知られていない情報であること。

よって、（ア）、（ウ）、（エ）の記述は正しいことが分かります。（イ）のような反社会的な活動はそもそも法が保護すべきものではないため、有用性に値しません。つまり、営業秘密には該当しません。

（ア）～（エ）の説明文はすべて正しく、解答は⑤です。

参考　経済産業省「営業秘密の保護・活用について」（2017年６月）
https://www.meti.go.jp/policy/economy/chizai/chiteki/pdf/1706tradesec.pdf

II-8　解答 ③

製造物責任法

類似問題　令和元年度II-3

製造物責任法（PL法）に関する正誤問題です。

（ア）○　正しい。不動産は製造物に該当しませんが、不動産施設に設置されているエスカレーター設備は製造物です。

（イ）○　正しい。設問の通りです。

（ウ）×　誤り。再生品（リビルト品）についても、製造物です。ただし、再生時の加工や修理などの状況に応じて責任の所在の扱いが変わります。よって、「最後に生産品を製造又は加工した者が全ての責任を負う」という記述は誤りです。

（エ）○　正しい。設問の通りです。

よって、解答は③です。

II-9　解答 ①

ダイバーシティ経営　類似問題　－

ダイバーシティ経営における多様な人材に関する正誤問題です。ダイバーシティという言葉は、社会に定着していると思いますが、問題文中には、ダイバーシティ経営に関する説明が書かれています。この説明を読んだ上で解答することになります。多様な人材として、（ア）～（コ）の選択肢に挙げられているものは、すべて適切だと判断できます。（ア）～（コ）の中で、「多様な人材として認めないものはあるか？」と考えると判断しやすいと思います。

「性別、年齢、人種、国籍、障がいの有無、性的指向、宗教・信条、価値観、職歴や経験、働き方」いずれも多様性として認められるべきものです。

よって、解答は①です。

参考　経済産業省「ダイバーシティ経営の推進について」
https://www.meti.go.jp/policy/economy/jinzai/diversity/index.html

II-10　解答 ③

設計段階でのリスクの低減法　類似問題　－

設計段階でのリスク低減に関する正誤問題です。

（ア）×　誤り。本質的な安全設計として、「軽量設計」が推奨されています。それにもかかわらず、重厚感のある意匠を優先することは、ガイドラインが推奨している事項ではありません。

（イ）×　誤り。リスクアセスメントを行って適確とされた元の設計案の一部を採用しないことは、推奨されるものではありません。

（ウ）×　誤り。製造国の公用語を表示とありますが、それを使用する国（輸出先）の公用語を表示するのが重要です。

（エ）（オ）（カ）○　正しい。設問の通りです。

よって、解答は③です。

II-11　解答 ③

再生可能エネルギー　類似問題　－

再生可能エネルギーに関する正誤問題です。例えば、資源エネルギー庁の

Webサイトに、再生可能エネルギーの定義が掲載されています。

(ア)×　誤り。石炭は化石燃料なので、再生可能エネルギーではありません。

(イ)○　正しい。設問の通り、空気熱は再生可能エネルギーです。

(ウ)○　正しい。水素は再生可能エネルギーではありません。

(エ)○　正しい。設問の通り、潮汐発電は再生可能エネルギーです。

(オ)×　誤り。バイオガスは動植物などから生まれた生物資源(バイオマス)の一種であり、再生可能エネルギーです。

よって、解答は③です。

参考　資源エネルギー庁「再生可能エネルギーとは」
https://www.enecho.meti.go.jp/category/saving_and_newi/saiene/renewable/index.html

II-12　解答③

労働安全衛生法　類似問題　－

労働安全衛生法に関する正誤問題です。

(ア)○　正しい。設問の通りです。

(イ)○　正しい。設問の通りです。

(ウ)×　誤り。ハインリッヒの法則によれば、1つの重大事故の背後には、29の軽微な事故があり、さらにその背後には300の異常(ヒヤリハット)があるとされています。

(エ)○　正しい。設問の通りです。

(オ)×　誤り。4Sとは、整理、整頓、清潔、清掃です。4Sにしつけを加えたものを5Sという場合もあります。

(カ)○　正しい。設問の通りです。

(キ)○　正しい。設問の通りです。

よって、適切な記述は5つであり、解答は③です。

II-13　解答③

産業財産権　類似問題　令和2年度II-5、平成30年度II-6他

知的財産権に関する正誤問題です。

知的財産権は、産業財産権とそれ以外に分けられ、それぞれ次のものがあります。

知的財産権								
産業財産権								
特許（発明）	実用新案（考案）	意匠（デザイン）	商標（マーク）	著作権	半導体集積回路配置	商号	不正競争の防止	育成者権（植物の新品種）

選択肢のうち、回路配置利用権は、半導体集積回路配置に該当するので、産業財産権には含まれません。よって、解答は③です。

II-14　解答⑤

個人情報保護法　類似問題　－

個人情報保護法に関する正誤問題です。「重要ポイント総整理」の「適性科目」の「11 個人情報保護法」を参照してください。まず、個人の連絡先などは保護の対象です。（ア）～（エ）のいずれのケースも、個人の住所、電話番号、メールアドレス等の個人情報を第三者に知らせたり、無許可で使用するものであり、すべて不適切です。

よって、解答は⑤です。

II-15　解答③

リスクアセスメント　類似問題　－

リスクアセスメント導入の効果に関する正誤問題です。

リスクアセスメント導入の効果は次の5つです。

＜リスクアセスメント導入の効果＞

① 職場のリスクが明確になる。

② 職場のリスクに対する認識を、管理者を含め、職場全体で共有できる。

③ 安全対策について、合理的な方法で優先順位を決めることができる。

④ 残されたリスクについて「守るべき決めごと」の理由が明確になる。

⑤ 職場全員が参加することにより「危険」に対する感受性が高まる。

よって、選択肢（エ）、（オ）は適切な記述ではありません。

以上により、解答は③です。

令和2年度　解答・解説　基礎科目

1群　設計・計画に関するもの

Ⅰ-1-1　解答 ③

ユニバーサルデザイン　類似問題　平成30年度 Ⅰ-1-3

ユニバーサルデザインに関する穴埋め問題です。

ユニバーサルデザインとは
- 「すべての人にとって、できるだけ利用しやすいように、製品、環境、建物、空間などをデザインする」こと
- この概念は、ロナルド・メイスによって提唱された

ユニバーサルデザインの7つの原則
原則1　公平な利用（誰でも公平に利用できる）
原則2　利用における柔軟性（利用する上で柔軟性に富む）
原則3　単純で直感的な利用（簡単で直感的に利用できる）
原則4　認知できる情報（必要な情報が容易に理解できる）
原則5　ミスに対する寛大さ（ミスをしても簡単には危険につながらない）
原則6　少ない身体的な努力（身体的負担が少ない）
原則7　接近や利用のためのサイズや空間

また、設問にある「ノーマライゼーション」の意味は次の通りです。

ノーマライゼーション
- “障害のある人もない人も、互いに支え合い、地域で生き生きと明るく豊かに暮らしていける社会を目指すこと”（厚生労働省）
- この概念は、1950年代にデンマークのニルス・エリク・バンク-ミケルセンが提唱したもの

カスタマイゼーションは、その用語から、個々の要望に合った商品やサービスを提供すること（カスタマイズ）だと容易にイメージできると思います。これらを踏まえると、各空欄は次のようになります。

ア：ノーマライゼーション、イ：環境、ウ：直感的、エ：ミス
よって、解答は③です。

Ⅰ-1-2　解答④

統計的な信頼性解析　類似問題　－

統計に基づく安全設計に関する問題です。

材料に生じる応力の分布*S*とその材料の強度の分布*R*がともに正規分布になっています。つまり、図(a)に示すように、応力の分布*S*と強度の分布*R*が重なっている領域は、応力*S*＞強度*R*になっていますので、破壊が起こります。つまり、この領域の面積の大小を比較する問題です。

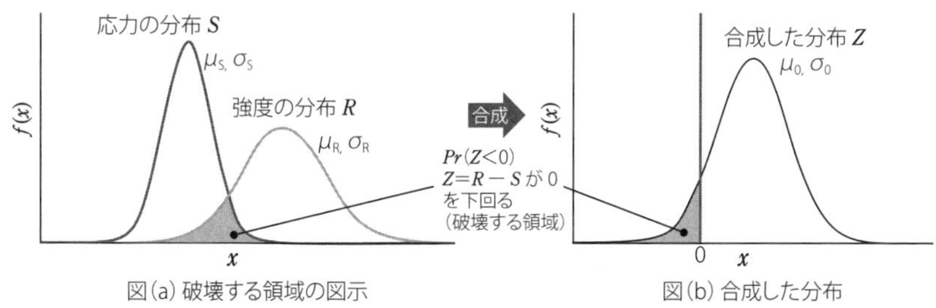

図(a) 破壊する領域の図示　　図(b) 合成した分布

しかしながら、試験解答時に、設問で与えられた標準偏差と平均を用いて正規分布を描き、その重なる面積を積分して求めることは事実上不可能です。このような問題は、次の考え方で正答を導くことができます。

[1] *S*の分布と*R*の分布の平均の分布*Z*を求める

「平均μ_S、標準偏差σ_S」「平均μ_R、標準偏差σ_R」の2つの正規分布は、以下のように合成できます。

*Z*の分布関数の平均値　$\mu_0 = \mu_R - \mu_S$
*Z*の分布関数の標準偏差　$\sigma_0^2 = \sigma_S^2 + \sigma_R^2$の関係があるため、
$\sigma_0 = \sqrt{\sigma_S^2 + \sigma_R^2}$

合成した結果(μ_0, σ_0)で図(b)に示すような正規分布が描けます。この時、合成した正規分布で*x*が0未満の領域で破壊が起こります。これが$Pr(Z<0)$の領域です。つまり、各条件において、$Pr(Z<0)$の面積の大小関係を比較す

ればよいことになります。その際、正規分布を描いて面積を求める必要はありません。

[2] $Pr\,(Z<0)$ の領域の面積を考える

図(b)より、仮想的に分布形状を変化させると次のことが分かります。

- 平均値 μ_0 が0に近いほど、$Pr\,(Z<0)$ の領域の面積が大きくなる(図(c))
- 標準偏差 σ_0 が大きいほど、すそ野が広がった分布になるので、$Pr\,(Z<0)$ の領域の面積が大きくなる(図(d))

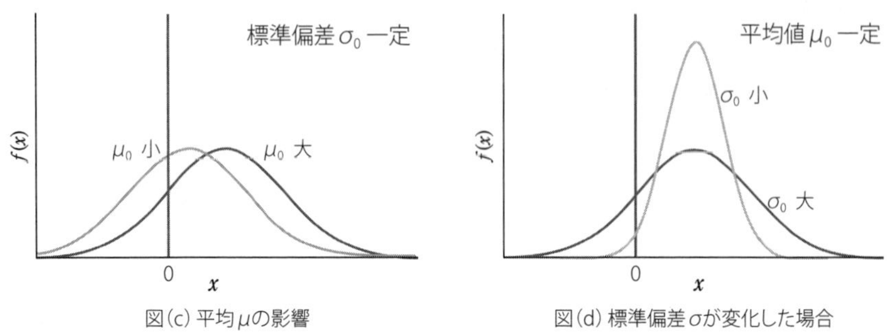

図(c) 平均μの影響　　図(d) 標準偏差σが変化した場合

つまり、μ_0 / σ_0 が小さいほど、$Pr\,(Z<0)$ の領域の面積が大きく、破壊する割合が多いと判定できます。

ちなみに、この $\dfrac{\mu_0}{\sigma_0}=\dfrac{\mu_R-\mu_S}{\sqrt{\sigma_S{}^2+\sigma_R{}^2}}$ は信頼性指標 β とも呼ばれます。

以上の計算をした結果を以下の表にまとめます。

選択肢	材料に生じる応力S		材料の強度R		合成		μ_0 / σ_0
	平均 μ_S	標準偏差 σ_S	平均 μ_R	標準偏差 σ_R	$\mu_0=\mu_R-\mu_S$	$\sigma_0=\sqrt{\sigma_S{}^2+\sigma_R{}^2}$	
(ア)	10	$2\sqrt{2}$	14	1	4	3	1.3
(イ)	10	1	13	$2\sqrt{2}$	3	3	1
(ウ)	9	1	12	$\sqrt{3}$	3	2	1.5
(エ)	11	1	12	1	1	$\sqrt{2}$	0.7

これより、μ_0 / σ_S が大きいものほど $Pr\,(Z<0)$ が小さいため、(ウ)→(ア)→(イ)→(エ)の順になります。

よって、解答は④です。

Ⅰ-1-3　解答③

構造物や材料の強度　**類似問題**　令和元年度Ⅰ-1-4

構造物の強度に関する正誤問題です。材料の基本的な特性を理解していれば正答できる問題です。次のように、軟鋼の荷重と変形（または応力とひずみの関係）を考えます。

▼軟鋼の「荷重－変形量」または「応力－ひずみ」曲線

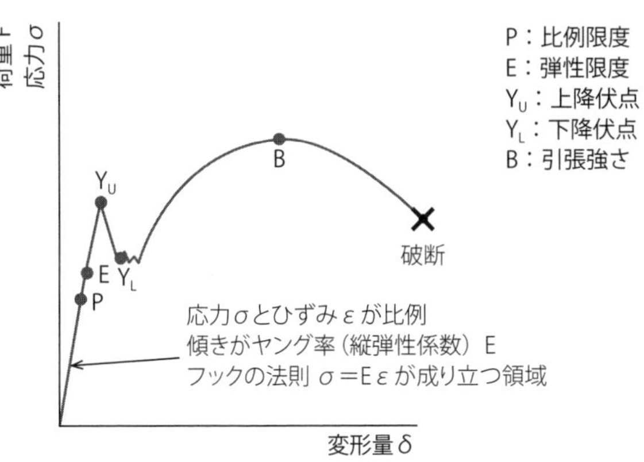

例えば、軟鋼に荷重を加えると、比例限度（点P）までは荷重と変形量が比例します。また、点Eの弾性限度までは、材料が弾性変形を起こしているため、荷重を取り去ると元の長さに戻ります。材料が降伏したあと、さらに荷重をかけるとやがて材料が大きく変形し、荷重が上がらなくなり、最後には破断します。この時、図中の点Bが引張強さです。よって、（ア）と（イ）は次のようになります。

（ア）×　誤り。この設問では、材料が降伏した後の特性を説明しています。弾性荷重は弾性限度以下の荷重を示しているため、正しくありません。

（イ）×　誤り。上記で説明した通り、破断は、引張応力度がその材料固有の引張強さ（極限強さ）に達するために生じます。固有振動数とは、「ある物体が外力を与えられなくても振動を続ける振動数（Hz）」を指し、共振現象などを議論する際に重要な指標ですが、材料の破断とは関係のない用語です。

（ウ）○　正しい。設問の通り、細長い棒や板に引張力をかけても容易には変形・破断しないが、圧縮力をかけていくと、引張力よりも低い力で急に変形を起こす現象を座屈といいます。

(エ)○　正しい。コンクリートブロックなどをイメージすると理解しやすいと思います。

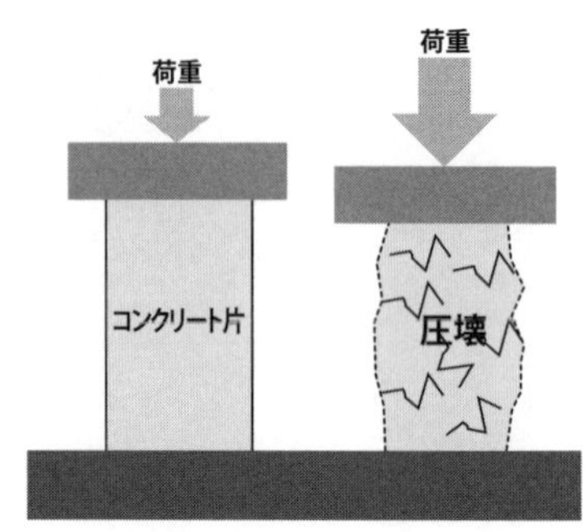

(オ)○　正しい。設問の通りです。例えば、柱、はり、床、基礎などが建物の構造部材に挙げられます。

よって、「誤・誤・正・正・正」となり、解答は③になります。

I-1-4　解答⑤

線形計画法によるコスト計算

類似問題　平成30年度 I-1-4、平成28年度 I-1-5

(1) 利益が最大になる生産量を求める

製品1の生産量をx_1、製品2の生産量をx_2とします。

原料A：

原料Aは、製品1の生産で3kg、製品2の生産で2kg使い、合計の使用上限は24 kgです。よって、次の式が成り立ちます。

$3x_1 + 2x_2 \leqq 24$　　………式①

原料B：

原料Bは、製品1の生産で1kg、製品2の生産で3kg使い、合計の使用上限は15 kgです。よって、次の式が成り立ちます。

$x_1 + 3x_2 \leqq 15$　　………式②

利益z：

$$z = 2x_1 + 3x_2 \quad \cdots\cdots\cdots 式③$$

式①および式②の連立方程式を解くと、$x_1 \leqq 6$、$x_2 \leqq 3$となるので、$x_1 = 6$、$x_2 = 3$を式③に代入すると、$z = 21$百万円になります。

これをグラフ化すると次の図のようになります。原料Aの制約条件である式①の直線と、原料Bの制約条件である式②の直線双方の内側に示されるグレーの領域が実行可能領域です。この中で、利益が最大になるのは式①と式②の交点であり、上記で連立方程式を解いて求めた点（$x_1 = 6$、$x_2 = 3$）になります。

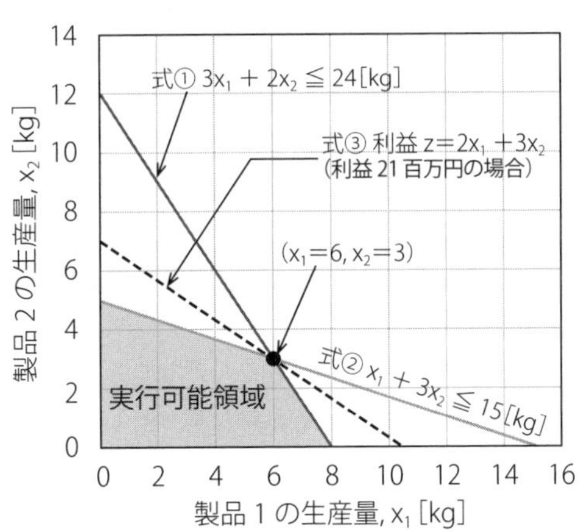

(2) 製品1の利益がΔc変化した場合

式③で示した利益zに対して、製品1の利益が2から（2＋Δc）に変化することを考えます。つまり、式③は式④のように書けます。

$$z = (2 + \Delta c)\,x_1 + 3x_2 \quad \cdots\cdots\cdots\cdots 式④$$

式④を$x_2 =$の式に変形すると式④'になります。

$$x_2 = -\frac{(2 + \Delta c)}{3}x_1 + \frac{z}{3} \cdots\cdots\cdots 式④'$$

つまり、Δcの変化によって式④'の直線の傾きが変化します。zを最大にする製品1、2の生産量が(1)で決定したものと同じになるということは、式④'の傾きが式①および式②と一致する範囲を意味します。

よって、次のようになります。

<式④'の傾きが式①と一致するΔc>

式①を変形すると、$x_2 = -\frac{3}{2}x_1 + 12$…式①'なので、式①の傾きは−1.5です。

よって、式④'において傾きが−1.5になるためには、$-\frac{(2+\Delta c)}{3} = -1.5$ なので、$\Delta c = 2.5$ です。

<式④'の傾きが式②と一致するΔc>

式②を変形すると、$x_2 = -\frac{1}{3}x_1 + 5$…式②'なので、式②の傾きは $-\frac{1}{3}$ です。

よって、式④'において傾きが $-\frac{1}{3}$ になるためには、$-\frac{(2+\Delta c)}{3} = -\frac{1}{3}$ なので、$\Delta c = -1$ です。

よって、解答は⑤です。

I-1-5　解答 ⑤

製図法　類似問題 令和3年度 I-1-6

製図法に関する正誤問題です。

(ア)○　正しい。第三角法と第一角法のレイアウトを以下に記します。第三角法は、見る側と同じ側に投影図を描きます。例えば、下図(a)「立体図」において、矢印Cから見た図は、矢印Cの側［図(b)「第三角法」の右側面図の位置］に描きます。同じく、矢印Bから見た図は、矢印Bの側［図(b)「第三角法」の平面図の位置］に描きます。第一角法は、第三角法のレイアウトに対して、平面図と下面図、右側面図と左側面図を描く位置が入れ替わります。

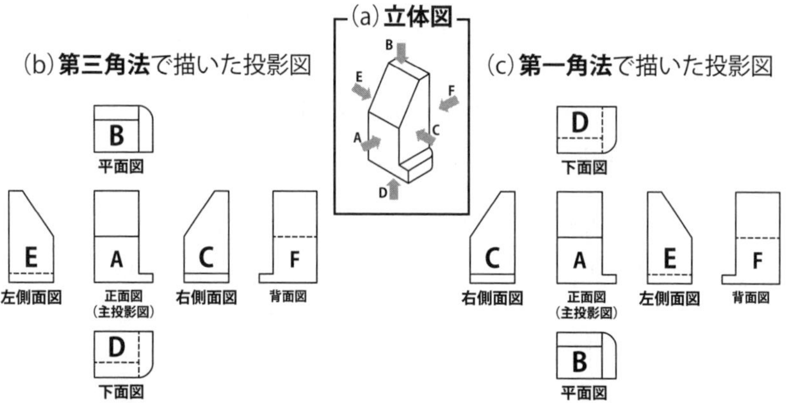

（イ）×　誤り。上記（ア）の解説で説明した通り、第一角法では平面図は正面図の下側に描かれます（左側面図は正面図の右に描かれるという記述は正しい）。

（ウ）×　誤り。このような図を"断面図"といいます。

（エ）×　誤り。第三角法と第一角法とでは、投影図を描く位置が異なります。そのため、第三角法と第一角法とでまったく同じ図面であった場合、実物は異なる品物になります。そのため、図面が第三角法または第一角法のどちらで描かれているのかを必ず示す必要があります。具体的には、以下の記号を図面に記して投影法を明示します。

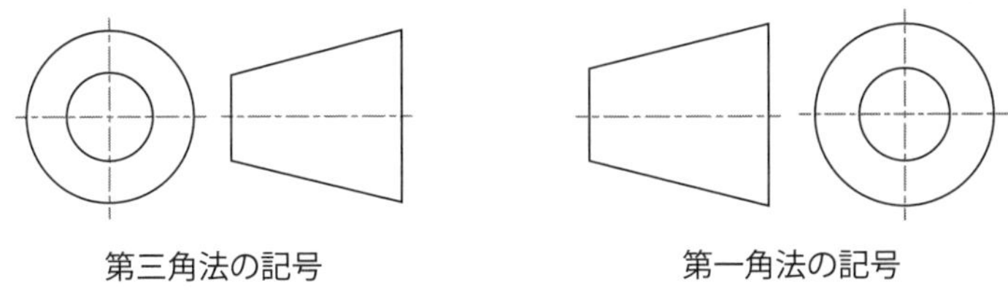
第三角法の記号　　第一角法の記号

（オ）○　正しい。図面の主体となる投影図を主投影図と呼び、それを正面図にレイアウトします。ごく簡単な品物は、主投影図だけで足ります。例として、以下に示す断面で描いたパイプの図面は、主投影図だけで足ります。

▼パイプの図面（正面図：主投影図だけで表せる）

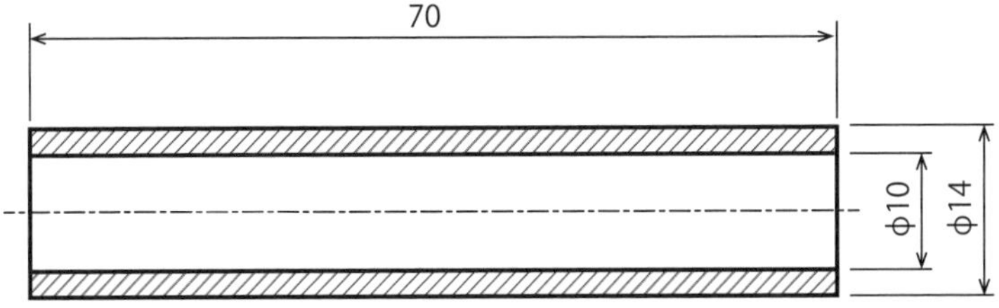

よって、「正・誤・誤・誤・正」となり、解答は⑤です。

Ⅰ-1-6　解答③

システムの信頼度

類似問題　平成30年度Ⅰ-1-1、平成28年度Ⅰ-1-1

この類の問題は出題頻度が高い問題です。直列システムと並列システムの信頼度を求める方法を知っていれば、対応可能です。

＜直列システムの信頼度＞

3つの要素R_A、R_B、R_Cの<u>直列</u>システムの信頼度Rsは、

$$R_s = R_A \times R_B \times R_C$$

で表されます。

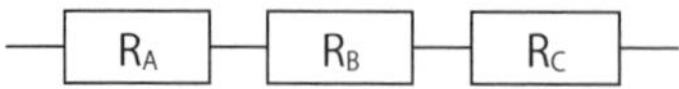

＜並列システムの信頼度＞

2つの要素R_A、R_B、R_Cの<u>並列</u>システムの信頼度R_pは、

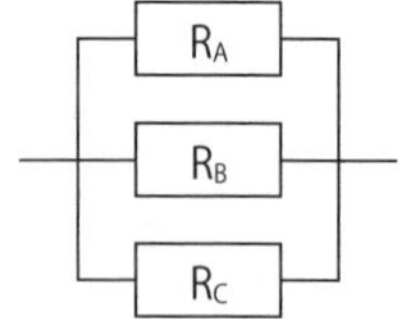

$$R_p = 1 - (1 - R_A)(1 - R_B)(1 - R_C)$$

n個の並列システムで、$R_A = R_B = R_C \cdots = R_n$の場合は次のようになります。

$$R_p = 1 - (1 - R_n)^n$$

設問において、全体のシステムの信頼度$R = [1 - (1 - 0.7)^n] \times 0.95$

題意より、$R \geqq 0.94$としたいので、選択肢の中から$R \geqq 0.94$になる最小のnは4です。

よって、解答は③です。

2群　情報・論理に関するもの

Ⅰ-2-1　解答④

情報の圧縮　類似問題　－

情報の圧縮に関する正誤問題です。情報の圧縮に関する正確な知識がない場合でも、日頃扱っているデータのファイル形式や一般常識を元に解答を絞り込める問題です。

①○　正しい。圧縮したデータを復号化する際に完全に復元できる圧縮方式を可逆圧縮と呼びます。テキストデータは、1ビットでも欠けると表すもの意味が異なってしまうため、可逆圧縮を用います。

②○　正しい。復号時に完全には復元できない圧縮方式を非可逆圧縮と呼びます。非可逆圧縮は、データを完全には復元できない代わりに、高い圧縮率をもつため、音声や映像ファイルの圧縮に用いられます。

③○　正しい。設問の通りです。JPEGの写真ファイル、MPEG動画などとして身近に用いられています。

④×　誤り。データ圧縮は、情報源に関する知識がなくても実施できます。

⑤○　正しい。設問の通りです。どのような圧縮方式であっても、限界を超えて圧縮することはできません。

よって、解答は④です。

Ⅰ-2-2　解答③

論理演算　類似問題　－

論理演算を計算する問題です。論理和、論理積、論理否定の3つを用いて、設問に与えられた式と真理値の値が一致するかを確認していけば解答が得られます。

①×　誤り。＋zの部分に着目すると明白ですが、zが1にもかかわらず演算結果が0になるのは誤りであること判断できます。

②×　誤り。1行目は1になるはずなので、誤りであると判断できます。

③○　正しい。1つずつ当てはめて計算すると、8列とも真理値表の通りの演算結果になることが分かります。なお、この論理式は以下のいずれか（もしくは両方）の場合に演算結果が1になることが分かります。

(1)「xとyの両方が1である」

(2)「yが0でzが1である」

(1) 論理積なので，x か y の両方が 1 であれば xy=1 になる

③ $f(x, y, z) = xy + \bar{y}z$

(2) 論理積なので，y が 0 で z が 1 あれば $\bar{y}z$=1 になる

よって、解答は③です。

I-2-3　解答 ①

情報セキュリティ　類似問題　－

① ×　誤り。メールゲートウェイは、メールの配信経路に設置され、組織等のメールサーバーが外部からメールを受信する際に悪意ある添付ファイルやSPAMメールなどを検出して除去や無害化をします。メールの受信時に機能するものですので、クラウドなどのオンラインストレージにアクセスする際にはメールゲートウェイは機能しません。

よって、解答は①です。①以外の設問はすべて正しい記述です。①についての知識がなくても、②～⑤は適切な対応だと容易に判断できると思います。

I-2-4　解答 ②

2進数の補数表現　類似問題　平成30年度 I-2-3

補数表現に関する問題です。

補数とは、元の数Nと補数を足した際に桁上がりが発生する最小の数を指します。任意の数Nに対して、基準となる数（基数）と補数の関係は次のように表されます。

N＋補数＝基数

補数表現を用いることで、マイナスの符号を用いずに負の値を表現したり、ビットを反転させることができるため、情報処理に用いられます。

2進数の1の補数と2の補数の求め方は次のようにすると簡単です。

<1の補数の求め方>
2進数の0と1を反転させる。

よって、100110の1の補数は次のようになります。

元の2進数　100110
1の補数　　011001　(0と1を反転させる)

次に、2の補数を求めるには、次のようにすればよいです。

<2の補数の求め方>
1の補数に1を足す。
(2進数の0と1を反転させた後、最後に1を足す。)

よって、100110の2の補数は次のようになります。

元の2進数　100110
1の補数　　011001　(0と1を反転させる)
2の補数　　011010　(1の補数に1を足す)

よって、解答は②です。

I-2-5　解答⑤

アルゴリズム　類似問題　－

2進数を10進数に変換するアルゴリズムに関する問題です。流れ図とその説明が問題文に示されていますので、それを元に順を追って数字を求めていけば、正解が導けます。以下に手順を示します。

<対象の2進数>

a_7	a_6	a_5	a_4	a_3	a_2	a_1	a_0
1	1	0	1	0	1	0	1

(1) 8桁の2進数なので、$a_n \Rightarrow a_7 = 1$

(2) Sには$a_7 = 1$が代入される

(3) iには$n-1=6$が代入される(以後、6→5→4→3→2→1→0→−1と続く)

(4)　$S = S \times 2 + a_6 =\ 1 \times 2 + 1 = 3$

(5)　$S = S \times 2 + a_5 =\ 3 \times 2 + 0 = 6$

(6)　$S = S \times 2 + a_4 =$　$6 \times 2 + 1 = 13$

(7)　$S = S \times 2 + a_3 = 13 \times 2 + 0 = 26$

(8)　$S = S \times 2 + a_2 = 26 \times 2 + 1 = 53$

(9)　$S = S \times 2 + a_1 = 53 \times 2 + 0 = 106$

(10) $S = S \times 2 + a_0 = 106 \times 2 + 1 = 213$

よって、Sは1→3→6→13→(ア：26)→(イ：53)→(ウ：106)→213となり、解答は⑤です。

I-2-6　解答⑤

実効アクセス時間　類似問題 平成28年度 I-2-4

実効アクセス時間を求める問題で、定期的に出題されています。キャッシュメモリのアクセス時間をt_c[s]、主記憶装置のアクセス時間をt_s[s]、キャッシュのヒット率をx[－]とした時、実効アクセス時間t[s]は次の式で表されます。

$$t = t_c x + t_s (1 - x)$$

キャッシュメモリへのアクセス時間t_c＝50ns、主記憶装置へのアクセス時間t_s＝450ns、ヒット率x＝0.90（90%）の時、実効アクセス時間tは以下の通りです。

$$t = 50 \times 0.90 + 450 \times (1 - 0.90) = 45 + 45 = 90 \text{ ns}$$

もし、主記憶装置だけで呼び出した場合は、ヒット率が0%を意味するのでアクセス時間は主記憶装置へのアクセス時間である450nsになります。よって、ヒット率90%のキャッシュメモリがある場合、主記憶装置だけの場合に比べて450÷90＝5倍の速さで呼び出しができます。

よって、解答は⑤です。

3群　解析に関するもの

I-3-1　解答②

ベクトルの発散

類似問題　令和元年度 I-3-1、平成30年度 I-3-2

ベクトルの発散div$V$を計算する問題です。div$V$の定義は問題文に与えられていますので、与えられている各成分のベクトルV_x、V_y、V_zを偏微分して数値を代入します。

ベクトルの各成分は次の通りです。

$$V_x = x \qquad V_y = x^2y + yz^2 \qquad V_z = z^3$$

各成分の偏微分を行うと次のようになります。

$$\frac{\partial V_x}{\partial x} = \frac{\partial}{\partial x}(x) = 1$$

$$\frac{\partial V_y}{\partial y} = \frac{\partial}{\partial y}(x^2y + yz^2) = x^2 + z^2$$

$$\frac{\partial V_z}{\partial z} = \frac{\partial}{\partial z}(z^3) = 3z^2$$

$(x, y, z) = (1, 3, 2)$を代入すると、次のように解が求まります。

$$\mathrm{div}V = \frac{\partial V_x}{\partial x} + \frac{\partial V_y}{\partial y} + \frac{\partial V_z}{\partial z} = 1 + x^2 + z^2 + 3z^2 = 1 + 1^2 + 2^2 + 3 \times 2^2$$

$$= 18$$

よって、解答は②です。

I-3-2　解答④

ベクトルの勾配

類似問題　平成27年度 I-3-2

ベクトルの勾配を計算する問題です。問題 I-3-1と同様に計算をしていきます。

各成分の偏微分を行い、$(x, y) = (1, 1)$を代入すると、次のようになります。

$$\frac{\partial f}{\partial x} = \frac{\partial}{\partial x}(x^2 + 2xy + 3y^2) = 2x + 2y = 2 + 2 = 4$$

$$\frac{\partial f}{\partial y} = \frac{\partial}{\partial y}(x^2 + 2xy + 3y^2) = 2x + 6y = 2 + 6 = 8$$

最急勾配の大きさ $||\mathrm{grad}\,f||$ とは、上記のベクトルの大きさを意味します。

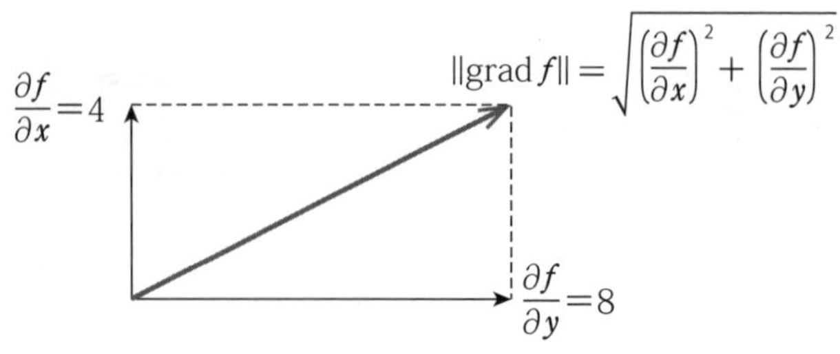

$$||\mathrm{grad}\,f||=\sqrt{\left(\frac{\partial f}{\partial x}\right)^2+\left(\frac{\partial f}{\partial y}\right)^2}=\sqrt{4^2+8^2}=\sqrt{80}=4\sqrt{5}$$

よって、解答は④です。

I-3-3　解答 ③

数値解析の誤差

類似問題　平成27年度 I-3-3、平成17年度 I-3-2

数値解析で発生する誤差に関する正誤問題です。

① ×　誤り。一般に、要素分割を細かくするほど近似誤差は減少します。

② ×　誤り。数値計算の誤差は、物理現象を支配する方程式などを直接計算できないなどの理由から、何らかの近似を行って計算しているために起こります。よって、計算アルゴリズムの改良によって近似誤差を少なくすることが可能です。

③ ○　正しい。数値が非常に近い数字同士を引き算することで、有効数字が小さくなる現象を桁落ちと呼びます。

④ ×　誤り。格子幅によって計算精度(数値誤差)が変わります。

⑤ ×　誤り。非線形の現象を線形方程式で"近似"していますので、誤差が生じないということはありません。そもそも、近似を行って数値計算を行うことで、必ず誤差が伴います。

よって、解答は③です。

Ⅰ-3-4　解答④

有限要素法（面積座標）

類似問題　平成25年度Ⅰ-3-3、平成16年度Ⅰ-3-5

三角形要素の面積座標を求める問題です。

任意の点の面積座標は$\left(\frac{S_A}{S}, \frac{S_B}{S}, \frac{S_C}{S}\right)$で求められることが問題文に示されています。

<内心の面積座標>

下図に示すように、3つの角の二等分線の交わる点I（内接円の中心）が内心です。

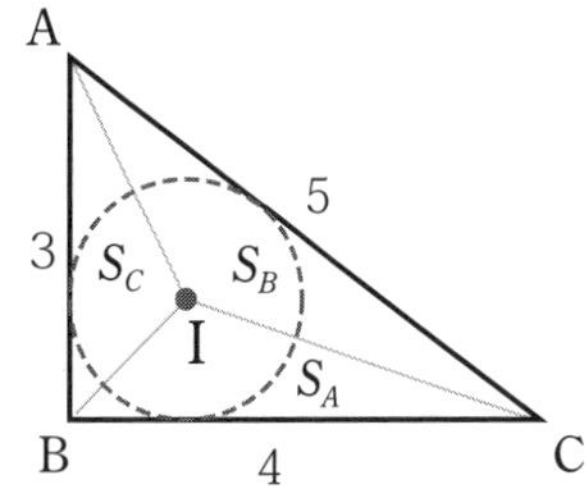

それぞれの三角形の面積を考えると、各辺から点Iまでの高さは等しいので、面積の比$S_A:S_B:S_C$は、辺の長さの比と同じになります。つまり、$S_A:S_B:S_C=4:5:3$になります。$S=S_A+S_B+S_C=4+5+3=12$になります。

よって、内心の面積座標は以下のようになります。

内心の面積座標 $\left(\frac{S_A}{S}, \frac{S_B}{S}, \frac{S_C}{S}\right)=\left(\frac{4}{12}, \frac{5}{12}, \frac{3}{12}\right)=\left(\frac{1}{3}, \frac{5}{12}, \frac{1}{4}\right)$

この時点で、正解は④か⑤に絞られます。ここで、⑤の外心の面積座標は$\left(\frac{1}{3}, \frac{1}{3}, \frac{1}{3}\right)$⇒「すべて等しい」と示されていますが、これは正三角形の場合に成立するので、⑤は正しくないと判断できます。よって、外心の面積座標を計算しなくても、④が正解であることが分かります。参考のため、外心の面積座標を次に求めます。

＜外心の面積座標＞

図に示すように、各辺の垂直二等分線が交わる点Oが外心（外接円の中心）です。△ABCの辺の比は3：4：5ですが、これは、三平方の定理より直角三角形であることが分かります。つまり、図に示すように外心Oは辺ACの中点にきます。そのため、S_Bの面積は0になります。また、S_AとS_Cは互いに等しくなるので、$S = S_A + S_C$になります。以上より、外心の座標は以下のようになります。

外心の座標 $\left(\frac{S_A}{S}, \frac{S_B}{S}, \frac{S_C}{S}\right) = \left(\frac{1}{2}, 0, \frac{1}{2}\right)$

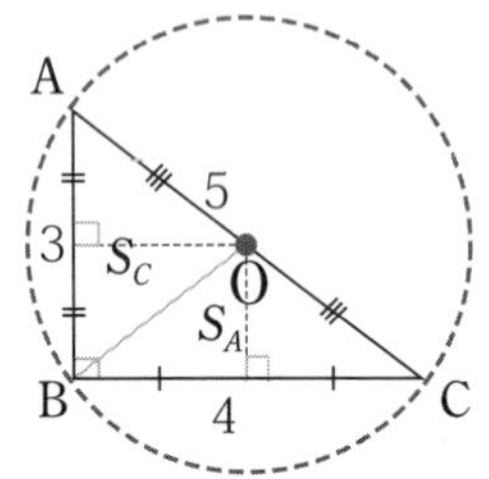

三平方の定理が成立
➡直角三角形である
$3^2 + 4^2 = 5^2$

よって、解答は④です。

I-3-5　解答 ①

バネの固有振動数

類似問題　平成25年度 I-3-5、平成17年度 I-3-5

単振動するバネ－質点系の固有振動数に関する問題です。単振動の固有振動数fは以下の式で表されます。

$$f = \frac{1}{2\pi}\sqrt{\frac{k}{m}}$$

この式に示す通り、固有振動数はバネ定数kと質点の質量mのみで決まり、外力（今回は重力による力）は無関係です。

よって、解答は①です。

I-3-6　解答 ⑤

ベルヌーイの式

類似問題　－

断面積が変化する円管内の流速を求める問題です。この問題に解答するためには、ベルヌーイの式（ベルヌーイの定理）と連続の式を用います。

<ベルヌーイの式>

$$p+\rho gz+\frac{\rho v^2}{2}=一定 \Rightarrow \frac{p}{\rho}+gz+\frac{v^2}{2}=一定$$

<連続の式>

$$\rho Av=一定$$

水のように非圧縮性流体とみなせる場合、密度ρは一定なので、

$$Av=一定$$

p：圧力、ρ：密度、g：重力加速度、v：速度、A：流路の断面積、z：基準位置からの高さ

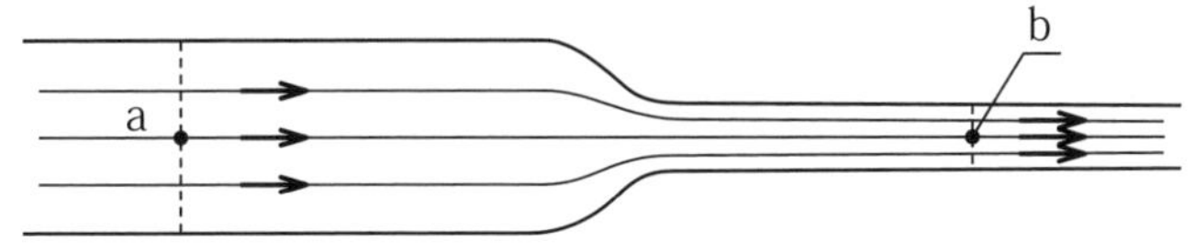

図　円管の中の水の流れ

円管の点aと点bにベルヌーイの式を適用すると次のようになります。この時、高さz方向に変化はないのでzの項は無視できます。

$$\frac{p_a}{\rho}+\frac{{v_a}^2}{2}=\frac{p_b}{\rho}+\frac{{v_b}^2}{2} \quad \cdots\cdots \text{式(1)}$$

流量Qはどの断面をとっても一定なので、連続の式より、

$$A_a v_a=A_b v_b$$

$$v_a=v_b\frac{A_b}{A_a} \quad \cdots\cdots\cdots\cdots\cdots\cdots \text{式(2)}$$

式(2)を式(1)に代入すると、

$$\frac{p_a-p_b}{\rho}=\frac{{v_b}^2}{2}\left[1-\left(\frac{A_b}{A_a}\right)^2\right]$$

$${v_b}^2=\frac{1}{\left[1-\left(\frac{A_b}{A_a}\right)^2\right]}\ \frac{2(p_a-p_b)}{\rho}$$

$$v_b=\frac{1}{\sqrt{1-\left(\frac{A_b}{A_a}\right)^2}}\sqrt{\frac{2(p_a-p_b)}{\rho}}$$

よって、解答は⑤です。

4群　材料・化学・バイオに関するもの

I-4-1　解答②

化学反応式

類似問題　平成27年度 I-4-1、平成20年度 I-4-2

各種の化合物を完全燃焼させた際に生成されるCO_2の量を比べる問題です。CO_2の発生量のみを求めればよいので、化学反応式を書く必要はありません。

炭素Cは酸素分子O_2と化合してCO_2になります。よって、分子内に含まれるCの数と同じ数だけCO_2が生成されます。

①メタンCH_4　1mol当たり　→　二酸化炭素 CO_2 が1 mol生成
②エチレン C_2H_4　1mol当たり　→　二酸化炭素 CO_2 が2 mol生成
③エタン C_2H_6　1mol当たり　→　二酸化炭素 CO_2 が2 mol生成
④メタノールCH_4O　1mol当たり　→　二酸化炭素 CO_2 が1 mol生成
⑤エタノール C_2H_6O　1mol当たり　→　二酸化炭素 CO_2 が2 mol生成

この問題では、「同じ質量m」の化合物を燃焼させたときの比較を求めています。分子量Mとは、その分子1mol当たりの質量のことなので、$M=\frac{質量}{モル数}=\frac{m}{n}$ です。

よって、n＝m／Mとなるので、m＝1とすると、分子量が小さいほど同一質量でのCO_2発生量が多いことになります。

①分子量16のメタン　：CO_2 $1\text{mol}\times\frac{1}{16}=\frac{1}{16}$
②分子量28のエチレン　：CO_2 $2\text{mol}\times\frac{1}{28}=\frac{1}{14}$
③分子量30のエタン　：CO_2 $2\text{mol}\times\frac{1}{30}=\frac{1}{15}$
④分子量32のメタノール：CO_2 $1\text{mol}\times\frac{1}{32}=\frac{1}{32}$
⑤分子量46のエタノール：CO_2 $2\text{mol}\times\frac{1}{46}=\frac{1}{23}$

よって、最もCO_2排出量が多いのはエチレンであり、解答は②です。

Ⅰ-4-2　解答 ③

有機化学反応　類似問題　－

有機化学反応の種類に関する問題です。

<置換反応>

分子中の原子が他の原子や原子団に置き換わる反応。

→aおよびdが該当します。

aの反応では、1-プロパノールのOHがBrに置換されています。

dの反応では、安息香酸のOHがOCH_3に置換されて安息香酸メチルが生成されます。

<付加反応>

不飽和結合（二重結合や三重結合）の1つの結合が切れ、そこに原子や原子団が結合する反応。

→cの反応が該当します。

<脱離反応>

化合物から水などの簡単な分子がとれて不飽和結合を形成する反応（付加反応の逆の反応）。

→bの反応が該当します。

<転位>

分子中のある原子または原子団が、分子中の別の位置に移動する反応。

→ 選択肢には該当なし。

よって、解答は③です。

Ⅰ-4-3　解答 ④

金属の物性　類似問題　平成28年度Ⅰ-4-3、平成22年度Ⅰ-4-3

実用上の代表的な金属である、鉄、アルミニウム、銅の物性を問う問題です。これらの物性値を覚えていなくても正解できます。一般的に、次の事項は広く知られているものと思われます。

1. アルミニウムの密度は低い（軽い）
2. 電気抵抗は「鉄＞ アルミニウム ＞ 銅」である。
3. 鉄の融点は1500℃程度と高く、アルミニウムの融点は660℃程度と低い。

これらの定性的な情報をもとに解答を絞り込みます。

「1.」の条件から、アルミニウムの密度が最も低いため、銅の密度が最も低いとしている③は正解から除外できます。

「2.」の条件から、正解は④か⑤に絞られます。

「3.」の条件から、アルミニウムよりも鉄のほうが融点が高いので、④が正解であることが分かります。このように、広い技術士全部門の方が受験する試験で、細かい物性値を知っていなければ正答できないような問題は問われないと考えられます。このような問題が出た時には、日常経験で知っている知識をもとに、冷静に、シンプルに考えるとよいでしょう。

I-4-4　解答⑤

結晶構造（面心立方構造）　類似問題　–

面心立方構造に関する問題です。

以下の図に示すように、面心立方格子の単位胞に含まれる原子の数は、4個です。配位数（1つの原子を取り囲む原子の数）は、図の右側に示すように白丸を囲む4×3＝12の原子があるので12です。

図より、$\alpha:\alpha:4R$は$1:1:\sqrt{2}$なのでRとαの関係は次のようになります。

$$\sqrt{2}\alpha=4R$$

$$\alpha=\frac{4}{\sqrt{2}}R=\frac{\sqrt{2}\times\sqrt{2}\times\sqrt{2}\times\sqrt{2}}{\sqrt{2}}R=2\sqrt{2}R$$

よって、解答は⑤です。

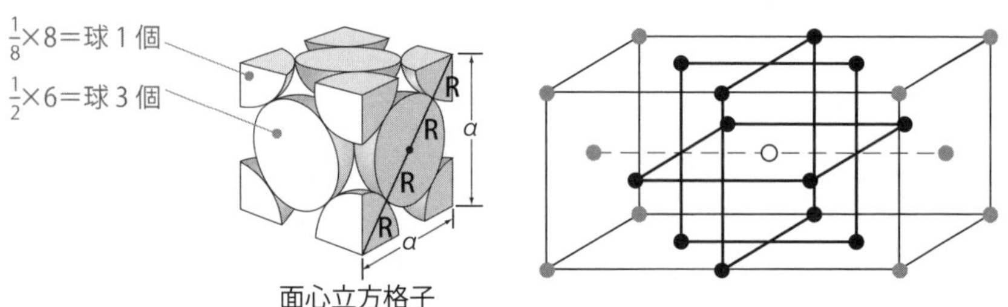

面心立方格子

Ⅰ-4-5　解答③

化学計算

類似問題　平成25年度Ⅰ-4-6、平成22年度Ⅰ-4-5

化学計算の問題です。化学式が問題文中に示されていますので、好気呼吸とエタノール発酵に関する知識がなくても解けます。

好気呼吸で消費されたグルコースのモル数をa、エタノール発酵で消費されたグルコースのモル数をbとします。

好気呼吸　$C_6H_{12}O_6 + 6O_2 + 6H_2O \rightarrow 6CO_2 + 12H_2O$

エタノール発酵　$C_6H_{12}O_6 \rightarrow 2C_2H_5OH + 2CO_2$

<好気呼吸>

グルコース1mol当たり、6molの酸素が消費されて、6molの二酸化炭素が発生します。よって、グルコースa[mol]当たり二酸化炭素が6a[mol]発生します。

<エタノール発酵>

1molのグルコースがエタノール発酵を起こすと、2molの二酸化炭素が発生します。よって、グルコースb[mol]当たり、二酸化炭素が2b[mol]発生します。

題意より、酸素が2mol消費されているので、好気呼吸で消費されたグルコースは$a = \frac{1}{3}$ molです。また、エタノール発酵で消費されたグルコースは好気呼吸で消費されたグルコースの6倍なので、$b = \frac{1}{3} \times 6 = 2$molです。

二酸化炭素の発生量は、$6a + 2b = 6 \times \frac{1}{3} + 2 \times 2 = 6$ mol

よって、解答は③です。

令和02年度

Ⅰ-4-6　解答④

PCR法（ポリメラーゼ連鎖反応）

類似問題　－

PCR法（ポリメラーゼ連鎖反応）に関する正誤問題です。

① ×　誤り。熱変性は、DNAの二重らせん構造の塩基間の水素結合を切り、1本鎖DNAにする過程です。共有結合ではありません。

② ×　誤り。温度が低いほどアニーリングが起こりやすく、増幅されやすいが、非特異的結合が多くなります。

③ ×　誤り。増幅したい配列が長いほど、より長い伸長時間を必要とします。

④ ○　正しい。設問の通りです。

⑤ ×　誤り。増幅したDNAには、プライマーの塩基配列も含まれます。

5群　環境・エネルギー・技術に関するもの

I-5-1　解答 ②

プラスチックごみ　**類似問題**　―

プラスチックごみに関する正誤問題です。

(ア) ○　正しい。設問の通りです。一般には5mm以下の微細なプラスチックをマイクロプラスチックと呼びます。

(イ) ×　誤り。海洋プラスチックは、ごみの適切な管理がなされている国からの流出量が少なくなります。そのため「特に先進国から発生しているものが多い」という記述は誤りです。

(ウ) ×　誤り。公開されている解答ではこの設問は誤りとされていますが、判断が難しい問題です。日本国内の廃プラスチックが約900万トンで、約250万トンがリサイクルされていることは正しい記述です。中国等の海外に輸出された廃プラスチックは約150万トンであり、そのすべてがリサイクルされるわけではありません（そのため、海洋プラスチックなどの問題が生じています）。よって、海外でリサイクルされたものが250万トンの半分以下という部分が誤りだと思われますが、判断が難しい問題です。

(エ) ○　正しい。設問の通りです。

(オ) ○　正しい。設問の通りです。陸域で発生したプラごみが海洋に流出しています。

以上、(ウ)の正誤判断が難しいですが、解答が②と判断できます。

I-5-2　解答 ③

生物多様性の保全　**類似問題**　平成28年度 I-5-2、平成22年度 I-5-3

生物多様性保全に関する正誤問題です。

① ○　正しい。カルタヘナ議定書によって、遺伝子組換え生物の安全な移送、取扱いおよび利用についての措置が規定されています。

② ○　正しい。このような観点からも、生物多様性の保全に関する条約や取り決めが重要です。

③ ×　誤り。移入種の駆除は禁止されていません。

④ ○　正しい。1992年に開放されたこの条約に日本も署名し、1993年に発効され、加盟しました。

⑤ ○　正しい。この条約の目的は次の通りです。(1) 生物多様性の保全、(2) 生物多様性の構成要素の持続可能な利用、(3) 遺伝資源の利用から生ずる利益の公正かつ衡平な配分。

よって、解答は③です。

I-5-3　解答④

国内エネルギー消費　類似問題　－

エネルギー消費に関する正誤問題です。エネルギー白書（2020）より、部門別のエネルギー消費の推移と、各国のGDP当たりのエネルギー消費を以下に記します。

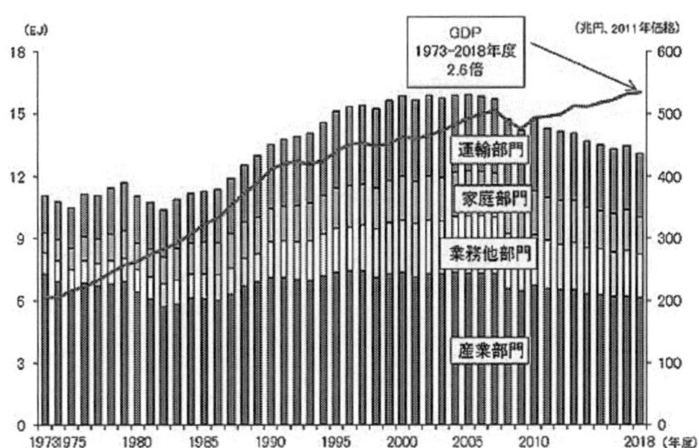

(a) 最終エネルギー消費と実質GDPの推移

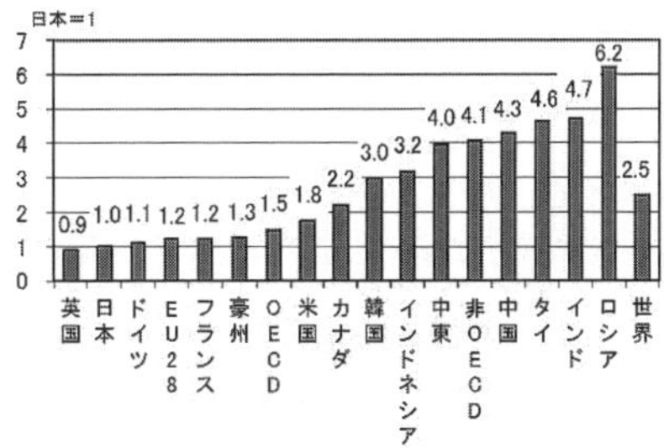

(b) 実質GDP当たりのエネルギー消費の主要国・地域比較（2017年）

出典：資源エネルギー庁　エネルギー白書2020より
https://www.enecho.meti.go.jp/about/whitepaper/2020html/2-1-1.html

① ○　正しい。2005年度以降、最終エネルギー消費が減少しています〔図(a)〕。

② ○　正しい。産業部門のエネルギー消費は、第一次オイルショック(1973年)以降も増加することなく推移しています。これは、主に省エネルギー化を推進してきた結果です〔図(a)〕。

③ ○　正しい。前頁の図(b)に示す通り、実質GDP当たりのエネルギー消費において、日本は世界平均を大きく下回る水準です。

④ ×　誤り。家庭部門のエネルギー消費は増加していません〔図(a)〕。

⑤ ○　正しい。設問の通りです。

よって、解答は④です。

I-5-4　解答 ①

エネルギー情勢　類似問題　平成24年度 I-5-3

発電とエネルギーに関する正誤問題です。

震災前は、日本の電源構成に占める原子力発電の割合は30%弱ありました。火力発電の基本サイクルは、ボイラーで蒸気を生成し、蒸気タービンで動力に変換するランキンサイクルです。現在は、ランキンサイクルの前段に、ガスタービンを組み合わせたコンバインドサイクルの実用化によって、発電効率が飛躍的に向上しました。

コンバインドサイクルでは、燃料をガスタービンで燃焼して動力を取り出しつつ、その排熱で蒸気を生成して蒸気タービンを駆動して発電します。ガスタービンサイクル(ブレイトンサイクルといいます)とランキンサイクルをコンバインドしたサイクルのため、「コンバインド(複合)サイクル」と呼ばれています。また、アメリカで非在来型資源であるシェールガスの採掘技術が確立したことで、日本への輸入も始まっています。

よって、解答は①です。

I-5-5　解答 ④または③※

明治維新以降の産業発展　類似問題　－

科学技術史に関する正誤問題です。

① ○　正しい。設問の通りです。明治維新により国内の産業技術が飛躍的に発展しました。急速な技術発展や資本主義化に成功した要因の1つとして、

江戸時代に築かれた手工業的な技術や教育が挙げられます。

②○　正しい。設問の通りです。

③ 設問の一部に誤解を招く記述があったことから、当初の正答（④）に加えて③を選択した場合も正解とされました。

④×　誤り。テイラーの科学的管理法は1930年代に日本に導入されました。「その際に統計的品質管理の方法が導入された」という記述が誤りです。統計的品質管理の方法は、1950年以降に国内に導入されました。

⑤○　正しい。設問の通りです。

よって、解答は④です。

※上記③の解説に記した通り、③を選択した場合も正解とされました。

I-5-6　解答 ①

科学技術史（人物と功績）　類似問題 平成28年度 I-5-6

科学技術に関する功績とその年代に関する問題です。

（ア）1898年：マリーおよびピエール・キュリーによるラジウムおよびポロニウムの発見

（イ）1796年：ジェンナーによる種痘法の開発

（ウ）1948年：ブラッテン、バーディーン、ショックレーによるトランジスタの発明

（エ）1869年：メンデレーエフによる元素の周期律の発表

（オ）1907年：ド・フォレストによる三極真空管の発明

よって、古い順に（イ）―（エ）―（ア）―（オ）―（ウ）となり、解答は①です。

上記のすべてについて年代を正確に把握していなくても、以下のように考えれば正解が絞り込める問題です。

① 真空管や半導体の技術は、周期律や元素の発見と比べれば新しい。また、真空管と半導体を比べれば半導体のほうが新しい技術である。
→（オ）―（ウ）の順番で後のほうの年代に来る

② （エ）周期律の発表は、（ア）ラジウムなどの放射性物質の発見よりも先である。
→（エ）―（ア）の順で（オ）―（ウ）よりも前の年代に来る。

これで、正解が①だと分かります。

令和２年度　解答・解説　適性科目

II-1　解答⑤

技術士の義務（技術士法第４章）　**類似問題**　令和元年度II-1、平成29年度II-1他

技術士法第４章に関する問題です。この類の問題は毎年出題されています。技術士法第４章（「重要ポイント総整理」参照）を一読し、技術士としての基本姿勢（理想的な技術士像）をイメージしておくことが大切です。法令を一語一句暗記する必要はありませんが、「義務なのか責務なのか？」「制限なのか制約なのか？」などの文言を正しく理解しておくことがポイントになります。

（ア）義務　（イ）公益　（ウ）責務　（エ）技術部門　（オ）制限

（カ）準用　（キ）資質

よって、解答は⑤です。

II-2　解答②

技術者倫理　**類似問題**　－

技術士法第４章、技術士倫理綱領（「重要ポイント総整理」参照）を一読し、倫理的に考えることで正答が導かれます。

①○　正しい。設問の通りです。

②×　誤り。顧客の要求に沿うようにデータを修正することは、データの改ざんにあたり、倫理上決して行ってはいけない行為です。

③○　正しい。設問の通りです。

④○　正しい。設問の通りです。

⑤○　正しい。設問の通りです。

よって、解答は②です。

II-3　解答③

利益相反　**類似問題**　－

利益相反に関する正誤問題です。問題文に、利益相反とは何かが書かれていますので、利益相反に関する詳細な知識がなくても正答できる問題です。科学

者・技術者倫理に基づいて考えるのがポイントです。

①○　正しい。兼業許可日とは異なる日時に業務が生じたことを学内のCOI委員会に相談していますので、正しい対応です。

②○　正しい。設問の通りです。

③×　誤り。Y社の技術の性能試験と評価に携わり、その内容を把握している状態で、COI委員会に相談をせずにY社の未公開株を購入したことは適切な対応ではありません。状況によってはインサイダー取引になることもあります。

④○　正しい。学内のCOI委員会に相談していますので、正しい対応です。

よって、解答は③です。

II-4　解答②

営業秘密

類似問題　－

営業秘密に関する正誤問題です。この設問の(エ)に、営業秘密として保護されるための要件が3つ書かれていますが、これは正しい記述です。この要件を元に考えると分かりやすいと思います。

(ア)○　正しい。設問の通りです。

(イ)×　誤り。有害物質を河川に垂れ流している事実は営業秘密として保護されるものではありません。

(ウ)○　正しい。公然に知られた情報ですので、営業秘密ではありません。

(エ)×　誤り。【不正競争防止法第2条第6項】によって、「営業秘密とは、秘密として管理されている生産方法、販売方法その他事業活動に有用な技術上又は営業上の情報であって、公然と知られていないものをいう。」と定義されています。営業秘密とみなされるには、以下の3つの要件すべてを満たす必要があります。

(1)秘密管理性：　秘密として管理されていること
(2)有用性：　有用な営業上又は技術上の情報であること
(3)非公知性：　公然と知られていないこと

よって、解答は②です。

II-5　解答 ③

産業財産権

類似問題　令和3年度II-13、平成30年度II-6他

知的財産権に関する正誤問題です。

知的財産権は、産業財産権とそれ以外に分けられ、それぞれ次のものがあります。

知的財産権								
産業財産権								
特許（発明）	実用新案（考案）	意匠（デザイン）	商標（マーク）	著作権	半導体集積回路配置	商号	不正競争の防止	育成者権（植物の新品種）

選択肢のうち、産業財産権に含まれるのは（ア）特許、（イ）実用新案、（ウ）意匠、（ク）商標の4つです。残りの6つは産業財産権には含まれません。よって、解答は③です。

II-6　解答 ⑤

製造物責任法

類似問題　ー

製造物責任法（PL法）に関する正誤問題です。

①～④ ○　正しい。設問の通りです。

⑤ ×　誤り。海外に輸出する製品や現地生産の場合には当該国の法律に従わなければなりません。

よって、解答は⑤です。

II-7　解答 ④

リスクアセスメント

類似問題　ー

リスクアセスメントに関する穴埋め問題です。

（ア）は、リスクの低減措置を取った後なので、リスクの同定ではなくリスクの見積もりです。

（イ）は、リスクの低減措置によって見積もられたリスクの評価です。

（ウ）リスク低減措置をとることで、リスクが低減しますが、低減できなかったリスクが残ります。よって、（ウ）は残留リスクです。

（エ）残留リスクが許容可能な状況の場合、妥当性確認と文書化を行います。

よって、解答は④です。

II-8　解答 ①

ヒューマンエラー　類似問題　—

ヒューマンエラー（人為的ミス）に関する問題です。設問に挙げられた（ア）～（シ）の中から、人為的ミスに当たらないものの数を求めればよいのですが、これらはいずれも人為的ミスに該当します。

よって、解答は①（すべて、ヒューマンエラーに該当する。該当しないものの数は0）です。ひとつずつ冷静に考えて客観的に判断することが重要です。

II-9　解答 ③

事業継続計画（BCP）　類似問題　令和元年度II-13

事業継続計画（BCP：Business Continuity Plan）に関する正誤問題です。BCPについては、「重要ポイント総整理」を参照してください。

（ア）○　正しい。設問の通りです。

（イ）×　誤り。すべての企業がBCPを策定している状況ではありません。

（ウ）×　誤り。問題文にも書かれているように、BCPは「災害や事故で被害を受けても業務が中断しないこと。中断しても短期間で再開できること」を実現するために計画するものです。すぐに着手できる業務から行うことを指すものではありません。

（エ）○　正しい。設問の通りです。

よって、解答は③です。

II-10　解答 ①

エネルギー　類似問題　—

エネルギーに関する正誤問題です。

（ア）～（エ）○　正しい。設問の通りです。よって、解答は①です。

Ⅱ-11　解答 ①

ユニバーサルデザイン　類似問題　－

ユニバーサルデザインの7つの原則（「重要ポイント総整理」参照）に関する問題です。設問の（ア）～（キ）に書かれているのは、ユニバーサルデザインの7つの原則そのものです。よって、すべてユニバーサルデザインの主旨に合致するものであり、解答は①です。

Ⅱ-12　解答 ①

製品安全に関する事業者の社会的責任 ISO26000　類似問題　－

製品安全に関する事業者の社会的責任ISO26000についての正誤問題です。ISO26000組織の社会的責任については、「重要ポイント総整理」を参照してください。問題文に、「製品安全に関する社会的責任とは、製品の安全・安心を確保するための取り組みを実施し、様々なステークホルダー（利害関係者）の期待に応えることを指す」と説明がされています。つまり、この内容にそぐわない設問を探すことになります。

（ア）～（キ）はすべて上記の「製品安全に関する社会的責任」に沿った内容（反した内容がない）です。

よって、不適切なものの数は0であり、解答は①です。

Ⅱ-13　解答 ④

テレワーク（事業場外勤務）　類似問題　－

テレワークに関する正誤問題です。ポイントは、テレワークを行う場合においても、労働基準法、最低賃金法、労働安全衛生法、労働者災害補償保険法などの労働基準関係法令が適用されることです。

（ア）○　正しい。厚生労働省の「情報通信技術を利用した事業場外勤務の適切な導入及び実施のためのガイドライン」に「労働者がテレワークを行うことを予定している場合においては、自宅やサテライトオフィス等、テレワークを行うことが可能である就業の場所を明示することが望ましい。」と記されています。

（イ）×　誤り。テレワークにおいても、労働時間の把握は使用者の責務です。

(ウ)○　正しい。厚生労働省の「情報通信技術を利用した事業場外勤務の適切な導入及び実施のためのガイドライン」に、中抜けについて「使用者が業務の指示をしないこととし、労働者が労働から離れ、自由に利用することが保障されている場合には、その開始と終了の時間を報告させる等により、休憩時間として扱い、労働者のニーズに応じ、始業時刻を繰り上げる、又は終業時刻を繰り下げることや、その時間を休憩時間ではなく時間単位の年次有給休暇として取り扱うことが考えられる。」と記されています。

(エ)○　正しい。設問の通りです。

よって、解答は④です。

Ⅱ-14　解答 ①

バイオテクノロジー　類似問題　－

バイオテクノロジーに関する正誤問題です。

(ア)～(エ)○　正しい。設問の通りです。よって、解答は①です。

Ⅱ-15　解答 ①

内部告発　類似問題　－

内部告発に関する正誤問題です。問題文の冒頭に、内部告発の意義などが記されています。この考え方に基づいて解答することが重要です。

(ア)○　正しい。設問の通りです。

(イ)○　正しい。設問の通りです。告発先には①社内等の内部、②外部の行政機関など、③マスコミや一般市民などが考えられますが、最初に告発すべき場所は企業内です。それでも改善しない場合には②→③などの告発先も検討していきます。例えば、いきなり③「ネットに書き込むなど」をした場合に、もし、その告発の内容が誤り（違法行為でない）であった場合でも、その組織や関係者は大きなダメージを負うことになります。

(ウ)○　正しい。設問の通りです。

(エ)○　正しい。設問の通りです。

(オ)○　正しい。設問の通りです。告発の内容は具体的でなければなりません。

(カ)○　正しい。設問の通りです。上司が理解してくれない場合には、他の理解者を探します。

よって、(ア)～(カ)はいずれも適切な記述であり、解答は①です。

令和元年度　解答・解説　基礎科目

1群　設計・計画に関するもの

I-1-1　解答⑤

最適化に関する用語　類似問題　－

最適化の用語に関する正誤問題です。

（ア）×　誤り。線形計画問題では、目的関数（最大化または最小化したい対象の関数）と制約条件がともに線形式で表されます。

（イ）○　正しい。例えば、平成30年度のI-1-4の問題が該当します。この問題の例では、原料Aの使用量と使用上限の制約条件が式（1）、原料Bの使用量と使用上限の制約条件が式（2）、ラインの稼働時間と使用上限の制約条件が式（3）です。それらの制約条件から得られる、生産可能な範囲が図のグレーの領域で、これを実行可能領域といいます。丸（●）で示された点に、その生産量で得られる利益が示されています。利益の等高線を描けば、実行可能領域の中で最も利益が高い条件などを見出すことができます。

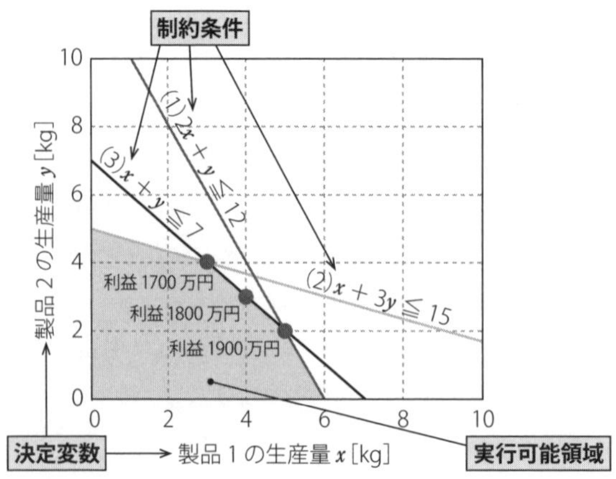

（ウ）○　正しい。凸計画問題では、局所的な最適解が大域的な最適解と一致する特徴を持っています。

▼局所的最適解と大域的最適解が一致しない場合

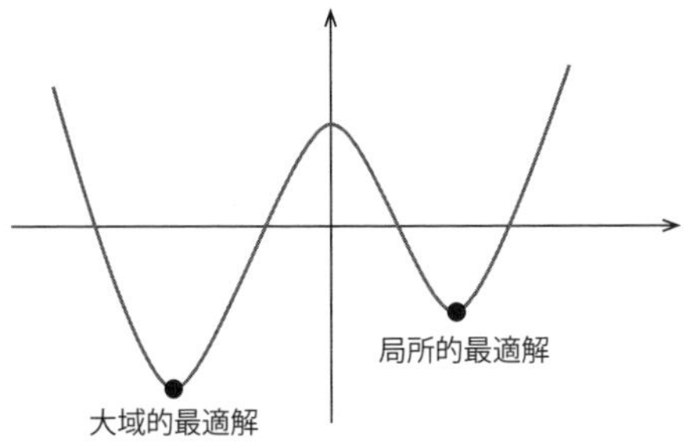

局所的最適解≠大域的最適解

▼局所的最適解と大域的最適解が一致する場合

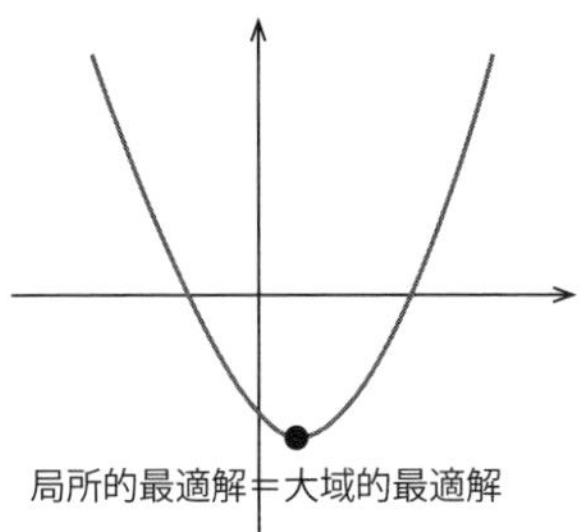

（エ）○　正しい。決定変数が離散的な整数値である最適化問題を整数計画問題といいます。この問題では、扱う数が多くなると最適解を求めるのが難しくなります。そのような場合に、ヒューリスティックな方法が有効です。ヒューリスティックな方法とは、「試行錯誤的」「経験則による」方法のことを指し、遺伝的アルゴリズムなどが該当します。この方法では、解の精度はそう高くはありませんが、ある程度正答に近い答えを比較的短時間で出せるという特徴があります。

よって、（ア）誤、（イ）正、（ウ）正、（エ）正となり、解答は⑤です。

Ⅰ-1-2　解答②

在庫管理コスト問題　類似問題　－

製品の在庫管理に係るコストの最小化問題です。

1年間の総需要d［単位］、1回あたりの発注量q［単位］なので、1年間での発注回数は$\frac{d}{q}$［回］です。需要は時間的に一定で、在庫がゼロになったら発注し、遅延なく納品されるので、平均在庫量は1回あたりの発注量の半分の$\frac{q}{2}$［単位］になります。1回の発注毎に発注費用k［円］がかかります。また、平均在庫量1単位当たりh［円］の年間在庫維持費用がかかります。

よって、年間の総費用C（q）は、発注費用と維持費用の和なので、次のように示されます。

$$C(q) = \frac{d}{q}k + \frac{q}{2}h \qquad \text{式(1)}$$

これをグラフ化すると次のようになります。

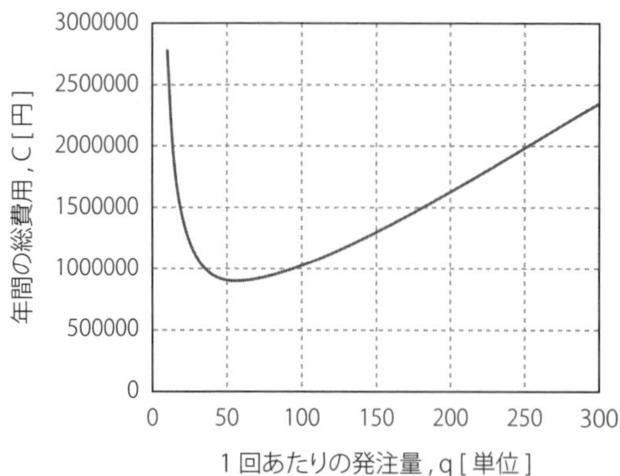

選択肢①～⑤にqの値が示されていますので、それらの数値（①50　②60　③70　④80　⑤90）と、問題文に与えられたk＝20000、d＝1350、h＝15000を式（1）に代入すれば、最もCの値が小さくなる②が正解であることが分かります。

【別解】

題意より、C（q）の最小値を求めればよいので、式（1）を微分してゼロと置くことで極小値が分かります。

$$\frac{dC(q)}{dq} = -\frac{d}{q^2}k + \frac{1}{2}h = 0$$

$$q^2 = \frac{2}{h}kd$$

$$q = \sqrt{\frac{2kd}{h}} = \sqrt{\frac{2\times 20000\times 1350}{15000}} = \sqrt{3600} = 60\text{単位}$$

よって、解答は②です。

I-1-3　解答 ⑤

設計製図

類似問題　平成29年度 I-1-5、平成26年度 I-1-6

製作図に関する正誤問題です。

（ア）×　誤り。精密化、高性能化、国際化が進んだ現代の工業製品において、むしろ幾何公差の指示が要求されています。寸法公差（サイズ公差）は、単に二点間の長さの寸法精度を示していますが、実際の製品は三次元の形状を持っています。例えば、互いに組付けられる軸と穴の直径が50mmの時、その直径の許される最大径と最小径を規定したとします［これが**サイズ公差（寸法公差）**です］。その軸と穴の直径が規定値以内に入っていたとしても、もし、その軸の長さおよび穴の奥行き方向に中心がうねっていた場合、軸が穴に入らないかもしれません。このような、幾何学的な形体に対して公差を規定するものを**幾何公差**といいます。例えば、面がどのくらい平面か（平面度）、円がどのくらい真円に近いか（真円度）、2枚の面がどのくらい平行か（平行度）などのように様々な幾何公差が規定され使用されています。

（イ）○　正しい。製作工程（例えば加工や検査を行う際など）において、図面に記された寸法をもとに作業を行います。その際、必要な寸法を計算しなくてはならない場合、作業の能率が悪化したり、ミスを生む要因になります。そのため、現場で必要な寸法を計算しなくてもよいように心掛ける必要があります。

（ウ）○　正しい。例えば、製作する穴の直径が49.95mm ～ 50.05mmの範囲にあれば合格だとし、製造ラインで製品の全量検査を行うとします。この時、毎回ノギスなどで測定すると、作業効率の悪化や測定ミスの要因になります。このような時、限界ゲージを使って検査をします。**限界ゲージ**とは、許容される寸法の上下の限界を持つゲージです。このゲージを使えば、製品が上記の寸法公差の範囲に入っているかを効率的に検査することができます。

（エ）×　誤り。正投影法による形状の投影法には、**第三角法**と**第一角法**が用いられます。第二角法というものはありません。ちなみに、ISOの製図規格では第三角法と第一角法の両方が規定されています。JISのZ8316（製図―図形の表し方の原則）においても、ISOに準拠して第三角法と第一角法の両方を使用できるようになっています。ただし、JIS機械製図（JIS B 0001）では、第三角法を用いると規定されています。

（オ）○　正しい。設問の通りです。

よって、「誤・正・正・誤・正」となり、解答は⑤になります。

I-1-4　解答⑤

材料の強度（座屈現象）　類似問題　平成28年度 I-1-3

材料の強度（材料力学、構造力学）における、座屈現象の説明です。

細長い棒や板に引張力をかけても容易には変形・破断しません。一方、圧縮力をかけていくと、引張力よりも低い力で急に曲げ形式の変形をします。このような現象を座屈といいます。細長い棒に圧縮力をかける場合、圧縮力が小さいうちは変形しませんが、圧縮力を徐々に大きくしていくと、ある限界値を超えると突然座屈します。

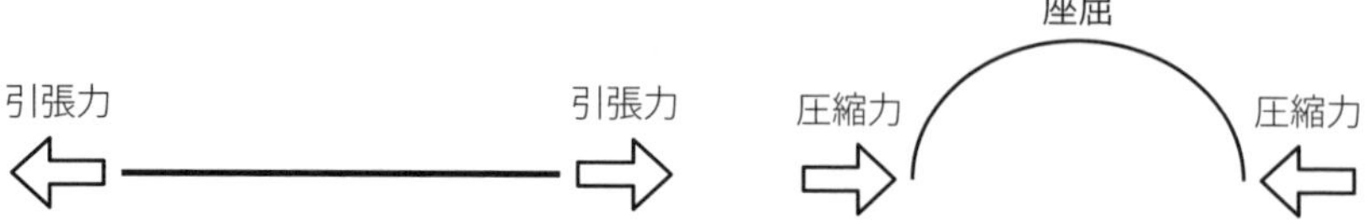

よって、解答は⑤です。

この問題は、座屈という用語を知っていれば、それ以外の空欄はイメージすれば(例えば下敷きを圧縮するなどの状況をイメージする)経験的に分かります。さらに、座屈という用語を知らなかったとしても、選択肢を眺めると、(ウ)がねじれではなく曲げが正解であることは容易にイメージできるので、③ではなく⑤が正しいことが絞り込めます。

分からない問題が出た時にも、冷静に考えると解ける問題が多くあります。

I-1-5 解答②

平均系内滞在時間

類似問題 平成29年度 I-1-1、平成27年度 I-1-2

平均系内滞在時間を求める問題です。問題文に定義された式を用いて計算を行っていきます。

このATMの1人当たりの平均処理時間は40秒です。1時間の間、絶え間なく利用したときに何名利用できるかが、1時間当たりのサービス率です。よって、1時間は60×60＝3600秒なので、サービス率は3600／40＝90人です。このATMは1時間当たり平均40人が到着するので、利用率は次のようになります。

$$\text{トラフィック密度(利用率)} = \frac{\text{到着率}}{\text{サービス率}} = \frac{40}{90} = \frac{4}{9}$$

$$\text{平均系内列長} = \text{トラフィック密度} \div (1 - \text{トラフィック密度})$$

$$= \frac{4}{9} \div \left(1 - \frac{4}{9}\right) = 0.8$$

$$平均系内滞在時間 = \frac{平均系内列長}{到着率} = \frac{0.8}{40}\,[時間]$$

単位を秒に直すと、$\frac{0.8}{40} \times 3600 = 72$ [秒]

よって、解答は②です。

I-1-6　解答③

数学公式・定理　類似問題　－

数学の公式や定理に関する問題です。

（ア）これを**マクローリン展開**と呼びます。マクローリン展開は、テイラー展開を$x=0$近傍に適用したものです。例えば、$\sin x$、$\cos x$、e^xのマクローリン展開は次のようになります。

$$\sin x = x - \frac{x^3}{3!} + \frac{x^5}{5!} - \frac{x^7}{7!} + \cdots$$

$$\cos x = 1 - \frac{x^2}{2!} + \frac{x^4}{4!} - \frac{x^6}{6!} + \cdots$$

$$e^x = 1 + x + \frac{x^2}{2!} + \frac{x^3}{3!} + \frac{x^4}{4!} + \cdots$$

（イ）この式を、**オイラーの等式**と呼びます。

上記の2つの定理、公式を知っていれば、解答が絞り込めます。

（ウ）この関係を**ロピタルの定理**といいます。この定理は、不定形の極限値を求める際に用いられます。

例えば、次の関数の極限（$x \to -2$）を求めることを考えます。

$$f(x) = x^2 + 7x + 10$$

$$g(x) = x^2 + 3x + 2$$

$$\lim_{x \to -2} \frac{f(x)}{g(x)} = \lim_{x \to -2} \frac{x^2 + 7x + 10}{x^2 + 3x + 2} = \frac{(-2)^2 + 7 \times (-2) + 10}{(-2)^2 + 3 \times (-2) + 2} = \frac{0}{0}$$

分母、分子ともに0になり、極限が求まりません。これを不定形といいます。

ロピタルの定理を用いると、分母、分子を微分して極限を求めることで、次のように解を導くことができます。

$$\lim_{x \to -2} \frac{f'(x)}{g'(x)} = \lim_{x \to -2} \frac{2x + 7}{2x + 3} = \frac{2 \times (-2) + 7}{2 \times (-2) + 3} = \frac{3}{-1} = -3$$

よって、解答は③です。

2群　情報・論理に関するもの

Ⅰ-2-1　解答 ①

基数変換（2進数、16進数）　類似問題　平成27年度 Ⅰ-2-3

基数変換に関する問題です。10進数、2進数、16進数の変換方法を知っていれば解ける問題です。

16進数は、16を基数とした数のため、16で桁が上がります。そのため、以下に示すようにアルファベットを使って表現します。

10進数	2進数	16進数
0	0	0
1	1	1
2	10	2
3	11	3
4	100	4

10進数	2進数	16進数
5	101	5
6	110	6
7	111	7
8	1000	8
9	1001	9

10進数	2進数	16進数
10	1010	A
11	1011	B
12	1100	C
13	1101	D
14	1110	E
15	1111	F
16	10000	10

この問題文にある通り、10進数→2進数→16進数の順に基数変換をしていきます。

[1] 10進数の11.5を2進数に変換する

小数の10進数を2進数に変換するには、変換したい10進数の小数部を、小数部が0になるまで2倍していきます。ここで求めた整数部を並べたものが、2進数への変換結果になります。

11.5＝11＋0.5なので、11と0.5に分けて考えます。

まず、10進数の11は2進数で1011です。

次に、0.5を2進数に変換します。

＜1＞0.5×2＝$\underline{1}$＋0

この時点で小数部が0になりましたので、10進数の0.5を2進数で表すと0.1です。よって、10進数の11.5を2進数で表すと、1011.1です。

[2] 2進数の1011.1を16進数に変換する

2進数を16進数に変換するためには、4桁ずつ区切って、上の表にあるように2進数を16進数に変えれば求まります。1011.1の小数部を4桁で表すと

1011.1000という意味なので、次のように、$(B.8)_{16}$になります。

2進数	1	0	1	1	.	1	0	0	0
16進数	B				.	8			

よって、$(10.5)_{10} = (1011.1)_2 = (B.8)_{16}$となり、解答は①です。

Ⅰ-2-2　解答①

二分探索木　類似問題　－

二分探索木に関する問題です。設問に示されている二分木探索の条件をもとに二分木を作成していけば、解が得られます。選択肢に示されたキー（数字）の順番に二分探索木を作成していくと、8→5の後には3か7が来なければなりません。よって、選択肢③は候補から消えます。8→5→3または8→5→7の後に12か10が来るとしたら、12が先でなければなりません。よって、選択肢②と④も候補から消えます。選択肢⑤は、12の後に6になっていますが、6の前には7がある必要があります。よって、選択肢⑤も候補から消えます。

つまり、問題に示された二分探索木に対応するのは、①になります。参考のため、選択肢①の二分探索木を得るプロセスを以下に図示します。

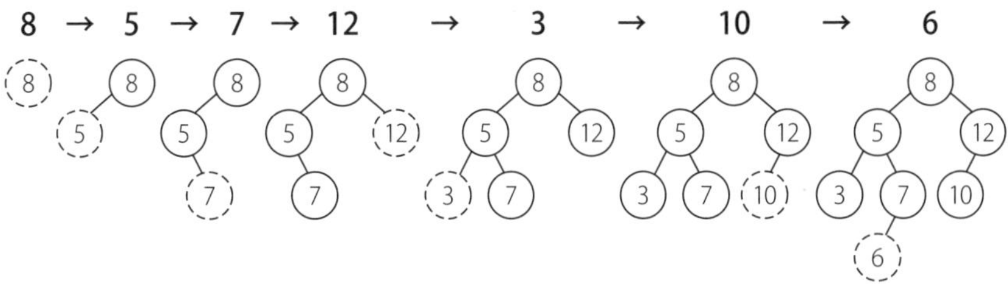

Ⅰ-2-3　解答③

ベクトルを用いた演算　類似問題　－

ベクトルを用いた、文書同士の類似度を比較する計算に関する問題です。

これは、コサイン類似度と呼ばれる手法です。2つのベクトルが同じ方向を向いていれば、$\cos 0° = 1$になり、反対方向を向いていれば$\cos 180° = -1$になります。

ベクトルの内積$\boldsymbol{a} \cdot \boldsymbol{b} = \boldsymbol{a_x b_x} + \boldsymbol{a_y b_y} = |\boldsymbol{a}||\boldsymbol{b}|\cos\theta$より、

$\cos\theta = \frac{\boldsymbol{a} \cdot \boldsymbol{b}}{|\boldsymbol{a}||\boldsymbol{b}|} = \frac{\boldsymbol{a_x b_x} + \boldsymbol{a_y b_y}}{|\boldsymbol{a}||\boldsymbol{b}|}$となります。つまり、分母は2つのベクトルの長さ(ノルム)の積で、分子は2つのベクトルの内積です、cos θが1に近づくほど、(式1)は0に近づきます。

問題文に計算式が示されているので、実際に計算をしていけば解が得られます。

<各文書間の内積>

$\vec{A} \cdot \vec{B} = 7 \times 2 + 3 \times 3 + 2 \times 0 = 23$

$\vec{A} \cdot \vec{C} = 7 \times 70 + 3 \times 3 + 2 \times 2 = 503$

$\vec{A} \cdot \vec{D} = 7 \times 21 + 3 \times 9 + 2 \times 6 = 186$

$\vec{A} \cdot \vec{E} = 7 \times 1 + 3 \times 2 + 2 \times 3 = 19$

$\vec{A} \cdot \vec{F} = 7 \times 7 + 3 \times 30 + 2 \times 20 = 179$

<各文書のノルム>

$\|\vec{A}\|_2 = \sqrt{7^2 + 3^2 + 2^2} = \sqrt{62}$

$\|\vec{B}\|_2 = \sqrt{2^2 + 3^2 + 0^2} = \sqrt{13}$

$\|\vec{C}\|_2 = \sqrt{70^2 + 3^2 + 2^2} = \sqrt{4913}$

$\|\vec{D}\|_2 = \sqrt{21^2 + 9^2 + 6^2} = \sqrt{558}$

$\|\vec{E}\|_2 = \sqrt{1^2 + 2^2 + 3^2} = \sqrt{14}$

$\|\vec{F}\|_2 = \sqrt{7^2 + 30^2 + 20^2} = \sqrt{1349}$

文章AとBの距離$= 1 - \frac{23}{\sqrt{62} \times \sqrt{13}} \fallingdotseq 0.19$

文章AとCの距離$= 1 - \frac{503}{\sqrt{62} \times \sqrt{4913}} \fallingdotseq 0.09$

文書AとDの距離$= 1 - \frac{186}{\sqrt{62} \times \sqrt{558}} = 0$

文書AとEの距離$= 1 - \frac{19}{\sqrt{62} \times \sqrt{14}} \fallingdotseq 0.36$

文書AとFの距離$= 1 - \frac{179}{\sqrt{62} \times \sqrt{1349}} \fallingdotseq 0.38$

よって、文書Dと文書Aの距離が一致しており、解答は③です。

Ⅰ-2-4　解答③

表現形式　類似問題　平成21年度Ⅰ-2-1

表現形式に関する問題です。

①○　表現可能。整数には符号が許され、数値は整数、小数で定義されるので、その組合わせである－19.1は表現可能です。

②○　表現可能。小数には小数点と数字列が許されるので、.52は表現可能です。

③×　表現不可。小数には小数点と数字列が許されるが、符号は定義されていないため、－.37は表現できません。

④○　表現可能。数値には整数、小数が許されるので、4.35は表現可能です。

⑤○　表現可能。整数には符号、数字列が許されるので、－125は表現可能です。

よって、解答は③です。

Ⅰ-2-5　解答⑤

ハミング距離　類似問題　－

ハミング距離を用いたビット送信エラーの判定に関する問題です。ハミング距離の詳細を知らなくても、設問に例が書かれているので、それをもとに考えれば解答が得られます。

(ア) ハミング距離を求める

問題文に算出方法が示されている通り、ビット列「1110001」と「0001110」のハミング距離を求めると次のようになります。

1つ目のビット列	1	1	1	0	0	0	1
2つ目のビット列	0	0	0	1	1	1	0
異なるビット	1	2	3	4	5	6	7

以上のように7つのビットがすべて異なっているため、ハミング距離は7です。よって、(ア)は7です。

(イ) 送信ビットを求める

(ア)が7であるため、選択肢の④か⑤が正解になります。そこで、選択肢④と⑤について、(イ)の送信ビット演算を行うと次のようになります。

④送信ビット1001010

X5＝X2＋X3＋X4＝0＋0＋1＝1 → mod2を行うと1

X6＝X1＋X3＋X4＝1＋0＋1＝ 2 → mod2を行うと0

X7＝X1＋X2＋X4＝1＋0＋1＝ 2 → mod2を行うと0

よって、付加ビットは100となり、送信ビットと一致しない。

⑤送信ビット1011010

X5＝X2＋X3＋X4＝0＋1＋1＝ 2 → mod2を行うと0

X6＝X1＋X3＋X4＝1＋1＋1＝ 3 → mod2を行うと1

X7＝X1＋X2＋X4＝1＋0＋1＝ 2 → mod2を行うと0

よって、付加ビットは010となり、送信ビットと一致する。

これらをまとめると、次の表の通りです。

選択肢	送信ビット							判定	付加ビット列		
									X2＋X3＋X4　mod2	X1＋X3＋X4　mod2	X1＋X2＋X4　mod2
④	1	0	0	1	**0**	**1**	**0**	**←不一致→**	**1**	**0**	**0**
⑤	1	0	1	1	**0**	**1**	**0**	**←一致→**	**0**	**1**	**0**

よって、解答は⑤です。

I-2-6　解答 ②

スタック　類似問題 平成26年度 I-2-4

スタックに関する問題です。スタックとは、後入れ先出しのデータ構造をもっており、最も新しく記録されたデータが先に取り出される構造です。問題文に書かれているスタックの基本操作にのっとって、以下の図に示すように順番に考えます。

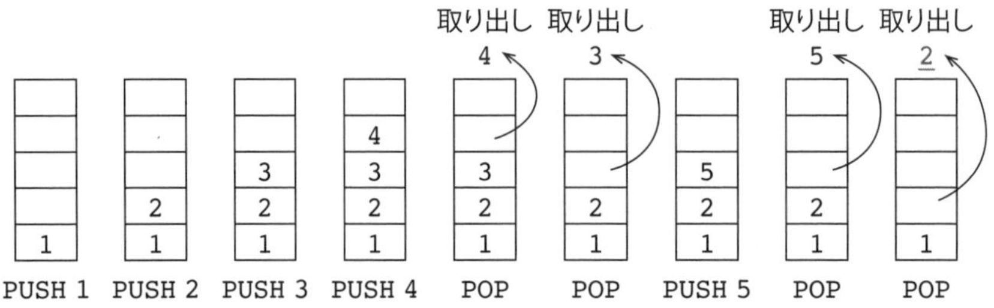

PUSH 1：1が挿入される

PUSH 2：2が挿入される

PUSH 3：3が挿入される

PUSH 4：4が挿入される
POP　　：最も上にある4が取り出される
POP　　：最も上にある3が取り出される
PUSH 5：5が挿入される
POP　　：最も上にある5が取り出される
POP　　：最も上にある2が取り出される

よって、解答は②です。

3群　解析に関するもの

Ⅰ-3-1　解答⑤

ベクトルの発散　類似問題　平成30年度 Ⅰ-3-2、平成25年度 Ⅰ-3-6

ベクトルの発散divVを計算する問題です。divVの定義は問題文に与えられていますので、与えられている各成分のベクトルV_x、V_y、V_zを偏微分して数値を代入します。

ベクトルの各成分は次の通りです。

$V_x = \sin(x+y+z)$　　$V_y = \cos(x+y+z)$　　$V_z = z$

各成分の偏微分を行うには、微分する1つの変数以外の変数を定数とみなして微分すればよいので、次のようになります。

$$\frac{\partial V_x}{\partial x} = \frac{\partial}{\partial x}\sin(x+y+z) = \cos(x+y+z)$$

$$\frac{\partial V_y}{\partial y} = \frac{\partial}{\partial y}\cos(x+y+z) = -\sin(x+y+z)$$

$$\frac{\partial V_z}{\partial z} = \frac{\partial z}{\partial z} = 1$$

$(x, y, z) = (2\pi, 0, 0)$を代入すると、$\cos(2\pi) = 1$、$\sin(2\pi) = 0$なので、次のように解が求まります。

$$\mathrm{divV} = \frac{\partial V_x}{\partial x} + \frac{\partial V_y}{\partial y} + \frac{\partial V_z}{\partial z} = \cos x - \sin x + 1 = \cos(2\pi) - \sin(2\pi) + 1$$

$$= 1 - 0 + 1 = 2$$

よって、解答は⑤です。

Ⅰ-3-2　解答⑤

ヤコビ行列

類似問題 平成28年度Ⅰ-3-2、平成24年度Ⅰ-3-3

ヤコビ行列に関する問題です。式(1)に示す2行2列のヤコビ行列を知っておけば解答できます。過去にも類題が複数回出題されていますので、2行2列のヤコビ行列を覚えておくとよいでしょう。

$$[J]=\begin{bmatrix}\dfrac{\partial x}{\partial r} & \dfrac{\partial x}{\partial s}\\ \dfrac{\partial y}{\partial r} & \dfrac{\partial y}{\partial s}\end{bmatrix}\qquad 式(1)$$

2行2列の行列$\begin{bmatrix}A & B\\ C & D\end{bmatrix}$の行列式$\begin{vmatrix}A & B\\ C & D\end{vmatrix}$は、

$$\begin{vmatrix}A & B\\ C & D\end{vmatrix}=AD-BC$$

で計算されますので、このヤコビ行列$[J]$の行列式$|J|$は次のようになります。

$$|J|=\frac{\partial x}{\partial r}\frac{\partial y}{\partial s}-\frac{\partial y}{\partial r}\frac{\partial x}{\partial s}$$

よって、解答は⑤です。

Ⅰ-3-3　解答①

自由落下する物体の終端速度

類似問題 －

速度に比例する抵抗を受けて落下する物体に働くx方向の力Fは、重力によるmgと抵抗による力$-kv$であり、$F=mg-kv$となります。そのため、運動方程式は次のようになります。

$$m\frac{dv}{dt}=mg-kv \qquad (1)$$

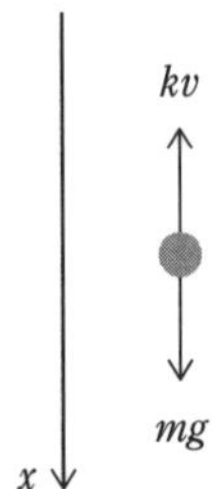

この運動方程式（微分方程式）を解くことで、速度の時間経過と終端速度が求まります。ただし、この問題では、途中経過ではなく終端速度だけを求めればよいので、式(1)において加速度 $\frac{dv}{dt}=0$ と置けば、終端速度が求まります。

$$mg-kv=0$$
$$mg=kv$$
$$v=\frac{mg}{k}$$

よって、解答は①です。

I-3-4　解答④

組合せ応力とひずみ

類似問題　平成25年度 I-3-1、平成20年度 I-3-3

等方性線形弾性体のポアソン比に関する問題です。「重要ポイント総整理」の基礎科目第3群「ポアソン比」で説明をしたように、3成分の応力が働く等方性線形弾性体※の各成分のひずみは次のように表されます。

※等方性線形弾性体とは、材料の機械的・熱的性質に方向性を持たない材料のことです。例えば、多くの金属材料は等方性とみなせます。

$$x\text{方向}\ \varepsilon_{xx}=\frac{\sigma_{xx}}{E}-\nu\frac{\sigma_{yy}}{E}-\nu\frac{\sigma_{zz}}{E}$$
$$y\text{方向}\ \varepsilon_{yy}=\frac{\sigma_{yy}}{E}-\nu\frac{\sigma_{xx}}{E}-\nu\frac{\sigma_{zz}}{E}$$
$$z\text{方向}\ \varepsilon_{zz}=\frac{\sigma_{zz}}{E}-\nu\frac{\sigma_{xx}}{E}-\nu\frac{\sigma_{yy}}{E}$$

ひずみが微小の時の体積ひずみ ε_v は各成分のひずみの和で表されるので、次のようになります。

$$\begin{aligned}\varepsilon_v&=\varepsilon_{xx}+\varepsilon_{yy}+\varepsilon_{zz}\\&=\left(\frac{\sigma_{xx}}{E}-\nu\frac{\sigma_{yy}}{E}-\nu\frac{\sigma_{zz}}{E}\right)+\left(\frac{\sigma_{yy}}{E}-\nu\frac{\sigma_{xx}}{E}-\nu\frac{\sigma_{zz}}{E}\right)+\left(\frac{\sigma_{zz}}{E}-\nu\frac{\sigma_{xx}}{E}-\nu\frac{\sigma_{yy}}{E}\right)\\&=\frac{(1-2\nu)}{E}(\sigma_{xx}+\sigma_{yy}+\sigma_{zz})=\frac{3(1-2\nu)}{E}\frac{(\sigma_{xx}+\sigma_{yy}+\sigma_{zz})}{3}\\&=\frac{3(1-2\nu)}{E}\sigma_v\end{aligned}$$

ここで、平均応力 $\sigma_v=\frac{\sigma_{xx}+\sigma_{yy}+\sigma_{zz}}{3}$ の関係を利用しました。

よって、次のようになります。

$E\varepsilon_v = 3\sigma_v(1-2\nu)$

$E\varepsilon_v = 3\sigma_v - 6\sigma_v\nu$

$6\sigma_v\nu = 3\sigma_v - E\varepsilon_v$

ここで、体積変化をしない場合 $\varepsilon_v = 0$ですので、次のようになります。

$$\therefore \nu = \frac{3\sigma_v}{6\sigma_v} - \frac{E\varepsilon_v}{6\sigma_v} = \frac{3}{6} - 0 = \frac{1}{2}$$

よって、解答は④です。

I-3-5　解答 ④

棒のひずみエネルギー

類似問題　平成25年度 I-3-5、平成17年度 I-3-5

引張荷重を受けて弾性変形する棒に蓄えられるひずみエネルギーに関する問題です。弾性変形であれば、エネルギーは散逸していないので、棒を伸ばすのに要した仕事Wが、棒のひずみエネルギーUに変換されているはずです。

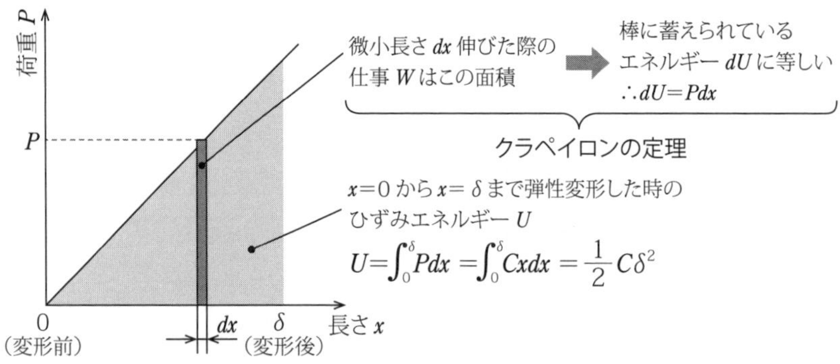

微小変形dxをした際の仕事dW＝力P×距離$dx = dU = Pdx$です。荷重Pと伸びxは$P = Cx$の直線関係にあるので、$x = 0$から$x = \delta$まで変化した際に蓄えられるひずみエネルギーUは次のようになります。

$$U = \int_0^\delta P\,dx = \int_0^\delta Cx\,dx = \left[\frac{1}{2}Cx^2\right]_0^\delta = \frac{1}{2}C\delta^2 = \frac{1}{2}P\delta \qquad \text{式(1)}$$

フックの法則$\sigma = E\varepsilon$、応力$\sigma = P/A$、ひずみ$\varepsilon = \delta/l$なので、

$$\delta = \varepsilon l = \frac{\sigma l}{E} = \frac{Pl}{AE} \qquad \text{式(2)}$$

式(2)を式(1)に代入すると、次のようになります。

$$U = \frac{1}{2}P\delta = \frac{P^2 l}{2AE}$$

よって、解答は④です。

Ⅰ-3-6　解答③

剛体振り子の周期　類似問題　－

剛体振り子の周期に関する問題です。問題文に、運動方程式と角振動数ωが与えられていますので、それを周期Tに変換し、慣性モーメントIを求めることで解が得られます。

角振動数ω [rad/s] の振動の周期T [s] は次のようになります。

$$T = \frac{2\pi}{\omega} = 2\pi\sqrt{\frac{2I}{Mgl}} \qquad 式(1)$$

<細長い棒の端部回りの慣性モーメントI>

慣性モーメントIの定義は次の通りです（xは距離、mは質量）。

$$I = \int x^2 dm$$

細長い棒の端部回りの慣性モーメントIは、下図のように微小部分の質量dmを考えて次のように算出されます。

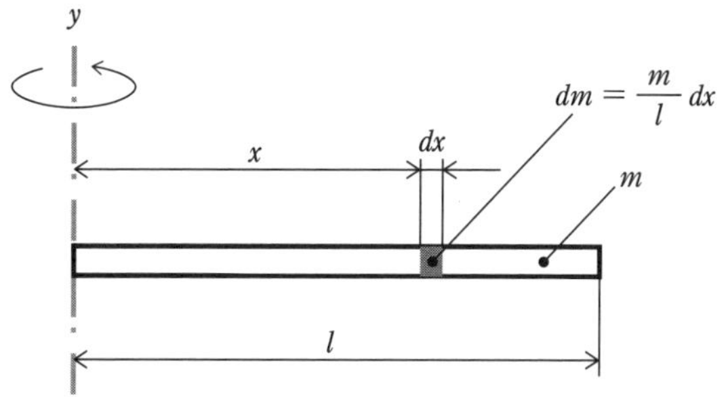

$$I = \int_0^l x^2 dm = \frac{m}{l}\int_0^l x^2 dx = \frac{m}{l}\left[\frac{x^3}{3}\right]_0^l = \frac{ml^2}{3} \qquad 式(2)$$

式(2)で求めた慣性モーメントを式(1)に代入すると解が求まります。問題文では、質量はMなので、

$$T = 2\pi\sqrt{\frac{2I}{Mgl}} = 2\pi\sqrt{\frac{2Ml^2}{3Mgl}} = 2\pi\sqrt{\frac{2l}{3g}}$$

よって、解答は③です。

この問題を解くにあたって、棒の慣性モーメントを算出できなかったとしても、次のようにしてある程度正解を絞り込めます。

〔1〕周期Tと長さlの関係

単振り子をイメージすればlが大きい（長い）程長周期になる。

→lは分数の分子にくるはず→正解は①か②か③に絞り込める。

〔2〕周期$T=\dfrac{2\pi}{\omega}$である（周期Tと角振動数ωは逆数関係にある）

式(1)で示したように、数字の2は分子にくる（別の数字との計算がなければ）。

→③が正解の可能性が高い。

4群　材料・化学・バイオに関するもの

I-4-1　解答④

ハロゲンの性質　類似問題　−

ハロゲンの性質に関する正誤問題です。

ハロゲンは、周期表の17族にある元素です。

元素の周期表

ハロゲン

元素記号 / 原子番号 / 原子量 / 元素名：1 H 1.008 水素 [気体]

20℃, 1 気圧での状態：[気体] ── 気体、[液体] ── 液体、記号なし ─ 固体

非金属の典型元素 / 金属の遷移元素 / 金属の典型元素

	アルカリ金属（水素以外）	アルカリ土類金属（Be,Mg以外）															ハロゲン	希ガス
族/周期	1	2	3	4	5	6	7	8	9	10	11	12	13	14	15	16	17	18
1	1 H 1.008 水素 [気体]																	2 He 4.003 ヘリウム [気体]
2	3 Li 6.941 リチウム	4 Be 9.012 ベリリウム											5 B 10.81 ホウ素	6 C 12.01 炭素	7 N 14.01 窒素 [気体]	8 O 16.00 酸素 [気体]	9 F 19.00 フッ素 [気体]	10 Ne 20.18 ネオン [気体]
3	11 Na 22.99 ナトリウム	12 Mg 24.31 マグネシウム											13 Al 26.98 アルミニウム	14 Si 28.09 ケイ素	15 P 30.97 リン	16 S 32.07 硫黄	17 Cl 35.45 塩素 [気体]	18 Ar 39.95 アルゴン [気体]
4	19 K 39.10 カリウム	20 Ca 40.08 カルシウム	21 Sc 44.96 スカンジウム	22 Ti 47.87 チタン	23 V 50.94 バナジウム	24 Cr 52.00 クロム	25 Mn 54.94 マンガン	26 Fe 55.85 鉄	27 Co 58.93 コバルト	28 Ni 58.69 ニッケル	29 Cu 63.55 銅	30 Zn 65.38 亜鉛	31 Ga 69.72 ガリウム	32 Ge 72.63 ゲルマニウム	33 As 74.92 ヒ素	34 Se 78.97 セレン	35 Br 79.90 臭素 [液体]	36 Kr 83.80 クリプトン [気体]
5	37 Rb 85.47 ルビジウム	38 Sr 87.62 ストロンチウム	39 Y 88.91 イットリウム	40 Zr 91.22 ジルコニウム	41 Nb 92.91 ニオブ	42 Mo 95.95 モリブデン	43 Tc (99) テクネチウム	44 Ru 101.1 ルテニウム	45 Rh 102.9 ロジウム	46 Pd 106.4 パラジウム	47 Ag 107.9 銀	48 Cd 112.4 カドミウム	49 In 114.8 インジウム	50 Sn 118.7 スズ	51 Sb 121.8 アンチモン	52 Te 127.6 テルル	53 I 126.9 ヨウ素	54 Xe 131.3 キセノン [気体]
6	55 Cs 132.9 セシウム	56 Ba 137.3 バリウム	57 − 71 ランタノイド	72 Hf 178.5 ハフニウム	73 Ta 180.9 タンタル	74 W 183.8 タングステン	75 Re 186.2 レニウム	76 Os 190.2 オスミウム	77 Ir 192.2 イリジウム	78 Pt 195.1 白金	79 Au 197.0 金	80 Hg 200.6 水銀 [液体]	81 Tl 204.4 タリウム	82 Pb 207.2 鉛	83 Bi 209.0 ビスマス	84 Po (210) ポロニウム	85 At (210) アスタチン	86 Rn (222) ラドン [気体]
7	87 Fr (223) フランシウム	88 Ra (226) ラジウム	89 − 103 アクチノイド															

周期表の上にあるものほど電気陰性度（電子を引き付ける力）が高く、そのため、反応性も高くなります。つまり、ハロゲンの反応性は、次の通りです。

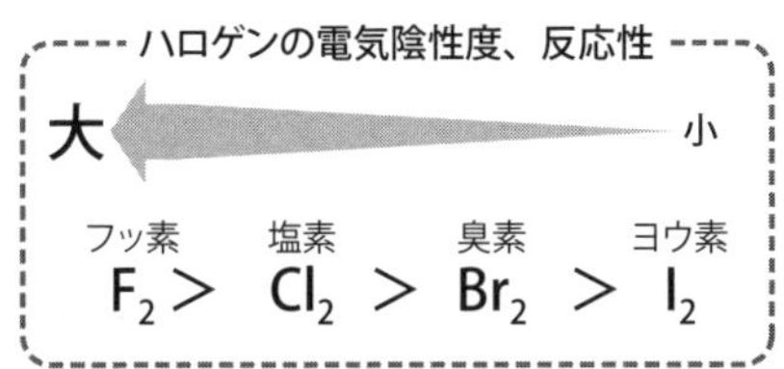

このことを知っていれば、（イ）と（エ）が正しいことが分かります。

ハロゲンと水素の化合物をハロゲン化水素といいます。ハロゲン化水素の酸性の強さは、電気陰性度とは逆になることが特徴的です。

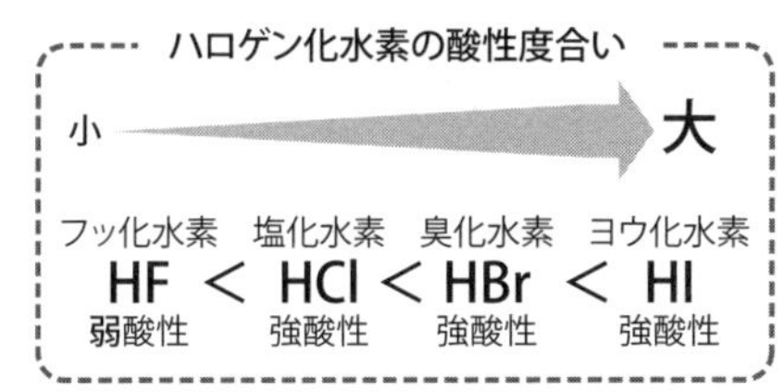

つまり、（ア）は正しくないことが分かります。

通常、沸点は分子量が大きいほど高くなりますが、ハロゲン化水素の沸点は、HFが20℃、HClが－85℃、HBrが－67℃、HIが－35℃であり、最も分子量が小さいHFの沸点が高い。これは、HFは分子同士で水素結合をするためです。つまり、（ウ）は誤りです。

よって、（イ）と（エ）の記述が正しく、解答は④です。

Ⅰ-4-2　解答⑤

同位体の性質　類似問題　令和3年度Ⅰ-4-1

同位体の性質に関する正誤問題です。同じ元素でも、中性子の数が異なる原子があり、それを同位体といいます。

（ア）×　誤り。同位体に関する説明ではありません。原子が電子を放出したり受け取ったりした場合には、イオンになります。

（イ）×　誤り。同位体の化学的性質にはほとんど違いはありません。化学的性質は、電子の数によって大きく変わります。

（ウ）○　正しい。同位体の説明です。

(エ)○　正しい。設問の通りです。

(オ)○　正しい。設問の通りです。例えば、炭素の放射性同位体^{14}Cは放射線を出して、窒素^{14}Nに変化します。

よって、(ア)誤、(イ)誤、(ウ)正、(エ)正、(オ)正となり、解答は⑤です。

Ⅰ-4-3　解答④

合金組成の計算　類似問題 平成27年度Ⅰ-4-3

原子量は、1mol当たりの質量を意味します。アルミニウムは27.0g/molですので、合金100gあたりで考えると、95.5／27≒3.537molです。同様に、銅の場合には4.5／63.5≒0.071 molです。

物質量分率に換算すると、アルミニウムは、3.537／(3.537＋0.071)≒0.9803(98.03 at%)、銅は、1－0.9803＝0.0197(1.97at%)

よって、解答は④です。

Ⅰ-4-4　解答③

化学の知識問題　類似問題 平成29年度Ⅰ-4-4

化学の基礎知識を問う問題です。

① ×　誤り。ハーバーボッシュ法とは、窒素N_2と水素H_2からアンモニアNH_3を合成する方法です。炭酸ナトリウムの製造法ではありません。ガラスの原料の1つである炭酸ナトリウム(ソーダ灰)を合成する方法は、ソルベー法と呼ばれます。

② ×　誤り。黄リンは、白色・淡黄色のろう状の固体で、猛毒を有します。空気中で徐々に酸化し、約50℃で自然発火します。空気と接触しないように、水中に保管されます。黄りんは、消防法上の第3類の危険物です。

③ ○　正しい。設問の通りです。

④ ×　誤り。グラファイト(黒鉛)は、炭素の同位体の1つですが、電気伝導性がよく、比較的柔らかい固体です。設問で示されている説明に該当するのはダイヤモンドです。

⑤ ×　誤り。鉛電池の正極材料は二酸化鉛です。鉛は負極材料に用いられています。

よって、解答は③です。

Ⅰ-4-5　解答④

DNAの変性　類似問題　平成28年度 Ⅰ-4-6

DNA二重らせんの2本の鎖は、塩基対が水素結合をしています。それらは熱やアルカリで変性して一本鎖になりますが、それぞれの鎖の基本構造を形成するヌクレオチド間のホスホジエステル結合は壊れません。アデニン、チミン、グアニン、シトシンにおいて、水素結合が多いグアニンとシトシンの含量が多いほど、熱変性しにくくなる（融解温度が高くなる）。

よって、解答は④です。

Ⅰ-4-6　解答③

タンパク質の性質　類似問題　平成29年度 Ⅰ-4-5

タンパク質の性質に関する正誤問題です。

アミノ酸とは、図に示すように、分子内にカルボキシル基（－COOH）とアミノ基（－NH_2）を有する化合物の総称です。側鎖Rの部分には、様々な構造が入ります。この側鎖の構造によって、アミノ酸の性質が変わります。

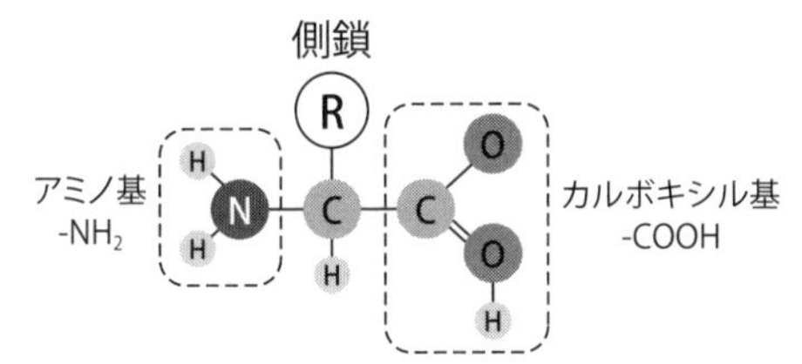

アミノ酸の構造（α-アミノ酸）

アミノ酸同士がペプチド結合（－CONH－）することで、50個程度以上結合して鎖状になったものがタンパク質です。タンパク質を構成するアミノ酸は、20種類程度です。アミノ酸は、カロボキシル基が酸性を呈し、アミノ基が塩基性を呈します。水に溶けて電離した際に、化合物全体の電荷が0になる際のpHを等電点といいます。タンパク質が等電点よりも高いpHの水溶液に存在する場合、塩基性を示すことで負の電荷を帯びます。よって、解答は③です。

5群　環境・エネルギー・技術に関するもの

I-5-1　解答③

大気汚染物質　類似問題　－

大気汚染に関する問題です。我が国におけるこれまでの大気汚染問題の推移と対策をしていれば解答できますが、それを知らなかったとしても、次のように考えれば正答できると思います。

まず、各汚染物質はどのように排出されるかを考えます。

[1] 硫黄酸化物（SO_x）：重油、石炭など、硫黄（S）分を多く含む燃料の燃焼によって発生します。自動車用ディーゼルエンジンで用いる軽油への硫黄分の含有量は僅かです（現在の軽油では、硫黄分は10ppm以下です）。

[2] 窒素酸化物（NO_x）：高温な燃焼ガス中で発生します。ディーゼルエンジン燃焼室内の高温な燃焼ガス中からは多量のNO_xが発生します。

[3] 浮遊粒子状物質（SPM）：粒径10 μ m以下の粒子状物質を指します。ディーゼルエンジンの排気、工場から排出されるばいじんに含まれます。例えばディーゼルエンジンでは、ディーゼルパティキュレートフィルター（DPF）やNO_x触媒などの排気後処理装置によって、窒素酸化物と浮遊粒子状物質を浄化して排気しています。

[4] 光化学スモッグ：窒素酸化物や炭化水素［特に揮発性有機化合物（VOC）］が紫外線を受けて光化学反応を起こし、オゾン、アルデヒドなどの光化学オキシダントを発生し、それらが原因でスモッグが発生する現象です。

[5] 二酸化炭素（CO_2）：炭素Cを含む物質の燃焼で発生する温室効果ガスです。

以上の特性を踏まえて、以下のようになります。

（ア）1960～1980年代に工場が多い工業地帯で問題になったと書かれています。工場で使っていた燃料は石炭、重油などです。これらには硫黄分が含まれるため、硫黄酸化物が該当します。よって、（ア）は硫黄酸化物です。

（イ）（ウ）ディーゼル車から排出されるのは、窒素酸化物と粒子状物質です。その後の段落では、「（エ）は、（イ）と炭化水素が反応して発生する物質」と書かれていますので、（イ）窒素酸化物と炭化水素が光化学反応を起こして（エ）光化学オキシダントが発生するが正しい記述です。

よって、（ア）硫黄酸化物、（イ）窒素酸化物、（ウ）浮遊粒子状物質、（エ）光化学オキシダントとなり、解答は③です。

Ⅰ-5-2　解答②

環境保全・環境管理　類似問題 平成25年度Ⅰ-5-3

環境保全・環境管理に関する正誤問題です。

①、③〜⑤ ○　正しい。設問の通りです。

② ×　誤り。緩和策とは、「温室効果ガスの排出量を削減する」対策で、適応策とは、「温暖化による悪影響を軽減するために、社会、経済、自然生態系システムの調整を図る」対策を指します。設問の記述内容は、適応策ではなく緩和策の説明です。

よって、解答は②です。

Ⅰ-5-3　解答③

エネルギー動向　類似問題 平成28年度Ⅰ-5-4

2015年7月に経済産業省から発表された、「長期エネルギー需給見通し」に関する問題です。同資料に載っている図を元に，正誤を確認すると次の通りです。

① ○　正しい。次ページの図の通りです。

② ○　正しい。次ページの図の通りです。

③ ×　誤り。2030年度の石油火力発電の比率は3%と見込まれています。2030年度の電源構成に占める石油火力の比率が25% 〜 27%というのが高すぎることに気が付けば、正解できる問題です。

④ ○　正しい。次ページの図の通りです。

⑤ ○　正しい。次ページの図に、2030年度のエネルギー自給率24.3%程度と書かれています。

よって、解答は③です。

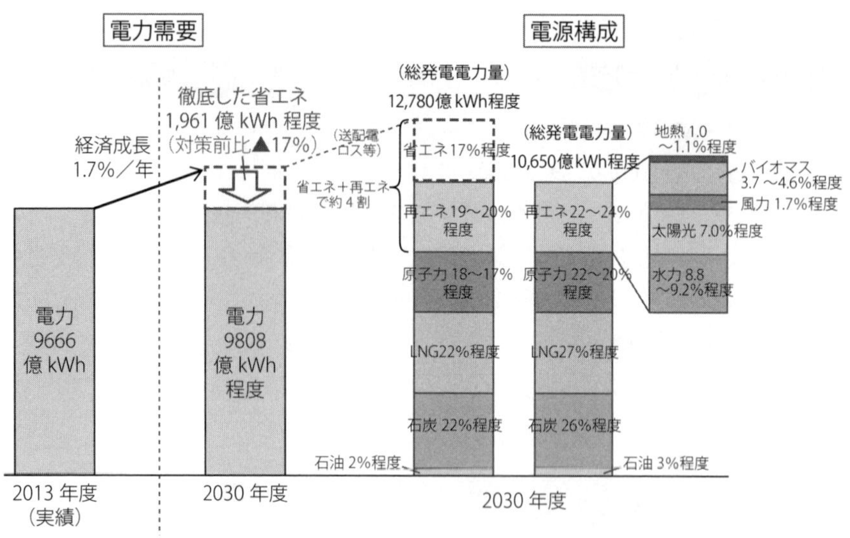

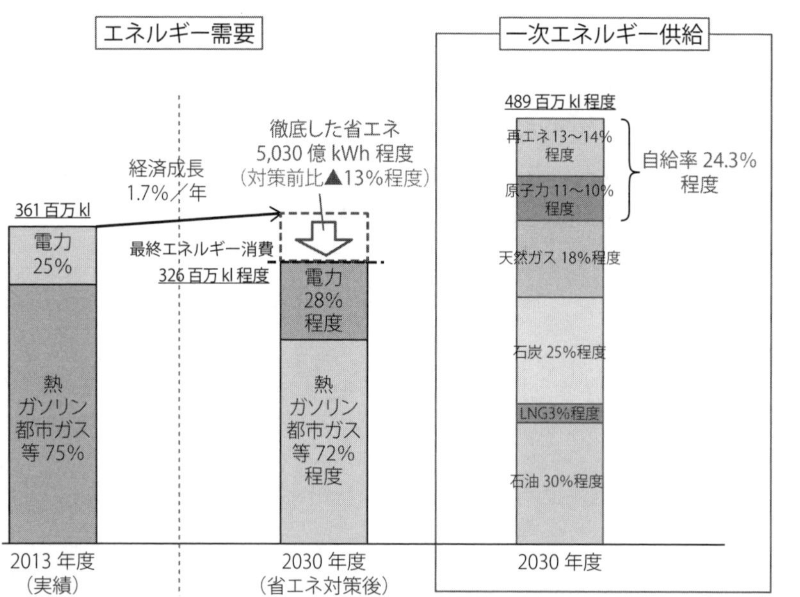

出典：「長期エネルギー需給見通し（2015月７日）」（経済産業省）
https://www.enecho.meti.go.jp/committee/council/basic_policy_subcommittee/mitoshi/pdf/report_01.pdf

I-5-4　解答④

二酸化炭素排出量計算　類似問題　－

CO_2排出量に関する計算問題です。一次エネルギーの使用量と、各エネルギー源を使用した際に発生するCO_2の排出量（炭素排出係数）が問題文に与えられていますので、問題文に与えられた情報だけで計算できる問題です。

＜石炭からのCO_2排出量＞

石炭の使用量：5,044PJ＝5,044 × 10^3 TJ

石炭由来のCO_2排出量＝5,044 × 10^3TJ × 24t－C ／ TJ ≒ 121Mt－C

＜石油からのCO_2排出量＞

石油の使用量：石油の供給量7,831 PJのうち、1600PJは非エネルギーに利用に含まれるため、CO_2排出に関与するのは、次の通りです。

燃焼させる石油の量：7,831 － 1,600 ＝ 6,231PJ ＝ 6,231 × 10^3 TJ

石油由来のCO_2排出量＝6,231 × 10^3TJ × 19t－C ／ TJ ≒ 118Mt－C

＜天然ガス・都市ガスからのCO_2排出量＞

天然ガス・都市ガスの使用量：4,696PJ＝ 4,696 × 10^3TJ

天然ガス・都市ガス由来のCO_2排出量＝4,696 × 14t－C ／ TJ ≒ 66Mt－C

＜合計＞

合計では、121 ＋ 118 ＋ 66 ＝ 305Mt－Cの炭素が排出されます。

炭素Cの原子量は12なので、それを分子量44のCO_2に変換すると、44 ／ 12倍すればよいことになります。よって、CO_2の排出量は次のようになります。

$$305 \times \frac{44}{12} \fallingdotseq 1118\mathrm{Mt} - \mathrm{CO_2}$$

よって、CO_2排出量は約1100Mt－CO_2となり、解答は④です。

I-5-5　解答②

科学技術史　類似問題　－

科学技術史に関する正誤問題です。

① ○　正しい。設問の通りです。「1938年原子核分裂の発見：独オットー・ハーン」、「1951年原子力発電の利用」。

② ×　誤り。種痘（天然痘の予防接種）は、1796年以前から行われていましたが、その時点ではウイルスは発見されていません。ウイルスが発見されたのは、

約100年後の1898年に口蹄疫ウイルスが発見されたのが最初です。

③ ○　正しい。設問の通りです。1608年に望遠鏡が発明されたことで、ほどなくして、1610年にガリレオ・ガリレイが自作の望遠鏡で土星の環を発見しました。

④ ○　正しい。設問の通りです。量子力学は1900年代初頭（20世紀初頭）に発展しました。その後、1947年にトランジスタが発明されました。

⑤ ○　正しい。設問の通りです。1888年にハインリヒ・ヘルツにより電磁波が発見されました。その後、1904年にレーダーが発明されました。

よって、解答は②です。

I-5-6　解答⑤

知的財産　類似問題　平成27年度 I-5-5

特許法と知的財産基本法に関する正誤問題です。

①～④ ○正しい。設問の通りです。

⑤ ×　誤り。知的財産基本法に次のように書かれています。

「第五条　国は、前二条に規定する知的財産の創造、保護及び活用に関する基本理念（以下「基本理念」という。）にのっとり、知的財産の創造、保護及び活用に関する施策を策定し、及び実施する責務を有する。」

よって、解答は⑤です。

令和元年度　解答・解説　適性科目

II-1　解答 ⑤

技術士の義務（技術士法第4章）　類似問題　平成30年度II-1、平成29年度II-1

この類の問題は毎年出題されています。技術士法第4章に関する問題です。技術士法第4章を一読し、技術士としての基本姿勢（理想的な技術士像）をイメージしておくことが大切です。法令を一語一句暗記する必要はありません。

（ア）義務　（イ）公益　（ウ）責務　（エ）技術部門　（オ）制限
（カ）準用　（キ）資質

よって、解答は⑤です。

令和
01
年度

II-2　解答 ⑤

技術士に求められる資質能力　類似問題　－

技術士に求められる資質能力（コンピテンシー）に関する問題です。「重要ポイント総整理」の適性科目の「技術士に求められる資質能力」に示した通り、技術士に求められる資質能力として以下の項目が示されています。

<技術士に求められる資質能力>

1. 専門的学識
2. 問題解決
3. マネジメント
4. 評価
5. コミュニケーション
6. リーダーシップ
7. 技術者倫理

よって、（ア）～（キ）の記述はすべて適切であり、解答は⑤です。

II-3　解答 ④

製造物責任法　類似問題　－

製造物責任法（PL法）に関する正誤問題です。

① 製造物責任法では、製造物の欠陥により人的、身体的または財産に係る被害が生じた場合の製造業者等の賠償責任を定めています。

② 製造物とは、製造または加工された動産を指します。そのため、不動産、

未加工の農林水産物は含まれません。また、ソフトウェア、エネルギー、修理などの無形のものは含まれません。

③ 製造業者には、輸入業者やOEM製品を扱う業者も含まれます。

（ア）○　該当する。③に示した通り、輸入業者も製造業者に含まれます。

（イ）×　該当しない。不動産の欠陥に起因するものは含まれません。

（ウ）○　該当する。製造物（電動シャッター）の欠陥です。

（エ）×　該当しない。未加工の農林水産物は含まれません。

（オ）×　該当しない。保守業者の作業ミスは、製造物自体の欠陥ではなく、修理時のミスなので含まれません。

（カ）○　該当する。ソフトウェア自体は製造物に含まれないため、製造物責任法の対象とはなりませんが、ソフトウェアが組み込まれたハードウェア（ロボット）による欠陥は製造物責任法の対象になります。

（キ）×　該当しない。エネルギーは含まれません。

（ク）×　該当しない。未加工の農林水産物は含まれません。

よって、該当しないものの数は5つとなり、解答は④です。

II-4　解答 ①

個人情報保護法　類似問題　－

個人情報保護法における個人を識別する符号に関する正誤問題です。

個人識別符号には次のものが含まれます（抜粋）。

（ア）DNAを構成する塩基の配列

（イ）顔の骨格および皮膚の色並びに目、鼻、口その他の顔の部位の位置および形状によって定まる容貌

（ウ）虹彩の表面の起伏により形成される線状の模様

（エ）発声の際の声帯の振動、声門の開閉並びに声道の形状およびその変化

（オ）歩行の際の姿勢および両腕の動作、歩幅その他の歩行の態様

（カ）手のひら又は手の甲若しくは指の皮下の静脈の分岐および端点によって定まるその静脈の形状

（キ）指紋又は掌紋　など。

よって、（ア）～（キ）はすべて個人識別符号に該当します。解答は①です。

Ⅱ-5　解答 ⑤

産業財産権　**類似問題**　－

知的財産権に関する正誤問題です。

知的財産権は、産業財産権とそれ以外に分けられ、それぞれ次のものがあります。

<table>
<tr><td colspan="10">知的財産権</td></tr>
<tr><td colspan="4">産業財産権</td><td colspan="6"></td></tr>
<tr><td>特許
（発明）</td><td>実用新案
（考案）</td><td>意匠
（デザイン）</td><td>商標
（マーク）</td><td>著作権</td><td>半導体
集積回路
配置</td><td>商号</td><td>不正競争
の防止</td><td>育成者権
（植物の
新品種）</td></tr>
</table>

選択肢のうち、⑤の育成者権（植物の新品種）は、産業財産権には含まれません。よって、解答は⑤です。

Ⅱ-6　解答 ①

安全に関する用語　**類似問題**　－

安全に関する用語や学問体系に関する正誤問題です。

（ア）システム安全とは、ハードウェアのみに関する問題ではありません。ハードウェア、ソフトウェア、人、環境や法規制などの総合的要因を考慮して安全を考えます。よって、B）が正しい記述です。

（イ）機能安全とは、「安全のために、主として付加的に導入されたコンピューター等の電子機器を含んだ装置が正しく働くことによって実現される安全」を指します。よって、A）が正しい記述です。

（ウ）機械の安全確保は、当該機械を製造する者によって十分に行われることが原則です。「使用者に委ねられる」という記述は適正ではありません。よって、A）が正しい記述です。

（エ）安全工学は、大規模な事故や災害のみを対象としてものではありません。工業、産業、医療、社会などの様々な分野において、システム、装置、工具、作業、教育による事故や災害を起こりにくくするように改善を行う学問です。よって、A）が正しい記述です。

（オ）レジリエンス（resilience）とは、「変形からの復元力」、「弾力性」、「病気や苦難などからの回復力」、「立ち直る力」などの意味を持ちます。その言葉の意味からも想定されるように、B）が正しい記述です。

よって、（ア）B、（イ）A、（ウ）A、（エ）A、（オ）Bとなり、解答は①です。

II-7　解答 ⑤

品質不正問題　類似問題　－

品質不正問題に関する正誤問題です。技術者倫理にのっとって考えれば、容易に正答を導ける問題です。

（ア）×　誤り。他の企業による不祥事や不正問題が参考にならないというのは誤りです。どのような業態、企業風土で生じたのかを含めて、自社の組織や体制の改善に役立ちます。

（イ）×　誤り。単発的に起きたものではなく、組織、取り組み体制、社内の慣例などが積み重なり生じるものです。

（ウ）○　正しい。設問の通りです。

（エ）×　誤り。（ア）（イ）とも同様に、個々の組織構成員だけの問題ではありません。

（オ）○　正しい。設問の通りです。

よって、（ア）×、（イ）×、（ウ）○、（エ）×、（オ）○となり、解答は⑤です。

II-8　解答 ②

インフラ老朽化対策　類似問題　－

インフラの老朽化対策に関する正誤問題です。国土交通省インフラ長寿命化計画によれば、「各施設の維持管理・更新等に係る取組状況や利用状況等に鑑み、個別施設のメンテナンスサイクルを計画的に実行する上で最も効率的・効果的と考えられる計画策定」と示されています。つまり、全国一律のメンテナンス頻度というのは不適切です。

よって、解答は②です。

インフラ長寿命化計画の詳細を知らなかったとしても、「メンテナンスサイクル」がキーワードとなっている①、③、④の設問と②設問の矛盾関係を見れば、不適切な記述は②であることが絞り込めます。

Ⅱ-9　解答 ②

情報漏洩対策　類似問題　－

情報漏洩対策に関する正誤問題です。

（ア）○　正しい。設問の通りです。

（イ）×　誤り。秘密情報に単独でアクセスすると、もし、その個人が情報を不正に持ち出すなどをする意図があった場合にそれを防げなくなります。そのため、情報漏洩のリスクが高くなります。

（ウ）～（カ）○　正しい。設問の通りです。

よって、不適切な記述は（イ）の1つで、解答は②です。

Ⅱ-10　解答 ③

技術者の情報発信　類似問題　－

技術者の情報発信・管理に関する正誤問題です。

（ア）×　誤り。相手が誰であれ、業務の内容を外部に漏らすのは不適切です。

（イ）×　誤り。正しい情報を顧客の知識に合わせて分かりやすく説明する必要があります。

（ウ）○　正しい。設問の通りです。

（エ）×　誤り。自宅のゴミ箱に捨てるのは、情報漏洩のリスクが高く適切ではありません。

（オ）○　正しい。設問の通りです。

（カ）×　誤り。あいまいな情報を伝えることになりかねず、適切な対応ではありません。

よって、不適切な記述は（ア）、（イ）、（エ）、（カ）の4つであり、解答は③です。

Ⅱ-11　解答 ②

職場の労働安全　類似問題　－

職場の労働安全に関する正誤問題です。

（ア）○　正しい。設問の通りです。

（イ）×　誤り。平坦な通路の歩行など、明らかに軽微な負傷や疾病しかもたらさないものまでを調査対象に含めなければならない、というのは誤りです。

（ウ）○　正しい。設問の通りです。

(エ)○　正しい。設問の通りです。

よって、(ア)○、(イ)×、(ウ)○、(エ)○となり、解答は②です。

II-12　解答 ①

男女雇用機会均等法・ハラスメント　類似問題　－

男女雇用機会均等法および各種ハラスメントに関する正誤問題です。

(ア)○　正しい。セクシャルハラスメントは、異性に対する者だけでなく、同性に対するものも対象です。

(イ)×　誤り。努力目標ではありません。男女雇用機会均等法により、事業主への対策が義務付けられています。

> 均等法第11条(職場における性的な言動に起因する問題に関する雇用管理上の措置)
>
> 事業主は、職場において行われる性的な言動に対するその雇用する労働者の対応により当該労働者がその労働条件につき不利益を受け、又は当該性的な言動により当該労働者の就業環境が害されることのないよう、当該労働者からの相談に応じ、適切に対応するために必要な体制の整備その他の雇用管理上必要な措置を講じなければならない。

(ウ)×　誤り。 契約社員、パートタイム労働者など、契約期間や労働時間にかかわらず対象となります。

(エ)×　誤り。個々の実情に応じた措置を講じることになります。

(オ)×　誤り。産前休業は、必ず取得しなければならないものではありません。

よって、(ア)○、(イ)×、(ウ)×、(エ)×、(オ)×となり、解答は①です。

II-13　解答 ④

事業継続計画(BCP)　類似問題　－

事業継続計画(BCP：Business Continuity Plan)に関する正誤問題です。

事業継続計画(BCP)については、「重要ポイント総整理」の適性科目の「事業継続計画(BCP)」の解説を参照してください。

(ア)○　正しい。設問の通りです。

(イ)×　誤り。BCPの対象には、テロなどの自然災害以外のものも含まれます。

(ウ)×　誤り。すべての企業がBCPを策定している状況ではありません。

（エ）×　誤り。平常時からBCPを準備しておくことは、緊急時の対応力につながるだけでなく、顧客、市場関係者、株主等からの高い信頼や評価を受けることになり、企業価値の維持向上にもつながります。

よって、（イ）、（ウ）、（エ）の3つが誤った記述であり、解答は④です。

Ⅱ-14　解答④

組織の社会的責任　類似問題　平成29年度Ⅱ-11

組織の社会的責任に関する正誤問題です。

ISO26000による7つの原則を次に示します。

＜社会的責任の7つの原則＞

1. 説明責任
2. 透明性
3. 倫理的な行動
4. ステークホルダー（利害関係者）の利害の尊重
5. 法の支配の尊重
6. 国際行動規範の尊重
7. 人権の尊重

この原則にのっとって考えると、④の「自国政府の意向も尊重すべきである」という記述が不適切です。

よって、解答は④です。

Ⅱ-15　解答⑤

持続可能な開発目標（SDGs）　類似問題　ー

SDGsに関する正誤問題です。SDGsについては、「重要ポイント総整理」の基礎科目5群の「持続可能な開発目標」の解説を参照してください。

（ア）×　誤り。SDGsは、すべての国を対象とした目標です。

（イ）○　正しい。設問の通りです。

（ウ）○　正しい。設問の通りです。

（エ）○　正しい。設問の通りです。

（オ）×　誤り。大企業、業界団体に限られたものではありません。

（カ）×　誤り。17の目標にある通り、気候変動対策などの環境問題だけに特化したものではありません。

（キ）○　正しい。設問の通りです。

よって、（イ）、（ウ）、（エ）、（キ）の4つが正しい記述であり、解答は⑤です。

平成30年度　解答・解説　基礎科目

1群　設計・計画に関するもの

Ⅰ-1-1　解答 ③

システムの信頼度　類似問題　令和3年度 Ⅰ-1-2、令和2年度 Ⅰ-1-6他

この類の問題は出題頻度が高い問題です。直列システムと並列システムの信頼度を求める方法を知っていれば対応可能です。

<直列システムの信頼度>

3つの要素R_A、R_B、R_Cの<u>直列</u>システムの信頼度R_Sは、

$R_S = R_A \times R_B \times R_C$

で表されます。

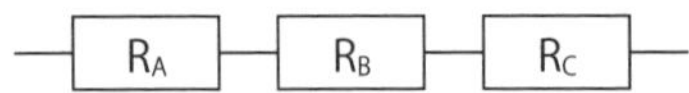

<並列システムの信頼度>

2つの要素R_A、R_Bの<u>並列</u>システムの信頼度R_Pは、

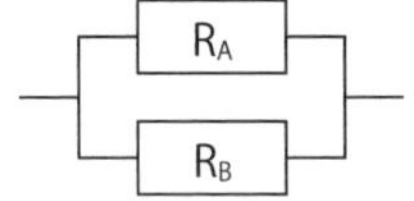

$R_P = 1 - (1 - R_A)(1 - R_B)$

で表されます。

<考え方>

システムAの信頼度X_AとシステムBの信頼度X_Bが同じため、$X_A = X_B$です。

よって、X_AとX_BをそれぞれXで表し、$X_A = X_B$とすればXのみの式になり、Xが求まります。

$X_A = 0.95 \times \{1 - (1 - X)(1 - X)\} \times 0.95 = 0.9025 \times \{1 - (1 - 2X + X^2)\}$

$= 0.9025 \times (2X - X^2)$

$X_B = X^3$

$X_B = X_A$なので、$X^3 = 0.9025 \times (2X - X^2)$

これを二次方程式に変形して解の公式などを使いXを求めます。

$X^3 = X(2 - X) \times 0.9025$

$X^2 = (2 - X) \times 0.9025 = -0.9025X + 1.805$

$X^2 + 0.9025X - 1.805 = 0$

二次方程式を解く。$ax^2 + bx + c = 0$の解を求める公式は、

$x = \dfrac{-b \pm \sqrt{b^2 - 4ac}}{2a}$ なので、$X = \dfrac{-0.9025 \pm \sqrt{0.9025^2 - 4 \times 1 \times (-1.805)}}{2 \times 1}$

$$\fallingdotseq \frac{-0.9025 \pm 2.835}{2}$$

よって、Xは0.966および−1.869になります。ここで、Xは正の数かつ1未満（0＜X＜1）でなければならないので、X＝0.966となります。つまり、全体の信頼度$X_A = X_B = X^3 = 0.966^3 \fallingdotseq 0.901$となります。よって、解答は③です。

Ⅰ-1-2　解答①

クリティカルパス　類似問題　平成28年度Ⅰ-1-4

作業工程上最も時間がかかる経路をクリティカルパスといいます。クリティカルパスで通る作業に遅れが生じた場合、プロジェクトの進捗がそのまま遅延することになるため、重点的に状況管理をする必要があります。

この問題のクリティカルパスは、下図の破線で示す通り、2種類あります。

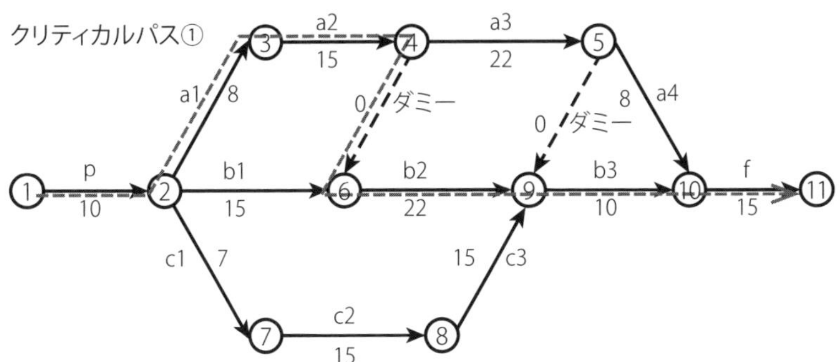

p　a1　a2　b2　b3　f
クリティカルパス①＝10日＋8日＋15日＋22日＋10日＋15日＝80日

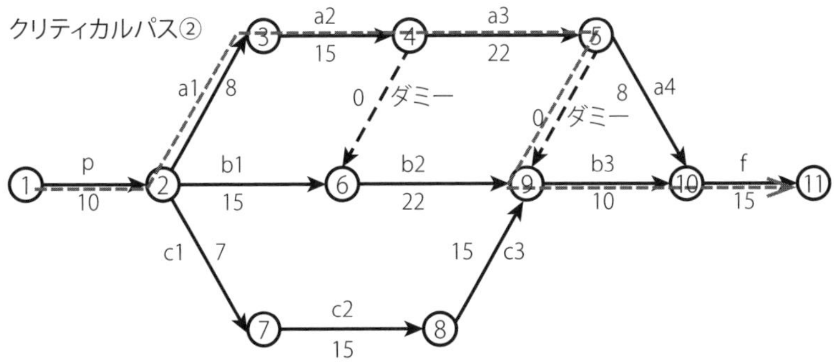

p　a1　a2　a3　b3　f
クリティカルパス②＝10日＋8日＋15日＋22日＋10日＋15日＝80日

この経路で通過する、p、a1、a2、a3、b2、b3、fで遅れが出ないことが重要です。
よって、解答は①です。

I-1-3　解答②

人にやさしい設計　類似問題 令和3年度 I-1-1

バリアフリー、ユニバーサルデザインに関する正誤問題です。

(ア)×　誤り。バリアフリーデザインとは、「障害者や高齢者などが、社会生活をする上で生活の支障となる物理的な障害、精神的な障壁を取り除く施策を施した設計」を指します。よって、「物理的な障壁のみを除去する」というのは誤りです。

(イ)○　正しい。設問の通りです。バリアフリーデザインは、上記の通り障害者や高齢者等を対象としているのに対し、ユニバーサルデザインは、すべての人を対象として、多くの人にとって使いやすいデザインを目指すものになります。

(ウ)×　誤り。この7原則は、バリアフリーデザインの7原則ではなく、「ユニバーサルデザインの7原則」です。

よって、解答は②です。

I-1-4　解答②

線形計画法によるコスト計算　類似問題 平成28年度 I-1-5

条件(1)

原料Aは、製品1(xとする)を1kg作る場合に2kg使用し、製品2(yとする)を1kg作る際に1kg使用し、それらの合計の使用上限が12kgです。よって、以下の式になります。

$$2x+y \leqq 12$$

条件(2)

原料Bは、製品1(xとする)を1kg作る場合に1kg使用し、製品2(yとする)を1kg作る際に3kg使用し、それらの合計の使用上限が15kgです。よって、以下の式になります。

$$x+3y \leqq 15$$

条件(3)

製品1、製品2ともに、それらを1kg作る際に必要なラインの稼働時間が

1時間なので、ラインの稼働時間は製品1と2の生産量x、yで置き換えられるので、

$x + y \leqq 7$

この関係を図示すると次のようになります。

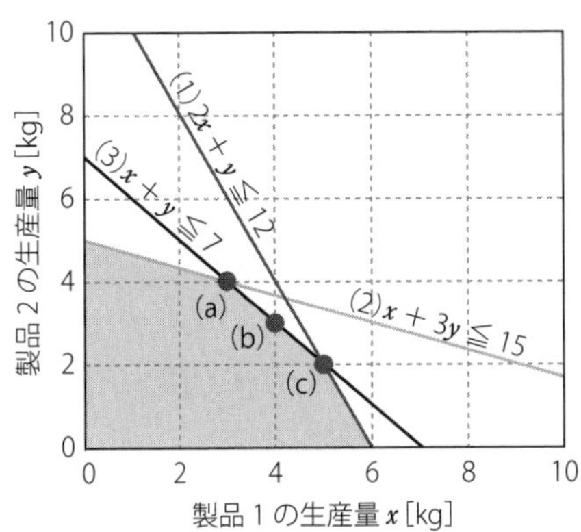

図中の(a)、(b)、(c)の中で最も利益が大きいものが正解です。

(a)　製品1が3kg、製品2が4kg生産されるので

利益額＝300×3＋200×4＝1700万円

(b)　製品1が4kg、製品2が3kg生産されるので

利益額＝300×4＋200×3＝1800万円

(c) 製品1が5kg、製品2が2kg生産されるので

利益額＝300×5＋200×2＝1900万円

よって、解答は②です。

I-1-5　解答 ③

不具合対策費の最小化　類似問題　－

X回検査を行った際の総費用は、次のようになります。

総費用＝検査の費用＋不具合による損害

＝検査の費用＋(不具合の発生確率×損害)

総費用＝　$30X + (1 / (X+2)^2 \times 3240)$ となります。

検査回数X	1	2	3	4	5	6	7
総費用(万円)	390	263	220	210	216	231	250

検査回数が4回の時に、総費用が最小になります。

よって、解答は③です。

I-1-6　解答 ④

製造物責任法　　**類似問題**　平成27年度 I-1-4、平成25年度 I-1-1

製造物責任法（PL法）に関する穴埋め問題です。製造物責任法の第一条および第二条の抜粋を次に示します。

> 製造物責任法
> （目的）
> 第一条　この法律は、製造物の欠陥により人の生命、身体又は財産に係る被害が生じた場合における製造業者等の損害賠償の責任について定めることにより、被害者の保護を図り、もって国民生活の安定向上と国民経済の健全な発展に寄与することを目的とする。
> 第二条　この法律において製造物とは、製造又は加工された動産をいう。
> 2　この法律において欠陥とは、当該製造物の特性、その通常予見される使用形態、その製造業者等が当該製造物を引き渡した時期その他の当該製造物に係る事情を考慮して、当該製造物が通常有すべき安全性を欠いていることをいう。

よって、空欄に入る言葉は「（ア）製造物、（イ）欠陥、（ウ）被害者、（エ）安全性」となり、解答は④です。

製造物責任法は、**製造物の安全上の欠陥**によってもたらされる被害から、**被害者を守る**法律であることを押さえておきましょう。

2群　情報・論理に関するもの

I-2-1　解答 ④

情報セキュリティ　　**類似問題**　－

情報セキュリティに関する正誤問題です。選択肢を見れば、誤りが容易に判断可能です。

① ○　正しい。設問の通りです。

②○　正しい。設問の通りです。

③○　正しい。設問の通りです。

④×　誤り。複数のサービスのパスワードを同じにすることは、情報セキュリティ上好ましくないことは容易に理解できます。

⑤○　正しい。設問の通りです。

よって、解答は④です。

I-2-2　解答③

アルゴリズム　類似問題　－

エレベーター運転の状態遷移図に関する問題です。問題で示されている図を見ながら考えれば容易に解ける問題です。

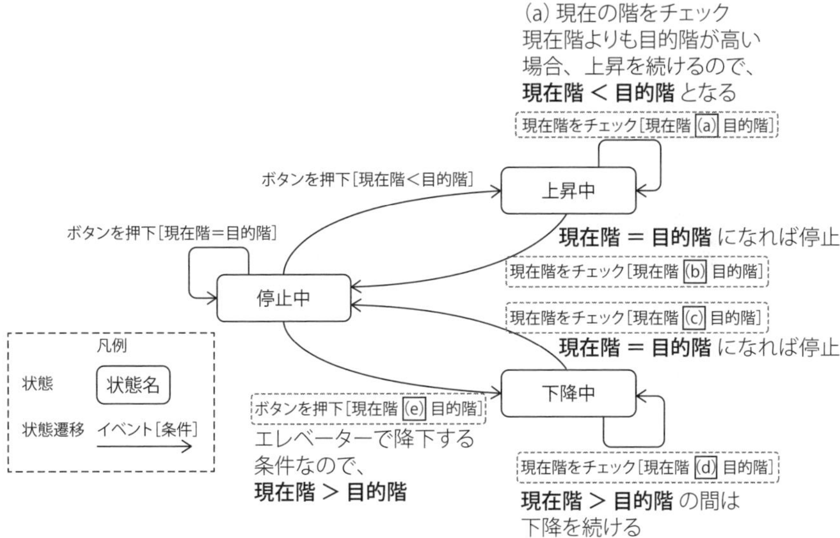

まず、図の右上の(a)の部分に着目すると、(a)の判断に該当する場合には上昇を続けることになります。よって、「現在階＜目的階」であることが分かります。選択肢を見ると、この段階で解答は③であることが分かります。

ちなみに、(b)と(c)は、上昇中または下降中から停止に至る条件なので、ともに「現在階＝目的階」が判定条件になります。(d)は下降を続ける条件なので、(d)は、「現在階＞目的階」になります。(e)は下降に至る条件なので、「現在階＞目的階」です。

よって、解答は③です。

Ⅰ-2-3　解答 ③

2進数の補数表現　類似問題　－

補数表現に関する問題です。

補数とは、元の数Nと補数を足した際に桁上がりが発生する最小の数を指します。任意の数Nに対して、基準となる数（基数）と補数の関係は次のように表されます。

N＋補数＝基数

補数表現を用いることで、マイナスの符号を用いずに負の値を表現したり、ビットを反転させたりすることができるため、情報処理に用いられます。

2進数の1の補数と2の補数の求め方は次のようにすると簡単です。

＜1の補数の求め方＞
2進数の0と1を反転させる。

よって、01011の1の補数は次のようになります。

元の2進数　01011
1の補数　　10100（0と1を反転させる）

次に、2の補数を求めるには、次のようにします。

＜2の補数の求め方＞
1の補数に1を足す。
（2進数の0と1を反転させた後、最後に1を足す）

元の2進数　01011
1の補数　　10100（0と1を反転させる）
2の補数　　10101（1の補数に1を足す）

よって、解答は③です。

I-2-4　解答 ⑤

論理式　類似問題 令和3年度 I-2-2、平成25年度 I-2-3

論理式を整理する問題です。

ド・モルガンの法則を使って式を簡単にします。

＜ド・モルガンの法則＞

$$\overline{A+B}=\overline{A}\cdot\overline{B}$$

$$\overline{A\cdot B}=\overline{A}+\overline{B}$$

以上に加えて、$\overline{\overline{A}}=A$であることを利用すれば、

$$\begin{aligned}X&=\overline{\overline{A}\cdot\overline{B}+A\cdot B}\\&=\overline{\overline{A}\cdot\overline{B}}\cdot\overline{A\cdot B}\\&=(\overline{\overline{A}}+\overline{\overline{B}})\cdot(\overline{A\cdot B})\\&=(A+B)\cdot(\overline{A\cdot B})\end{aligned}$$

よって、解答は⑤です。

I-2-5　解答 ①

演算子の後置記法　類似問題 令和3年度 I-2-5

設問に例が書かれているので、それをもとに考えれば容易に解答が得られます。設問の図の演算（a＋b）×（c＋d）を後置記法で書くと、次のようになります。

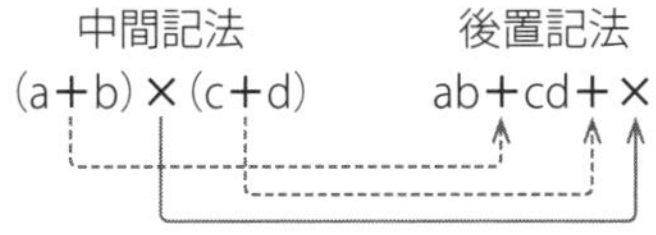

題意より、a＋b が a×b に、c＋d が c÷d になり、それらを足すので、次のようになります。

ab × cd ÷ ＋

よって、解答は①です。

I-2-6　解答 ②

集合　類似問題 －

集合に関する問題です。設問の内容をまとめると、次の図のようになります。

平成30年度

求めたいのは図のDの数です。図より、A、B、Cを足したものから、重複しているAとB、AとC、BとCの共通部分(積集合)を引きます。そうすると、A、B、Cの積集合(9個)がなくなるため、それを加えます。

$\overline{A \cup B \cup C}$＝$A, B, C$に含まれない元の数＝図中の$D$の数

$= 900 - (300 + 180 + 128 - 60 - 43 - 26 + 9) = 412$

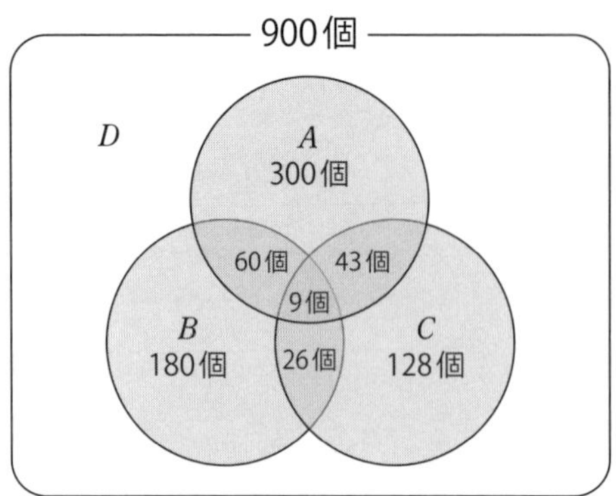

よって、解答は②です。

3群　解析に関するもの

I-3-1　解答①

積分　類似問題　令和3年度 I-3-2、平成28年度 I-3-1

次の基本的な積分公式を用いて計算を行います。

$$\int axdx = a\int xdx = \frac{1}{2}ax^2 + C$$ (Cは積分定数)

$$\int bdx = b\int dx = bx + C$$

$$\int_{-1}^{1} f(x)dx = \int_{-1}^{1}(ax+b)dx = a\int_{-1}^{1}xdx + b\int_{-1}^{1}dx = \left[\frac{1}{2}ax^2\right]_{-1}^{1} + \left[bx\right]_{-1}^{1}$$

$$= \frac{a}{2} - \frac{a}{2} + b - (-b) = 2b$$

各選択肢の計算を行い、$2b$になるかどうかを確認します。

①×　誤り。$\frac{1}{4}f(-1) + f(0) + \frac{1}{4}f(1) = \frac{1}{4}(-a+b) + b + \frac{1}{4}(a+b)$

$=\frac{2}{4}b+b=\frac{3}{2}b$

②○　正しい。$\frac{1}{2}f(-1)+f(0)+\frac{1}{2}f(1)=\frac{1}{2}(-a+b)+b+\frac{1}{2}(a+b)$

$=\frac{2}{2}b+b=2b$

③○　正しい。$\frac{1}{3}f(-1)+\frac{4}{3}f(0)+\frac{1}{3}f(1)=\frac{1}{3}(-a+b)+\frac{4}{3}b+\frac{1}{3}(a+b)$

$=\frac{6}{3}b=2b$

④○　正しい。$f(-1)+f(1)=-a+b+a+b=2b$

⑤○　正しい。$2f(0)=2\times(a\times 0+b)=2b$

よって、解答は①です。

I-3-2　解答④

偏微分の計算

類似問題　平成27年度 I-3-2、平成13年度 I-3-5

偏微分の計算を行う問題です。微分計算自体は非常に簡単なものです。

$u=-x^2+2xy$、$v=2xy-y^2$に対して、$\mathrm{div}\,v=\frac{\partial u}{\partial x}+\frac{\partial v}{\partial y}$および$\mathrm{rot}\,v=\frac{\partial v}{\partial x}-\frac{\partial u}{\partial y}$の偏微分を行い、$(x, y)=(1, 2)$を代入します。

$$\frac{\partial u}{\partial x}=\frac{\partial}{\partial x}(-x^2+2xy)=-2x+2y$$

$$\frac{\partial u}{\partial y}=\frac{\partial}{\partial y}(-x^2+2xy)=2x$$

$$\frac{\partial v}{\partial x}=\frac{\partial}{\partial x}(2xy-y^2)=2y$$

$$\frac{\partial v}{\partial y}=\frac{\partial}{\partial y}(2xy-y^2)=2x-2y$$

以上の結果を用いれば、$\mathrm{div}\,v$および$\mathrm{rot}\,v$は次のようなります。

$$\mathrm{div}\,v=(-2x+2y)+(2x-2y)=-2+4+2-4=0$$

$$\mathrm{rot}\,v=2y-2x=4-2=2$$

よって、解答は④です。

I-3-3　解答②

逆行列　**類似問題**　－

行列Aと逆行列A^{-1}をかけると単位行列Eになります。

$$AA^{-1}=A^{-1}A=E$$

基本は、令和5年度のⅠ-3-1の解法と同じですが、選択肢が与えられているので、そこから解答を探す方法も可能です。

$$A=\begin{pmatrix} a_{11} & a_{12} & a_{13} \\ a_{21} & a_{22} & a_{23} \\ a_{31} & a_{32} & a_{33} \end{pmatrix},\quad A^{-1}=\begin{pmatrix} x_1 & x_2 & x_3 \\ y_1 & y_2 & y_3 \\ z_1 & z_2 & z_3 \end{pmatrix}$$

$$\begin{pmatrix} a_{11} & a_{12} & a_{13} \\ a_{21} & a_{22} & a_{23} \\ a_{31} & a_{32} & a_{33} \end{pmatrix}\begin{pmatrix} x_1 & x_2 & x_3 \\ y_1 & y_2 & y_3 \\ z_1 & z_2 & z_3 \end{pmatrix}=$$

$$\begin{pmatrix} a_{11}x_1+a_{12}y_1+a_{13}z_1 & a_{11}x_2+a_{12}y_2+a_{13}z_2 & a_{11}x_3+a_{12}y_3+a_{13}z_3 \\ a_{21}x_1+a_{22}y_1+a_{23}z_1 & a_{21}x_2+a_{22}y_2+a_{23}z_2 & a_{21}x_3+a_{22}y_3+a_{23}z_3 \\ a_{31}x_1+a_{32}y_1+a_{33}z_1 & a_{31}x_2+a_{32}y_2+a_{33}z_2 & a_{31}x_3+a_{32}y_3+a_{33}z_3 \end{pmatrix}=\begin{pmatrix} 1 & 0 & 0 \\ 0 & 1 & 0 \\ 0 & 0 & 1 \end{pmatrix}$$

題意より、

$$A=\begin{pmatrix} 1 & 0 & 0 \\ a & 1 & 0 \\ b & c & 1 \end{pmatrix}\qquad E=\begin{pmatrix} 1 & 0 & 0 \\ 0 & 1 & 0 \\ 0 & 0 & 1 \end{pmatrix}$$

なので、選択肢で与えられた行列を使って単位行列になるかを確認していきます。具体的には、以下の破線で囲った3か所を確認すればよいことが分かります。

$$A=\begin{pmatrix} 1 & 0 & 0 \\ \boxed{a} & 1 & 0 \\ \boxed{b} & \boxed{c} & 1 \end{pmatrix}$$

まずはaの部分（AA^{-1}の2行1列成分）の計算を行います。

①$a+a=2a$　②$a-a=0$　③$a+1-a=1$　④$a-a=0$　⑤$a+a=2a$

よって、②か④が正解の候補です。

次に、bの部分（AA^{-1}の3行1列成分）の計算を行います。

②$b-ac+ac-b=0$　　④$b-ac+ac+b=2b$

よって、解答は②です。

Ⅰ-3-4　解答②

ニュートン・ラフソン法　類似問題　―

ニュートン・ラフソン法による非線型方程式の数値解析アルゴリズムに関する問題です。

ニュートン・ラフソン法の概念を次の図に示します。

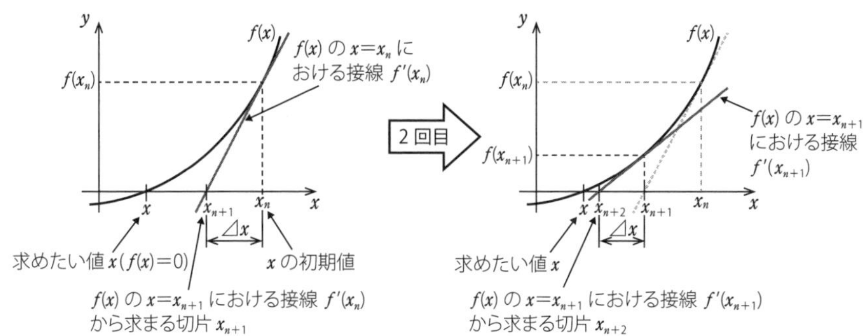

左側の図に示すように、非線型方程式$f(x)$において、$f(x)=0$となるxを求めたいとします。xの初期値を選びx_nと置きます。関数$f(x)$の$x=x_n$における接線$f'(x_n)$を求めるとその切片x_{n+1}は求めたい値xに近づきます。次に、x_{n+1}で同様の解析を行うと、右側の図のようにさらにxに近づきます。この計算を繰り返すことで、xの近似値を得ることができます。これを、ニュートン・ラフソン法といいます。

左側の図を見ながら、（ア）の答えを考えます。

$f(x_n)$において、$x=x_n$の点$(x_n, f(x_n))$での接線$f'(x_n)$は、左側の図に示す通り次のようになります。

$$f'(x_n)=\frac{f(x_n)}{\varDelta x}$$

よって、

$$\varDelta x=\frac{f(x_n)}{f'(x_n)}$$

となります。つまり、（ア）は $\varDelta x \leftarrow f(x_n) / f'(x_n)$ です。

次に、計算を繰り返していくことで、$\varDelta x$は小さくなっていきます。この$\varDelta x$があるしきい値εを下回ったら収束したと判定して計算を終えるわけですから、（イ）は $|\varDelta x|<\varepsilon$ になります。

よって、解答は②です。

平成30年度

I-3-5　解答 ③

ポテンシャルエネルギー　類似問題　－

ばねで吊るされた質点のポテンシャルエネルギーに関する正誤問題です。

① ○　正しい。設問の通りです。ばねで発生する力Fはフックの法則で$F=ku$です。これと、重力による力mgが釣り合っています。

② ○　正しい。ばねの内部ポテンシャルエネルギーは$\frac{1}{2}ku^2$、外力のポテンシャルエネルギーは$-mgu$であり、その合計が全ポテンシャルエネルギーです。

③ ×　誤り。釣り合い位置において、全ポテンシャルエネルギーは最小になります。全ポテンシャルエネルギーが最小になっているこの状態が、最も安定している状態です。

④ ○　正しい。全ポテンシャルエネルギーが最小になる点では、その変位微分値が0になります。

⑤ ○　正しい。設問の通りです。

I-3-6　解答 ③

棒の伸び　類似問題　平成22年度 I-3-5

弾性体に対するフックの法則によって、応力σ、縦弾性係数E、ひずみεの関係は、次のようにあらわされます。

$$\sigma = E\varepsilon \qquad 式(1)$$

荷重Pを受ける断面積Aの材料にかかる応力は

$$\sigma = P / A \qquad 式(2)$$

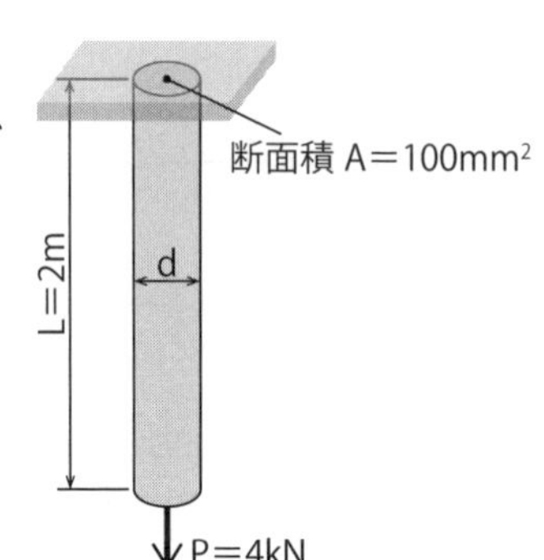

となります。ひずみεの定義は、棒の伸びをΔL、元の長さをLとすれば

$$\varepsilon = \frac{\Delta L}{L} \qquad 式(3)$$

となります。

よって、式(1)、(2)、(3)から、

$$\sigma = \frac{P}{A} = E\frac{\Delta L}{L}$$

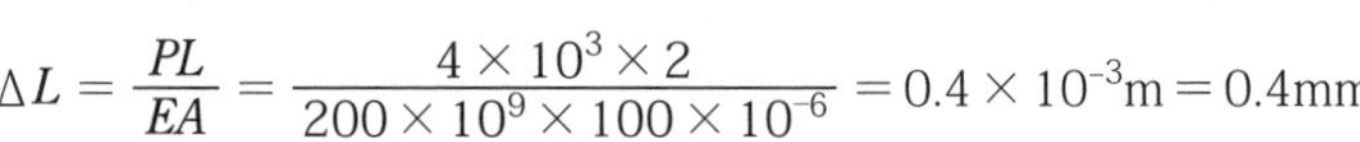

$$\Delta L = \frac{PL}{EA} = \frac{4 \times 10^3 \times 2}{200 \times 10^9 \times 100 \times 10^{-6}} = 0.4 \times 10^{-3}\mathrm{m} = 0.4\mathrm{mm}$$

よって、解答は③です。この問題は、簡単な材料の変形問題です。しかしながら、選択肢には桁が異なる数値を並べているため、荷重P、断面積A、ヤング率Eの単位の換算を誤ると不正解になりやすい問題です。注意しましょう。

4群　材料・化学・バイオに関するもの

Ⅰ-4-1　解答⑤

物質量（モル数）計算　類似問題　－

物質量（モル数）を求める問題です。

①アボガドロの法則により、標準状態において1molの理想気体は22.4Lを占めます。よって、14 ／ 22.4＝0.625なので、0.625molです。なお、アボガドロの法則を用いなくても、理想気体の状態方程式$pV=nR_0T$を用いても算出できます。ここで、R_0は一般気体定数で、$R_0 \fallingdotseq 8.314$ J/（mol・K）一定です。

$$n=\frac{pV}{R_0T}=\frac{101.3\times10^3\times14\times10^{-3}}{8.314\times(0+273)}\fallingdotseq 0.625\mathrm{mol}$$

②10%の水溶液200g中に含まれる塩化ナトリウムは20gです。分子量が58.5 g/molなので、20 ／ 58.5 ≒ 0.342 mol

③1molに含まれる分子の数はアボガドロ数6.02×10^{23}個です。
よって、3.0 ／ 6.02 ≒ 0.50molです。

④Cuが酸化してCuOになるので、
化学式は$Cu + 0.5O_2 = CuO$となります。
　銅の分子量が約64のため、64gの銅は約1molです。よって、酸素は0.5mol必要です。

⑤メタンの反応式は、$CH_4+2O_2=CO_2+2H_2O$です。メタンの分子量は16g/molなので、4gのメタンのモル数は、4 ／ 16＝0.25molです。よって、CO_2も0.25molです。
以上の通り、解答は⑤です。

Ⅰ-4-2　解答⑤

化学基礎　類似問題　－

基礎的な化学に関する知識問題です。

① ○　正しい。設問の通りです。酸を強い順に並べると、スルホン酸＞カルボン酸（酢酸はカルボン酸の一種）＞炭酸＞フェノールの順になります。語呂合わせとして「スカタンフェノール」と覚えましょう。

② ○　正しい。設問の通りです。水酸化ナトリウム（NaOH）、水酸化カリウム（KOH）、水酸化カルシウム（$Ca(OH)_2$）、水酸化バリウム（$Ba(OH)_2$）は、水に溶けて「陽イオン＋水酸化物イオン（OH^-）」に電離するため、塩基性（アルカリ性）を示します。

【例】水酸化ナトリウムの水溶液の場合　$NaOH \rightarrow Na^+ + OH^-$

このように、水酸化物イオンOH^-が生じることで、水溶液が塩基性になります。

③ ○　正しい。設問の通りです。炭酸カルシウム$CaCO_3$と希塩酸HClが反応すると、以下のように塩化カルシウム$CaCl_2$と二酸化炭素CO_2と水H_2Oが生じます。

$$CaCO_3 + 2HCl \rightarrow CaCl_2 + CO_2 + H_2O$$

④ ○　正しい。設問の通りです。塩化アンモニウムNH_4Clと水酸化カルシウム$Ca(OH)_2$が反応してアンモニアNH_3が発生します。

$$2NH_4Cl + Ca(OH)_2 \rightarrow CaCl_2 + 2H_2O + 2NH_3$$

⑤ ×　誤り。塩酸は強酸、酢酸は弱酸です。つまり、同じ濃度の水溶液中のH^+の濃度が違うので、同じpHにはなりません。

よって、解答は⑤です。

I-4-3　解答 ③

金属の腐食　類似問題　－

金属の腐食に関する正誤問題です。

① ×　誤り。金属の腐食とは、化学反応（電気化学反応など）によって金属が減耗する現象です。力学的な作用は摩耗や破壊です。化学変化が起きていることがポイントです。

② ×　誤り。一般に、反応を起こしやすい部位（例えば腐食しやすい状況にさらされている表面など）から局所的に腐食が進行します。

③ ○　正しい。設問の通りです。アルマイト処理は、アルミニウムの表面に酸化アルミニウムの不働態膜を形成して腐食しにくくしています。

④ ×　誤り。ステンレス鋼は、鉄（Fe）にクロム（Cr）やニッケル（Ni）を含有させた合金です。一般的には、クロムを11%以上含有させた鋼をステンレス

と呼びます。ステンレス鋼の種類に応じて、これらの含有量は様々です。

⑤ ×　誤り。腐食の速度は、環境の温度の影響を受けます。化学反応が進行しやすい条件で腐食が進むので、一般には温度が高い環境下で腐食が進みやすい傾向にあります。

よって、解答は③です。

Ⅰ-4-4　解答②

金属の変形と破壊　類似問題　－

金属の塑性変形（外力を取り除いても元の形状に戻らない変形）は、結晶内に自由電子が存在して比較的自由に動き回れるため、陽子が移動しても容易には結合が切れないことで起こります。

結晶粒径が小さいほど、金属の降伏応力が増加し、強度が増します。金属の結晶内部には、原子の配列が線上に乱れた個所が存在します。これを、転位と呼びます。変形に伴い、転位が互いの運動を阻害しあうことで、金属の降伏効力が増加します。この現象を、加工硬化（ひずみ硬化）と呼びます。許容応力以下の荷重であったとしても、それが繰り返しかかることでやがて破壊に至ることがあります。これを疲労破壊と呼びます。

よって、（ア）自由電子、（イ）小さく、（ウ）加工硬化、（エ）繰返し負荷となり、解答は②です。

Ⅰ-4-5　解答⑤

細胞の化学組成　類似問題　平成26年度Ⅰ-4-6

細胞の化学組成に関する正誤問題です。

① ○　正しい。設問の通りです。

② ○　正しい。設問の通りです。

③ ○　正しい。設問の通りです。

④ ○　正しい。設問の通りです。

⑤ ×　誤り。動物細胞を構成する有機化動物の中で、多いのはタンパク質と糖質です。それらに比べると、核酸の割合は低くなります。

よって、解答は⑤です。

Ⅰ-4-6　解答 ③

タンパク質の性質　類似問題　－

タンパク質の性質に関する正誤問題です。

① ×　誤り。タンパク質を構成するペプチド結合は、「共有結合」です。

② ×　誤り。タンパク質を構成するアミノ酸のほとんどはL体です。

③ ○　正しい。設問の通りです。タンパク質を構成するアミノ酸の配列を一次構造といいますが、これは遺伝子により決定されます。

④ ×　誤り。ジスルフィド結合は「共有結合」です。

⑤ ×　誤り。非極性アミノ酸は、タンパク質内部に埋もれています。極性アミノ酸の側鎖がタンパク質表面に分布しています。

よって、解答は③です。

5群　環境・エネルギー・技術に関するもの

Ⅰ-5-1　解答 ②

持続可能な開発目標（SDGs）　類似問題　令和3年度Ⅱ-5

持続可能な開発目標に関する正誤問題です。

① ○　正しい。設問の通りです。

② ×　誤り。途上国をのみを対象としたものではありません。

③ ○　正しい。設問の通りです。

④ ○　正しい。設問の通りです。

⑤ ○　正しい。設問の通りです

よって、解答は②です。

Ⅰ-5-2　解答 ③

事業者が行う環境活動　類似問題　平成26年度Ⅰ-5-2

事業者による環境活動や関連用語に関する正誤問題です。

① ×　誤り。グリーン購入とは、製品やサービスを調達する際に、事前に必要性を熟考し、環境負荷ができるだけ小さいものを優先して購入（調達）することを指します。

② ×　誤り。環境報告書とは、企業などの組織が環境に対して取り組んでい

る事柄を広く一般に開示する目的で発行する報告書です。

③ ○　正しい。設問の通りです。

④ ×　誤り。企業等が、経営の中で環境に関する方針や目標を自ら設定し、これらの達成に向けて取り組んでいくことを環境管理（環境マネジメント）といいます。これらの取り組みを客観的な観点から監査することを環境監査といいます。会計監査などのような、公認会計士が行うものではありません。

⑤ ×　誤り。ライフサイクルアセスメントとは、製品やサービスのライフサイクル全体（資源の採取、原料の生産、製品の生産、流通、消費、廃棄、リサイクルなど）における環境負荷を定量的に評価する手法を指します。

よって、解答は③です。

I-5-3　解答③

エネルギー資源　類似問題 平成25年度 I-5-1

エネルギー資源に関する問題です。

日本は、原油の約87％（2017年）を中東からの輸入に依存しています。ちなみに中東依存度が最も高かったのは1967年の91.2％です。よって、（ア）は87%が正しいことが分かります。輸入量が最も多いのは、サウジアラビアで、次いでUAE、カタールなどです。これらの国から原油を輸入する際には、ホルムズ海峡を経由する必要があります。

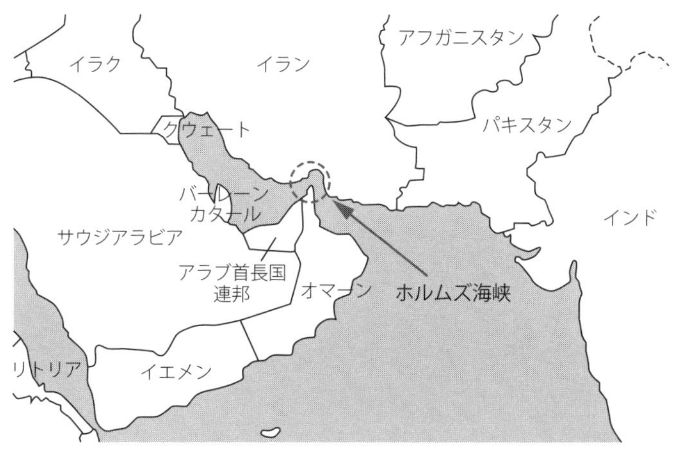

日本の総輸入額に占める原油の割合は、2017年度で12%程度です。

よって、解答は③です。

I-5-4　解答④

エネルギー利用　**類似問題**　－

エネルギー利用に関する正誤問題です。

① ○　正しい。設問の通りです。スマートグリッド（次世代送電網）とは、電力の流れを供給側、需要側の双方から制御し、最適な利用を図る送電網を指します。

② ○　正しい。設問の通りです。スマートコミュニティとは、家庭、ビル、交通システム、蓄電池などをITネットワークでつなげ、ICTを活用して地域でエネルギーを有効活用するシステムを指します。

③ ○　正しい。設問の通りです。スマートハウスとは、家電、エネルギー機器などを組み合わせて、それらを最適に制御することで居住者にメリットをもたらそうとする家を指します。

④ ×　誤り。スマートメーターとは、電力をデジタル計測し、電気の使用状況などを見える化したり、ネットワーク化して省エネに寄与するなどの機能を持った電力計です。

⑤ ○　正しい。設問の通りです。

よって、解答は④です。

I-5-5　解答③

科学技術史（人物と功績）　**類似問題**　令和3年度 I-5-5

科学技術に関する功績とその年代に関する問題です。

（ア）1908年：フリッツ・ハーバーによるアンモニアの工業的合成法の基礎の確立。

（イ）1938年：オットー・ハーンによる原子核分裂の発見。

（ウ）1876年：アレクサンダー・グラハム・ベルによる電話の発明。

（エ）1887年：ハインリッヒ・R・ヘルツによる電磁波の存在の実験的な確立。

（オ）1769年：ジェームズ・ワットによる蒸気機関の改良。

よって、古い順に並べると（オ）－（ウ）－（エ）－（ア）－（イ）となり、解答は③です。

Ⅰ-5-6　解答⑤

技術者倫理　類似問題 平成26年度Ⅰ-5-5

技術者倫理に関する正誤問題です。

①○　正しい。設問の通りです。

②○　正しい。設問の通りです。倫理規範がすべてのプロフェッションで同じではありません。

③○　正しい。設問の通りです。

④○　正しい。技術の進化、時代の変化、社会から要求される事項の変化などに応じて、行動規範は変化すると考えられます。

⑤×　誤り。職務規定のみを遵守すればよいわけではありません。職務規定で規定されていない事項についても、技術者の倫理にのっとって行動しなければなりません。

よって、解答は⑤です。

平成30年度　解答・解説　適性科目

II–1　解答 ②

技術士の義務（技術士法第4章）　類似問題　平成29年度 II–1

この類の問題は毎年出題されています。技術士法第4章に関する問題です。技術士法第4章を一読し、技術士としての基本姿勢（理想的な技術士像）をイメージしておくことが大切です。法令を一語一句暗記する必要はありません。

（ア）禁止　（イ）義務　（ウ）公益　（エ）責務　（オ）制限

よって、解答は②です。

II–2　解答 ⑤

技術士の義務（技術士法第4章）　類似問題　–

技術士法第4章に関する正誤問題です。この問題に回答するにあたっても、技術士法第4章を一読し、技術士としての基本姿勢（理想的な技術士像）をイメージしておくことが大切です。

（ア）×　誤り。発注者からの情報を基に独自で調査して得られた情報に守秘義務がないという記述は誤りです（第45条「技術士等の秘密保持義務」）。

（イ）×　誤り。このような行動は、公益確保の責務に反します（第45条の2「技術士の公益確保の責務」）。

（ウ）×　誤り。技術士や技術士補でなくなった場合でも機密保持義務はあります。退職後も同じです。

（エ）×　誤り。技術士補は、技術士を補助する役割のため、主体的な業務を行うのは適切ではありません。また、顧客がその専門能力を認めたとしても、それが「公益確保の責務」などに沿っているとは限りません。

（オ）×　誤り。第47条の2（資質向上の責務）に「技術士は、常に、その業務に関して有する知識及び技能の水準を向上させ、その他その資質の向上を図るよう努めなければならない。」とあります。自身の専門分野の継続研鑽は重要です。

よって、（ア）～（オ）の記述はすべて適切ではなく、解答は⑤です。

II-3　解答 ③

技術士継続研鑽（CPD）　類似問題　平成27年度II-2

技術士CPDガイドラインに関する穴埋め問題です。技術士CPDガイドライン第3版（平成29年4月）の抜粋を以下に記します。

> 技術業務は、新たな知見や技術を取り入れ、常に高い水準とすべきである。また、継続的に技術能力を開発し、これが証明されることは、技術者の能力証明としても意義があることである。
>
> 継続研鑽は、技術士個人の専門家としての業務に関して有する知識及び技術の水準を向上させ、資質の向上に資するものである。
>
> 従って、何が継続研鑽となるかは、個人の現在の能力レベルや置かれている立場によって異なる。
>
> 継続研鑽の実施の記録については、自己の責任において、資質の向上に寄与したと判断できるものを継続研鑽の対象とし、その実施結果を記録し、その証しとなるものを保存しておく必要がある。
>
> ～～～（中略）～～～
>
> 技術士が日頃従事している業務、教職や資格指導としての講義など、それ自体は継続研鑽とはいえない。しかし、業務に関連して実施した「専門家としての能力の向上」に資する調査研究活動等は、継続研鑽活動であるといえる。

よって、解答は③です。

II-4　解答 ①

技術者倫理　類似問題　－

技術者倫理に関する正誤問題です。

①×　誤り。無条件に情報を公開するのは適切ではありません。

②～⑤○　正しい。設問の通りです。

よって、解答は①です。

II-5　解答 ④

技術者の行動規範・倫理　類似問題　－

技術者の行動規範に関する穴埋め問題です。

一般社団法人電気学会の行動規範の前文に、以下の記述があります。

電気学会の行動規範を完全に知らなくても、自身が所属する学会の行動規範、技術士倫理綱領などにのっとって考えれば、正解を絞り込めると思います。参考にしてください。

> （一般社団法人電気学会 行動規範 前文（抜粋）
>
> 電気学会会員は、電気技術の専門家としての自覚と誇りをもって、主体的に持続可能な社会の構築に向けた取組みを行い、国際的な平和と協調を維持して次世代、未来世代の確固たる生存権を確保することに努力する。また、近現代の社会が幾多の苦難を経て獲得してきた基本的人権や、産業社会の公正なる発展の原動力となった知的財産権を擁護するため、その基本理念を理解するとともに、諸権利を明文化した法令を遵守する。
>
> ～～～（中略）～～～
>
> 電気学会会員は、自らが所属する組織が追求する利益と、社会が享受する利益との調和を図るように努め、万一双方の利益が相反する場合には、何よりも人類と社会の安全、健康および福祉を最優先する行動を選択するものとする。そして、広く国内外に眼を向け、学術の進歩と文化の継承、文明の発展に寄与し、多様な見解を持つ人々との交流を通じて、その責務を果たしていく。
>
> 出典：「電気学会行動規範」「前文」より抜粋、一般社団法人電気学会
> https://www.iee.jp/about/code_conduct/

よって、解答は④です。

II-6　解答 ①

知的財産権　類似問題 平成29年度II-10

知的財産権に関する正誤問題です。

知的財産権には次のものが含まれます。

知的財産権								
産業財産権								
特許（発明）	実用新案（考案）	意匠（デザイン）	商標（マーク）	著作権	半導体集積回路配置	商号	不正競争の防止	植物の新品種

（ア）～（ケ）の９項目はすべて知的財産権に含まれるので、解答は①です。

Ⅱ-7　解答 ⑤

営業秘密　類似問題 令和３年度Ⅱ-7

営業秘密に関する正誤問題です。

（ア）×　誤り。現実に利用されていない情報であるからといって、それが営業秘密ではないとはいえません。自分たちの組織で現状では利用されていないが、「将来利用される」、「競合他社にとって有益な情報である」など、様々なケースが考えられます。

（イ）○　正しい。設問の通りです。

（ウ）○　正しい。設問の通りです。

（エ）×　誤り。反社会的な情報は、不正行為の情報であり、営業秘密に該当しません。

よって、解答は⑤です。

Ⅱ-8　解答 ③

公益通報者保護法　類似問題 平成27年度Ⅱ-9

公益通報者保護法に関する正誤問題です。

①、②、④、⑤ ○　正しい。設問の通りです。

③ ×　誤り。労働者には公務員も含まれます。

よって、解答は③です。

Ⅱ-9　解答 ③

製造物責任法　類似問題 平成29年度Ⅱ-8、平成25年度Ⅱ-7

製造物責任法（PL法）に関する正誤問題です。

（ア）○　正しい。設問の通りです。（第二条の２　この法律において「欠陥」とは、当該製造物の特性、その通常予見される使用形態、その製造業者等が当該製造物を引き渡した時期その他の当該製造物に係る事情を考慮して、当該製造物が通常有すべき安全性を欠いていることをいう。）

（イ）×　誤り。免責事由として、次の記述があります。

（免責事由）

第四条　前条の場合において、製造業者等は、次の各号に掲げる事項を証明したときは、同条に規定する賠償の責めに任じない。

一　当該製造物をその製造業者等が引き渡した時における科学又は技術に関する知見によっては、当該製造物にその欠陥があることを認識することができなかったこと。

（ウ）×　誤り。製造物責任法では、製造物の欠陥の立証で賠償責任が認められます。「故意・過失」の立証は要件ではありません。

（エ）×　誤り。製造物責任法の期間の制限として、第5条に次の記述があります。

第五条　第三条に規定する損害賠償の請求権は、次に掲げる場合には、時効によって消滅する。

一　被害者又はその法定代理人が損害及び賠償義務者を知った時から三年間行使しないとき。

二　その製造業者等が当該製造物を引き渡した時から十年を経過したとき。

よって、10年を過ぎると、製造物責任法による損害賠償を求めることはできなくなります。

（オ）×　誤り。OEM製品や輸入製品を扱う輸入業者にもこの法律が適用されます。

（カ）○　正しい。設問の通りです。

よって、不適切な記述は（イ）、（ウ）、（エ）、（オ）の4つとなり、解答は③です。

II-10　解答⑤

消費生活用製品安全法　類似問題　－

消費生活用製品安全法に関する正誤問題です。

（ア）～（エ）○　正しい。設問の通りです。よって、解答は⑤です。

II-11　解答③

労働安全衛生法　類似問題　－

リスクアセスメントに関する正誤問題です。

①、②、④、⑤ ○　正しい。設問の通りです。

③ ×　誤り。リスク低減措置の優先順位は次の通りとされています。

(1) 設計や計画の段階における措置

危険な作業の廃止・変更、危険性や有害性の低い材料への代替、より安全な施行方法への変更等

(2) 工学的対策

ガード、インターロック、安全装置、局所排気装置等

(3) 管理的対策

マニュアルの整備、立ち入り禁止措置、ばく露管理、教育訓練等

(4) 個人用保護具の使用

上記(1)～(3)の措置を講じた場合においても、除去・低減しきれなかったリスクに対して実施するものに限られます。

出典：「危険性又は有害性等の調査等に関する指針」-「8 リスク低減措置の検討及び実施」、厚生労働省
https://www.mhlw.go.jp/topics/bukyoku/roudou/an-eihou/dl/060421-1f.pdf

よって、解答は③です。

II-12　解答 ①

ワーク・ライフ・バランス　類似問題　–

ワーク・ライフ・バランスに関する正誤問題です。

内閣府が発表した、『ワーク・ライフ・バランスの実現に向けた「3つの心構え」と「10の実践」～仕事を効率化して、めりはりワークを実現しよう～』に、設問にある10の実践項目が記されています。

①会議のムダ取り	②社内資料の削減
③書類を整理整頓する	④標準化・マニュアル化
⑤労働時間を適切に管理	⑥業務分担の適正化
⑦担当以外の業務を知る	⑧スケジュールの共有化
⑨「がんばるタイム」の設定	⑩仕事の効率化策の共有

出典：内閣府ホームページ
http://wwwa.cao.go.jp/wlb/research/kouritsu/pdf/3point10jissen-1.pdf

平成30年度

よって、(ア)～(エ)の記述はすべて正しく、解答は①です。

II-13　解答⑤

環境保全用語　類似問題　－

環境保全用語に関する正誤問題です。

(ア)～(エ)○　正しい。設問の通りです。よって、解答は⑤です。

II-14　解答「除外」

事故に対する判決　類似問題　－

事故に伴う判決に関する正誤問題です。**本問題は、不適格な選択肢があるために不適切な問題と判断され、受験者全員に得点を与えるという対応がなされています。**

II-15　解答④

国家公務員倫理　類似問題　－

倫理促進と行為者の萎縮に関する穴埋め問題です。

(ア)利害関係者から金銭・物品の贈与や接待を受けたりすることや、ゴルフや旅行などを行うこと禁止しています。

(イ)公務員としてやってはいけないことなどを述べているものを、「狭義の公務員倫理」と呼んでいます。

(ウ)公務員としてやったほうが望ましいことや、公務員として求められる姿勢や心構えを「広義の公務員倫理」と呼んでいます。

(エ)「～するな」などの服務規律を典型とする倫理を「予防倫理(消極的倫理)」と呼びます。

(オ)「したほうがよいことをする」に関するものを「志向倫理(接触的倫理)」と呼びます。

よって、解答は④です。

平成29年度　解答・解説　基礎科目

1群　設計・計画に関するもの

Ⅰ-1-1　解答⑤

平均系内滞在時間　類似問題　平成27年度Ⅰ-1-2、平成23年度Ⅰ-1-2

平均系内滞在時間を求める問題です。問題文に定義された式を用いて計算を行っていきます。

このATMの1人当たりの平均処理時間は40秒です。1時間の間、絶え間なく利用したときに何名利用できるかが、1時間当たりのサービス率です。よって、1時間は60×60＝3600秒なので、サービス率は3600／40＝90人です。このATMは1時間当たり平均60人が到着するので、利用率は次のようになります。

利用率$=\dfrac{60}{90}=\dfrac{2}{3}$

この数値を用いて、次のように計算を進めると解答が得られます。

平均系内列長$=\dfrac{2}{3}\div\left(1-\dfrac{2}{3}\right)=2$

平均系内滞在時間$=\dfrac{2}{60}=\dfrac{1}{30}$［時間］

単位を秒に直すと、$\dfrac{1}{30}\times 3600=120$［秒］

よって、解答は⑤です。

Ⅰ-1-2　解答⑤

安全係数　類似問題　平成23年度Ⅰ-1-5

安全係数が大きいほど、余裕を持った設計や設定になります。（ウ）は人間が摂取するものなので、一般に安全係数を大きくとります。よって、解答は③か⑤に絞り込めます。航空機もクレーンもどちらも安全性が重要ですが、航空機やロケットのように、軽量化しなければ機能を果たせないものの安全係数は低くなります（安全係数が高すぎると、重量化、肥大化によって飛べなくなってしまいます。）よって、（イ）＞（ア）であることが分かります。

したがって、解答は（ウ）＞（イ）＞（ア）となり、解答は⑤です。

I-1-3　解答②

コスト計算　類似問題　－

コスト計算に関する問題です。

デシジョンツリーから読み取って計算をしていきます。

まず、状態S1には代替案A1と代替案A2があります。これらを比べると、代替案A1のほうが、損失額が低いことが分かります。よって、代替案A1を選びます。同じく状態S2にも、代替案A1と代替案A2があります。これらを比べると、代替案A1のほうが、損失額が低いことが分かります。よって、代替案A1を選びます。

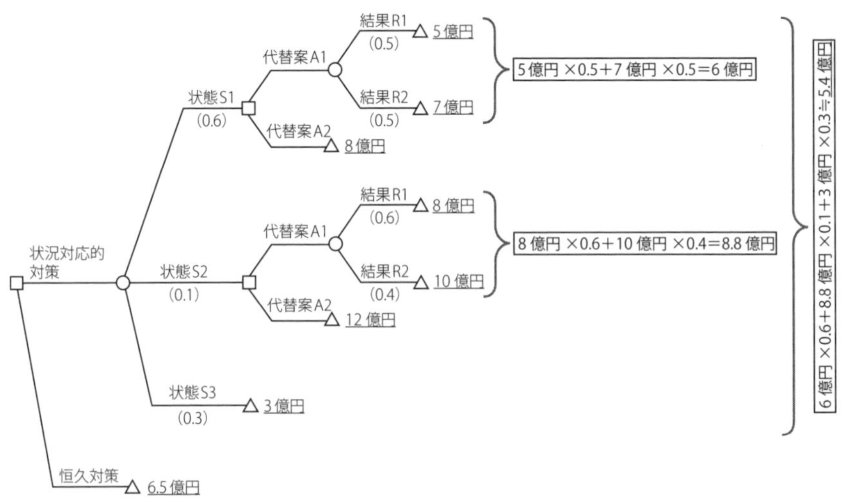

＜状況的対策をする際の期待損失額＞

状態S1のA1、状態S2のA1、状態S3の合計になるので、

【状態S1のA1】

5億円×0.5＋7億円×0.5＝6億円

【状態S2のA1】

8億円×0.6＋10億円×0.4＝8.8億円

【状態S3】

3億円

【状態S1、状態S2、状態S3を含めた合計】

6億円×0.6＋8.8億円×0.1＋3億円×0.3＝5.38億円≒5.4億円

よって、状況的対策をとる場合には5.4億円の損失となります。これは、恒久対策を行う場合の損失額6.5億円よりも低いため、状況的対策を採択することになります。

よって、解答は②です。

I-1-4　解答⑤

材料力学　類似問題　－

材料の引張試験に関する問題です。材料の引張試験では、試験片に引張荷重をかけ、荷重を徐々に変化させた際の荷重と ア）伸び の関係を測定し、線図に表します。その後、材料のサイズの影響を排除するために、荷重を断面積で除した応力と、伸びを元の長さで除したひずみの関係（応力―ひずみ線図）に変換して解析をすることが行われます。荷重がある一定値以下であれば、荷重を取り除くと伸びが完全に復元します。この状態を イ）弾性 変形と呼びます。一方、荷重が弾性限界を超えると、荷重を取り除いても伸びが元に戻らず、復元しません。このような状態を ウ）塑性 変形といいます。材料が破断する荷重Pを断面積Aで割って応力σで示した数値を エ）引張強さ といいます。

よって、解答は⑤です。

I-1-5　解答①

図面の基本　類似問題　平成26年度 I-1-6

図面に関する正誤問題です。

（ア）×　誤り。精密化、高性能化が進んだ現代の工業製品において、むしろ幾何公差の指示が要求されています。寸法公差（サイズ公差）は、単に二点間の長さの寸法精度を示していますが、実際の製品は三次元の形状を持っています。例えば、軸の直径が50 mmの時、その直径の許される最大径と最小径を規定したとします。その軸の直径が規定値以内に入っていたとしても、もし、その軸の長さ方向に中心がうねっていた場合、50mmの穴に入らないかもしれません。このような、幾何学的な形体に対して公差を規定するものを幾何公差といいます。面がどのくらい平面か（平面度）、円がどのくらい真円に近いか（真円度）、2枚の面がどのくらい平行か（平行度）などのように様々な幾何公差が規定され使用されています。

(イ)○　正しい。寸法は、製作工程(例えば加工や検査を行う際など)において、計算しなくても必要な寸法が分かるように心掛ける必要があります。

(ウ)○　正しい。穴と軸、キーとキー溝などがはまり合うような場合、互いの精度が正しく規定されていなければ、「軸が太すぎてはまらない」「穴が大きすぎてガタが出る」「ガタがあるためにキーが破壊して重大事故を引き起こす」など、製品の品質に大きな問題を引き起こします。このようなことを防ぐためにも、穴と軸などと寸法公差(サイズ公差)(許される最大値と最小値の範囲)を規定するのに、「はめあい方式」が用いられます。

(エ)×　誤り。正投影法による形状の投影法には、第三角法と第一角法が用いられます。第二角法というものはありません。ちなみに、ISOの製図規格では第三角法と第一角法の両方が規定されています。JISのZ8316(製図—図形の表し方の原則)においても、ISOに準拠して第三角法と第一角法の両方を使用できるようになっています。ただし、JIS機械製図(JIS B 0001)では、第三角法を用いると規定されています。

(オ)○　正しい。設問の通りです。

よって、「誤・正・正・誤・正」となり、解答は①です。

I-1-6　解答②

設計理論　**類似問題**　—

構造物の破壊確率に関する問題です。

確率密度関数は、ある分布形状を持ちます。確率密度分布を積分すると(確率密度分布の面積を求めると)1になります。今回の問題では、計算が容易なように長方形の確率密度分布が与えられています。

題意より、破壊確率は、$Pr\,[R<S]$ と示されています。つまり、RがSを下回る領域に当たります。図示すると、以下の領域です。

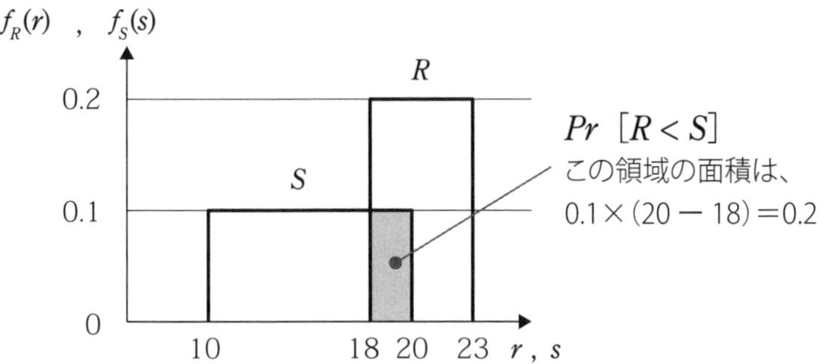

よって、

Sが破壊条件にある確率は0.2

Rが破壊条件にある確率は0.2

構造物の破壊確率は、SとRがともに破壊領域にある確率なので、

$$0.2 \times 0.2 = 0.04$$

です。よって、解答は②です。

2群　情報・論理に関するもの

I-2-1　解答①

情報セキュリティ　類似問題　－

情報セキュリティに関する正誤問題です。

① ×　誤り。差出人のあて名やメールアドレスを変え、知り合いや取引がある会社名などになりすましたスパムメールにより、ウィルス付きのファイルが送信されてくるケースがあります。安易に添付ファイルを開封するのは不適切です。

② ○　正しい。設問の通りです。

③ ○　正しい。設問の通りです。

④ ○　正しい。設問の通りです。

⑤ ○　正しい。設問の通りです。

よって、解答は①です。

I-2-2　解答④

浮動小数表現　**類似問題**　－

浮動小数を表現する方法に関する計算問題で、設問に示された例をもとに、13に当てはめて計算していきます。

<手順1>

実数13を、$\pm 2^a \times (1 + x)$の形で表します。

$$13 = +8 \times \frac{13}{8} = +8 \times 1.625 = +2^3 \times (1 + 0.625)$$

<手順2>

符号部は、＋なので0です。

<手順3>

指数部8文字は、$a + 127 = 3 + 127 = 130$を2進数に直した数値なので、130を2進数に変換します。10進数130を2進数に変換するには、130を2で割った余りを逆から並べればよいので、次のようになります。

```
2) 130     余り
2) 65   ・・・0 ↑
2) 32   ・・・1 ¦
2) 16   ・・・0 ¦
2)  8   ・・・0 ¦
2)  4   ・・・0 ¦
2)  2   ・・・0 ¦
    1   ・・・0 ¦
```

よって、指数部は$130 = (10000010)_2$です。

<手順4>

仮数部は、$x = 0.625$を2進数に直したとき、小数点以下に現れる23桁の0か1からなる文字列です。

$$0.625 = 0.5 + 0.125 = \frac{1}{2} + \frac{1}{2^3}$$

小数の10進数を2進数に変換するには、変換したい10進数の小数部を、小数部が0になるまで2倍していきます。これで求めた整数部を小数点以下に並べたものが、2進数への変換結果になります。

0.625 × 2 = 1 ＋ 0.25（1.25なので、1が繰り上がる）
0.25　× 2 = 0 ＋ 0.5（繰り上がっていないので0）
0.5　 × 2 = 1 ＋ 0

よって、0.625を二進数で表すと、0.101になります。

さらに、101から始めて23文字にすることで、23桁の仮数部が表現されます。

10100000000000000000000

以上の結果から、13を表現した場合、
符号部が"0"、指数部"10000010"、仮数部"10100000000000000000000"となり、解答は④です。

I-2-3　解答⑤

アルゴリズム　類似問題　－

素数を判断するアルゴリズムに関する穴埋め問題です。

自然数Nが、2以上$\sqrt{N}$以下の自然数で割り切れない場合には素数と判断します。よって、（ア）の判断を見ると、$I \leqq \sqrt{N}$がNOの時に素数と判断されます。次に、（イ）の判断をみると、NがIで割り切れたら素数ではないので、"NがIで割り切れる"となります。

よって、解答は⑤です。

I-2-4　解答③

アルゴリズム　類似問題　令和3年度 I-2-4

うるう年を判定するアルゴリズムに関する問題です。

決定表に記載されている条件部と動作部を見ながら、正しい動作をしている表を探します。

<左から1番目の列>

（ア）に示すように、西暦年号が4で割り切れない年はうるう年ではないと判定する。

<左から2番目の列>

西暦年号が4で割り切れ、100で割り切れない年はうるう年と判定する。

<左から3番目の列>

西暦年号が4で割り切れる年で、100で割り切れて400で割り切れない年は

平成29年度

うるう年ではないと判定する。

＜左から4番目の列＞

西暦年号が4で割り切れる年で、100でも400でも割り切れる年はうるう年と判定する。

よって、以上の動作に合致している表を探すと、解答は③です。

I-2-5　解答 ④

アルゴリズム　類似問題　平成24年度 I-2-2

設問に示されているように、数値列は次のようになります。

数値列は<01>　または、<数値列>の前に0、後ろに1を付けた数値。

つまり、0x1、0xx1、0xxx1などである（xには0か1が入る）。

たとえば、01で考えると次のようになります。

① 01

② <01>の前に0、後ろに1をつけて　→ 0<01>1 → 0011

③ <0011>の前に0、後ろに1をつけて　→ 0<0011>1 → 000111

よって、解答は④です。

題意より左側に1が来ることはなく、①、②、③にはなりません。また選択肢に示されていのは6桁の文字列であり、任意の数値列を入れても選択肢⑤にはなりません。

I-2-6　解答 ②

CPU演算時間計算　類似問題　平成25年度 I-2-6、平成20年度 I-2-3

このプログラムを行うのに必要なクロック数は、問題文に与えられた表から次のように計算されます。

総クロック数＝(3500 × 6)＋(5000 × 5)＋(1500 × 4)＝52000

次に、計算に用いるCPUのクロック周波数は2.0GHz＝2.0×10^9Hzなので、このクロック数で52000のクロックを実施するのに要する時間tは次のようになります。

$$t = \frac{必要なクロック数}{クロック周波数} = \frac{52000}{2.0 \times 10^9} = 26 \times 10^{-6}\,\mathrm{s} = 26\,\mu\mathrm{s}$$

よって、解答は②です。

3群　解析に関するもの

I-3-1　解答⑤

差分法　類似問題　平成24年度 I-3-4

差分法に関する問題です。

1回の微分 $\dfrac{du}{dx}$ を差分表示すると $\dfrac{u_{i+1}-u_i}{h}$ です。

よって、2回の微分は、

$$\frac{d^2u}{dx^2}=\frac{d}{dx}\left(\frac{du}{dx}\right)=\frac{d}{dx}\left(\frac{u_{i+1}-u_i}{h}\right)=\frac{(u_{i+2}-u_{i+1})-(u_{i+1}-u_i)}{h^2}$$

$$=\frac{u_{i+2}-2u_{i+1}+u_i}{h^2}$$

となります。

添え字を設問に合わせれて1つシフトすれば、

$$\frac{d^2u}{dx^2}=\frac{u_{i+1}-2u_i+u_{i-1}}{h^2}$$

となります。

よって、解答は⑤です。

I-3-2　解答④

ベクトル　類似問題　－

ベクトルの平行、垂直を求める問題です。

題意より、BとPが平行で、BとQが垂直です。ベクトルの平行条件は次の通りです。

<ベクトルの平行条件>

ベクトル$\vec{a}$とベクトル$\vec{b}$が平行になるためには、$\vec{a}=t\vec{b}$（tは実数）である必要があります。

つまり、ベクトルPとベクトルBは平行なので、P＝tBでなければなりません。よって、ベクトルPはベクトルB＝（1, 2, －1）の各成分のt倍になりますので、P＝（t, 2t, －t）＝t（1, 2, －1）と書けます。

題意より、A＝P＋Qなので、P＝A－Qです。

選択肢にQが与えられていますので、それらを用いてP＝ A－Qを算出したときのPがtBになっているものが正解の候補になります。

①P＝A－Q＝(6, 5, 4)－(1, 1, 3)＝(5, 4, 1) ≠t(1, 2, －1)

よって、平行条件が<u>不成立</u>です。

②P＝A－Q＝(6, 5, 4)－(2, 1, 4)＝(4, 4, 0) ≠t(1, 2, －1)

よって、平行条件が<u>不成立</u>です。

③ P＝A－Q＝(6, 5, 4)－(3, 2, 7)＝(3, 3, －3) ≠t(1, 2, －1)

よって、平行条件が<u>不成立</u>です。

④ P＝A－Q＝(6, 5, 4)－(4, 1, 6)＝(2, 4, －2) ＝t(1, 2, －1)

よって、平行条件が<u>成立</u>しています。

⑤ P＝A－Q＝(6, 5, 4)－(5, －1, 3)＝(1, 6, 1) ≠t(1, 2, －1)

よって、平行条件が<u>不成立</u>です。

この時点で、平行条件が成立しているのは④のみのため、解答は④であることが分かります。念のため、④においてBとQが垂直（直交）かを確認します。

＜ベクトルの垂直条件＞

ベクトル$\vec{a}$とベクトル$\vec{b}$が垂直（直交）になるためには、ベクトル$\vec{a}$と$\vec{b}$の内積がゼロ（$\vec{a}\cdot\vec{b}=0$）である必要があります。

B＝(1, 2, －1)なので、④の選択肢のQとの内積がゼロになるかを確かめます。

④B・Q＝1×4＋2×1－1×6＝4＋2－6＝0

よって、ベクトルBとベクトルQは<u>垂直（直交）</u>です。

以上のとおり、解答は④です。

Ⅰ-3-3　解答④

有限要素法

類似問題　平成24年度Ⅰ-3-1、平成19年度Ⅰ-3-2

有限要素法における要素分割に関する問題です。

① ○　正しい。設問の通りです。

② ○　正しい。設問の通りです。

③ ○　正しい。設問の通りです。

④ ×　誤り。要素分割を粗くすると、要素間の不連続度合いが増すため、正しい応力評価ができません。応力評価が安全側になるとはいえません。

⑤ ○　正しい。設問の通りです。

よって、解答は④です。

Ⅰ-3-4　解答②

合成抵抗　類似問題　－

回路の合成抵抗を比較する問題です。まず、直列接続および並列接続における回路の合成抵抗は次のように求められます。

＜直列接続された抵抗の合成抵抗R_c＞

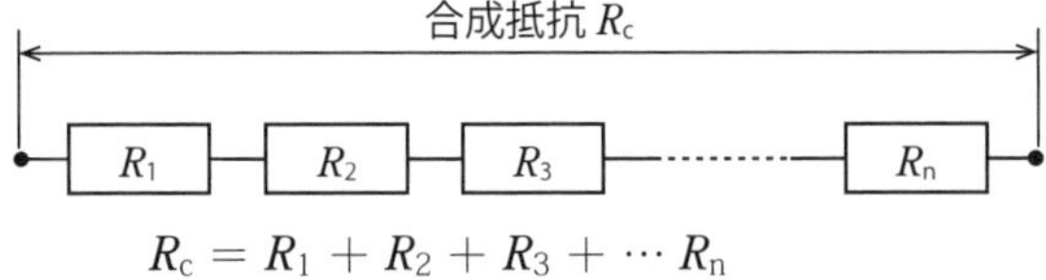

$$R_c = R_1 + R_2 + R_3 + \cdots R_n$$

＜並列接続された抵抗の合成抵抗R_c＞

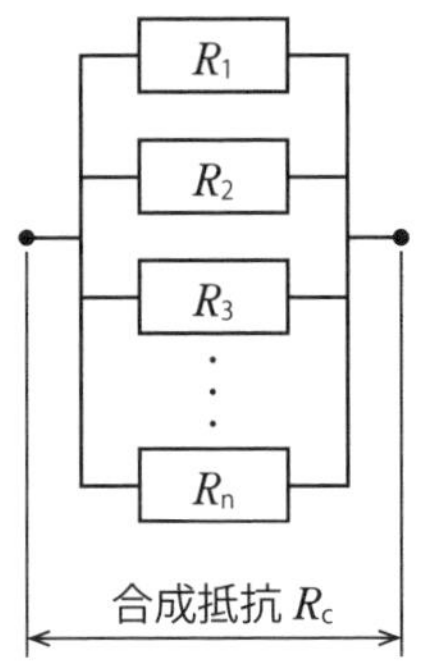

$$\frac{1}{R_c} = \frac{1}{R_1} + \frac{1}{R_2} + \frac{1}{R_3} + \cdots + \frac{1}{R_n}$$

次に、(a)、(b)、(c)の各回路の合成抵抗を求めていきます。

(a) A－C－DおよびA－D－Bの回路の対称性から、C－D間は同じ電位なので、C－D間には電流は流れません。よって、次のような回路と考えることができます。

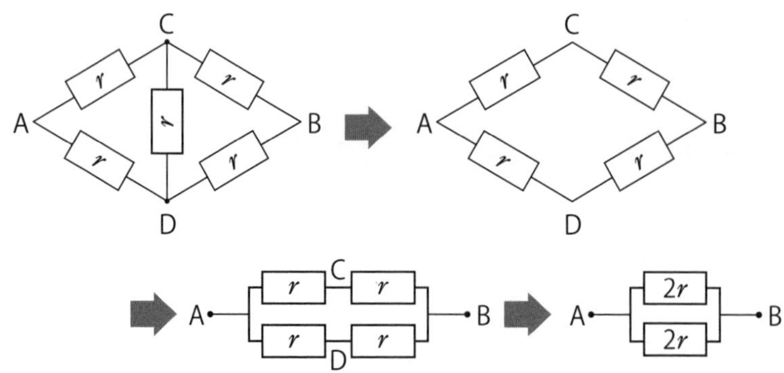

よって、合成抵抗R_aは次のようになります。

$$\frac{1}{R_a}=\frac{1}{2r}+\frac{1}{2r}=\frac{2}{2r}=\frac{1}{r} \quad \therefore R_a=r$$

(b) A－CとA－D間の抵抗は同じため、この回路は次のように表せます。

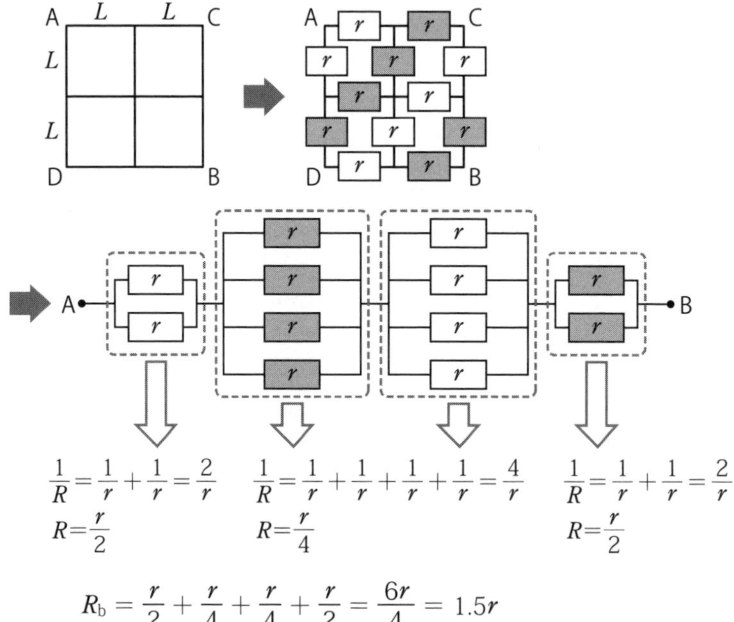

$$\frac{1}{R}=\frac{1}{r}+\frac{1}{r}=\frac{2}{r} \qquad R=\frac{r}{2}$$

$$\frac{1}{R}=\frac{1}{r}+\frac{1}{r}+\frac{1}{r}+\frac{1}{r}=\frac{4}{r} \qquad R=\frac{r}{4}$$

$$\frac{1}{R}=\frac{1}{r}+\frac{1}{r}=\frac{2}{r} \qquad R=\frac{r}{2}$$

$$R_b=\frac{r}{2}+\frac{r}{4}+\frac{r}{4}+\frac{r}{2}=\frac{6r}{4}=1.5r$$

(c)この回路は、AからBに至る経路間の抵抗値が非対称になるため、(a)や(b)と同じようには計算できません。

まず、AC間の電流をI_1、AD間の電流をI_2、CF間の電流をI_3とします。AD

とDFは連続しているので、DF間の電流もI_2です。

次に、CF間の電流をI_3とします。A－C－F－Bの区間を考えると、ACとFBの抵抗はともにrで同じなので、FB間の電流はI_1であることが分かります。A点を通る電流とB点を通る電流は同じIです。よって、FB間がI_1なのであれば、CEおよびEB間の電流はともにI_2であることが分かります。このように各区間の電流の関係が分かりました。

さらに、A－C－Fでの電圧降下（$= r \times I_1 + r \times I_3$）と、

A－D－Fでの電圧降下（$= 2r \times I_2$）は等しくなければなりません。よって、

$r \times I_1 + r \times I_3 = 2r \times I_2$となります。

また、$I = I_1 + I_2$、$I_1 = I_2 + I_3$なので、これらを連立して解くと、

$I_1 = 0.6I$、$I_2 = 0.4I$、$I_3 = 0.2I$となります。よって、AからBまでの間にオームの法則を適用すると、例えばA－C－E－Bで計算すると（ほかの経路で計算しても同じなので）次のようになります。

電圧降下$E_{AB} = r \times I_1 + 2r \times I_2 = 0.6rI + 0.8rI = 1.4rI$

よって、（c）の合成抵抗R_cは次のように算出されます。

$$R_c = \frac{E_{AB}}{I} = \frac{1.4rI}{I} = 1.4r$$

以上の結果から、回路（a）、回路（b）、回路（c）の合成抵抗の大小関係は、

$R_a < R_c < R_b$

となり、解答は②です。

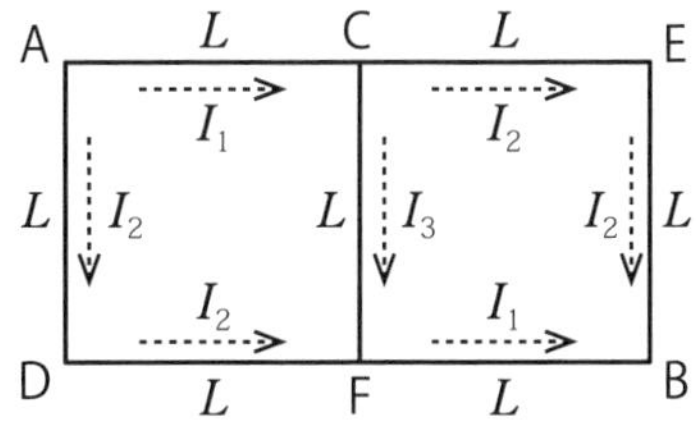

平成
29
年度

Ⅰ-3-5　解答 ③

材料力学　類似問題　－

長さL、断面積A、縦弾性係数（ヤング係数）Eの棒にPの引張力が作用しているとき、応力σとひずみεの関係は$\sigma = E\varepsilon$です。また、応力σとひずみεの定義は次の通りです。

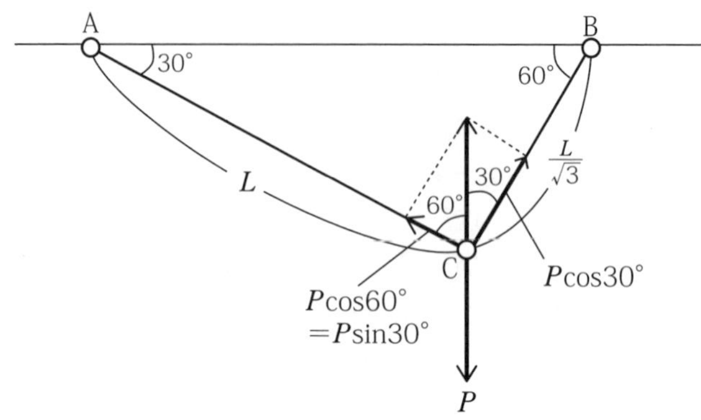

$$\sigma = \frac{荷重}{断面積} = \frac{P}{A} \qquad \varepsilon = \frac{棒の伸び量}{元の長さ} = \frac{\delta}{L}$$

よって、$\delta = \varepsilon L = \dfrac{\sigma L}{E} = \dfrac{PL}{AE}$ となります。

<部材AC>

荷重Pにより部材ACの軸方向に働く引張力$P_{AC} = P\cos 60°$なので、

$\delta_1 = \dfrac{P\cos 60°\, L}{A_1 E} = \dfrac{PL}{2A_1 E}$ となります。

<部材BC>

荷重Pにより部材BCの軸方向に働く引張力$P_{BC} = P\cos 30°$なので、

$\delta_2 = \dfrac{P\cos 30°\, L}{A_2 E\sqrt{3}} = \dfrac{\sqrt{3}PL}{2\sqrt{3}A_2 E} = \dfrac{PL}{2A_2 E}$ となります。

以上より、部材ACと部材BCの伸びの比率は次のようになります。

$$\frac{\delta_1}{\delta_2} = \frac{PL}{2A_1 E} \cdot \frac{2A_2 E}{PL} = \frac{A_2}{A_1}$$

よって、解答は③です。

I-3-6　解答⑤

はりの固有振動数

類似問題 平成25年度 I-3-2、平成21年度 I-3-2

単純支持はりの固有振動数を比較する問題です。この問題を解くにあたって、はりの固有振動数を求める式を知っている必要はありません。単純に、コイルバネなどの固有振動数の特性をイメージして、

①バネが固い（バネ定数が大きい）ほうが固有振動数が高い
　→はりの剛性が高い→断面二次モーメントが大きいほうが、固有振動数が高い
②矩形断面の断面二次モーメントIは、断面の幅をb、高さをhとすれば、

$$I=\frac{bh^3}{12}$$

（bは図のz方向の長さで、hは図のy方向の長さ）
で表される〔「重要ポイント総整理」の基礎科目第3群の「断面二次モーメント」を参照〕。

以上の2点を知っていれば、確実に解けます。さらにいえば、②の矩形断面の断面二次モーメントを知らなくても、設問の図を見れば、y方向に曲げた時の剛性は、

(a)＞(b)＞(c)

であることは容易にイメージできます（アイスクリームの棒を曲げるのをイメージしてみてください）。

よって、固有振動数は（c）が最も低くなります。

参考のため、断面二次モーメントを計算すると、次の通りです。

(a) の断面二次モーメント

$$I=\frac{bh^3}{12}=\frac{d(4d)^3}{12}=\frac{16d^4}{3}$$

(b) の断面二次モーメント

$$I=\frac{bh^3}{12}=\frac{2d(2d)^3}{12}=\frac{4d^4}{3}$$

(c) の断面二次モーメント

$$I=\frac{bh^3}{12}=\frac{4dd^3}{12}=\frac{d^4}{3}$$

よって、最も断面二次モーメントが低くて剛性が低い（c）の固有振動数が最も低くなるので、解答は⑤です。

4群　材料・化学・バイオに関するもの

I-4-1　解答④

金属の溶解（両性元素）　類似問題　平成24年度 I-4-2

この問題を解くにあたっては、金属の溶解に関する反応を詳しく知っている必要はありません。水酸化ナトリウムは塩基性（アルカリ性）です。酸性と塩基性の両方に溶ける元素を両性元素といいます。代表的な両性元素は、アルミニウムAl、亜鉛Zn、スズSn、鉛Pbです。設問の中で、両性元素はAlです。

よって、解答は④です。

I-4-2　解答⑤

溶液の沸点　類似問題　－

水溶液の沸点に関する問題です。

不揮発性の物質（溶質）を溶媒に溶かすと、溶液の沸点が上昇します。これを沸点上昇と呼びます。沸点上昇度$\varDelta T$は、溶液に溶けている溶質の質量モル濃度mに比例します。

$\varDelta T \propto m$

また、3種類の溶質において、NaClと$CaCl_2$は、溶解すると陽イオンと陰イオンに電離する電解質です。1molのNaClは、溶解してNa^+とCl^-に電離して2molになります。1molの$CaCl_2$は、Ca^{2+}と$2Cl^-$に電離して3molになります。$C_6H_{12}O_6$は電解質ではないため、溶解してもモル数は増えません。

以上の内容から、次のようになります。

① ×　誤り。不揮発性物質を溶かした水溶液の沸点は上昇しますので、100℃より高くなります。

② ×　誤り。沸点の上昇度は、溶解している溶質の質量モル濃度に比例します。よって、沸点は、$C_6H_{12}O_6$＜NaCl＜$CaCl_2$の順になり、同じではありません。

③ ×　誤り。②で示したように、最も沸点が低いのは$C_6H_{12}O_6$水溶液です。

④ ×　誤り。②で示したように、最も沸点が高いのは$CaCl_2$水溶液です。

⑤ ○　正しい。②で示した通り。最も沸点が高いのは$CaCl_2$水溶液です。

よって、解答は⑤です。

Ⅰ-4-3　解答④

金属の結晶構造　類似問題　－

金属の結晶構造に関する問題です。

ほとんどの金属は、(a)体心立方格子、(b)面心立方格子、(c)六方最密充填のいずれかの結晶構造に分類されます。

	結晶構造	1つの結晶中の原子数	具体例
(a)	体心立方格子	2	Li、Na、Fe、W
(b)	面心立方格子	4	Al、Cu、Ni
(c)	六方最密充填	2	Mg、Ti、Zn

設問は、(ア)体心立方、(イ)面心立方、(ウ)六方最密充填、(エ)2となります。

よって、解答は④です。

Ⅰ-4-4　解答①

材料　類似問題　－

材料に関する問題です。設問にある材料の主成分を以下に記します。

乾電池：亜鉛(Zn)

光ファイバー：石英ガラス(SiO_2)

ジュラルミン：アルミニウム(Al)と銅(Cu)、マグネシウムなどによるアルミニウム合金

永久磁石：鉄(Fe)、クロム(Cr)、コバルト(Co)、ニッケル(Ni)など

よって、解答は①です。

Ⅰ-4-5　解答①

アミノ酸　類似問題　令和3年度Ⅰ-4-5

アミノ酸に関する穴埋め問題です。

タンパク質を加水分解して得られるアミノ酸は (ア) 20 種類あります。アミノ酸は、R－CH(－NH_2)－COOHの構造を持ちます。よって、α炭素にはアミノ基(NH_2)と (イ) カルボキシ基 (－COOH)が結合しています。官能基の特性として、脂肪族炭化水素や芳香族炭化水素は (ウ) 疎水 性を持ちます。親水性を持つのは、アルコールの構造に代表されるヒドロキシ基(水酸基)(－OH)などです(例えば水によく溶けるメタノールは$CH_3\underline{OH}$)。α炭素に結合するア

ミノ基やカルボキシ基の結合の仕方はL体とD体の2通りに分けられ、天然に存在するものは（エ）L体です。

よって、解答は①です。

I-4-6　解答①

遺伝子　類似問題　－

遺伝子に関する正誤問題です。

①○　正しい。ポリメラーゼ連鎖反応（PCR）は、温度の増幅を繰り返すことでDNAを増幅するための手法です。この時、耐熱性が高く熱に安定なDNAポリメラーゼを用いることで連続した反応を行うことができます。

②×　誤り。大腸菌によるインスリン合成に成功したのは、1978年です。

③×　誤り。DNAの断片は、ゲル電気泳動によって陽極に向かって移動します。

④×　誤り。DNAの断片の長さは一定ではありません。

⑤×　誤り。肝臓以外のRNAからのものも含まれます。

よって、解答は①です。

5群　環境・エネルギー・技術に関するもの

I-5-1　解答①

環境管理　類似問題　－

環境管理に関する用語の正誤問題です。

(A)～(C)○　正しい。設問の通りです。

(D)×　誤り。環境監査とは、企業などにおける環境管理への取り組みについて、客観的な立場からチェックすることをいいます。公認会計士が監査するものではありません。

よって、「(A)正、(B)正、(C)正、(D)誤」となり、解答は①です。

I-5-2　解答①

パリ協定（COP21）　類似問題　－

COP21に関する正誤問題です。

①×　誤り。5年ごとに温室効果ガスの排出削減目標を提出・更新すること

が義務付けられてはいません。温室効果ガスの削減・抑制目標については、達成義務を設けずに、努力目標としています。

②～⑤ ○　正しい。設問の通りです。

よって、解答は①です。

I-5-3　解答 ④

気体燃料の体積　類似問題　－

天然ガスの体積計算に関する問題です。

炭素Cの原子量は12［kg/kmol］、水素Hの原子量は1［kg/kmol］なので、メタンCH_4の分子量は、12＋1×4＝16［kg/kmol］です。1m^3の液体のメタンの質量は425 kgなので、そのモル数は425÷16＝26.6 kmolです。アボガドロの法則により、「0℃、1気圧において1molの気体は22.4Lを占める」ことが分かります。つまり、1kmolの気体は22.4m^3を占めます。よって、気体のメタン425kgが占める容積は、22.4×26.6≒596m^3になります。よって、約1/600となり、解答は④です。

ちなみに、アボガドロの法則を知らなくても、理想気体の状態方程式$pV=nR_0T$と、一般気体定数$R_0=8314$ J/（kmol・K）であることを知っていれば、

$$V=\frac{nR_0T}{p}=\frac{26.6\times 8314\times (0+273)}{101.3\times 10^3}\fallingdotseq 596\mathrm{m}^3$$

となり、解答が得られます。

（1気圧は101.3 kPaですが、約100 kPaとして計算しても604m^3となり、正解が導けます。）

I-5-4　解答 ②

エネルギー消費　類似問題　平成16年度 I-5-2

家庭でのエネルギー消費に関する正誤問題です。

① ○　正しい。設問の通りです。2017年エネルギー白書に掲載されている、2015年度の家庭でのエネルギー消費の内訳を次ページの図に示します。約3割が給湯用のエネルギーであることが分かります。

② ×　誤り。次ページの図より、冷房のエネルギーは2.2％であり、暖房に用いられるエネルギー22.4％と比べて10分の1程度です。

③ ○　正しい。設問の通りです。

④ ○　正しい。設問の通りです。

⑤ ○　正しい。設問の通りです。

よって、解答は②です。

▼家庭における用途別エネルギー消費

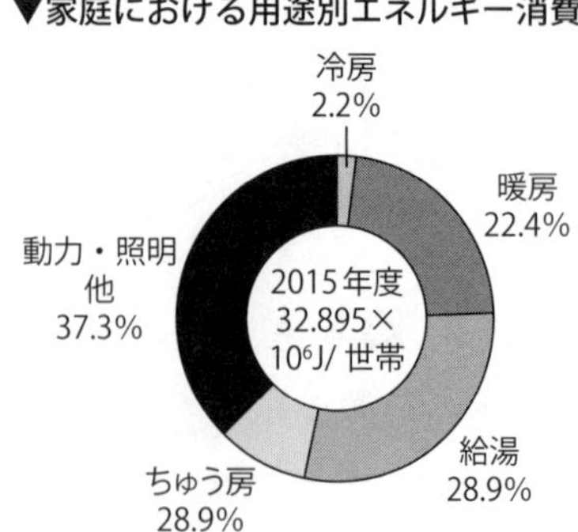

出典：平成28年度エネルギーに関する年次報告（エネルギー白書2017）HTML版（http://www.enecho.meti.go.jp/about/whitepaper/2017html/2-1-2.html）

I-5-5　解答②

科学技術史　類似問題　平成24年度 I-5-5

科学技術史に関する正誤問題です。

① ○　正しい。設問の通りです。既存技術の改良や組み合わせが革新的な新技術につながります。

② ×　誤り。産業革命当時は、物理学や化学などの科学と、技術開発が密接に結びついた形で産学共同開発がされていたわけではありません。

③ ○　正しい。例えば、手作業による裁縫から自動機による機織りなどです。

④ ○　正しい。設問の通りです。

⑤ ○　正しい。設問の通りです。

よって、解答は②です。

I-5-6　解答⑤

科学技術史（人物と功績）　類似問題　－

科学技術史に関する正誤問題です。

①～④ ○　正しい。設問の通りです。

⑤ ×　誤り。サイクロトロンの発明は、米国の物理学者アーネスト・ローレンスによるものです。

よって、解答は⑤です。

平成29年度　解答・解説　適性科目

II−1　解答③

技術士の義務（技術士法第4章）

類似問題　令和元年度II−1、平成26年度II−1

この類の問題は毎年出題されています。技術士法第4章に関する問題です。技術士法第4章、技術士倫理綱領を一読し、技術士としての基本姿勢（理想的な技術士像）をイメージしておくことが大切です。

（ア）不名誉　（イ）義務　（ウ）盗用　（エ）公益　（オ）責務　（カ）技術部門
（キ）資質

よって、解答は③です。

II−2　解答⑤

技術士の義務（技術士法第4章）

類似問題　−

これも、技術士法第4章に関する問題です。

（ア）○　正しい。設問の通りです。（第45条の2「技術士の公益確保の責務」）

（イ）×　誤り。依頼者からの情報を基に独自で調査して得られた情報に守秘義務がないという記述は誤りです（第45条「技術士の秘密保持義務」）。

（ウ）○　正しい。設問の通りです（第44条「信用失墜行為の禁止」）。

（エ）×　誤り。公益確保の責務に反します（第45条の2「技術士の公益確保の責務」）。

（オ）○　正しい。設問の通りです（第45条の2「技術士の公益確保の責務」）。

（カ）×　誤り。専門外や確信のない事項について判断をすることは、安全、環境などに対して重大な問題を招く恐れがあり、公益確保の観点から適切ではありません。また、日本技術士会が定める、「技術士倫理綱領」に次の記述があります。

> 技術士倫理綱領より
> （有能性の重視）
> 3. 技術士は、自分の力量が及ぶ範囲の業務を行い、確信のない業務には携わらない。

(キ)×　誤り。技術士補は、技術士を補助する役割のため、主体的な業務を行うのは適切ではありません。また、顧客がその専門能力を認めたとしても、それが「公益確保の責務」などに沿っているとは限りません。

よって、適切ではないものは、(イ)(エ)(カ)(キ)となり、解答は⑤です。

II-3　解答 ③

技術者倫理　類似問題　—

第45条「技術士の秘密保持義務」に沿って考えると分かりやすいでしょう。第1に優先されるのは「安全」です。公益にとって最も重要度が低いのは原価です(会社の利益にとっては重要ですが、公益にとっての重要事項ではありません)。残る品質と納期を考えると、安全などの公益にとって重要度が高いのは品質であると判断できます。

よって、優先順位は「安全、品質、納期、原価」の順となり、解答は③です。

II-4　解答 ⑤

ハラスメント　類似問題　平成27年度II-11

ハラスメントに関する正誤問題です。

(ア)×　誤り。ハラスメントか否かに、相手からの意思表示の有無は関係ありません。

(イ)○　正しい。設問の通り、ハラスメント行為になります。

(ウ)○　正しい。設問の通り、「業務の適正な範囲」で行われている場合、ハラスメント行為に該当しません。

(エ)○　正しい。設問の通りです。

(オ)○　正しい。設問の通りです。

(カ)×　誤り。専門知識による優位性も含まれます。

(キ)○　正しい。設問の通りです。

よって、適切なものは(イ)(ウ)(エ)(オ)(キ)の5つとなり、解答は⑤です。

II-5　解答 ③

過労死等防止対策推進法　類似問題　—

過労死等防止対策推進法に関する正誤問題です。

（ア）×　誤り。 労働時間には、使用者の指示で業務に必要な学習等を行っていた時間も含まれます。

（イ）×　誤り。管理監督者も、深夜労働や有給休暇の適用対象です。

（ウ）○　正しい。設問の通りです。

（エ）○　正しい。設問の通りです。

（オ）○　正しい。設問の通りです。

よって、解答は③です。

II-6　解答 ①

セキュリティ、技術者倫理　類似問題　－

技術者倫理に関する正誤問題です。

① ○　正しい。担当部署に報告して情報や状況を共有すべきです。

② ×　誤り。自身の判断のみでコンタクトをとるのは適切ではありません。

③ ×　誤り。①の通り、様子を見ずに担当部署に報告すべきです。

④ ×　誤り。自身の判断で安易にアンケートに回答すべきではありません。

⑤ ×　誤り。自身の所属部署ではなく、本内容に対応できる担当部署に連絡をすべきです。

よって、解答は①です。

II-7　解答 ④

技術者倫理　類似問題　－

技術者倫理に関する正誤問題です。

① ×　誤り。データを改ざんしていることになります。

② ×　誤り。高度な専門知識を有するような品質トラブルの内容について、現場サイドで対策を考えるように指示するのは誤りです。

③ ×　誤り。関係者間で問題を十分に議論する前に、マスコミに内部告発をするのは誤りです。まずは対策会議での議論を行うことと、その際の対応で社内のガバナンスの甘さがある場合には、その改善に向けて関係者で議論することが先決です。

④ ○　正しい。設問の内容は、正しい取り組みです。

⑤ ×　誤り。すべての民間開発の新技術・新工法の採用を中止するのは不適切です。

よって、解答は④です。

II-8　解答 ⑤

製造物責任法　類似問題　平成30年度II-9

製造物責任法（PL法）に関する正誤問題です。

①○　正しい。設問の通りです。

②○　正しい。設問の通りです。

③○　正しい。設問の通りです。

④○　正しい。設問の通りです。

⑤×　誤り。引き渡した時の科学または技術に関する知見によって欠陥を認識できない場合は、PL法の免責事由となります。

よって、解答は⑤です。

II-9　解答 ③

消費者生活用製品安全法　類似問題　平成19年度II-4

消費者生活用製品安全法に関する正誤問題です。

①○　正しい。設問の通りです。

②○　正しい。設問の通りです。

③×　誤り。この場合、速やかに消費者庁に相談する必要があります。

④○　正しい。設問の通りです。

⑤○　正しい。設問の通りです。

よって、解答は③です。

II-10　解答 ①

知的財産権　類似問題　平成30年度II-6

知的財産権に関する正誤問題です。知的財産権と産業財産権とそれ以外の分類を下の表にまとめます。

<table>
<tr><td colspan="9">知的財産権</td></tr>
<tr><td colspan="4">産業財産権</td><td colspan="5" rowspan="1"></td></tr>
<tr><td>特許
（発明）</td><td>実用新案
（考案）</td><td>意匠
（デザイン）</td><td>商標
（マーク）</td><td>著作権</td><td>半導体
集積回路
配置</td><td>商号</td><td>不正競争
の防止</td><td>植物の
新品種</td></tr>
</table>

(ア)○　含まれる。特許。

(イ)○　含まれる。実用新案。

(ウ)○　含まれる。意匠。

(エ)○　含まれる。著作権。

(オ)○　含まれる。不正競争の防止。

よって、すべて知的財産権に該当しますので、解答は①です。

II-11　解答⑤

ISO26000（組織の社会的責任）　類似問題　－

ISO26000に関する正誤問題です。ISO26000において、社会的責任を果たすための7つの原則が次のように挙げられています。

① 説明責任

② 透明性

③ 倫理的な行動

④ ステークホルダーの利害の尊重

⑤ 法の支配の尊重

⑥ 国際行動規範の尊重

⑦ 人権の尊重

設問の中で、「技術ノウハウの尊重」は記載されていません。

よって、解答は⑤です。

II-12　解答③

リスクアセスメント　類似問題　－

リスクアセスメントに関する正誤問題です。

①○　正しい。設問の通りです。

②○　正しい。設問の通りです。

③×　誤り。どこまでのリスクを許容するかは、時代や社会情勢によって変化しないものとはいえません。

④○　正しい。設問の通りです。

⑤○　正しい。設問の通りです。

よって、解答は③です。

II-13　解答 ③

倫理　類似問題　－

倫理に関する穴埋め問題です。

功利主義とは、「最大多数の最大幸福」の考え方を指します。この思想は、できるだけ多くの人が幸福になるように物事を判断するというものです。そのため、特定個人に対して不利益が生じたり、個人の権利が制限されたりする恐れがあります。この思想の性質を考えれば、

（ア）不利益　（イ）許容　（ウ）安全　（エ）健康

となり、解答は③です。

II-14　解答 ③

研究倫理　類似問題　－

研究倫理に関する正誤問題です。

（ア）○　正しい。設問の通りです。

（イ）○　正しい。設問の通りです。

（ウ）○　正しい。設問の通りです。

（エ）×　誤り。共著者についても、その論文の全体に対して責任があります。

（オ）×　誤り。実験を行った人であっても、その論文の内容を説明できない人は共著者になるべきではありません。

（カ）○　正しい。設問の通りです。

（キ）○　正しい。設問の通りです。

よって、不適切な記述は（エ）、（オ）となり、解答は③です。

II-15　解答 ②

倫理的な行動　類似問題　－

倫理的な行動に関する正誤問題です。

（ア）、（イ）、（ウ）、（エ）、（オ）、（カ）は設問の表の通りで正しい記述です。

（キ）は、依存的思考は倫理的意思決定の促進要因ではなく、阻害要因になります。自律的思考が、促進要因です。

よって、解答は②です。

取り外してお使いいただけます。